차례

1부 회로해석의 기본 개념과 저항성 회로

2부 교류 회로해석

부록

1부 회로해석의 기본 개념과 저항성 회로

1장 회로이론 기본 개념

▶학습 목표◀

- 원자의 구조, 전하, 전류의 개념을 이해한다.
- 전위, 전위차(전압)의 정의, 그리고 전류와 전압의 기준 방향에 대한 개념을 이해한다.
- 전기 에너지와 전력에 대한 개념을 이해한다.
- 전원의 종류와 다수 전원의 직병렬 연결에 대한 기본 법칙을 학습한다.
- 전류와 전압 및 저항 측정법을 익힌다.
- 회로이론을 학습할 때 기본적으로 생각하여야 하는 두 가지의 관점에 대해 이해한다.

1.1 개요

전기공학(electrical engineering)이란 전기에 관련된 기술 및 응용에 관한 내용을 연구하는 공학(engineering)의 한 분야이다. 이 분야는 초창기에는 매우 넓은 부분을 다루었으나, 점차 기술과 산업의 발전에 의해 최근에는 전기공학(electrical engineering), 전자공학(electronic engineering), 통신공학(communication engineering), 전자제어공학(electronic control engineering), 컴퓨터공학(computer engineering) 등으로 세분화되었다.

전기전자 공학에서 회로는 전류의 순환회로를 의미하며, 이를 전기회로 혹은 간단히 회로라고도 한다. 지금부터는 특별한 언급이 없는 한 전기회로(전기전자회로) 혹은 회로의 용어를 같은 의미로 사용하기로 한다.

회로는 저항, 인덕터(코일), 커패시터(콘덴서), 트랜지스터, 진공관, 전압원, 전류원 등의 회로소자로 구성되며, 각 소자는 도선으로 연결된다. 소자는 크게 수동회로소자와 능동회로소자로 나눌 수 있다. 수동회로소자는 에너지를 만들거나 증대시키지 않는 소자로 저항, 인덕터, 커패시터 등이 있으며, 능동회로소자는 에너지를 발생, 증대 또는 변환시키는 소자로 트랜지스터와 진공관, 배터리, 전압원, 전류원 등이 있다.

전기전자 소자들에 대한 직렬연결 회로, 병렬연결 회로, 직병렬 혼합연결 회로의 구성을 통해 특별한 기능을 수행하는 하나의 단위가 형성되며, 이러한 단위로는 기기, 시스템, 또는 네트워크가 있다.

다양한 전기전자의 기기, 시스템의 명확한 전기적 특성을 이해하기 위해서는 이 분야의 많은 세부 부분에 대한 지식이 요구된다. 따라서 본 교재에서는 이러한 세부적인 지식의 습득에 필요한 가장 기본적인 분야 중 하나인 전기전자 기본 회로에 관련된 이론을 다루고자 한다.

그리고 본 장에서는 전기회로에서 취급되는 가장 기초적인 기본 개념에 대해 학습하고자 한다.

1.2 전하와 전류

1) 물질과 분자 그리고 원자

초기 학문에서 연구된 바에 의하면, 물질을 쪼개는 과정을 반복하면 더 이상 쪼갤 수 없는 입자에 도달하게 되었는데, 이때 마지막에 도달한 더 이상 조개지지 않는 작은 입자를 원자(atom)라 부르게 되었으며 지금까지 이 용어를 사용하고 있다. 그러나 전자, 양성자, 중성자 등의 존재가 밝혀지면서 원자가 단일하고 유일한 입자가 아니고 복잡한 구조를 가진다는 것을 알게 되었고, 이제는 소립자(elementary particle)라고 하는 한 무리의 입자가 물질의 궁극입자로 취급되고 있다. 하지만 화학 원소로서의 특성을 유지하는 최소의 입자로는 여전히 원자가 가장 작은 단위이다. 특정한 물질은 특정한 한 개 혹은 다수 종류의 원자들의 결합으로 이루어져 있다. 원자는 화학적 방법으로는 더 이상 나눌 수 없는 물질의 기본단위 입자로서, 그 어원은 그리스어로 「나눌 수 없는」이라는 뜻의 아토모스(atomus)에서 유래된 것으로 알려져 있다.

화학원소는 각기 한 종류의 원자로 이루어지며, 원자의 종류는 원자번호로 표시한다. 1번 수소에서부터 92번 우라늄까지 92종의 원자가 지구상에 천연으로 존재한다. 원자핵 반응에 의해 만들어지는 인공원자로는 93번 넵투늄에서부터 107번 우닐셉튬까지 15종이 있다.

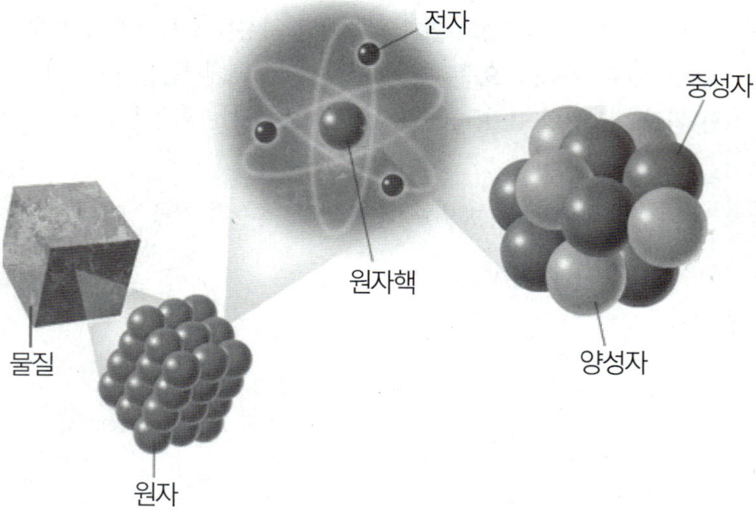

그림 1.1 물질과 분자 그리고 원자 사이의 관계에 대한 개념도(출처: 두산백과)

동종 또는 이종 원자의 조합 및 결합방식의 차이에 따라 많은 종류의 물질이 만들어진다. 물질 속에서 독립된 입자(particle)로 행동하는 원자의 집합체를 분자라 부른다. 즉 분자는 물질의 성질을 나타내는 가장 작은 단위의 입자이다. 그러나 원자로는 물질의 성질까지 나타내지는 못한다. 그림 1.1은 물질, 분자, 원자의 구조에 대한 개념도를 나타낸다.

2) 전하

그림 1.1에서 보인 원자 구조는 핵(neuclear)과 그 주위를 돌고 있는 전자(electron)들로 구성되어 있다. 그리고 원자핵에는 양성자(proton)와 중성자, 그리고 다른 미립자들로 구성되어 있다. 이중 전기적 성질을 띠는 것은 양성자와 전자이다. 따라서 앞으로 이 책에서는 특별한 언급이 없는 한 원자를 다룰 때 양성자와 전자까지만 취급하기로 한다.

전기적으로 안정한 상태의 원자는 원자핵에 있는 양성자의 수와 그 주위를 돌고 있는 전자의 수가 같을 때이며, 이러한 원자를 중성원자라 한다. 중성원자는 전기적으로 주위에 아무런 전기적 영향을 미치지 않는다. 원자 주위에 아무런 힘이 작용하지 않을 때는 핵과 그 주위를 돌고 있는 전자들은 서로 안정한 상태를 유지한다. 그런데 원자의 외부에서 어떤 힘 혹은 에너지가 작용하여 원자로부터 전자의 한 개 혹은 일부가 이탈하거나 추가될 때 이 원자는 불안정한 상태가 되는데, 이러한 경우의 원자를 이온(ion)이라 한다. 그림 1.2는 리튬 원자의 구조를 바탕으로 중성원자의 개념도를 나타낸 것이다.

전하(charge)란 모든 전기 현상의 근원이 되는 실체를 일컫는 것으로, 전기를 띠는 미립자로 정의된다. 전하는 음전하와 양전하로 나누어진다. 원자 주위를 돌고 있는 전자는 음전하(negative charge)로, 원자핵에 있는 양성자는 양전하(positive charge)로 분류된다. 즉 양성자는 +전기(양전기)를 띠는 전하이며, 전자는 −전기(음전기)를 띠는 전하로 정의된다. 좀 더 일반화시켜 말하면, 「음전하는 '자유전자'나 '중성입자 혹은 중성분자가 전자를 추가로 가질 때 띠는 전기적 성질을 갖는 입자'이고, 양전하는 '양성자'와 '중성입자가 전자를 잃을 때 띠는 전기적 성질을 갖는 입자'이다」라고 말할 수 있다. 이때 입자는 '자유전자', '양성자'나 '이온화된 원자 혹은 이온을 갖는 분자'가 될 수도 있다. 즉 전하는 분자 상태에서도 일어날 수 있다.

분자(molecule)란 각 물질에 고유한 성질을 갖는 최소 단위의 입자를 말하는 것으로, 이는 원자의 집단으로 구성되어지며 구성 원자의 수에 따라 1원자 분자, 2원자 분자, 3원자 분자, ...등으로 분류된다. 이 때 분자 상태로도 전기를 띨 수 있다. 전기를 띠는 입자를 우리는 대전입자(charged particle) 혹은 하전입자라 부른다.

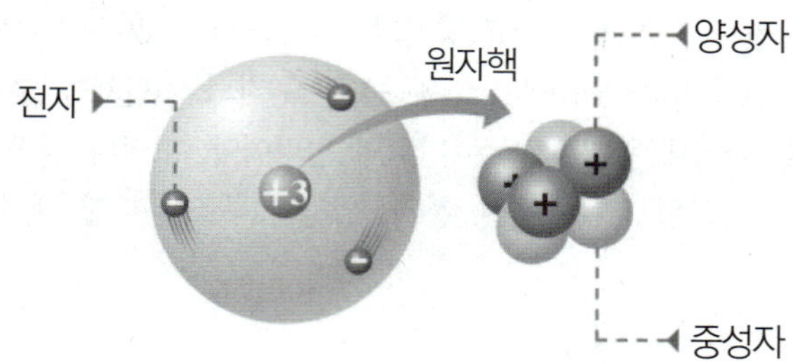

그림 1.2 리튬 원자의 구조(출처: 학생백과)

앞에 언급한 바와 같이, 전하는 전기현상을 일으키는 주체로서, 전기를 띈 입자로 정의한다. 특히 공간에 있는 가상의 점 형태를 갖는 전하를 점전하(point charge)라고 하고, 전하의 양을 전하량이라고 부른다. 전하량의 정도를 나타내는 단위로 국제 단위인 쿨롱(Coulomb)을 사용하며, 기호는 C를 사용한다. 1 쿨롱은 매우 큰 단위이며, 약 6.24×10^{18}개의 전자(혹은 양성자)들이 갖는 전하량에 해당한다. 역으로 말하면, 전자 한 개의 전하량은 $1/(6.24\times10^{18})$ 쿨롱 혹은 1.602×10^{-19}쿨롱이며, 이를 기본 전하 e라고 부른다. 그리고 전자 1개가 띠는 전하량과 양성자 1개가 띠는 전하량은 같으나, 부호가 반대이다. 즉 전자는 음의 전하를, 양성자는 양의 전하를 갖는다.

전기력은 두 개의 전하 사이에 작용하는 척력(서로 미는 힘)과 인력(끌어당기는 힘)의 크기로 결정된다. 실존하는 전하량은 항상 기본 전하량 $e(=1.602\times10^{-19}\text{쿨롱})$의 정수배로 나타낸다. '전하 사이에는 같은 극성의 전하끼리는 밀어내는 힘(척력)이 작용하고 서로 극성이 다른 전하 사이에는 끌어당기는 힘(인력)이 작용'하는데, 이는 쿨롱의 법칙(Coulomb's law)이 적용된 것이다. 즉 이 법칙은 쿨롱이 발견한 것으로 '동일한 극성을 갖는 전하끼리는 서로 미는 힘이 작용하고, 서로 다른 극성을 갖는 전하끼리는 끌어당기는 힘이 작용한다.'는 뜻을 내포하고 있다.

중성원자에서는 원자핵 내부에 있는 양성자들과 핵 주위를 돌고 있는 전자들 사이에 힘의 균형이 이루어져 있다. 즉 양성자와 그 주위를 돌고 있는 전자 사이에는 쿨롱의 힘이 작용하며 또한 그 핵 주위를 돌고 있는 전자는 원심력을 갖는다. 그리고 원자 내에서 쿨롱의 힘과 원심력이 균형을 이루기 때문에, 중성원자는 전기화학적으로 안정한 상태를 유지한다. 이와 같이 핵에 구속되어 있는 전자를 구속전자라 한다. 그런데 외부의 에너지에 의해 전자가 힘을 받아 여기(excitation) 상태가 되면 원자핵 주위를 돌고 있는 전자는 원자핵의 구속에서 벗어나 돌고 있던 궤도를 이탈하면서 물질 내부를 자유로이 움직이는 상태가 되는데, 이러한 상태의 전자를 자유전자(free electron)라 부른다.

3) 전류

전류(current)란 전하의 흐름으로 정의한다. 그리고 그림 1.3(a)와 같이 전류의 방향은 양전하의 이동 방향 쪽으로 정의한다. 양성자는 양전기를 띠는 전하이며 전자는 음전기를 띠고 있는 전하이므로, 전류의 방향은 또한 그림 1.3(b)와 같이 전자의 이동 방향과 반대방향이 된다.

그런데 전자의 질량은 9.106×10^{-31}Kg이고 양성자의 질량은 1.6726×10^{-27}Kg으로, 양성자는 전자보다 약 1830배 정도 무겁다. 따라서 두 전하가 1개씩 존재한다고 가정할 때, 두 전하 사이에는 인력이 작용하고, 이에 따라 전자가 양성자 쪽으로 끌려간다고 할 수 있다. 즉 두 개의 서로 다른 극성을 지닌 전하가 존재하는 경우 도체 내의 전류에는 대부분 자유전자에 의해 일어난다고 생각할 수 있다. 그림 1.3(c)는 회로 내부에서 전자(자유전자)와 원자, 그리고 전류에 대한 상대적 관계를 설명하는 개념도를 나타낸 것이다.

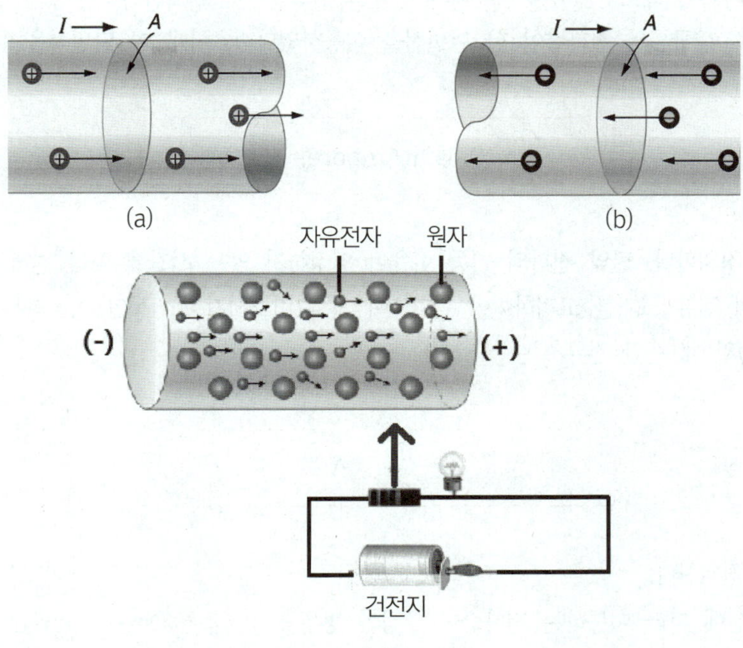

그림 1.3 양전하와 음전하 그리고 전류의 방향에 대한 개념도

전기가 잘 통하는 도선에서는 그림 1.3(c)와 같이 전류가 거의 자유전자에 의해 결정되나, 물질의 종류에 따라서는 전류의 주체가 달라질 수도 있다. p형 반도체에서는 정공(구속전자)이, 전지나 전기분해장치에서는 음과 양의 이온이 전류의 주체가 된다. 전류의 정의에 의하면 원자 혹은 분자 단위의 미시세계에서 양전하나 음전하의 미세한 움직임도 전류에 기여하나, 회로이론에서는 거의 대부분 원자 내부의 미시적 움직임까지는 고려하지 않고 회로 소자 혹은 선로를 통해 움직이는 전하량의 거시적 움직임 관점에서 전류를 취급한다.

전류의 세기(크기)와 단위

전류의 세기(혹은 크기)는 회로의 한 면적 또는 일반적으로 임의의 단면적을 단위 시간에 통과하는 전하량으로 정의한다. 전류의 단위는 MKS 단위계로 암페어(Ampere: 기호 A)를 사용하며, 전류 방향에 대한 부호는 양(+)전하의 운동 방향을 양(+)의 전류 방향으로 기준을 정한다. 1암페어는 1초(second)에 1쿨롱의 전하량이 임의의 한 단면적을 통과할 때의 그 단면적을 통해 흐르는 전류량으로 정의한다. 즉 T초 동안 일정한 비율로 Q쿨롱의 전하량이 한 단면적을 이동하였다면, 이때 이 단면적을 통해 흐르는 전류의 세기 I는

$$I \doteq \frac{Q}{T} \quad \text{암페어(Ampere, 기호 A)} \tag{1.1}$$

으로 정의한다. 만약 전하의 이동 비율이 일정하지 않는 시간에 따라 변하는 경우, 각 순간의 전류 크기를 고려하여야 한다. 이 경우 미소시간 dt 동안 이동하는 전하의 양이 dq일 때 순간 전류 i는

$$i \doteq \frac{dq}{dt} \quad \text{A} \tag{1.2}$$

으로 정의한다.

시간에 따라 이동하는 전하량이 일정한 경우를 직류전류(Direct Current: DC)라 하고 통상적으로 영어 대문자 I로 나타내며, 시간에 따라 이동하는 전하량이 변하는 경우 교류전류(Alternating Current: AC)라 하며 통상적으로 소문자 i로 나타낸다.

식 (1.2)에 따라 시간 $t_1 \sim t_2$ 동안 임의의 한 단면적을 통과하는 총 전하량 q는 다음과 같다.

$$q = \int_{t_1}^{t_2} i\,dt \quad \mathrm{C} \tag{1.3}$$

전류의 방향을 다시 정리하여 보자. 회로에서 전류의 방향은 양전하가 움직이는 방향으로 설정(정의)되며, 기호로는 화살표의 방향으로 전류의 흐름을 나타낸다. 만약 전자가 흐른다면 전자에 의한 전류의 방향은 전자가 흐르는 반대의 방향이 된다. 그리고 전류의 방향을 화살표로 나타내었을 때, 전류가 마이너스(-) 값을 가진다는 것은 실제로는 화살표의 반대 방향으로 흐른다는 것을 의미한다.

예제 1.1

임의의 한 단면 S를 매초 2쿨롱의 전하가 통과할 때 이 단면을 단위 시간(1초) 당 통과하는 전자의 수는 대략 몇 개인가?

풀이

전자 한 개가 띠는 전하량은 1.602×10^{-19}쿨롱이므로, 단위 시간 당 단면 S를 통과하는 전자의 수 N은 다음과 같다.

$$N \cong \frac{2}{1.602 \times 10^{-19}} \cong 1.2 \times 10^{19} \text{ 개}$$

1.3 접지와 전위 및 전위차

1) 전위

전위(potential)란 어느 한 기준점에서 단위 양전하에 대한 전기적 위치 에너지로 정의한다. 즉 전기장 내의 한 점에서 전위란 단위 양전하(+1C)를 기준점(절대 전위 0볼트인 지점)에서 그 지점까지 옮겨가는데 요구되는 일(에너지)의 양으로 정의한다. 전위는 스칼라(scalar)량이며, 국제표준단위로 V(volt: 볼트)라는 단위를 사용한다.

좀 더 구체적으로 살펴보면 전기장 내에서 단위 양전하를 P점으로 이동시키려면 중심의 전하와 인력이 생기기 때문에 에너지가 요구된다. 전하를 이동시킬 때 외부에서 단위 양전하에게 해준 일만큼 단위 양전하는 전기적 위치에너지를 더 갖게 된다. 특정 지점에서 1볼트(V)라는 것은 단위양전하(1쿨롱)를 기준점(절대전위가 0 V인 지점)에서 이 점까지 옮겨오는데 요구되는 일의 양이 1줄(J)일 때, 이 점의 전위를 말하는 것으로 그림 1.4에 개념도가 보인다. 근사적으로 지구(땅)는 거의 같은 전위를 유지하므로, 통상적으로 지구(땅)의 전위 값을 절대전위 0볼트로 정의한다.

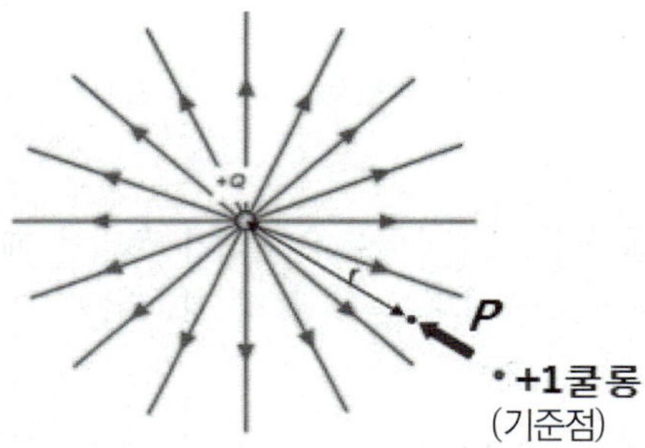

그림 1.4 전위의 정의에 대한 개념도

전위의 개념을 보완설명하기 위해, 그림 1.5와 같이 중력장과 전기장 내에 있는 물체와 전하를 고려하자.

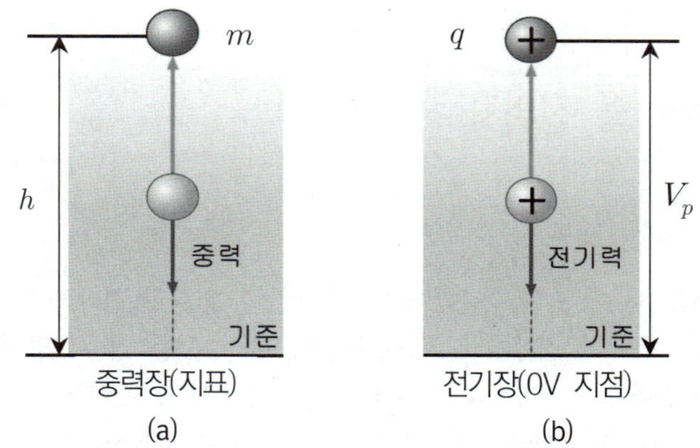

그림 1.5 위치에너지 개념도: (a) 중력장 내에 있는 물체의 위치에너지, (b) 전기장 내에 있는 전하의 위치에너지

그림 1.5(a)를 참고하면, 중력장 내에서 지면에 있는 질량 m인 물체를 지면에서 높이 h만큼 위로 들어 올리려면 외부에서 mgh만큼 일을 해주어야 한다. 만약 이 만큼의 일이 가해졌을 때 그 물체는 h높이로 옮겨져 mgh의 위치에너지를 갖게 된다.

한편 그림 1.5(b)에서는 전하 q가 기준 위치(0V 지점)보다 V_p만큼 더 높은 위치로 옮겨 놓으려면 외부에서 qV_p 만큼 일을 해주어야 한다. 이러한 일을 받은 전하 q는 qV_p 만큼의 위치에너지를 더 갖게 된다. 즉 전하 q가 갖는 위치에너지가 qV_p일 때, 이 전하가 있는 지점의 전위를 V_p라 한다. 즉 전하를 옮기는데 외부에서 전하에 일을 해준 만큼 전기에너지가 그 전하에 저장된다고 생각하면 된다.

여기서 명심해야 할 사항은 **'전류는 높은 전위를 갖는 쪽에서 낮은 전위를 갖는 쪽으로 흐른다'**는 사실이다. 그리고 **"전류가 '-' 값을 가진다는 것은 실제는 기준 방향(화살표 방향)의 반대 방향으로 흐른다는 것"**을 의미한다.

2) 접지

전기전자회로에서 접지는 크게 **절대접지**(absolute ground)와 **공통접지**(common ground)로 구분되는데, 절대접지를 **지구접지**(earth ground)라 부르기도 한다. 보통 2가지 구분이 엄격히 필요로 하지 않는 경우 단순히 **접지**(earth)라 통칭하여 사용한다. 공통접지와 절대접지의 회로 기호는 그림 1.6과 같으며, 그림 1.6(a)와 그림 1.6(b)는 각각 절대접지와 공통접지의 회로 기호를 나타내며, 글자로는 영문자 **GND**를 사용하기도 한다.

도체로 땅에 연결된 회로 부분들은 균일한 전위 값을 갖는 것으로 볼 수 있으며 이렇게 연결된 회로의 부분을 **절대접지**로 취급되며, 이를 회로 해석의 기준점으로 채택하기도 한다. 즉 관례적으로 전기전자공학에서 우리가 회로의 한 지점을 전기적 기준점으로 정의하

(a)　　　　(b)

그림 1.6 전기전자회로에서 접지의 기호 : (a) 절대접지, (b) 공통접지

여, 이 기준점을 접지라고 하고 0 V의 전위로 취급하기도 하며, 또한 지구의 전위를 통상적으로 절대전위 0V로 취급하여 사용한다. 한편 회로의 다른 지점의 전위는 접지를 기준으로 상대적으로 나타내어 사용한다.

공통접지의 경우 일반적으로 회로해석의 편리성을 위해 회로의 임의의 한 점을 채택하여 그 점을 공통접지라 부르고, 그 점을 중심으로 회로의 다른 부분의 전위를 논의한다. 공통접지를 도체로 지구와 연결하여 사용하는 경우 지구접지와 동일한 개념을 갖는다. 그러나 반드시 공통접지가 절대전위 0 V일 필요는 없다. 일부 학자들은 공통접지란 용어의 사용을 적절치 않게 생각하는 경우도 있다.

3) 전위차(전압)

임의의 두 점에 대한 전위 값의 차를 그 두 점간의 전위차(potential difference) 혹은 전압(voltage)라고 부른다. 전위차의 단위 역시 국제표준단위로 볼트(volt: 기호 V)를 사용한다.

그림 1.7은 기준점에 양전하 ($+q$)가 있을 때와 음전하($-q$)가 있을 때 각각에 대한 주위의 상대적 전위차를 나타낸 것이다. 그림 1.7(a)에서와 같이 기준점에 양전하가 있을 때 그 주위 공간이 동일한 전기적 특성을 갖는다면, 그 주위의 전위는 기준점에 가까울수록 높아지고 멀어질수록 낮아진다. 반면에 그림 1.7(b)에서와 같이 기준점에 음전하가 있을 때 그 주위 공간이 동일한 전기적 특성을 갖는다면, 그 주위의 전위는 기준점에 가까울수록 낮아지고 멀어질수록 높아진다.

임의의 두 지점 사이에 전위차가 1 V라는 것은 이 두 지점 사이에 +1쿨롱의 전하를 이동시킬 때 외부로부터 받거나 외부로 해 주어야 하는 일의 양이 1 J일 때 두 지점간의 전위차를 말한다. 즉 전위가 낮은 쪽에서 높은 쪽으로 +1쿨롱의 전하를 이동시킬 때는 외부에서 1줄의 일을 해주어야 하고, 전위가 높은 쪽에서 낮은 쪽으로 +1쿨롱의 전하를 이동시킬 때는 외부로 1줄의 일을 전하가 해 주게 된다.

전위차를 수식으로 표현하여 보자. Q쿨롱의 전하가 전위차가 일정한 두 지점 사이를 이동할 때 얻거나 잃는 에너지의 양이 E 줄(Joule)이라면, 두 점 사이의 전위차를

$$V \doteq \frac{E}{Q} \quad \text{볼트(volt: V)} \tag{1.4}$$

로 정의한다. 여기서 주의해야할 기호로는 전압을 타나내는 이탤릭체 V와 볼트를 나타내는 V(전압의 양을 나타내는 단위)를 구별하여야 한다. 때로는 두 기호를 혼용하여 사용하는 경우도 있으니, 사용할 때 조심하여야 한다.

좀 더 일반적인 표현을 사용하여 보자. 미소전하 dq가 두 지점 사이를 이동하는데 수반되는 에너지의 변화량을 $d\varepsilon$라면 두 지점 사이의 전위차를

$$v \doteq \frac{d\varepsilon}{dq} \quad \text{볼트(volt: V)} \tag{1.5}$$

으로 정의한다.

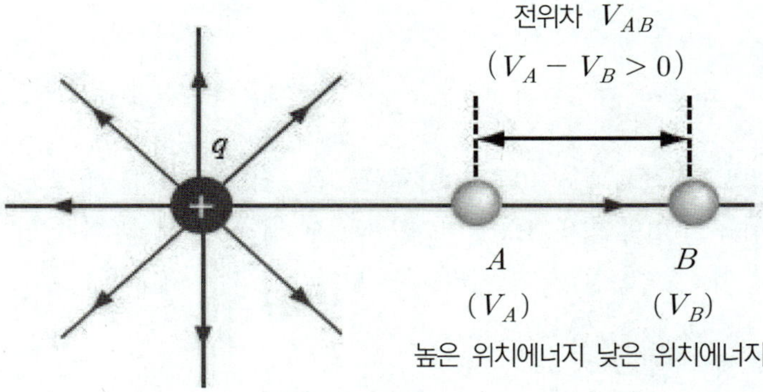

(a)

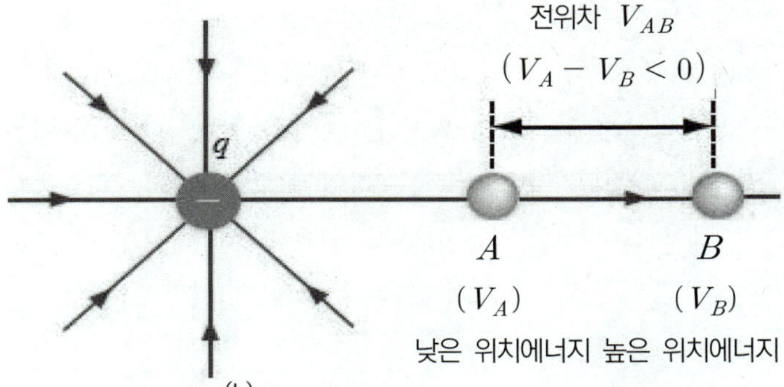

(b)

그림 1.7 전위차의 개념도 : (a) 기준점에 양전하($+q$)가 있을 때 주위의 상대적 전위차, (b) 기준점에 음전하($-q$)가 있을 때 주위의 상대적 전위차

즉 전위가 낮은 쪽에서 높은 쪽으로 전하를 옮기려면 전하는 에너지(혹은 일)를 외부로부터 공급받아야 하고, 전위가 높은 쪽에서 낮은 쪽으로 전하를 옮기려면 전하는 에너지(혹은 일)를 외부로 방출한다. 다른 표현을 쓰면, 점 a에서 점 b로 전하를 이동시킬 때 외부에서 전하에게 일을 해주는 경우(외부로부터 에너지를 공급받는 경우) 점 b의 전위는 점 a의 전위보다 높다고 말한다($V_{ab} > 0$). 반면에 점 a에서 점 b로 전하를 이동시킬 때 전하가 외부로 일을 공급해 주는 경우(외부로 에너지를 공급해 주는 경우) 점 b의 전위는 점 a의 전위보다 낮다고 말한다($V_{ab} < 0$).

전위차(혹은 전압)에는 **극성**(polarity)이 표시되는데, 전위가 높은 쪽을 + 로 표기하고, 전위가 낮은 쪽을 - 로 표기한다. 시간에 따라 전압(혹은 전위)이 변하지 않고 일정한 경우를 **직류전압**이라 하고 통상적으로 대문자 V로 나타내며, 시간에 따라 전압(혹은 전위)이 변하는 경우를 **교류전압**이라 하며 통상적으로 소문자 v로 나타낸다.

예제 1.2

임의의 한 점 a에서 10쿨롱의 전하를 점 b로 이동시키는데 외부에서 해주어야 하는 일의 양을 100줄이라할 때, 두 점 사이의 전위차가 얼마인지 구하고 어느 쪽의 전압이 더 높은지를 밝혀라.

풀이

식 (1.4)를 사용하면 두 점 사이의 전위차는

$$V = \frac{E}{Q} = \frac{100}{10} = 10 \quad \text{볼트}$$

이다. 그리고 점 a에서 점 b로 전하를 이동시킬 때 외부에서 일을 해주어야 하므로 점 b의 전위가 a점의 전위보다 10볼트 더 높다.

1.4 전력과 에너지

1) 전력

단위시간 동안 전달되는 또는 다른 형태의 에너지로 변환되는 전기에너지양을 전력(electric power)이라 한다. 즉 전력은 **'단위시간당 전기가 하는 일의 양'을** 말한다. 전력의 MKS 단위로는 와트(watt)를 사용하며, 기호로는 W를 사용하나, J/s를 사용하기도 한다. 1 W는 1초 동안에 주거나 받는 혹은 전달되는 에너지가 1줄(Joule: 기호 J)일 때 전력의 크기로 정의된다. 따라서 T초 동안에 일정한 비율로 E 줄(J)의 에너지를 주거나 전달하는 경우 전력 P를

$$P \doteq \frac{E}{T}, \quad \text{W(watt) 혹은 J/s} \tag{1.6}$$

과 같이 정의한다.

한편 식 (1.1)과 (1.4)를 식 (1.6)에 대입하면 전력은

$$P = IV, \quad \text{W(watt) 혹은 J/s} \tag{1.7}$$

으로 표현할 수 있다. 즉 1 W는 1 A(암페어)의 전류가 1 V(볼트)의 전압이 걸린 곳을 흐를 때 소비되는 전력의 크기라고도 말할 수도 있다. 전력을 나타낼 때는 일반적으로 power의 첫 글자인 P로 표시한다.

만약 교류전원인 경우 식 (1.6)은 순시전력 p로 바뀌어 다음과 같이 정의한다.

$$p \doteq \frac{dE}{dt}, \quad \text{W(watt) 혹은 J/s}$$

즉 순시전력은 단위시간당 전기 에너지의 변환비율로 정의된다.

위의 식에서 정의된 교류전력(순시전력)은 또한 다음과 같은 관계를 준다.

$$p = vi, \quad \text{W(watt) 혹은 J/s} \tag{1.8}$$

여기서 v와 i는 각각 순시 전압과 순시 전류를 나타낸다.

예제 1.3

100볼트의 전위차가 있는 두 지점 사이를 전류가 일정하게 0.5 암페어(A)로 흐를 때 공급되는 전력은 얼마인가?

풀이

식 (1.7)을 사용하면 전력 P는

$$P = 100 \times 0.5 = 50 \quad \text{와트(W)}$$

이다.

2) 전기 에너지

시간에 따라 공급하는 전력 P가 일정할 때, 이 전력을 T초 동안 공급하는 경우 전달되는 전기 에너지는 식 (1.6)으로부터

$$E = PT \text{ 줄(J)}$$

이다. 그런데 시간을 초(second)로 나타내면 너무 큰 숫자로 표현되기 때문에 T초 대신 $\hat{T}$시간(hours) 단위로 공급 또는 전달되는 에너지(전력량) $\hat{E}$를 다음과 같이 나타내어 사용한다.

$$\hat{E} = P\hat{T}, \text{ Wh} \tag{1.9}$$

즉 전력 P를 $\hat{T}$시간(hours) 동안 사용하였을 때 전달 혹은 소모되는 전기에너지는 $\hat{E}$(와트시) 다는 것을 의미한다.

여기서 식 (1.8)을 사용하자. 만약 시각 t_1과 t_2 사이에 순시 전력 p로 공급되는 전기에너지(전력량) E는 다음과 같다.

$$E = \int_{t_1}^{t_2} p(t)\,dt, \text{ J} \tag{1.10}$$

1.5 전원

전원(electric power source)은 '전기기기, 시스템 등에 전력을 공급하는 장치'를 말한다. 또 다른 표현을 사용하면 '전기적 에너지를 발생시키는 장치'라 할 수 있다. 전원에는 발전기, 축전지, 태양전지, 발진기 등이 있다. 한편 전원에 연결된 장치를 부하(load)라 하며, 부하는 일반적으로 전력을 소비하는 장치나 시스템을 말한다.

전원은 크게 전압원(voltage source)과 전류원(current source)로 분류되며, 한편으로는 전원이 직류를 공급하느냐 혹은 교류를 공급하느냐에 따라 직류전원과 교류전원으로 분류된다. 그리고 전원이 다른 소자에 의해 영향을 받는지의 유무에 따라 독립전원과 종속전원으로 분류된다.

한편 실제 존재하는 전원이냐 가상의 완전한 전원이냐에 따라 실제 전원(real source)과 이상적 전원(ideal source)으로 분류된다. 현실에는 이상적인 전원은 존재하지 않으나, 실제 회로의 해석을 단순화시키기 위해 사용하는 하나의 가상적인 전원이다.

1) 이상적 전압원

이상적 전압원(ideal voltage source)이란 부하 종류나 출력 전류에 무관하게 두 전압원 단자 사이의 전압을 항상 일정한 형태로 유지할 수 있는 전압 공급원을 말한다. 이상적인 전압원에도 이상적인 직류전압원과 이상적인 교류전압원으로 분류되며, 사용되는 회로기호(circuit symbol)는 그림 1.8과 같다. 그림 1.8(a)는 이상적인 전압원의 일반적인 표기법으로, 직류나 교류에 상관없이 표기하는 방식이며, 기호 + 와 - 는 전원의 기준방향을 주기 위함이다. 이렇게 나타내는 경우 전압원이 시간에 따라 변하는 교류일 수도 있고, 시간에 따라 변하지 않는 직류일 수도 있다. 한편 그림 1.8(b)는 전원의 출력 전압이 시간에 따라 변하지 않는 이상적 직류전압원을 나타내는 회로 기호이며, 그림 1.8(c)는 이상적인 교류전압원의 회로 기호를 타나낸다.

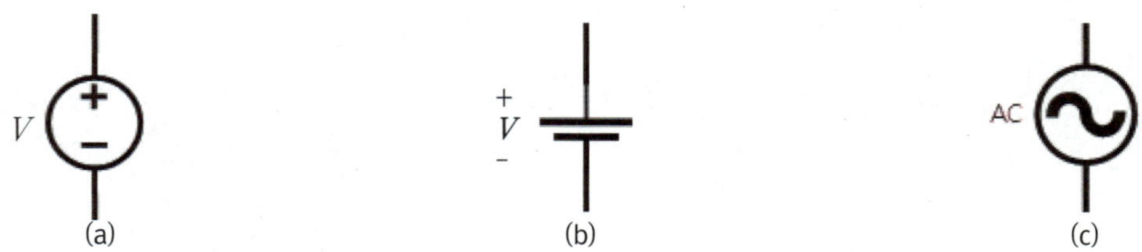

그림 1.8 이상적인 전압원의 회로 기호(심벌)
(a) 이상적인 전압원의 일반적 표기, (b) 이상적인 직류 전압원, (c) 이상적인 교류 전압원

이상적인 직류전압원은 부하나 출력전류에 관계없이 시간에 따라 항상 전압의 크기를 일정하게 공급하는 전압원을 말하며, 이상적인 교류전압원은 부하나 출력전류에 관계없이 시간에 따라 항상 일정한 패턴으로 변하는 전압원을 말한다.

2) 이상적 전류원

이상적 전류원(ideal current source)이란 부하 종류에 무관하게 항상 일정한 전류를 공급할 수 있는 전원장치를 말한다. 이상적인 전류원의 회로 기호는 그림 1.9와 같다.

이상적인 전류원에 대한 회로기호는 직류전류원이나 교류전류원이나 동일한 기호를 사용하는데, 단지 직류와 교류에 따라 각각 외부에 전류 기호를 대문자와 소문자로 구분하여 사용한다. 대문자는 직류전류원을, 소문자는 교류전류원을 나타낸다. 아울러 전류의 기준 방향을 주기 위해 전원 내부에 화살표로 방향을 나타낸다.

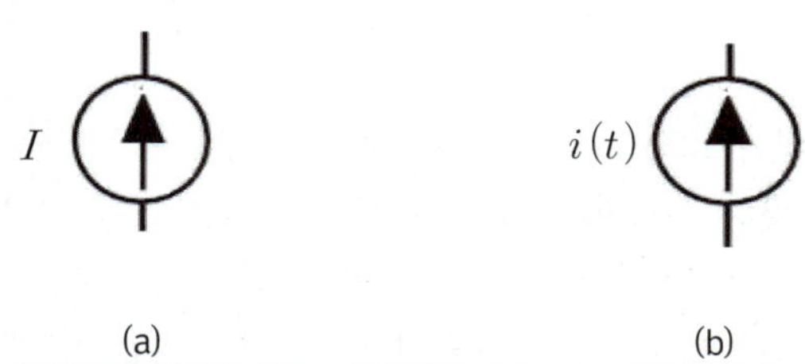

그림 1.9 이상적인 전류원 회로 기호(심벌): (a) 직류 전류원, (b) 교류 전류원

만약 그림 1.10과 같이 전원의 기준 전류 방향과 부하의 전류 방향이 다를 때는, 부하의 전류는 다음과 같은 관계를 갖는다.

$$I_L = -I_s \tag{1.11}$$

즉 전류원의 기준방향에 대해 반대의 방향을 -로 표현한다.

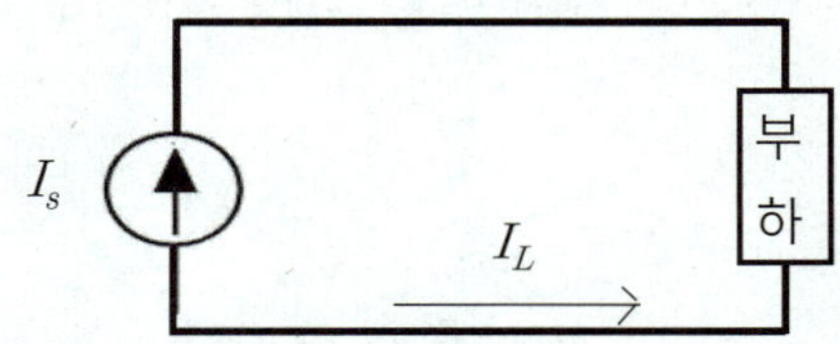

그림 1.10 전류원의 기준 전류 방향과 부하 전류의 방향

3) 독립전원과 에너지의 공급 및 흡수

독립 전원

독립 전원이란 회로에 존재하는 다른 소자들의 영향을 받지 않는 전원을 말한다. 즉 다른 소자들의 에너지 값에 의해 영향을 받지 않는 전원을 의미하는 것으로, 외부의 영향에 의해 변하지 않고 전류나 전압을 공급하는 전원을 말한다. 여기서 독립 전원을 독립 전압원과 독립 전류원으로 나누어 좀 더 자세히 살펴보기로 하자.

독립 전압원

독립 전압원이란 이상적인 경우 부하 혹은 연결된 회로의 종류에 상관없이 2단자에 특정한 전압을 공급할 수 있는 전압원을 말한다.

먼저 그림 1.11과 같이 두 단자 a, b의 전압을 V_{ab}라 하고, 두 단자 사이를 흐르는 전류를 I라 하고, 이 두 단자에 독립 전압원 V_s가 연결되어 있다고 하자. 독립 전압원은 배터리나 발전기와 같은 2단자 소자로 생각할 수 있으며, 회로의 나머지 부분에 상관없이 두 단자 a, b 사이의 전압을 일정하게 유지한다. 따라서 그림 1.11과 같이 전류 I에 상관없이 그리고 어떤 외부 회로가 연결하더라도, 항상 두 단자 a, b 사이의 전압은 주어진 값과 같다. 즉

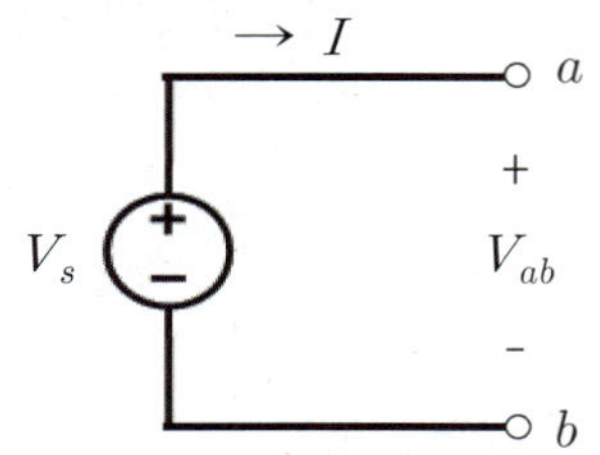

그림 1.11 독립 전압원과 단자 a-b 사이 전압과의 관계

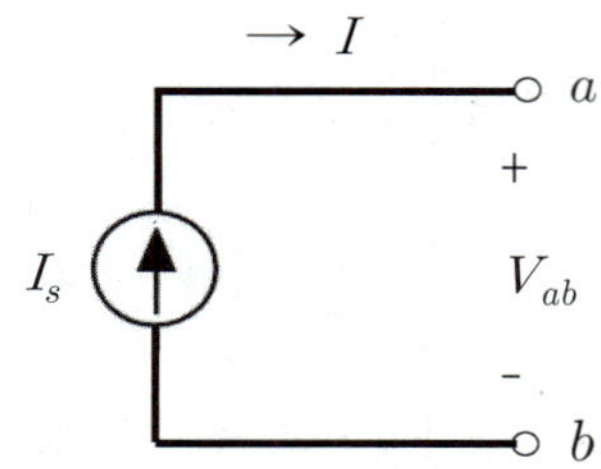

그림 1.12 독립 전류원과 단자 사이를 흐르는 전류 I와의 관계

$$V_{ab} = V_s \tag{1.12}$$

와 같다.

만약 두 단자 사이 전압의 기준을 반대 방향으로 취하면, 즉 단자 b를 +로 단자 a를 -로 기준을 취하면 $V_{ab} = -V_s$가 된다.

위에 설명한 독립전압원은 직류, 교류 모두에 해당된다.

독립 전류원

독립 전류원이란 이상적인 경우 부하 또는 외부에 연결된 회로의 영향을 받지 않고 2단자에 일정한 전류를 공급할 수 있는 전류원을 말한다.

우선 그림 1.12와 같이 두 단자 a, b의 전압을 V_{ab}라 하고, 두 단자 사이를 흐르는 전류를 I라 하고, 두 단자에 독립 전류원 I_s가 연결되어 있다고 가정하자. 독립 전류원은 2단자 사이의 전압 V_{ab}와 상관없이, 그리고 회로의 나머지 부분에 상관없이 I_s는 일정하게 유지한다. 따라서 그림 1.12와 같이 전류 I는 단자 a, b에 어떤 외부 회로가 연결하더라도 항상 I_s는 같다. 즉

$$I = I_s \tag{1.13}$$

가 된다. 만약 전류 I_s의 기준방향을 반대로 취한다면, $I = -I_s$가 된다.

위에 설명한 독립전류원은 직류, 교류 모두에 해당된다.

독립 전원의 전력 공급과 흡수

독립전원은 일반적으로 외부 회로에 전력을 공급하는데, 특이한 회로에서는 전력을 흡수하기도 한다. 그림 1.13을 참고로 살펴보자.

그림 1.13(a)의 회로에서는 전원 혹은 두 단자 a, b 사이의 전압이 20 V이고 단자 b로 2 A의 전류가 전원 쪽으로 흘러 들어간다. 이 회로의 경우 전력은 $P = IV = 40$ W이므로, 회로의 나머지 부분(단자 a, b에 연결된 외부 회로)에 40W의 전력을 공급한다.

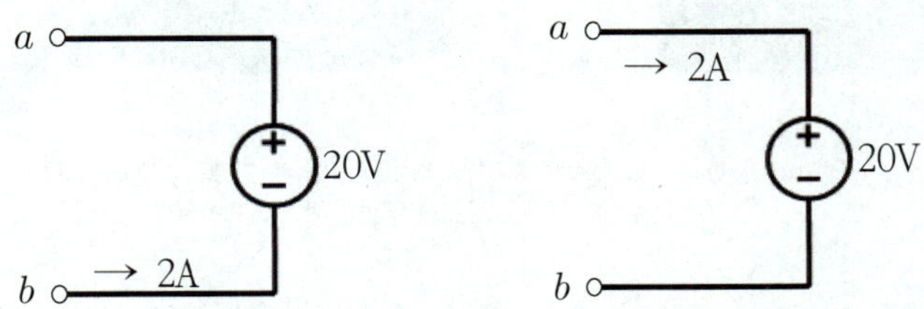

그림 1.13 독립 전원의 전력 흡수와 공급 : (a) 전력을 공급하는 전원, (b) 전력을 흡수하는 전원

그런데 그림 1.13(b)의 회로에서는 전원 혹은 두 단자 a, b 사이의 전압이 20 V이고 단자 a로 2 A의 전류가 전원 쪽으로 흘러 들어간다. 이 회로의 경우 전력은 $P = IV = -40$ W이므로, 회로의 나머지 부분(단자 a, b에 연결된 외부 회로)에 있는 전원으로부터 40 W의 전력을 공급받아 전원에서 흡수(저장)하게 된다.

1.6 전류와 전압 및 저항 측정법

여기에서는 전기회로에서 특정 선로를 통해 흐르는 전류나 두 지점 사이의 전압을 측정하는 방법에 대해 학습하기로 한다. 전류를 측정하는 기기를 **전류측정기**(ampere meter) 또는 **암미터**(ammeter)라 하며, 전압을 측정하는 기기를 **전압측정기**(volt meter) 또는 **볼트미터**라 하며, 저항을 측정하는 기기를 **저항측정기**(ohm meter) 또는 **옴미터**(Ohmmeter)라 하며, 전력을 측정하는 기기를 **전력측정기**(power meter)라 한다. 전류, 전압, 저항, 전력 등을 한 기기에서 측정할 수 있는 측정기를 **멀티미터**(Multimeter) 혹은 **테스터기**(Tester)라 한다.

(a) (b)

그림 1.14 멀티미터의 예 : (a) 태광전자정밀산업사, 아날로그 형 멀티미터(TM-360R), (b) ㈜유니트랜드, 디지털 형 멀티미터(UT10A)

멀티미터의 예가 그림1.14에 보인다. 그림 1.14(a)는 '태광전자정밀산업사'의 아날로그 멀티미터(모델명: TM-360R)의 외형을 나타낸 것으로, 로터리 스위치를 어느 위치에 두느냐에 따라 DC전압, AC전압, 전류, 저항 등을 선택하여 측정할 수 있다. 한편 그림 1.14(b)는 '유니트랜드'에서 출시한 디지털 멀티미터 (모델명: UT10A)의 외형을 나타낸 것으로, 어느 4각형 버튼을 누르냐에 따라 DC전압, AC전압, 전류, 저항 등을 선택하여 측정할 수 있다.

1) 전류 측정법

그림 1.15를 바탕으로 멀티미터(암미터)를 사용하여 전류를 측정하는 방법에 대해 알아보자.

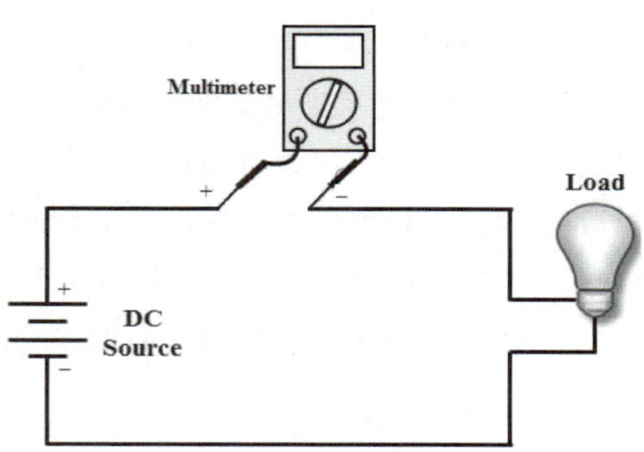

그림 1.15 선로를 흐르는 전류를 멀티미터(암미터)로 측정하는 방법

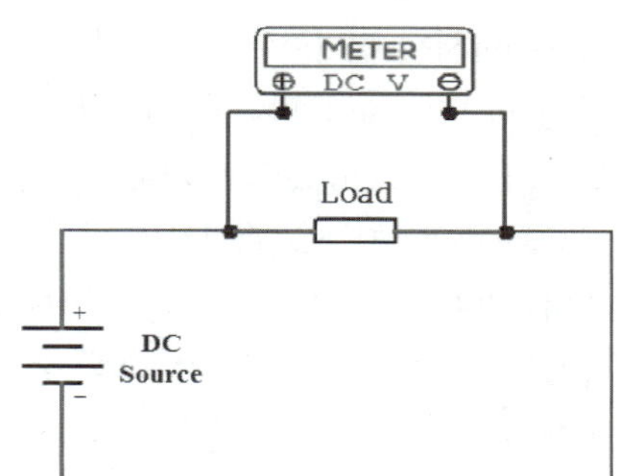

그림 1.16 회로의 두 지점 사이의 전압을 전압측정기로 측정하는 방법

먼저 멀티미터를 사용하는 경우 선택 단자를 전류측정 부분으로 위치하게 한다. 그런 다음 선로를 흐르는 전류를 측정하기 위해서는 선로를 절단한 후, 전원의 + 극성 방향 선로와 멀티미터의 + 극 단자(일반적으로 붉은 색 단자로 표기)를 연결하고, 전원의 - 극성 방향의 선로와 멀티미터의 - 극성(일반적으로 검은 색 단자로 표기) 단자를 연결하면 멀티미터의 화면에 전류값이 나타난다. 만약 극성을 반대로 연결하면, 아날로그 측정기를 사용하는 경우 측정이 되지 않으며, 디지털 측정기를 사용하는 경우는 마이너스(-) 값으로 측정이 된다. 회로의 어느 쪽이 높은 전위인지를 잘 모르는 경우 측정기의 양쪽단자를 바꾸어 가면서 측정을 시도하면 된다.

2) 전압 측정법

회로 상의 전압을 측정하는 방법을 알아보기 위해 그림 1.16을 참고하자. 먼저 멀티미터를 사용하는 경우 멀티미터의 선택단자를 전압측정(직류 혹은 교류 중 회로 전원과 일치하게) 부분으로 위치하게 한다. 그리고 전압을 측정할 때는 전류 측정 시와 달리 회로의 선로를 절단하지 않는다.

그리고 전기회로의 두 지점 사이의 전압을 측정하기 위해 전압측정기를 연결하는 방법은 그림 1.16에 나타난 바와 같이 측정기의 + 단자(일반적으로 붉은 색 단자)를 회로의 두 점 중에 전위가 높은 쪽에, 측정기의 - 단자(일반적으로 검은 색 단자)를 회로의 두 점 중에 전위가 낮은 쪽에 연결한다. 그러면 측정된 전압이 측정기 화면에 나타난다. 만약 반대로 연결하면 아날로그 측정기의 경우 정상적으로 측정이 되지 않으며, 디지털 측정기인 경우는 마이너스(-) 값으로 측정이 된다. 회로의 어느 쪽이 높은 전위인지를 잘 모르는 경우 측정기의 양쪽단자를 바꾸어 가면서 시도를 하면 된다.

3) 저항 측정법

저항(resistance)이란 전류의 흐름을 방해하는 작용 또는 성질을 말하며, 저항의 단위로는 옴(Ω)을 사용한다. 저항을 띤 물체를 저항기(resistor)라 하는데, 우리는 편의상 저항기를 간단히 저항이라고도 부른다.

저항에 대해서는 다음 장에 자세히 설명하기로 하고, 여기에서는 멀티미터(혹은 옴미터)로 저항값을 측정하는 방법에 대해서만 언급하기로 한다. 그림 1.17은 멀티미터로 저항을

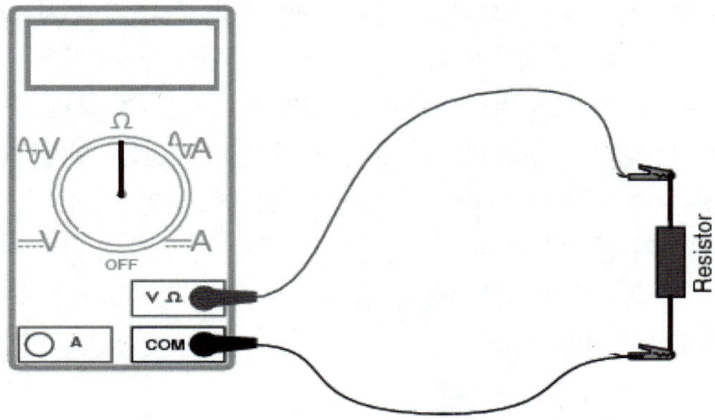

그림 1.17 옴미터(혹은 멀티미터)로 저항 값을 측정하는 방법

측정할 때 멀티미터 단자와 저항의 연결 상태를 보여준다. 회로 상에 있는 특정 저항의 값을 측정하려면 먼저 저항을 회로에서 분리시켜야 한다. 회로에 연결된 상태로 특정 저항 값을 측정하지 말아야 한다. 왜냐하면 연결된 상태에서는 단일 저항 값이 아니라 합성 저항 값으로 측정되기 때문이다.

먼저 멀티미터에서 스위치를 '저항측정' 부분으로 위치시킨다. 이때 정밀 측정을 위해 저항 측정의 적절한 범위에 스위치를 위치시켜야 한다. 즉 작은 값이 예상되는 경우 측정 범위가 낮은 쪽에 위치시키는 것이 좋다. 다음으로 측정기의 두 단자를 그림 1.17과 같이 저항의 양단자에 접촉시킨다. 그러면 저항 값이 화면에 나타난다.

특수한 경우를 제외하고는 일반적으로 저항은 극성이 없다. 그러므로 저항측정기의 두 단자를 저항의 극성에 관계없이 양쪽으로 연결하면 화면에 저항 값이 나타난다. 아날로그 측정기인 경우 저항 값에 해당하는 위치에 바늘이 가리키며, 디지털측정기인 경우 화면에 저항 값이 숫자로 나타난다.

1.7 회로이론 학습의 기본 관점

여기에서는 회로해석을 하는 기본적인 관점에 대해 간단히 언급하고자 한다. 이를 위해서는 회로이론에 필요한 간단한 용어를 이해할 필요가 있다.

1) 기본 용어

입력과 출력

일반적으로 전기회로에서는 독립 전압원이나 독립 전류원을 회로에 인가하고 이를 입력(input) 혹은 여기(excitation)로 표현한다. 이러한 입력이 인가되었을 때 회로의 특정 부분의 전압이나 특정지로를 흐르는 전류 등을 회로의 출력(output) 혹은 응답(response)이라 한다. 즉 일반적으로 전기회로에서 입력이나 출력은 회로의 특정 부분에서의 전압이나 특정지로를 흐르는 전류로 나타난다.

전기신호

전기 사용의 중요한 부분 중 하나가 정보를 표현, 조작, 전송, 저장하는 것이다. 이러한 사용은 주로 아날로그와 디지털 전자공학, 자동제어, 통신 등의 분야에서 이루어진다. 정보는 사용자의 필요성에 의해 적당히 조작됨으로써 많은 이득을 얻을 수 있다. 정보가 전기에 의해 표현되고 취급되어질 때, 전기양은 전압 혹은 전류의 파형으로 나타내어지며, 이러한 경우 전기양은 신호(signal)로 언급되어진다.

회로망

회로망(electrical network)은 저항, 인덕턴스 코일, 콘덴서, 진공관, 모터 등의 각종 부품을 특정 목적에 맞는 결과를 얻기 위해 조합한 회로를 말하며, 이는 회로 내부에 전원을 가지는 능동회로망과 전원을 갖지 않는 수동회로망으로 분류된다.

2) 회로이론 학습의 관점

회로이론(network analysis)은 전기전자 회로소자로 이루어진 회로망의 해석이론이다. 회로이론의 학습 관점은 회로, 입력, 출력의 기본적인 개념과 연결되어 두 가지의 큰 부류로 나누어 설명될 수 있다. 첫 번째는 회로해석 부류이고, 다른 한쪽은 회로설계 부류이다. 회로해석은 주어진 회로와 입력전원에 대해 관심 부분의 응답(출력)을 결정하는 과정이며, 회로설계는 주어진 입력에 대해 원하는 출력을 일으키는 회로망을 어떻게 구성하느냐의 과정이다.

회로이론에서는 주로 수동 회로소자를 기반으로 해석되고, 능동 회로소자는 수동 회로소자로 모델링하여 해석된다. 회로망은 전기전자 회로소자에 의해 연결되어 구성된다. 회로소자로는 저항(resistor), 인덕터(inductor), 캐패시터(capacitor), 전압원(voltage source), 전류원(current source), 전송선(transmission lines), 스위치(switch) 등이 있다.

회로망은 전기적인 연결망의 특별한 형태이다. 전류는 폐회로망으로 어느 지점에서 나와서 연결망 중에 다른 지점으로 들어간다. 회로망에서 선로 전류와 특정 지점의 전위, 혹은 전압 관계를 따지는 것이 회로해석 부분에 속한다.

회로설계 과정은 다양하고 복잡한 시스템에서부터 집적회로 내의 개별 트랜지스터에 이르기까지 다양하게 다룰 수 있다. 단순한 전기전자회로의 경우 설계 프로세스를 계획된 설계 프로세스 또는 구조화된 설계 프로세스 없이 한 사람에 의해 수행이 가능하지만, 복잡한 설계의 경우 지능적인 안내식 컴퓨터 시뮬레이션을 사용하는 체계적 접근 방식을 따르는 설계자 팀에 의해 이루어지고 있다. 그리고 집적회로 설계과정 중 설계자동화 부분에서 "회로설계"란 용어는 흔히 집적회로의 회로도를 출력하는 설계 주기의 단계를 말한다. 일반적으로 이것은 논리적 설계와 물리적 설계 사이의 단계를 말한다.

따라서 회로이론의 학습은 2가지 관점에서 이루어져야 한다. 그런데 이 2가지를 모두 취급하는 데는 매우 많고 복잡한 이론과 실제적 문제를 풀어야한다. 그러므로 이 모든 부분을 취급하기 위해서는 많은 관련 이론을 필요로 한다. 따라서 시간과 지면의 제약으로, 본 교재에서는 '회로이론 해석'에 필요한 가장 근본적이면서 중요한 기본 이론에 한정하여 학습하는 것을 목적으로 한다.

연습문제

1.1 전류란 무엇이며, 1 A의 전류는 무엇을 의미하는가?

1.2 임의의 단면적을 통해 2 A의 전류가 흐르고 있을 때, 초당 약 몇 개의 전자가 단면적을 통과하는가?

1.3 전압이란 무엇이며, 또한 1 V의 전압은 무엇을 의미하는가?

1.4 임의의 한 점 a에서 5쿨롱의 전하를 점 b로 이동시키는데 외부에서 해주어야 하는 일의 양이 -200 J(줄)이라할 때, 두 점 사이의 전위차를 구하고 어느 쪽의 전위가 더 높은지를 밝혀라.

1.5 임의의 한 점 a에서 전위가 점 b의 전위보다 10 V가 낮다. 2쿨롱의 전하를 점 a에서 점 b로 옮기려면 외부에서 얼마의 일을 해주어야 하는가?

1.6 전력이란 무엇이며 에너지와는 어떤 관계를 갖는가?

1.7 220 V의 전위차가 있는 두 지점 사이를 2 A의 전류가 흐를 때 공급되는 전력은 얼마인가?

1.8 이상적인 전압원과 이상적인 전류원이란 무엇을 의미하는가?

1.9 독립 전압원과 독립 전류원이 에너지를 공급하거나 흡수하는 개념에 대해 설명하라.

2장 오음 법칙과 키르히호프 법칙

▶학습 목표◀

- 저항의 개념과 전기적 등가회로의 의미를 이해한다.
- 오옴 법칙을 이해한다.
- 키르히호프 전류법칙을 이해한다.
- 키르히호프 전압법칙을 이해한다.
- 다수 전원이 직렬 혹은 병렬로 연결이 이루어지는 경우 갖추어야 할 조건과 이들의 등가 전원에 대해 학습한다.

2.1 저항과 등가회로

1) 저항

정의

저항(resistance)이란 전류의 흐름을 방해하는 작용 또는 성질을 말한다. 저항의 단위로는 옴(Ω)을 사용한다. 저항을 띤 물체를 저항기(resistor)라 하는데, 우리는 편의상 저항기를 간단히 저항이라고도 부른다. 앞으로는 저항기 대신 저항이라는 용어를 사용하기로 한다.

어떤 물체의 전기적 저항이 1Ω이라는 것은 이 물체 양단에 1 V의 전압이 인가될 때 이를 통해 1 A의 전류가 흐르는 경우 이 물체의 저항값 혹은 저항의 크기로 정의된다.

회로기호

저항의 표현은 통상적으로 영문자 대문자 R로 표현하는데, 표현하는 사람에 따라 이탤릭체인 R을 쓰기도 한다. 저항은 저항값이 고정된 고정저항과 값의 변화가 가능한 가변저항이 있는데, 전기회로에서 사용하는 기호는 각각 그림 2.1(a) 및 그림 2.1(b)와 같다. 즉 가변저항의 회로기호는 그림 2.1(b)와 같이 고정저항의 기호에 경사진 화살표를 첨가하여 표현한다.

(a) (b)

그림 2.1 저항의 회로기호: (a) 고정저항, (b) 가변저항

크기

저항값(혹은 저항의 크기)은 물질의 종류에 따라 다르다. 전기가 흐르는 물체 중에 은과 구리는 전기적 저항이 가장 작은 금속이므로 전선을 만드는 재료로 많이 사용된다. 전기 저항은 저항을 이루는 물체의 길이(L)에 비례하고 단면적(S)에 반비례한다.

저항값을 도선의 길이와 단면적으로 나타내면 다음과 같다.

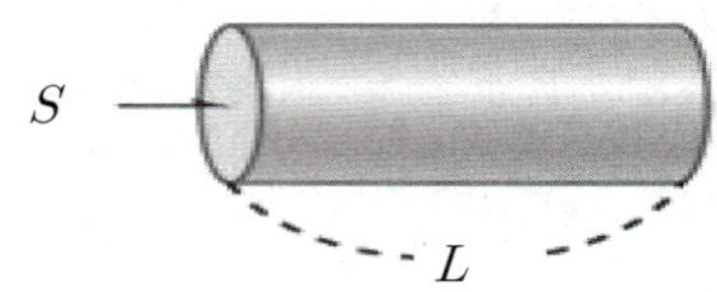

그림 2.2 저항을 이루는 도선의 길이와 단면적

$$R = \rho \frac{L}{S} \quad \Omega \tag{2.1}$$

단 ρ는 물질의 **고유저항률**이라 부르며, 단위는 $\Omega \cdot m$이다. 즉 도선의 길이가 길면 전하가 지나가야할 통로가 길기 때문에 저항값이 커지고, 단면적이 넓으면 전하가 이동하기 쉬우므로 저항이 작아진다. 그러므로 도선은 굵게 만들수록 저항이 작아져서 더 효율적이나, 실제에서는 용도와 가격에 맞게 적당한 굵기로 만든다.

그리고 저항률도 온도에 따라 변화하나 대표적인 물질들이 상온에서 가지는 고유저항률은 표 2.1과 같다. 일반적으로 물질의 저항값은 온도에 따라 변하는데, 도체는 온도가 상승하면 전기저항이 증가하지만 반도체나 절연체에서는 오히려 작아지는 경향도 보인다.

그림 2.3(a)는 실제 사용되고 있는 고정저항 외형의 예를, 그림 2.3(b)는 가변저항 외형의 예를 보여준다.

표 2.1 상온에서 대표적인 물질의 고유저항률

물질명	저항률	물질명	저항률
은(Silver)	1.6×10^{-8}	실리콘(Silicon)	4.3×10^{-3}
구리(Copper)	1.7×10^{-8}	페라이트(Typical Ferrite)	1.0×10^{-2}
금(Gold)	2.4×10^{-8}	바닷물(See Water)	2.0×10^{-1}
알루미늄(Aluminum)	5.6×10^{-8}	맑은 물(Fresh Water)	1.0×10^{3}
철(Iron)	1.0×10^{-7}	다이아몬드(Diamond)	5.0×10^{12}
게르마늄(Germanium)	4.5×10^{-7}	석영(Quartz)	1.0×10^{17}

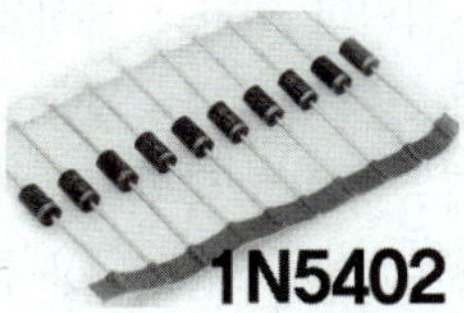

(a)

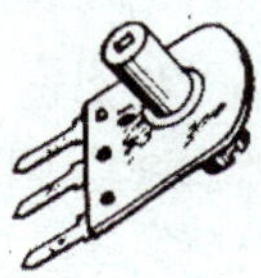

(b)

그림 2.3 저항의 외형(출처: 종합쇼핑몰 playman): (a) 고정저항의 예, (b) 가변저항의 예

그림 2.3(a)는 실제 생산되는 고정 저항의 외형에 대한 예를 사진으로 보여준 것으로 검은색 막대 형태 하나 하나가 저항 1개를 나타내며, 그림 2.3(b)는 한 개의 가변저항의 예를 나타낸 것으로 임의의 두 단자를 선택하여 사용할 수 있다.

전기회로에서 유용하게 사용되는 또 하나의 중요한 양이 컨덕턴스(conductance)로서 이를 다음과 같이 저항의 역수로 정의한다.

$$G \doteq \frac{1}{R} \quad \mho \tag{2.2}$$

컨덕턴스의 기호는 G를 사용하며, 단위는 모(mho : ℧)를 사용한다. 즉 1볼트의 전위차가 있는 도선의 두 지점사이에 1암페어의 전류가 흐르고 있을 때, 이 두 지점 사이의 컨덕턴스를 1℧라고 한다.

2) 등가회로

전기회로에서 등가회로의 개념을 살펴보기 위해 그림 2.4를 고려하자.

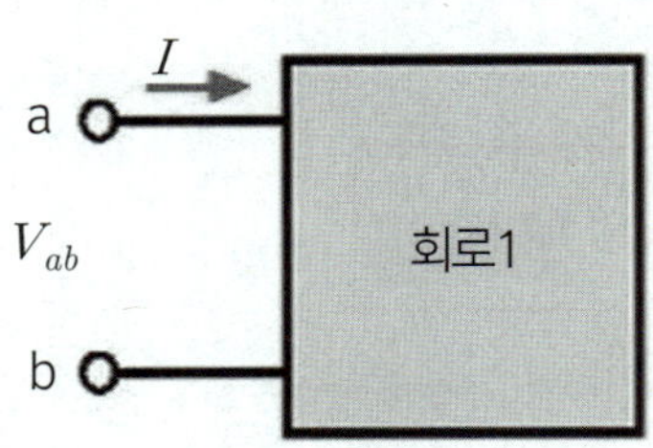

(a)

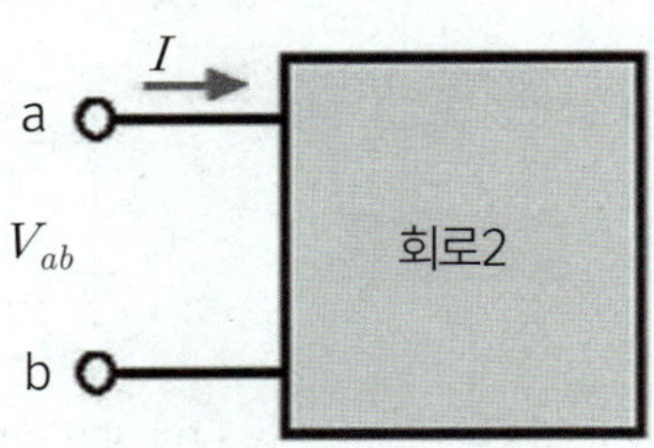

(b)

그림 2.4 전기 회로의 예

그림 2.4의 두 그림에서 네모 박스 내부의 회로가 임의의 전기적 특성을 지닌 두 개의 단자를 갖으며, 그 전압-전류 관계가 완전히 서로 같은 경우에는 두 회로는 서로 전기적으로 등가(equivalence)라고 말하며, 한 쪽 회로를 다른 쪽 회로의 등가회로(equivalent circuit)라고 부른다. 즉 그림 2.4(a)와 그림 2.4(b)가 서로 다른 회로라 하더라도 각 회로에서 두 단자 a-b 사이를 흐르는 전류가 같고 각자 회로의 a-b에서 측정되는 전압이 동일할 때 두 회로는 전기적으로 등가이며, 서로를 등가회로라 말한다.

2.2 오옴 법칙

그림 2.5와 같이 저항 양단에 전압을 인가하면 이 저항을 흐르는 전류는 저항값의 크기에 반비례하는 성질을 갖는다.

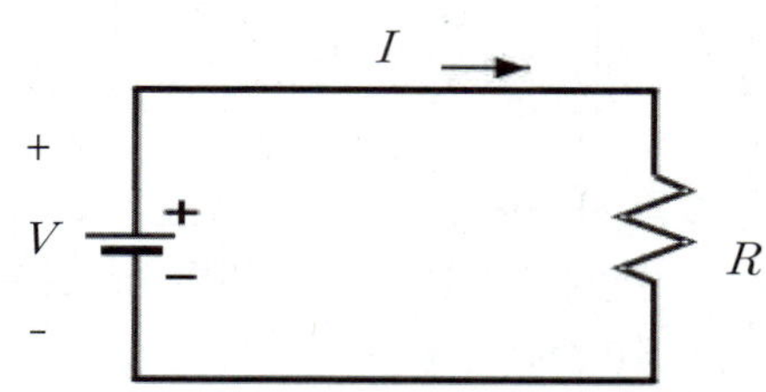

그림 2.5 오옴의 법칙을 설명하기 위한 회로

즉 **저항 R의 양쪽 단자에 전압 V를 인가하면 그 저항을 흐르는 전류의 세기 I는 저항 양 단자에 인가된 전압의 크기 V에 비례하고 저항의 크기 R에 반비례한다.** 이것을 오옴 법칙이라 한다. 오옴 법칙을 수식으로 표현하면 다음과 같다.

$$I = \frac{V}{R} \quad \text{A(암페어)} \tag{2.3}$$

식 (2.3)을 그래프로 나타내면 다음과 같다.

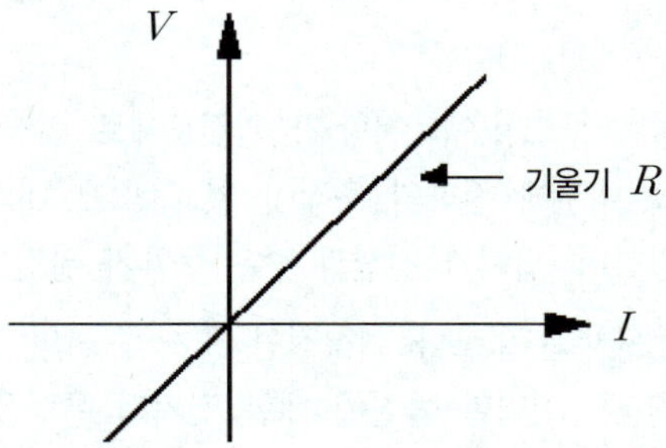

그림 2.6 저항 양단에 인가된 전압과 저항을 통해 흐르는 전류의 관계

예제 2.1

그림 2.5에서 회로의 저항이 $R = 5\,\Omega$, 인가전압이 $V = 10$볼트일 때 이 저항을 통해 흐르는 전류를 구하라.

풀이

$$I = \frac{V}{R} = \frac{10}{5} = 2 \ \text{A(암페어)}$$

2.3 키르히호프 법칙

전기회로에서 전기적으로 가장 단순한 특성을 보이며 많이 사용되는 회로소자가 저항이다. 저항성 회로는 일반적으로 2개 이상의 저항으로 구성되어 있는데, 이러한 회로 소자들이 서로 어떻게 연결되어 있느냐에 따라 두 단자 사이의 전압과 전류의 특성이 달라진다. 이러한 특성을 해석하는데 필요한 가장 기본이 되는 법칙 중 하나가 키르히호프 법칙이다. 본 장에서는 저항성 회로에서 전압과 전류 관계를 설명하는 또 하나의 기본 법칙인 키르히호프 법칙에 대해 설명하고자 한다. 키르히호프 법칙은 전류법칙과 전압법칙이 있다.

1) 절점과 지로

전기회로는 두 개 이상의 회로소자(예: 저항)가 완전도체로 연결된 형태를 말한다. 완전도체(ideal conductor)란 그 내부에 전하의 축적이 없고 도체 내의 임의의 두 지점 간의 전압 차이가 없는 도체를 말하며, 납이나 전선과 같은 물체가 완전도체로 간주된다.

실제로 완전한 이상적인 도체는 없으나 이상적인 도체와 거의 유사한 특성을 나타내는 물질로는 철, 납, 은 등이 있다. 이러한 물질에 대한 전기적 특성을 해석하는 경우 우리는 이들 물질을 완전도체로 간주한다.

한편 2개 이상의 회로 소자들이 한 점에서 완전도체로 연결되어 있을 때 이 점을 절점(node)이라 부른다. 그림 2.7(a)는 2개 이상의 절점을 가진 회로의 예를 나타낸다.

그림 2.7(a)에서는 절점이 a, b, c, d, e로 5개 있다. 그런데 이러한 절점들이 경우에 따라서는 a와 b가 같은 절점으로, c와 d가 같은 절점으로 취급될 수 있으므로, 그림 2.7(a)는 그림 2.7(b)와 같이 나타내는 경우도 있다. 따라서 그림 2.7(a)와 그림 2.7(b)는 전기적으로 등가회로로 취급될 수 있다. 그러나 전류 관계를 따질 때는 절점 a와 b, c와 d가 같은 절점으로 취급되지 않는다.

절점과 절점 사이의 선로를 지로(branch)라 하며, 지로를 흐르는 전류를 지로전류라 한다.

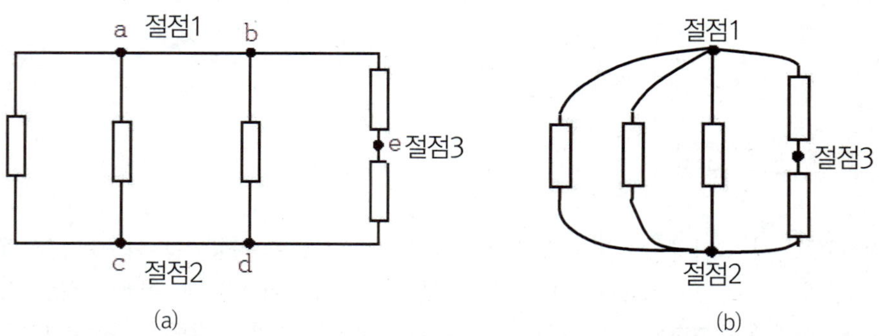

그림 2.7 3개의 절점을 가진 회로의 예: (a) 실제 회로도의 예, (b) (a) 회로의 전기적 등가회로로 취급되는 경우

2) 키르히호프 전류법칙

정상상태에서 수동회로(passive circuit)에서 임의의 한 점(point)으로 유출입하는 전류의 대수합은 모든 순간에 0이다. 즉 '수동회로 상의 한 점으로 유입하는 전류의 합은 이 점을

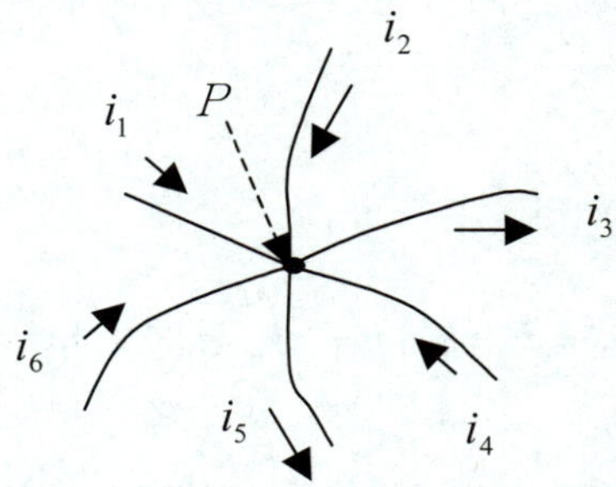

그림 2.8 키르히호프 전류법칙 설명을 위한 회로도

통해 유출하는 전류의 합과 같다'는 것을 의미한다. 이것을 **키르히호프 전류법칙**(KCL : Kirchhoff's Current Law)이라 한다. 이 법칙을 그림 2.8을 통해 자세히 살펴보자.

점 P를 통해 들어오는 전류는 i_1, i_2, i_4, i_6이고, 이 점을 통해 나가는 전류는 i_3, i_5이다. 그러므로 점 P를 통해 유입하는 전류의 합은 '$i_1+i_2+i_4+i_6$'이고, 유출하는 전류의 합은 'i_3+i_5'이다. 따라서 '$i_1+i_2+i_4+i_6=i_3+i_5$'의 관계가 성립한다. 즉 유입하는 전류를 양(+)으로 간주하고, 유출하는 전류를 음(-)으로 간주하면 점 P를 통해 유출입하는 총 전류의 대수합은 다음과 같이 나타낼 수 있다.

$$i_1+i_2-i_3+i_4-i_5+i_6=0 \tag{2.4}$$

만약 유출하는 전류를 양으로 잡으면 식 (2.4)의 등호 왼쪽의 부호를 모두 바꾸면 된다. 즉 키르히호프 전류법칙을 임의의 한 점에서 들어오는 전류 혹은 나가는 전류 어느 한쪽을 기준으로 일반화시키면 다음과 같다. 단 $i_n\ (n=1,2,\ldots,6)$은 점 P를 유출입하는 전류의 절대값을 나타낸다.

$$\sum_n C_n i_n = 0 \tag{2.5}$$

혹은

$$\sum \text{한 점으로 유입하는 전류} = \sum \text{한 점을 통해 유출하는 전류} \tag{2.6}$$

와 같이 표현할 수 있다. 식 (2.5)에서 C_n은 식 (2.4)에서 전류 i_n의 부호가 양이면 '+1', 음이면 '-1'이 된다.

식 (2.4)를 시각 t_1에서 t_2까지 적분하면

$$\int_{t_1}^{t_2}(i_1+i_2+i_4+i_6)dt-\int_{t_1}^{t_2}(i_3+i_5)dt=0 \tag{2.7}$$

이 된다. 이 식은 임의의 시간 '$t_1 \sim t_2$'동안 도선의 한 점으로 흘러 들어오는 전하량은 그 시간 동안 흘러 나가는 전하량과 같다는 것을 의미한다.

예제 2.2

그림 2.9의 전기회로에서 키르히호프 전류법칙을 사용하여 전류 I_2를 구하라.

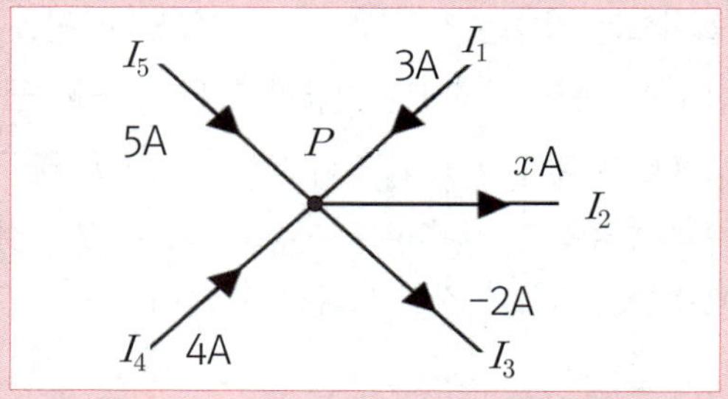

그림 2.9 한 점 P로 유출입하는 전류

풀이

식 (2.6)을 사용하면 다음의 결과를 얻을 수 있다.

$$5+3+4=-2+x$$

$$\therefore \ I_2=x=14 \ A$$

3) 키르히호프 전압법칙

임의의 폐회로에서 어느 한 방향을 따라 한 바퀴 돌면서 취한 상승전압 및 하강전압의 총 대수합은 항상 0이다. 즉 '임의의 폐회로에서 한 쪽 방향으로 한 바퀴 돌면서 취한 상승전압의 합은 같은 방향에서 취한 하강전압의 합과 같다.'는 것을 의미한다. 이것을 키르

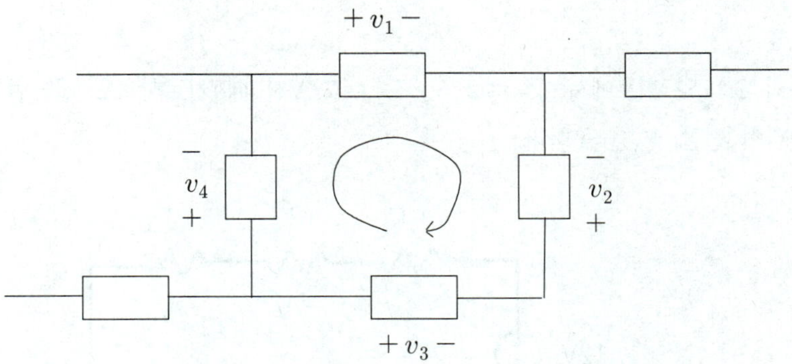

그림 2.10 키르히호프 전압법칙 설명을 위한 회로도

히호프 전압법칙(KVL : Kirchhoff's Voltage Law)이라 한다. 그림 2.10을 참고하여 이 법칙에 대해 자세히 살펴보자.

그림 2.10에서 화살표와 같이 시계방향을 기준으로 전압의 상승과 하강을 살펴보면 v_2, v_3가 상승 전압이고 v_1, v_4가 하강전압이다. 즉 위 회로에서 시계방향을 기준방향으로 설정할 때, 상승전압은 'v_2+v_3'이고 하강전압은 'v_1+v_4'이다. 따라서 '$v_2+v_3=v_1+v_4$'
가 된다. 이것을 다시 표시하면

$$-v_1+v_2+v_3-v_4=0 \tag{2.8}$$

이 된다. 키르히호프 전압법칙을 임의의 폐회로에서 한쪽 방향을 기준으로 일반화시키면 다음과 같다.

$$\sum_n D_n v_n = 0 \tag{2.9}$$

단 여기서 $v_i\ (i=1,2,\ldots,4)$는 상승전압 혹은 하강전압의 절대값을 나타낸다. 그리고 식 (2.9)에서 D_n은 전압 v_n이 상승전압이면 '+1', 하강전압이면 '-1'이 된다. 혹은

$$\sum \text{임의의 폐루프에서 상승전압} = \sum \text{임의의 폐루프에서 하강전압} \tag{2.10}$$

과 같이 표현된다.

예제 2.3

그림 2.11의 회로에서 $V_1 = 2$ V, $V_2 = 7$ V일 때 키르히호프 전압법칙을 사용하여 전압 V_3를 구하라.

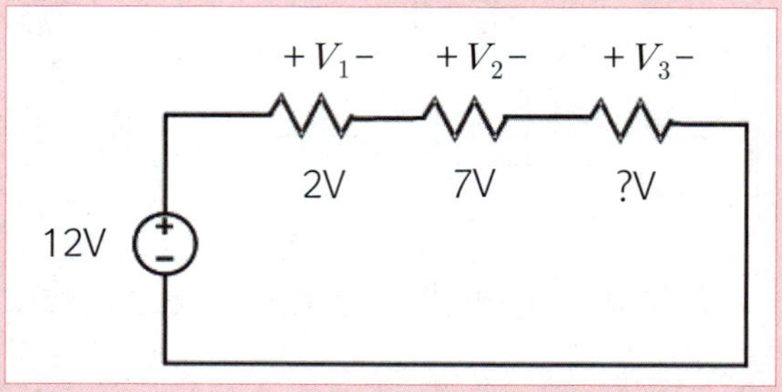

그림 2.11 하나의 저항성 폐회로

풀이

그림 2.11의 폐회로에 대해 시계방향을 기준방향으로 설정하고 식 (2.10)을 사용하면 다음과 같이 V_3를 얻을 수 있다.

$$12 = 2 + 7 + V_3$$
$$\therefore\ V_3 = 3 \text{ 볼트}$$

2.4 회로에서 다수 전원 연결과 전기적 등가성

전기회로에서 전압원이나 전류원이 직렬이나 혹은 병렬 형태로 연결되어 있는 경우가 많다. 이러한 경우들에 대한 등가성 혹은 조건에 대해 살펴보자.

1) 다수 전압원의 직렬연결

그림 2.12(a)와 같이 전기회로에서 N개의 전압원이 인접하여 직렬로 연결된 형태의 전원을 고려하자. 이때 N개의 전압원이 인접하게 직렬로 연결된 회로망에서 전체 전압 v는 각 개별 전원의 대수합과 같다. 다시 말하면 N개의 직렬 전압원의 대수합이 다음과 같다면

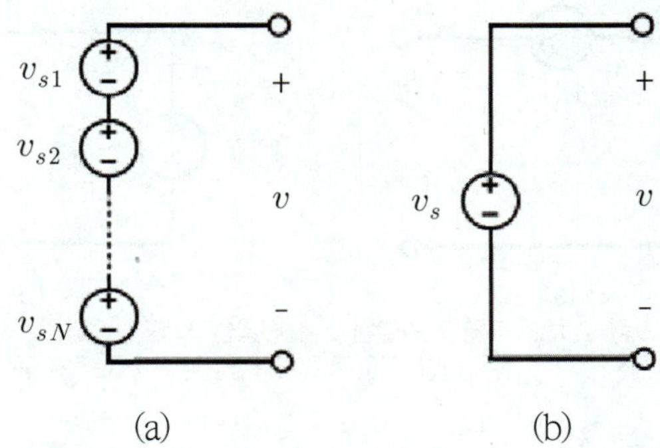

그림 2.12 전기회로에서 전압원의 직렬연결과 등가 전압원 :
(a) N개의 전압원이 인접하게 직렬로 연결된 회로망, (b) N개 직렬 전압원의 등가성 전압원

$$v_s = v_{s1} + v_{s2} + \dots + v_{sN} \ . \qquad (2.11)$$

그림 2.12(b)는 그림 2.16(a) 회로의 등가회로이다.

즉 $v_s = v$ 이면 다음의 관계를 갖는다.

$$v_s = v_{s1} + v_{s2} + \dots + v_{sN} \qquad (2.12)$$

이것이 직렬연결 형태의 다수 전원에 대한 등가성을 나타내며, 다음과 같이 재정리할 수 있다.

정리 2.1 직렬연결 전압원

전기회로에서 인접하게 직렬로 연결된 다수 전압원을 갖는 회로는 각 독립 전압원의 대수합과 같은 양을 갖는 하나의 등가 전압원으로 대체할 수 있다.

예로써 그림 2.13(a)와 같이 10 V의 전압원과 5 V의 전압원이 같은 방향으로 직렬 연결된 회로는 두 전원의 대수합에 해당하는 15 V의 전압원 1개가 연결된 것과 동일한 효과를 회로에서 갖는다. 즉 그림 2.13(b)는 그림 2.13(a)와 등가전압원이 된다.

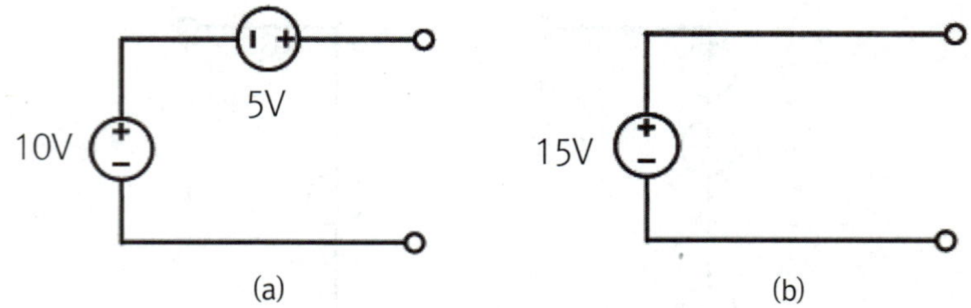

그림 2.13 직렬로 연결된 2개 전압원과 등가 전압원 : (a) 직렬 연결된 2개 전압원, (b) '(a)'의 등가 전압원

2) 다수 전압원의 병렬연결

전기회로에서 중요하게 언급되어야 할 또 한 부분이 다수 전압원의 병렬연결 형태이다. 그림 2.14를 참고로 자세히 살펴보자.

전하를 축적 혹은 방출하지 않는 선로를 갖는 회로에서 그림 2.14(a)와 같이 N개의 전압원이 병렬로 연결되는 경우 정상상태에서는 각 전압원이 모두

$$v_{s1} = v_{s2} = \dots = v_{sN} \tag{2.13}$$

의 관계를 가져야 한다. 즉 다음과 같이 각 전압원 v_i가 모두 같아야 한다.

$$\boxed{v_s = v_{si}\ (i = 1, 2, \dots, N)} \tag{2.14}$$

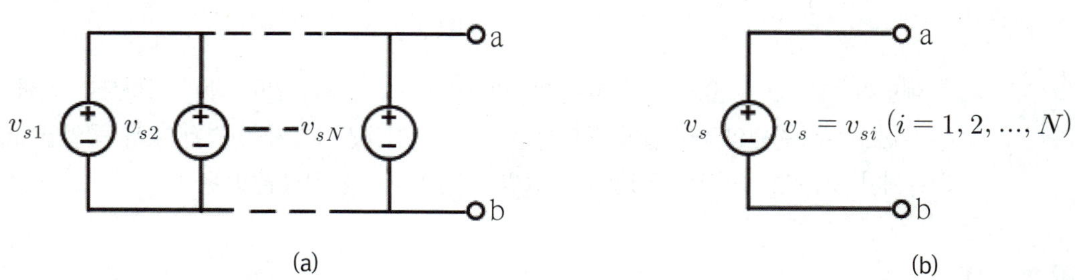

그림 2.14 전기회로에서 N개 전압원의 병렬연결 조건과 등가 전압원 : (a) N개의 병렬 연결된 전압원, (b) '(a)회로'의 전원에 대한 등가 전압원과 조건

식 (2.14)의 조건이 만족할 때 그림 2.14(b)의 전압원은 그림 2.14(a)의 전압원과 등가전압원이 된다. 그렇지 않는 경우 전압원 사이에는 키르히호프 전압법칙이 성립하지 않고 회로 해석이 불가능하다. 따라서 다음과 같이 정리할 수 있다.

정리 2.2 병렬연결 전압원 조건

전기회로에서 한 절점을 기준으로 병렬로 연결된 다수 전압원이 있는 경우 각 독립 전압원은 모두 같은 전위를 가져야 한다.

여기서 전압원의 병렬연결에 대해 좀 더 살펴보아야 할 필요성이 있다. 만약 서로 다른 두 개 이상의 이상적인 독립전압원이 병렬로 연결되는 경우는 정상적인 회로해석이 불가능한 구조이다. 그런데 실제 회로에서 서로 다른 전압을 갖는 배터리를 연결하는 경우를 생각해 보자. 이 경우에는 각 배터리 혹은 전선에 아주 작은 양이지만 저항성분이 존재하고, 또한 각 배터리는 내부에 컨덕턴스가 존재한다. 따라서 전위가 다른 다수의 전압원을 병렬로 연결하는 경우 순식간에 높은 전압원에서 낮은 전압원 쪽으로 엄청난 양의 전류가 흐르는데, 이 전류는 두 전압원의 전위가 같아질 때까지 흐르고 멈출 것이다. 이 경우 또 한 가지 일어날 수 있는 실제 상황은 순식간에 엄청난 전류가 흘러 배터리와 선로의 저항값(비록 작은 값이지만)으로 인한 엄청난 양의 열이 발생하여 배터리와 전선에 불이나 타버릴 위험이 매우 높다. 따라서 실제 회로에서는 전위가 서로 다른 두 전압원을 한 절점을 기준으로 병렬로 연결하지 말아야 한다.

3) 다수 전류원의 병렬연결

전기회로에서 또 다른 하나의 중요한 다수 전원의 연결 형태가 그림 2.15(a)와 같은 구조이다. 전기회로에서 N개의 다른 전류원이 병렬로 연결된 경우 이들이 만나는 한 절점으로 흘러들어 오는 총 전류는 이들 각 개별전류원의 대수합인

$$i = i_{s1} + i_{s2} + \dots + i_{sN} \tag{2.15}$$

이 된다. 여기서

$$i_s = i \tag{2.16}$$

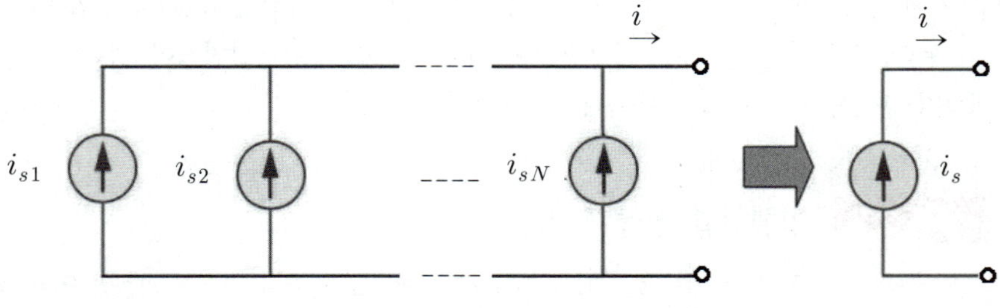

(a) (b)

그림 2.15 다수 전류원의 병렬 연결 형태와 등가 전류원 : (a) 다수 전류원의 병렬 연결, (b) (a)전원의 등가전원

이라 가정하자. 즉 전체의 전류합이

$$i_s = i_{s1} + i_{s2} + \ldots + i_{sN} \tag{2.17}$$

이라면 그림 2.15(b) 회로의 전류원은 그림 2.15(a) 회로의 전류원과 전기적으로 등가가 된다. 즉 그림 2.15(a) 회로에서 전류원은 그림 2.15(b) 회로에서 전류원과 서로 등가 전류원이 된다.

예로써 그림 2.16(a)와 같은 병렬로 연결된 4개의 전류원과 같은 등가성 전류원이 그림 2.16(b)에 보인다. 즉 그림 2.16(a)의 4개의 전류원의 대수합은 $i = 2 - 5 + 3 + 7 = 7$ A 이므로, 그림 2.16(b)의 전류원과 등가 전류원이 된다.

다시 정리하면 다음과 같다.

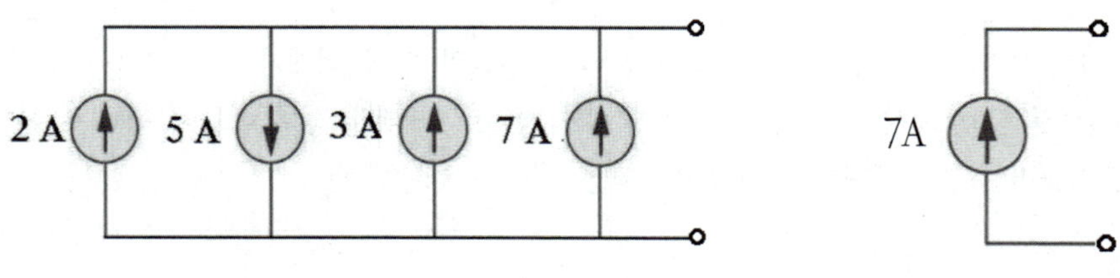

(a) (b)

그림 2.16 4개의 병렬로 연결된 전류원과 등가회로 : (a) 4개의 병렬로 연결된 전류원, (b) '(a)'의 등가 전류원

정리 2.3 병렬연결 전류원

전기회로에서 병렬로 연결된 형태의 다수 전류원을 갖는 회로는 각 전류원의 대수합과 같은 양을 갖는 하나의 전류원과 등가 전류원이다.

4) 다수 전류원의 직렬연결

그림 2.17(a)와 같이 전기회로에서 N개의 전류원이 직렬로 연결된 형태의 전원을 고려하자. 이 경우에는

$$i_{s1} = i_{s2} = \dots = i_{sN} \tag{2.18}$$

이 되어야 한다. 왜냐하면 전하를 축적하거나 방출하지 않는 전기회로에서는 동일한 지로를 흐르는 전류는 같아야하기 때문이다. 즉 다음과 같은 조건을 만족하여야 한다.

$$\boxed{i_s = i_{si}\ (i = 1, 2, \dots, N)} \tag{2.19}$$

그러므로 식(2.19)를 만족하면 그림 2.17(a)는 그림 2.17(b)와 같은 등가 전류원이라 할 수 있다. 만약 서로 다른 크기의 전류원이 직렬 형태로 연결되면 전류원 사이의 도선에서 전하를 축적하거나 방출하여야하기 때문에 이는 앞의 가정과 모순되며, 이러한 경우 키르히호프 전류법칙이 성립하지 않는다. 따라서 다음과 같이 정리할 수 있다.

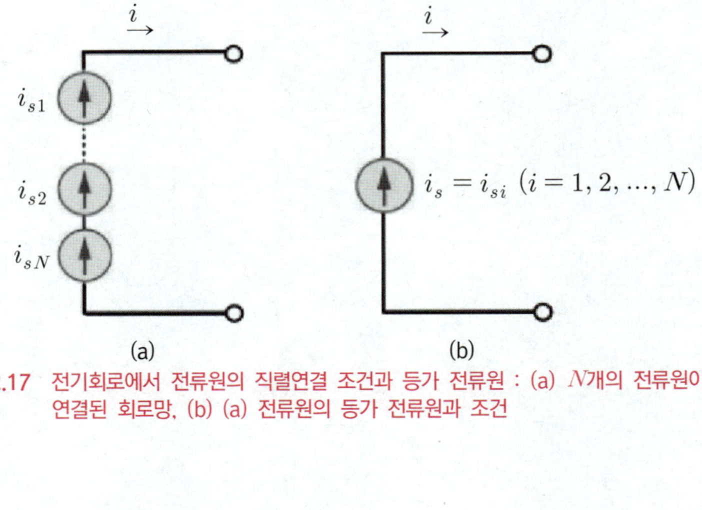

그림 2.17 전기회로에서 전류원의 직렬연결 조건과 등가 전류원 : (a) N개의 전류원이 직렬로 연결된 회로망, (b) (a) 전류원의 등가 전류원과 조건

정리 2.4 **직렬연결 전류원 조건**

전기회로에서 직렬로 연결된 체인 형태의 다수 전류원이 있는 경우 각 독립 전류원은 모두 같은 양을 가져야 한다.

만약 실제 회로에서 다른 크기를 갖는 전류원을 직렬로 연결하는 경우, 연결된 회로의 다른 부분에서 이러한 조건을 파괴하는 현상들이 일어날 것이다. 이 말은 곧 회로의 어떤 부분에서 '$i_{si} = i_{sj}$ $(i \neq j)$의 상태를 유지할 수 없는 동작들이 일어나거나, 고장을 일으켜 정상적인 동작을 하지 않는 상태로 흘러갈 것이다. 따라서 실제 회로에서는 서로 다른 크기의 전류원을 직렬로 연결하여 사용하지 않는다.

연습문제

2.1 전기회로에서 10 Ω의 저항 양단에 5 V의 전압을 인가할 때 이 저항을 통해 흐르는 전류는 얼마인가?

2.2 2 A의 전류가 흐르는 어느 한 2단자 회로망에 10 W의 전력이 소모되고 있다. 이 회로망 양단의 전압과 이 회로망 양단의 저항은 얼마인가?

2.3 그림 E.2.1의 회로에서 점 P에 대해 키르히호프 전류법칙을 사용하여 전류 I_2를 구하라.

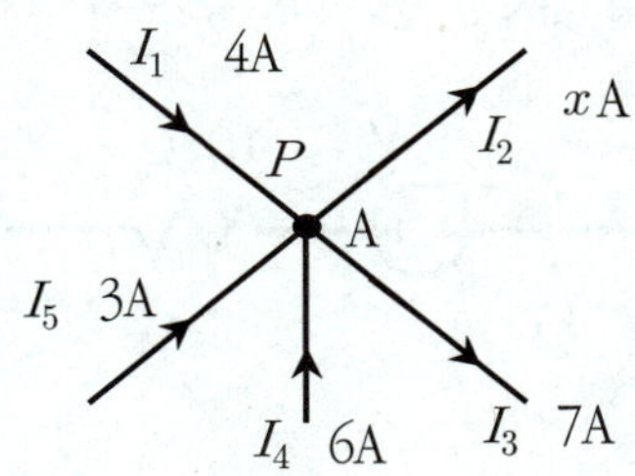

그림 E.2.1 한 점 P로 유출입하는 전류

2.4 그림 E.2.2의 회로에서 저항 R을 통해 흐르는 전류 I는 얼마인가?

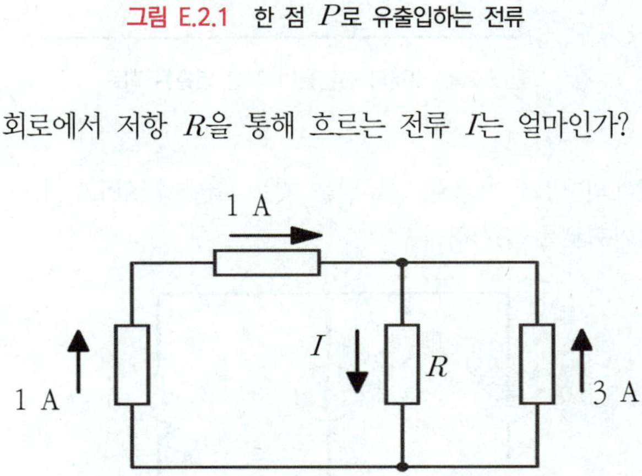

그림 E.2.2 저항성 회로의 예 1

2.5 그림 E.2.3의 저항성 회로에서 폐회로를 중심으로 키르히호프 전압법칙을 사용하여 저항 R_3 양단의 전압 V_{R_3}를 구하라. 단 $V_{R_1} = 35$ V, $V_{R_2} = 50$ V이다.

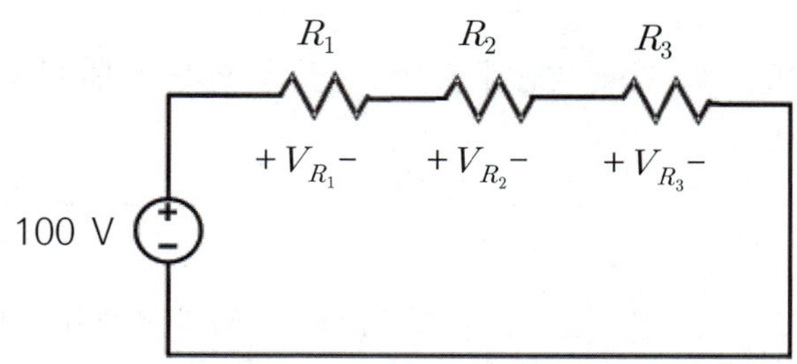

그림 E.2.3 저항성 회로의 예2

2.6 그림 E.2.4는 하나의 폐회로에서 2개의 전압원을 갖는 저항성 회로이다. 이 회로에 대해 하나의 등가 전압원으로 대체한 등가회로를 도시하라.

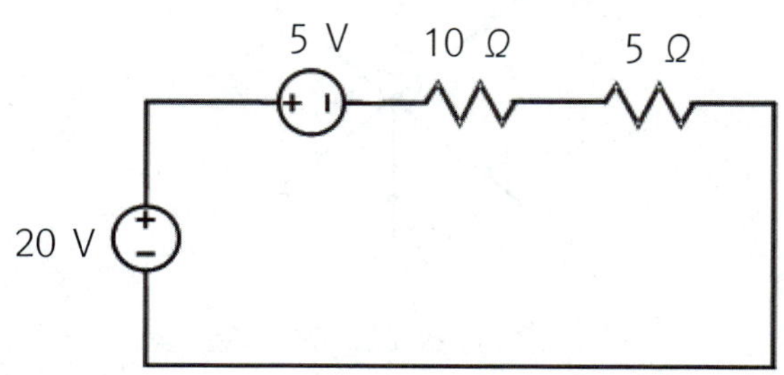

그림 E.2.4 2개의 전압원이 직렬 연결된 회로

2.7 그림 E.2.5는 2개의 병렬 연결된 전류원을 갖는 저항성 회로이다. 하나의 등가 전류원으로 대체한 등가회로를 도시하라.

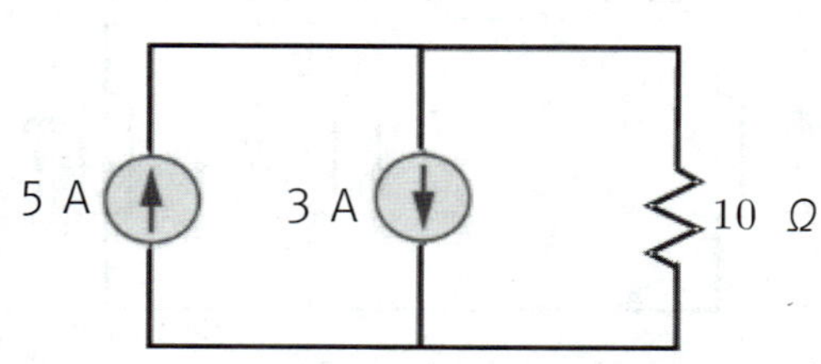

그림 E.2.5 2개의 전류원이 병렬 연결된 회로

2.8 그림 E.2.6의 회로에서 각 저항을 흐르는 전류를 구하라.

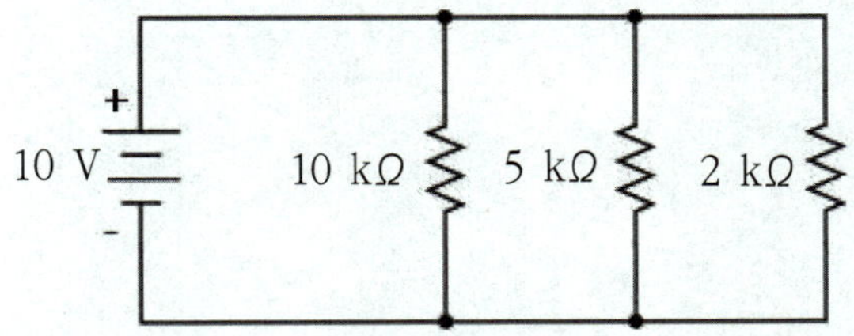

그림 E.2.6 3개의 저항으로 구성된 병렬회로의 예

3장 저항의 직병렬 연결과 회로망 해석기법

▶학습 목표◀

- 저항의 직렬연결과 병렬연결에 대한 등가저항을 구하는 방법을 익힌다.
- 저항의 직렬-병렬 혼합연결에 대해 등가저항을 구하는 방법을 익힌다.
- 브리지 회로의 평형조건과 활용을 학습한다.
- 회로해석법인 절점해석법과 망로해석법을 학습한다.

3.1 저항의 직렬연결

그림 3.1과 같이 N개의 저항 $R_1, R_2, ..., R_N$이 직렬로 연결(serial connection)된 회로를 생각하자. 이 때 각 저항을 흐르는 전류를 각각 $I_1, I_2, ..., I_{N-1}, I_N$이라 하고, N개가 직렬로 연결된 회로의 양단(a, b)에 전압 V를 인가한다고 가정하자.

여기서 '키르히호프 전압법칙'을 다시 언급하면, '임의의 폐회로에서 어느 한 쪽 방향으로 기준 방향을 설정하였을 때 그 방향으로 상승하는 전압의 합은 하강하는 전압의 합과 같다'는 것이다. 이 법칙을 바탕으로 직렬로 연결된 여러 개 저항의 합성(등가) 저항을 구하는 방법을 알아보자.

그림 3.1의 회로에서 흐를 수 있는 전류의 통로는 하나 밖에 없으므로, 각 저항을 흐르는 전류는 다음과 같이 모두 동일해야 한다.

$$I_1 = I_2 = ... = I_N \tag{3.1}$$

즉 직렬로 연결된 N개의 저항을 흐르는 전류는 모두 같으며, 이 때 전류의 세기를 I, 즉 $I = I_i \ (i = 1, 2, ..., N)$라 하자. 단자 'a, b'의 왼쪽에서 인가된 전압 V는 'a, b' 단자의 오른쪽에 있는 N개의 저항에서 강하되는 전압의 합과 같아야 된다. 따라서 키르히호프 전압법칙을 적용하면 다음의 식이 성립한다. 53

$$\begin{aligned} V &= R_1 I_1 + R_2 I_2 + ... + R_N I_N \\ &= (R_1 + R_2 + ... + R_N) I \\ &= RI \quad \text{볼트, 단} \quad R = R_1 + R_2 + ... + R_N \end{aligned} \tag{3.2}$$

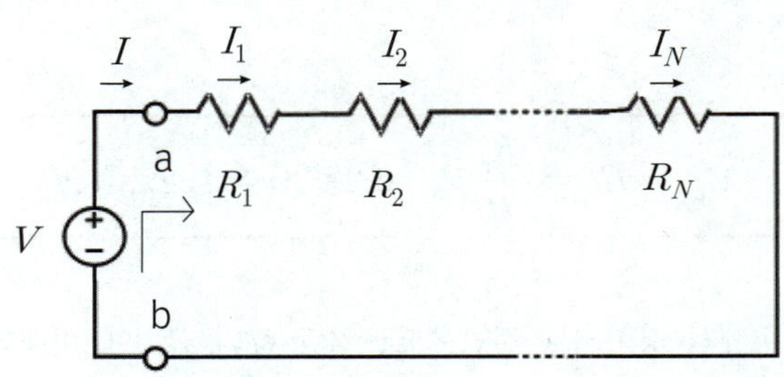

그림 3.1 N개의 저항이 직렬 연결된 회로

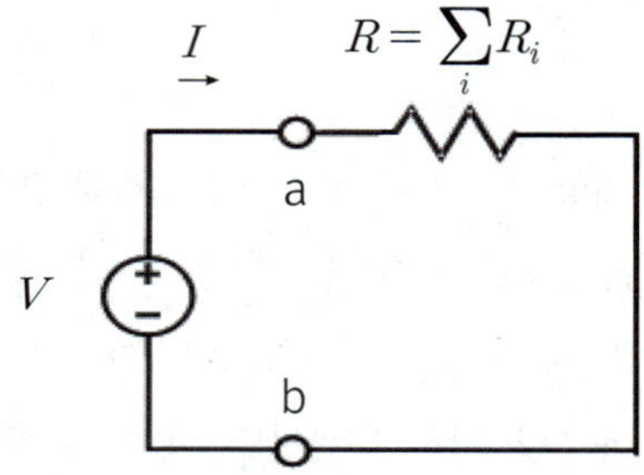

그림 3.2 N개의 저항이 직렬로 연결된 회로의 등가회로

즉 식 (3,2)에서 R은

$$R = R_1 + R_2 + \dots + R_N \quad \Omega \tag{3.3}$$

을 나타내며, 이를 직렬회로의 등가저항(혹은 합성저항)이라 부른다. 식 (3.3)은 '직렬로 연결된 N개 저항의 합성저항 R은 각 저항 값의 대수합과 같다'는 것을 의미한다. 합성저항 R을 이용하여 그림 3.1의 등가회로를 도시하면 그림 3.2와 같다.

즉 식 (3.2)와 (3.3)으로 부터 전류 I는

$$I = \frac{V}{R} \tag{3.4}$$

과 같이 나타낼 수 있다.

그리고 각 저항 $R_i (i = 1, 2, 3, \dots, N)$의 양단에서 강하되는 전압 V_{R_i}는

$$V_{R_i} = IR_i = \frac{R_i}{R} V \quad \text{볼트} \quad (i = 1, 2, \dots, N) \tag{3.5}$$

가 된다. 즉 각 저항에서 강하되는 전압은 그 저항 값의 크기에 비례하여 나타난다.

예제 3.1

다음 그림 3.3의 직렬회로에 대한 합성저항을 구하라.

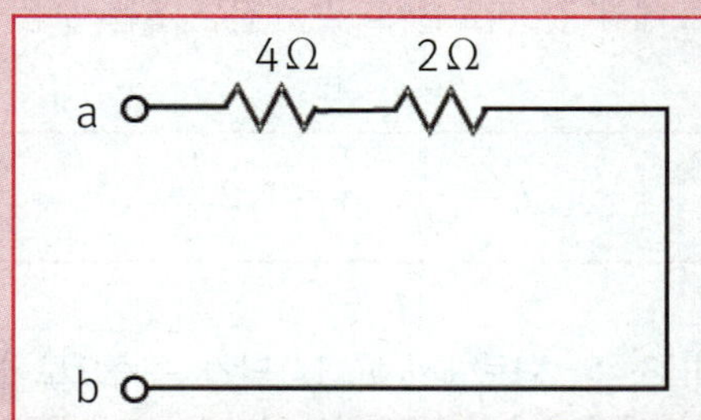

그림 3.3 저항의 직렬연결 회로의 예

풀이

$$R = 4 + 2 = 6 \ \Omega$$

3.2 저항의 병렬연결

그림 3.4와 같이 N개의 저항이 병렬로 연결(parallel connection)된 경우를 생각하자. 그리고 병렬로 연결된 저항의 양단(a, b)에 전압 V를 인가한다고 가정하자. 이때 N개의 저항 $R_1, R_2, \ldots, R_{N-1}, R_N$을 통해 흐르는 전류를 각각 I_1, I_2, …, I_{N-1}, I_N 이라 하면, 이들은 오옴 법칙으로부터 다음과 같이 구할 수 있다.

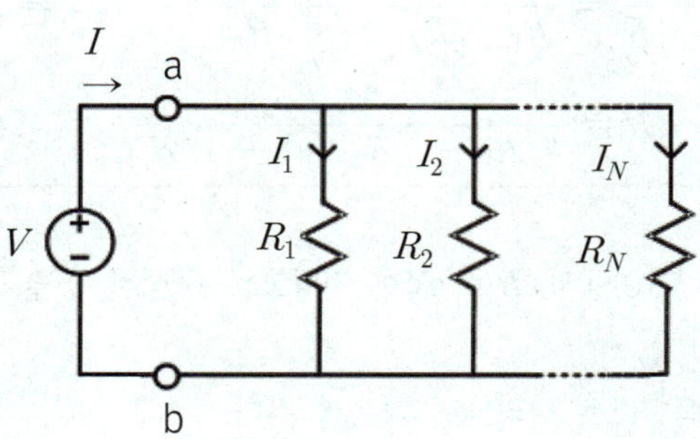

그림 3.4 N개의 저항이 병렬로 연결된 회로

$$I_1 = \frac{V}{R_1}, I_2 = \frac{V}{R_2}, \ldots, I_N = \frac{V}{R_N} \tag{3.6}$$

즉 그림 3.4의 회로에서 각 지로를 흐르는 전류 I_i는 오옴 법칙에 의해

$$I_i = \frac{V}{R_i}, \ i = 1, 2, \ldots, N \tag{3.7}$$

이 된다. 그리고 그림 3.4의 회로에서 'a, b' 단자 우측으로 들어가는 전류 I는 'a, b' 단자 우측의 N개 저항으로 분산되어 흐른다. 즉 키르히호프 전류법칙으로부터 전류 I는

$$I = I_1 + I_2 + \ldots + I_N \tag{3.8}$$

이 된다. 따라서 식 (3.7)과 (3.8)로부터 전체 전류 I는

$$\begin{aligned} I &= I_1 + I_2 + \ldots + I_N \\ &= \left(\frac{1}{R_1} + \frac{1}{R_2} + \ldots + \frac{1}{R_N}\right) V \\ &= \frac{V}{R}, \quad \text{단} \quad \frac{1}{R} = \frac{1}{R_1} + \frac{1}{R_2} + \ldots + \frac{1}{R_N} \ . \end{aligned} \tag{3.9}$$

의 관계가 성립된다. 즉 식 (3.9)에서 R은

$$\begin{aligned} &\frac{1}{R} = \frac{1}{R_1} + \frac{1}{R_2} + \ldots + \frac{1}{R_N}, \qquad \text{혹은} \\ &R = \frac{1}{1/R_1 + 1/R_2 + \ldots + 1/R_N} \qquad \Omega \end{aligned} \tag{3.10}$$

을 나타내며, 식 (3.10)에서 R을 N개 저항으로 구성된 **병렬회로의 등가저항**(혹은 **합성저항**)이라 부른다.

식 (3.10)을 컨덕턴스로 나타내면 다음과 같다.

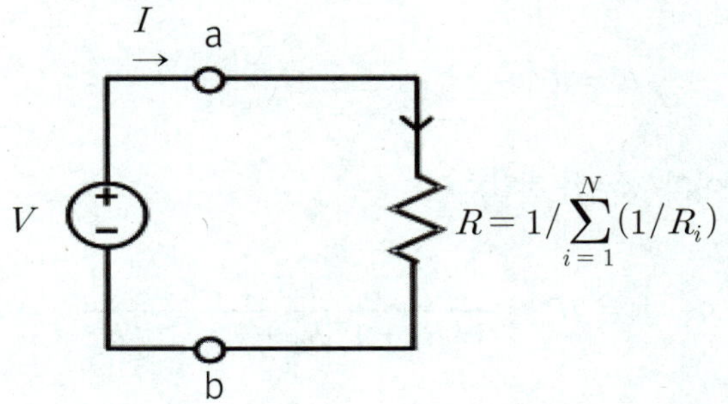

그림 3.5 N개의 저항이 병렬로 연결된 회로의 등가회로

$$G = G_1 + G_2 + \ldots + G_N \quad \mho \tag{3.11}$$

식 (3.10)의 관계를 이용하여 그림 3.4의 등가회로를 그리면 그림 3.5와 같다. 즉 병렬로 연결된 N개 저항회로의 합성저항 R의 역수는 각 저항의 역수의 합과 같다. 다시 말하면 그림 3.4의 회로에서 두 단자 a, b의 오른쪽 병렬회로의 합성저항은 식 (3.10)과 같다는 것을 의미한다.

그림 3.4에서 전압원 V을 전류원 I로 대치된 그림 3.6 회로의 경우를 생각해 보자.

그림 3.6의 회로에서 두 단자 a, b의 오른쪽 병렬회로의 합성저항과 합성컨덕턴스는 다음과 같이 표현된다.

$$R = \frac{1}{1/R_1 + 1/R_2 + \ldots + 1/R_N} \quad \Omega \tag{3.12}$$

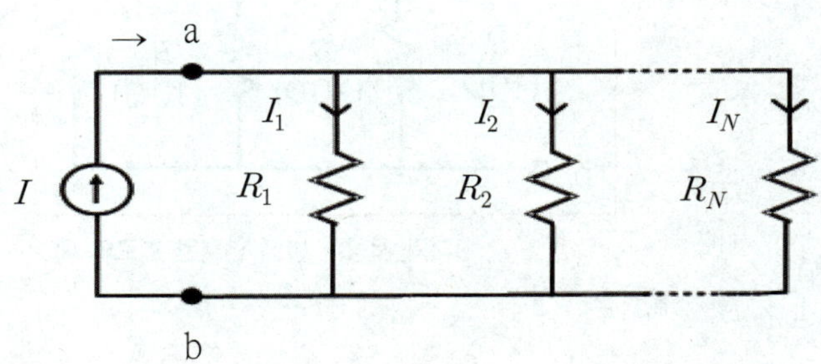

그림 3.6 N개의 저항이 병렬로 연결된 회로에 전류원 N가 인가되는 경우

$$G = G_1 + G_2 + \dots + G_N \quad \mho \tag{3.13}$$

두 단자 a, b 사이의 전위차(전압)는

$$V = IR = \frac{I}{1/R_1 + 1/R_2 + \dots + 1/R_N}$$
$$= \frac{I}{G} = \frac{I}{G_1 + G_2 + \dots + G_N} \quad \text{V(볼트)} \tag{3.14}$$

가 된다. 그리고 각 선로의 전류 I_i는 $I_i = V/R_i = G_i V$이므로, 식 (3.14)을 여기에 대입하면

$$I_i = \frac{G_i}{G} I \quad \text{A} \tag{3.15}$$

을 얻을 수 있다. 여기서 한 가지 부가적으로 명심해야 할 점은, 그림 3.6과 같이 **'병렬회로에 전류원이 인가되는 경우 각 선로를 흐르는 전류는 그 선로의 컨덕턴스 값 G_i에 비례한다'**는 것이다.

예제 3.2

그림 3.7의 병렬회로에서 단자 a, b 오른쪽의 합성저항을 구하라.

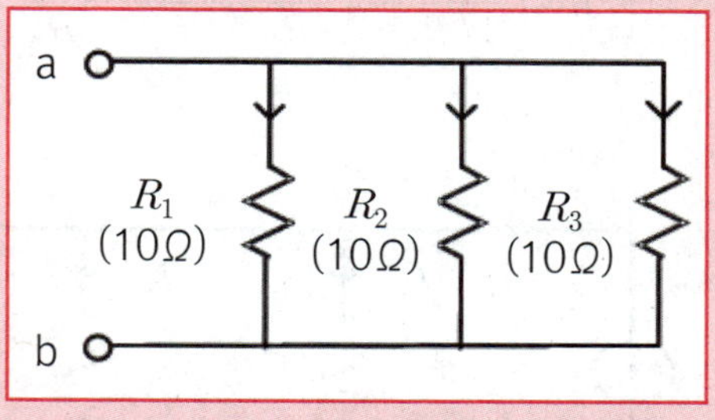

그림 3.7 3개의 저항이 병렬 연결된 회로의 예

풀이

$$\text{합성저항 } R = \frac{1}{1/R_1 + 1/R_2 + 1/R_3} = \frac{1}{0.1 + 0.1 + 0.1} = 3\frac{1}{3} \quad \Omega$$

3.3 저항의 직병렬 혼합연결

저항으로만 구성된 직렬과 병렬의 혼합회로에서 전체 등가저항, 전체 전류, 각 저항 양단의 전압, 그리고 각 저항을 흐르는 전류에 대해 살펴보기로 하자. 먼저 그림 3.8의 회로를 참고하자.

그림 3.8에서 저항 R_2와 R_3는 병렬로 연결되어 있으며, 병렬 연결된 부분은 다시 저항 R_1과 직렬로 연결되어 있다. 전체 회로를 해석하기 위해 우선 그림 3.8 회로의 등가회로를 구해보자.

저항 R_2와 R_3의 병렬 합성저항을 R_{23}라 나타낼 때, 이는 식 (3.10)로부터

$$\frac{1}{R_{23}} = \frac{1}{R_2} + \frac{1}{R_3} \quad \text{혹은} \quad R_{23} = \frac{R_2 R_3}{R_2 + R_3} \tag{3.16}$$

가 된다. 다음으로 R_{23}과 R_1은 직렬로 연결되어 있으므로, 이들의 전체 등가 합성저항 R은

$$\begin{aligned} R &= R_1 + R_{23} \\ &= R_1 + \frac{R_2 R_3}{R_2 + R_3} \end{aligned} \tag{3.17}$$

와 같이 구할 수 있다.

식 (3.17)의 등가(합성) 저항을 바탕으로 그림 3.8 회로의 등가회로를 그리면 그림 3.9와 같다. 그림 3.9에서 기호 '//'는 이 기호의 좌우 저항에 대한 병렬연결의 합성저항을 의미한다.

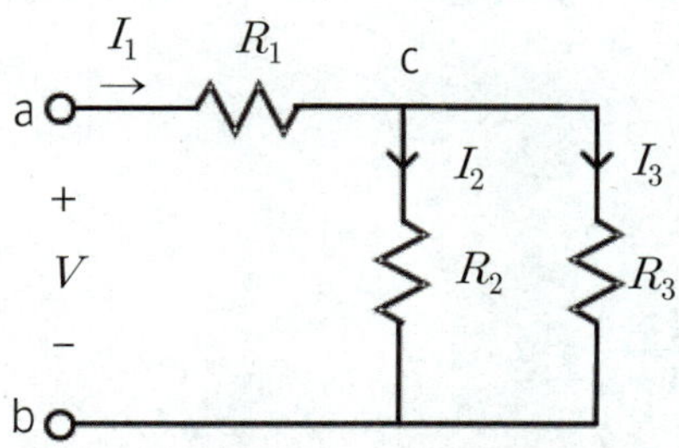

그림 3.8 3개의 저항으로 구성된 직렬과 병렬의 혼합회로 예

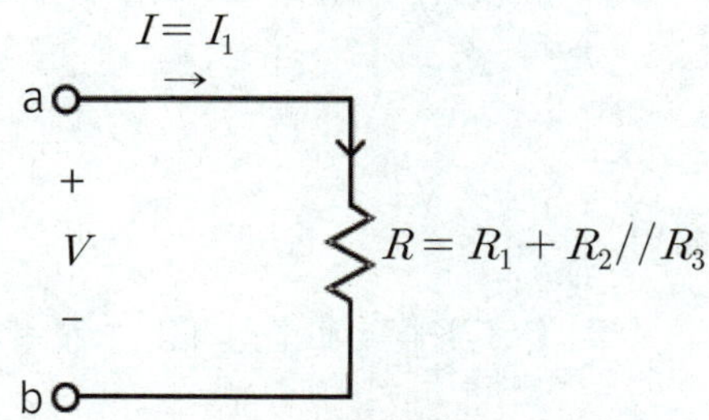

그림 3.9 '그림 3.8'의 등가회로

전체 전류 I는 오옴의 법칙에 의해

$$I = \frac{V}{R} \tag{3.18}$$

가 된다. 즉 전체 전류 I는 그림 3.8에서 저항 R_1을 흐르는 전류 I_1과 같다. 따라서 저항 R_2와 R_3가 병렬로 연결된 회로 부분에서 측정되는 전압을 V_{23}라 하면, 이 값은 전원 V에서 저항 R_1에서 강하되는 전압을 뺀 값이 된다. 즉

$$V_{23} = V_s - IR_1 \tag{3.19}$$

이 된다. 다음으로 전압 V_{23}가 구해지면 R_2와 R_3를 통해 흐르는 전류는 오옴의 법칙으로부터 구할 수 있다. 즉 R_2와 R_3를 흐르는 전류를 각각 I_2, I_3라 하면, 이들 전류는 각각

$$I_2 = \frac{V_{23}}{R_2} \tag{3.20}$$

$$I_3 = \frac{V_{23}}{R_3} \tag{3.21}$$

이 된다.

예제 3.3

그림 3.8의 직병렬회로에서 단자 a, b의 합성저항을 구하라. 단 $R_1 = 5\Omega$, $R_2 = R_3 = 4\ \Omega$이다.

풀이

식 (3.17)에 의해 합성저항 $R = 5 + \frac{4\times 4}{4+4} = 7\ \Omega$

3.4 브리지 회로

1) 브리지 회로

브리지라 함은 다리를 뜻하는 영어의 Bridge이다. 이는 다이아몬드 형의 철교에서 유래하여 그 이름을 따 온 것으로 알려져 있다. 전기전자회로에서 브리지 회로 (bridge circuit)는 4개의 임피던스(페이저 전압/페이저 전류; 뒷부분에 설명됨)를 마름모 형태로 접속하고, 서로 마주 대하는 코너(C, D)를 그림 3.10과 같이 검출기(혹은 전류계)로 분기한 회로를 말한다.

브리지 회로에서 단자 $C-D$사이에 전류계의 지침이 어느 방향으로도 편향되지 않고, 중앙(0암페어)에 위치하게 하면 '브리지는 평형이 되었다'고 말한다. 이 회로에서 브리지가 평형상태로 되면 검출기 분기에 전류가 흐르지 않는다. 즉 그림 3.10과 같이 마름모의 변에 임피던스 소자를 가진 회로를 브리지 회로라고 하며 이를 이용한 측정기를 브리지라고 한다.

브리지 회로의 평형에 대해 좀 더 구체적으로 살펴보면, 그림 3.10의 브리지 회로에서 A, B단자에 전압을 인가했을 때,

$$Z_1Z_3 = Z_2Z_4 \tag{3.22}$$

의 조건을 만족할 때 단자 C, D 간에는 전류가 흐르지 않는데, 이때 $C-D$사이의 전위차는 0볼트이다. 이러한 상태를 브리지회로의 평형상태라 말한다.

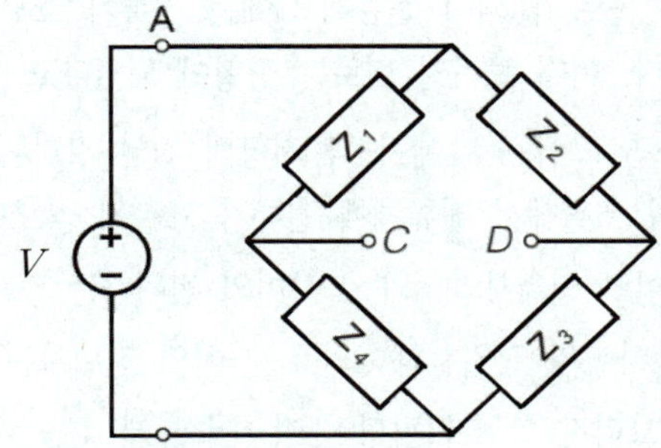

그림 3.10 브리지 회로도

전원장치의 설계에서 브리지 회로나 브리지 정류기는 배열된 다이오드나 유사한 소자로 불확실한 전압 측정이나 교류 전압을 직류 전압으로 정류할 때 사용된다. 이 외에도 브리지 회로는 임피던스의 변화를 검출하기 위해서도 사용된다.

브리지 회로의 종류로는 폰타나 브리지, 켈빈 브리지, 맥스웰 브리지, 드 소테 브리지, 휘트스톤 브리지 등이 있다. 여기에서는 많이 사용되는 휘스톤 브리지 회로에 한하여 자세히 살펴보기로 한다.

2) 휘스톤 브리지 회로

휘트스톤 브리지는 1833년에 영국의 과학자 새뮤얼 헌터 크리스티에 의해 고안된 측량법으로서, 후일 1843년 찰스 휘트스톤 경에 의해 개선되어 널리 알려졌다. 즉 그림 3.10의 회로에서 Z_1, Z_2, Z_3, Z_4 모두가 저항으로만 구성된 회로를 휘스톤 브리지(Wheatstone Bridge)라 하며, 그림 3.11에 그 예가 보인다. 휘스톤 브리지는 일반적으로 미지의 저항값을 찾기 위해서 사용된다. 그림 3.11에서 평형을 이루고 있는 1변의 저항이 조금이라도 변하면 평형이 파괴되어 중앙의 'c-d' 브리지로 전류가 흐르게 된다. 따라서 역으로 이 전류로부터 저항변화를 검출하거나, 또는 임의의 물리량의 변화를 저항 값의 변화로 변환시키는 소자를 이용하면 이 전류로부터 물리량의 변화를 알 수 있다.

그림 3.11에서와 같이 4개의 저항 R_1, R_2, R_3, R_x를 2개씩 대칭으로 접속하여 만들고 전류계 G를 점 c와 d 사이에 설치하여 전압 V를 인가하면 회로에 전류가 흘러 각 저항에 전압 강하가 일어난다. 여기서 저항 R_1, R_2는 알려진 값의 고정저항, R_3는 가변저항, R_x는 미지의 고정저항이라 하자. 전류계 G가 접속된 중간지점인 c와 d에 전압이 같아지면 양쪽의 전위차는 "0 볼트"가 되어 전류계 G에는 전류가 흐르지 않으므로, 전류계 화면에는 0암페어가 표시된다. 이때 브리지 회로는 평형이 되었다고 한다.

좀 더 자세히 살펴보면 그림 3.11에서 각 저항의 전압 강하는 저항의 크기에 비례한다. 가변 저항 R_3를 적당히 조절해서 전류계에 전류가 흐르지 않으면 c점과 d점의 전위는 같다. 그러므로 a와 c 사이의 전위차와 a와 d 사이의 전위차는 같다. 즉 $V_{ac} = V_{ad}$이다. 마찬가지로 이 때 c와 b 사이의 전위차와 d와 b 사이의 전위차는 같으며, 즉 $V_{cb} = V_{db}$가 된다. 그러므로 휘스톤 브리지 회로가 평형이 이루어질 때 $V_{ac} = V_{ad}$이므로 $I_x R_x = I_1 R_1$이 되고, $V_{cb} = V_{db}$이므로 $I_3 R_3 = I_2 R_2$가 된다. 여기서 $I_1 = I_2$, $I_x = I_3$이므로

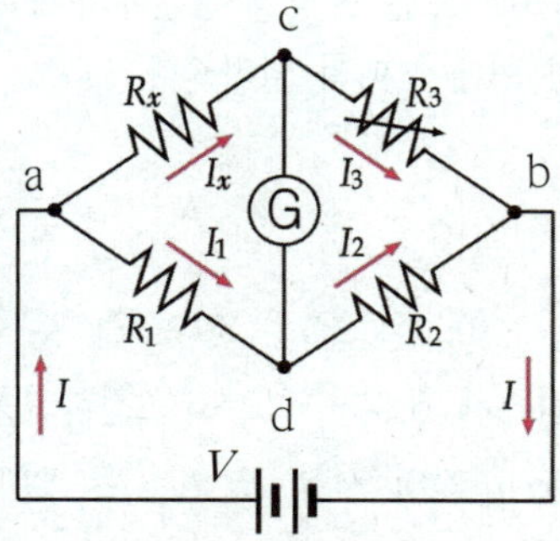

그림 3.11 휘스톤 브리지 회로

$R_2R_x = R_1R_3$이다. R_1, R_2, R_3의 저항 값은 이미 알고 있으므로 R_x의 값은 다음과 같이 구할 수 있다. 즉

$$R_x = \frac{R_1R_3}{R_2}, \text{ 평형상태} \tag{3.23}$$

가 된다. 위와 같은 관계식 때문에 휘트스톤브리지 회로는 저항을 정밀하게 측정할 수 있는 회로이다. 또한 휘스톤 브리지 회로는 일반적으로 물질의 변형 정도, 온도, 압력 등과 같은 물리량을 측정하는 변환기와 결합하여 사용되기도 한다. 예로써 서미스터는 온도가 변화할 때 저항값을 변화시킨다.

휘스톤 브리지 회로에서도 평형상태 또는 불평형 상태 여부와 관계없이 키르히호프의 전류법칙과 전압법칙은 성립한다. 각 절점 a, b, c, d에서 키르히호프 전류법칙이 성립하며, 또한 a-d-b, a-c-d, b-c-d 각각의 폐루프에서 키르히호프 전압법칙이 성립된다. 예로써 절점 a에서 키르히호프 전류법칙을 적용하면 다음과 같다.

$$\begin{aligned} I &= I_1 + I_x \\ &= I_2 + I_3 \end{aligned} \tag{3.24}$$

또 다른 예로 폐루프 a-d-b에서 키르히호프 전압법칙을 적용하면 다음과 같다.

$$V = I_1R_1 + I_2R_2 \tag{3.25}$$

휘스톤브리지 회로는 평형상태 또는 불평형 상태에서 모두에서 동작된다. 이러한 동작조건의 활용은 응용되는 회로의 형태에 따라 달라진다.

예제 3.4

그림 3.11에서 $R_1 = 30\ \Omega$, $R_2 = 20\ \Omega$을 부착하고, 가변저항을 사용하여 전류계(검류계)에 전류가 0A가 되도록 조정하였을 때 가변저항의 값 R_3가 30 Ω으로 나타났다. 미지의 저항 R_x의 값은 얼마인가?

풀이

식 (3.23)에 의해 R_x의 값을 다음과 같이 얻을 수 있다.

$$R_x = \frac{R_1 R_3}{R_2} = \frac{30 \times 30}{20} = 45\ \Omega$$

3.5 절점 해석법

지금까지는 직렬회로, 병렬회로, 직병렬 혼합회로에서 전류와 전압을 구하는 방법을 다루었다. 그런데 바로 앞에서 학습한 브리지 회로를 포함한 복잡한 직병렬 회로에서 모든 부분의 전압과 전류를 앞선 방법으로는 구하기가 쉽지 않을 경우가 있다. 복잡한 직병렬 회로에서 전압과 전류를 구하는 경우 일반적으로 많은 작업이 필요하게 되므로, 학자들이 새로운 회로해석법을 만들었다. 대표적인 해석방법으로는 절점해석법(nood analysis)과 망로해석법(loop analysis)이 있다. 이 절에서는 절점해석법에 대해 먼저 알아보기로 한다.

전기회로에서 절점해석법(nodal analysis)에서는 회로의 지로 전류에 의해 절점 사이의 전압을 결정한다. 따라서 절점해석법을 지로전류해석법(branch current method)이라고도 부른다. 그림 3.12를 중심으로 이 해석법에 대해 자세히 알아보자.

절점해석법은 회로의 각 절점으로 유출입하는 전류에 대해 키르히호프 전류법칙을 적용하여 회로를 해석하는 방법이다. 그림 3.12에서 저항 R_1과 R_2 및 I_s가 관련된 지로와 만나는 절점 a로 유출입하는 전류를 키르히호프 전류법칙을 적용하면 다음과 같다.

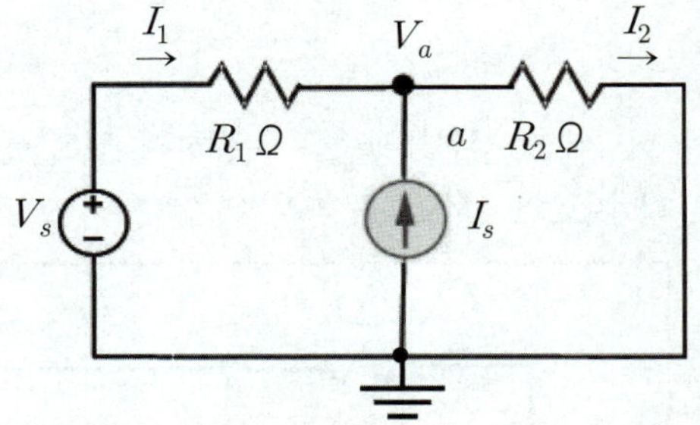

그림 3.12 절점해석법을 설명하기 위한 회로

$$I_1 + I_s = I_2 \tag{3.26}$$

즉 식 (3.26)이 그림 3.12 회로에 대한 절점 방정식이 된다. 다음으로 절점 a에서 전압을 V_a이라 하면, 저항 R_1과 R_2로 흐르는 전류는 오옴 법칙으로부터

$$I_1 = \frac{V_s - V_a}{R_1}, \quad I_2 = \frac{V_a}{R_2} \tag{3.27}$$

이 된다.

여기서 식 (3.27)을 (3.26)에 대입하여 절점의 전압 V_a를 구하면

$$V_a = \frac{(V_s + R_1 I_s) R_2}{R_1 + R_2} \text{ 볼트}$$

와 같다. 여기서 R_1, R_2, V_s, I_s는 주어지지는 값들이다. 따라서 V_a를 식 (3.27)에 대입하면 I_1과 I_2를

$$I_1 = \frac{V_s}{R_1} - \frac{(V_s + R_1 I_s) R_2}{R_1 (R_1 + R_2)} \text{ 암페어}, \quad I_2 = \frac{V_s + R_1 I_s}{R_1 + R_2} \text{ 암페어}$$

와 같이 얻을 수 있다.

예제 3.5

그림 3.13의 회로에서 절점해석법을 사용하여 절점 ①의 전압을 구하고 이를 바탕으로 각 지로의 전류를 구하라.

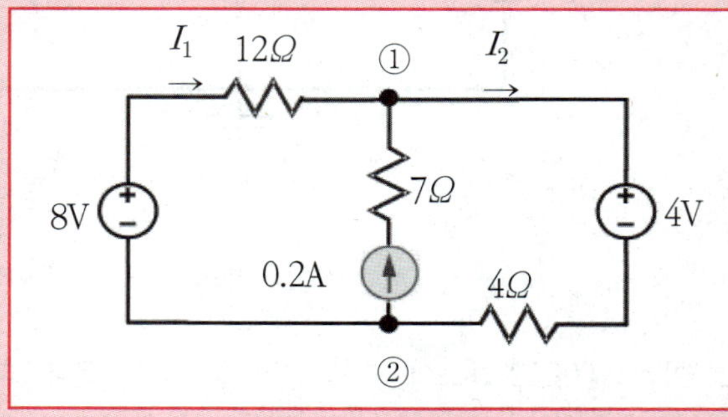

그림 3.13 두 전압원과 1개의 전류원을 갖는 회로의 예

풀이

절점 ①에서 키르히호프 전류법칙을 적용하여 절점방정식을 구하면 다음과 같다.

$$I_1 + 0.2 = I_2 \tag{3.28}$$

그리고 절점 ①과 ② 사이의 전압을 V_1이라 하자. 즉 절점 ②를 기준점인 접지(0V)라 생각하자. 그러면 오옴의 법칙에 의해 다음의 관계식을 얻을 수 있다.

$$I_1 = \frac{8 - V_1}{12},\ I_2 = \frac{V_1 - 4}{4} \tag{3.29}$$

식 (3.29)를 식 (3.28)에 대입하면 절점 ①의 전위는 다음과 같이 구할 수 있다.

$$V_1 = 5.6\ \text{V}$$

V_1을 (3.29)에 대입하면 지로전류는

$$I_1 = 0.2\ \text{A},\ I_2 = 0.4\ \text{A}$$

과 같이 얻을 수 있다.

3.6 망로 해석법

망로해석법(loop analysis or mesh analysis)은 평면 회로의 특정 부분에 대한 전류를 구하기 위해 많이 사용되는 방법으로, **메쉬전류해석법**(mesh current method)이라 부르기도 한다. 여기서 평면회로라 함은 서로 교차하는 지로(선로)가 없는 평면에 그려질 수 있는 회로를 말한다. 망로해석법은 회로망 내의 임의의 폐회로에 대해 그 폐회로를 돌고 있는 망전류를 가정하여, 키르히호프 전압법칙을 바탕으로 각 지로의 전류를 구하고, 또한 여기서 구해진 지로전류를 사용하여 각 절점 사이의 전압을 구하는 방법이다. 망로해석법을 그림 3.14의 회로를 중심으로 자세히 설명하기로 하자.

그림 3.14에서 전압원 V_s, 저항 R_1, 전류원 I_s를 포함하는 폐회로망 ①과, I_s와 R_2를 포함하는 폐회로망 ②를 고려하고, 또한 폐회로망 ①을 순환하는 망전류(혹은 망로전류)를 I_1, 폐회로망 ②를 순환하는 망 전류를 I_2라 가정하자. 여기서 먼저 'V_s-R_1-R_2-V_s'로 구성되는 큰 폐회로망에 대해 키르히호프 전압법칙을 적용하면 다음과 같은 망로 방정식을 얻을 수 있다.

$$R_1 I_1 + R_2 I_2 = V_s \tag{3.30a}$$

한편 망로전류 I_1, I_2와 I_s의 관계는 다음과 같다.

$$I_s = I_2 - I_1 \tag{3.30b}$$

R_1, R_2, V_s, I_s는 주어진 값이므로, 식 (3.30a)와 (3.30b)로부터 I_1, I_2를 구할 수 있다. 따라서 전류 I_1, I_2는 각각

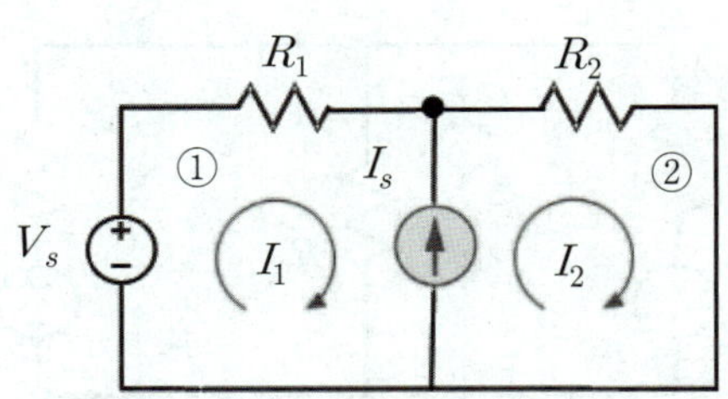

그림 3.14 망로해석법 설명을 위한 회로

$$I_1 = \frac{V_s - I_s R_2}{R_1 + R_2}, \quad I_2 = I_s + \frac{V_s - I_s R_2}{R_1 + R_2} \tag{3.31a}$$

으로 구해지며, 또한 각 저항 양단의 전압도 구할 수 있다. 즉 R_1과 R_2 양단의 전압은 각각

$$V_{R_1} = I_1 R_1 = \frac{R_1}{R_1 + R_2}(V_s - I_s R_2), \; V_{R_2} = I_2 R_2 = I_s R_2 + \frac{R_2}{R_1 + R_2}(V_s - I_s R_2) \tag{3.31b}$$

이 된다.

또 다른 형태의 회로인 그림 3.15를 중심으로 다시 설명해 보자. 먼저 그림 3.15의 회로에서 망전류 I_1과 I_2, 그리고 각 지로 전류를 구하는 절차를 알아보자.

그림 3.15의 회로에서, 망로 전류 I_1이 흐르는 폐회로망 ①과 망로 전류 I_2가 흐르는 폐회로망 ②에 대해 키르히호프 전압법칙을 적용하여 보자. 먼저 폐회로망 전류를 그림과 같은 시계방향으로 정하고, 각 지로를 흐르는 전류를 구하면 된다. 즉 전류 I_1과 I_2는 각각 폐회로망 ①과 폐회로망 ②를 흐르는 망전류이다. 즉 다음과 같다.

i) 항 R_1을 흐르는 전류 I_{R_1}은 I_1과 같으며,

ii) 저항 R_3를 흐르는 전류 I_{R_3}는 I_2와 같으며,

iii) 저항 R_2를 흐르는 전류 I_{R_2}는 $I_1 - I_2$이다.

즉

$$I_{R_1} = I_1, \; I_{R_2} = I_1 - I_2, \; I_{R_3} = I_2 \tag{3.32}$$

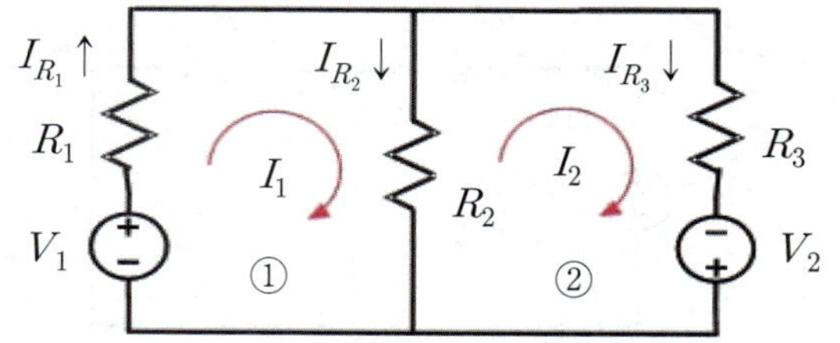

그림 3.15 회로의 예

그러므로 폐회로망 ①과 폐회로망 ②에 대해 키르히호프 전압법칙을 적용하면 다음과 같다.

$$\text{폐회로망 ① : } V_1 = R_1 I_1 + R_2(I_1 - I_2) \tag{3.33}$$

$$\text{폐회로망 ② : } V_2 = R_2(I_2 - I_1) + R_3 I_2 \tag{3.34}$$

위의 두 방정식 (3.33)과 (3.34)에서 V_1, V_2, R_1, R_2, R_3는 주어진 값이므로, 망로 전류 I_1과 I_2는 각각 다음과 같이 얻어진다.

$$I_1 = \frac{(R_2 + R_3)V_1 + R_2 V_2}{(R_1 + R_2)(R_2 + R_3) - R_2^2}, \quad I_2 = \frac{R_2 V_1 + (R_1 + R_2)V_2}{(R_1 + R_2)(R_2 + R_3) - R_2^2} \tag{3.35}$$

식 (3.35)를 (3.32)에 대입하면 각 지로를 흐르는 전류 $I_{R_1}, I_{R_2}, I_{R_3}$를 쉽게 구할 수 있다. 이 전류들은 표현이 좀 복잡하여 생략하기로 한다. 아래 예제를 참고하기 바란다.

예제 3.6

그림 3.16의 회로에서 망전류 I_1, I_2와 각 지로의 전류를 구하라.

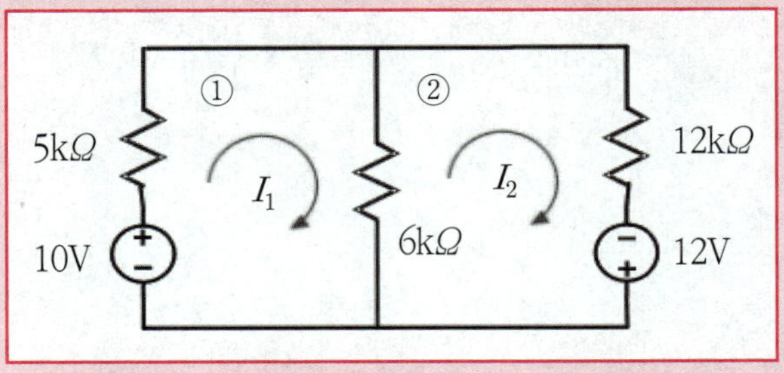

그림 3.16 회로의 예

풀이

그림 3.16의 회로에서 전류 I_1이 흐르는 폐회로망 ①과 전류 I_2가 흐르는 폐회로망 ②에 대한 키르히호프 전압법칙을 적용하여보자. 먼저 폐회로망 전류를 그림 3.16과 같은 방향으로 정의하고, 각 지로 전류를 구해보자.

전류 I_1과 I_2는 각각 폐회로망 ①과 폐회로망 ②를 흐르는 망 전류이므로, 저항 5 kΩ을 흐르는 전류는 I_1과 같으며, 저항 12 kΩ을 흐르는 전류는 I_2와 같으며, 저항 6 kΩ을 흐르는 전류(방향: 위에서 아래로 설정)는 $I_1 - I_2$이다. 그러므로 폐회로망 ①과 폐회로망 ②에 대해 키르히호프 전압법칙을 적용하면

$$\text{폐회로망 ①} : 10 = 5{,}000 I_1 + 6{,}000(I_1 - I_2)$$

$$\text{폐회로망 ②} : 12 = 6{,}000(I_2 - I_1) + 12{,}000 I_2$$

위의 두 방정식을 풀면 전류 I_1과 I_2는 다음과 같이 구할 수 있다.

$$I_1 = \frac{14}{9}\,\text{mA},\ I_2 = \frac{32}{27}\,\text{mA}$$

따라서 각 저항을 통해 흐르는 지로전류는 각각 다음과 같다.

$$I_{5k} = I_1 = \frac{14}{9}\,\text{mA},\quad I_{6k} = I_1 - I_2 = \frac{10}{27}\,\text{mA},\quad I_{12k} = I_2 = \frac{32}{27}\,\text{mA}$$

연습문제

3.1 그림 E.3.1의 직렬회로의 등가저항(합성저항)을 구하라.

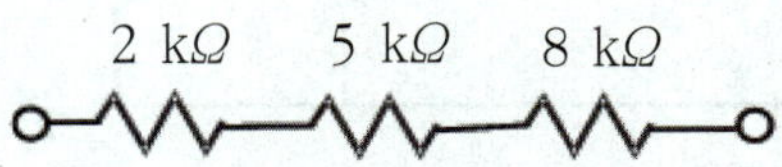

그림 E.3.1 저항의 직렬연결 회로 예

3.2 그림 E.3.2의 병렬회로의 등가저항(합성저항)을 구하라.

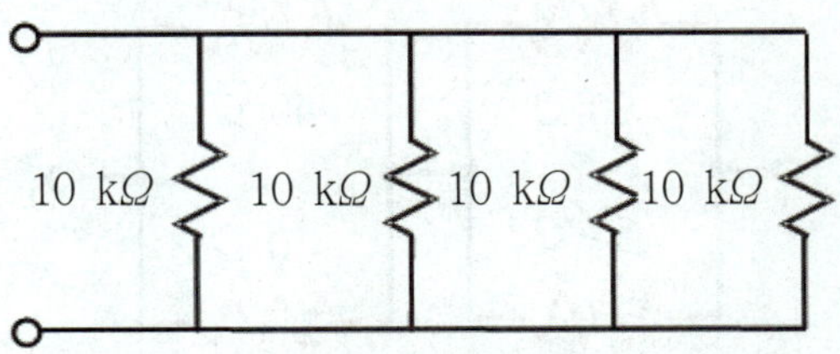

그림 E.3.2 저항의 병렬연결 회로 예

3.3 그림 E.3.3의 병렬회로의 합성저항이 2 kΩ이다, 저항 R_1은 몇 kΩ인가?

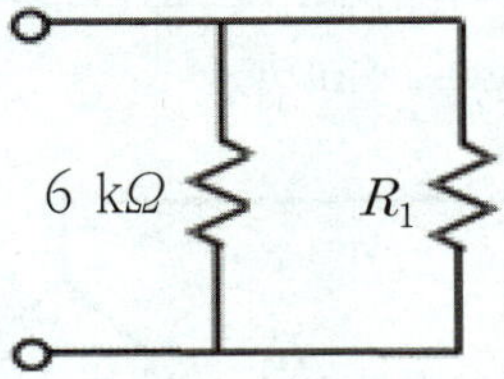

그림 E.3.3 저항성 병렬회로의 예

3.4 그림 E.3.4의 직병렬 혼합회로의 등가저항(합성저항)을 구하라.

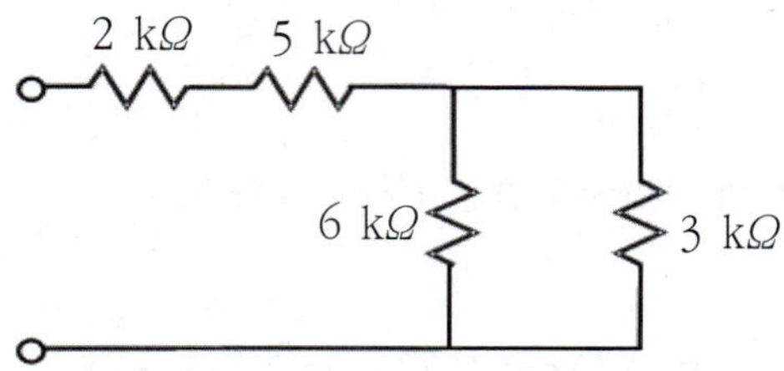

그림 E.3.4 저항의 직병렬 혼합연결 회로 예

3.5 그림 E.3.5 회로 양단 전체의 합성저항을 구하라.

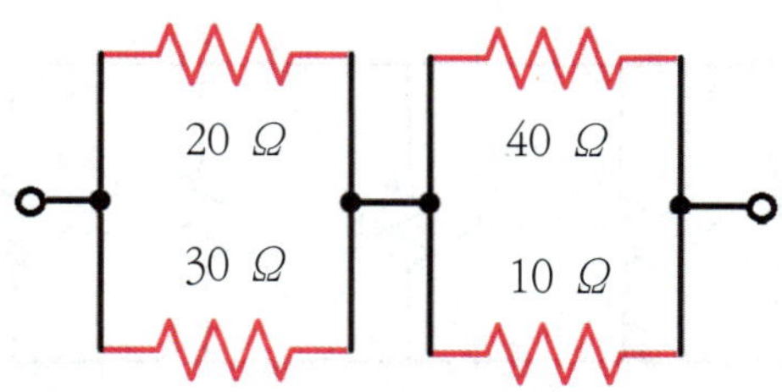

그림 E.3.5 두 병렬 저항의 직렬연결 형태 회로

3.6 그림 E.3.6의 휘스톤 브리지 회로에서 $R_1 = 6\ \mathrm{k}\Omega$, $R_2 = 3\ \mathrm{k}\Omega$이고, R_x는 미지의 저항이다. 이 상태에서 브리지의 검류계가 0으로 조정되었을 때, 저항 R_3의 값이 $4\,\mathrm{k}\Omega$이었다. 그러면 미지의 저항 R_x는 얼마인가?

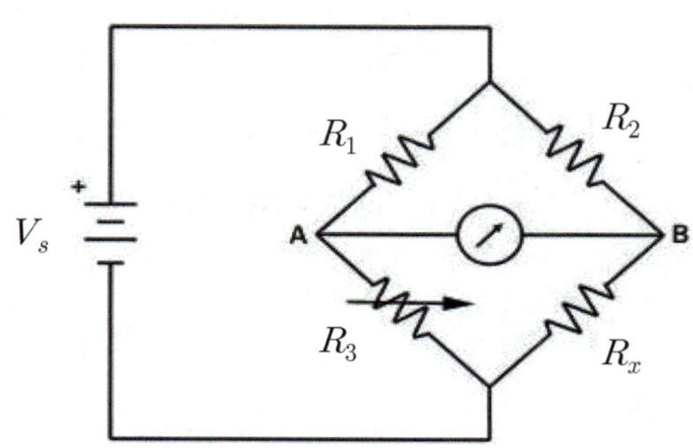

그림 E.3.6 휘스톤 브리지

3.7 그림 E.3.7의 저항성 회로에서 절점 a를 중심으로 절점해석법을 사용하여 각 지로 전류 I_1, I_2, I_3와 절점 a-b 사이의 전압 V_{ab}를 구하라.

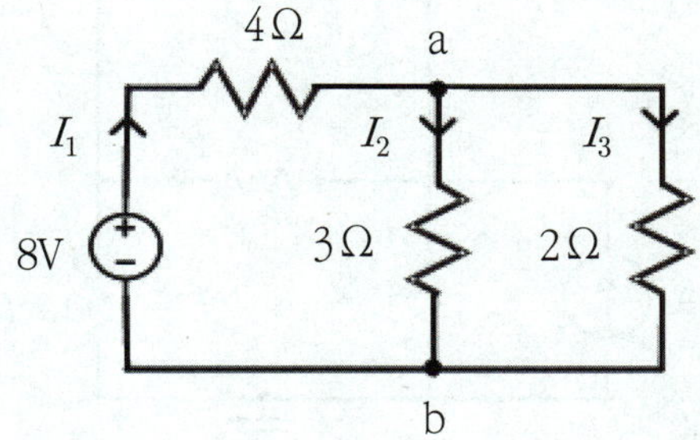

그림 E.3.7 저항성 회로의 예1

3.8 절점해석법을 사용하여 그림 E.3.8 회로의 전압 V_1, V_2를 구하라.

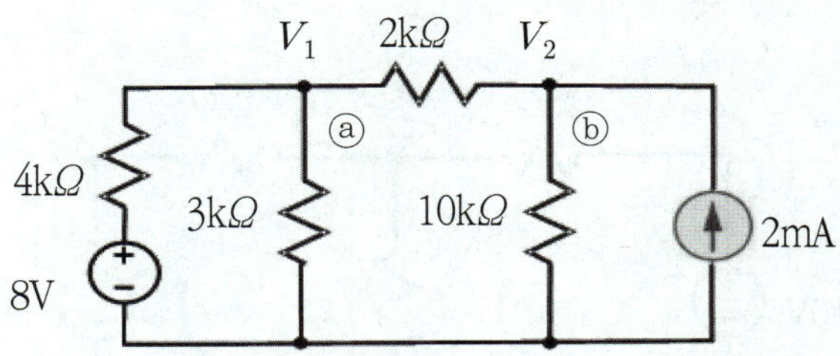

그림 E.3.8 저항성 회로의 예2

3.9 그림 E.3.9의 회로에 대해 절점해석법을 사용하여 6 kΩ의 저항에서 강하되는 전압을 구하라.

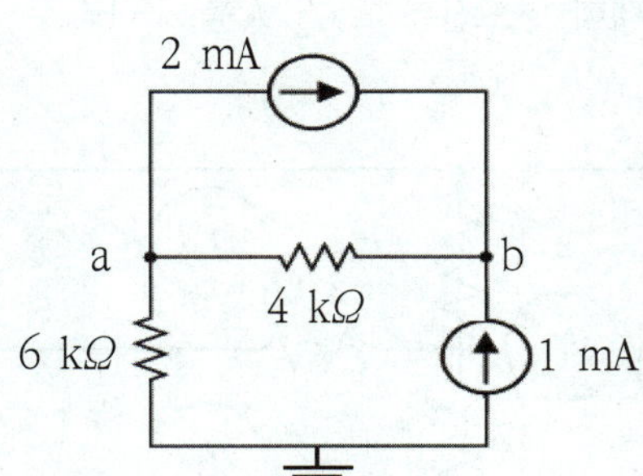

그림 E.3.9 저항성 회로의 예3

3장 저항의 직병렬 연결과 회로망 해석기법

3.10 그림 E.3.10의 회로에 대해 절점해석법을 사용하여 전류 I를 구하라.

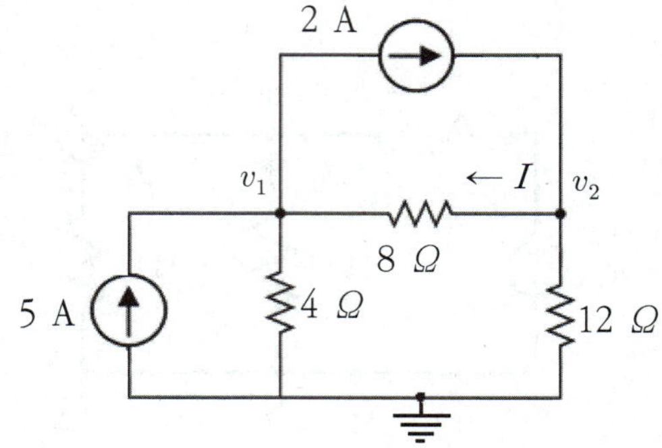

그림 E.3.10 저항성 회로의 예4

3.11 망로해석법을 사용하여 그림 E.3.11 회로의 각 지로를 흐르는 전류 I_a, I_b, I_c를 구하라.

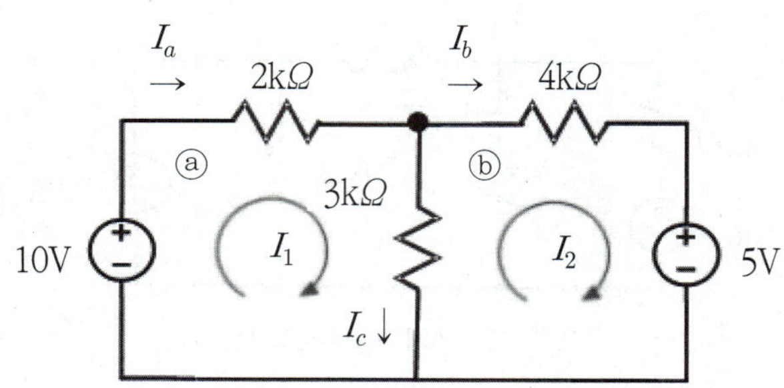

그림 E.3.11 저항성 회로의 예5

3.12 그림 E.3.12의 회로에 대해 망로전류 I_1, I_2, I_3를 구하라.

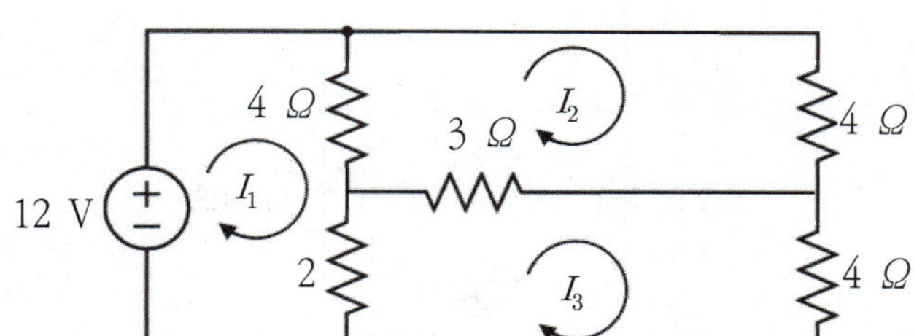

그림 E.3.12 저항성 회로의 예6

4장 회로망 정리와 회로구조 변환법

▶학습 목표◀

- 선형성 회로가 갖는 전기적 특성을 이해한다.
- 회로해석의 또 한 가지 방법인 중첩의 원리를 이해한다.
- 능동회로망에 대한 테브난 등가회로와 노턴 등가회로를 얻는 방법을 학습한다.
- 실제 전원의 등가회로를 이해한다.
- 복잡한 회로의 단순한 해석을 위해 T자형 회로를 π자형 회로로, π자형 회로를 T자형 회로로 변환하는 방법을 익힌다.

4.1 선형성과 중첩의 원리

선형성과 중첩성은 전기 회로를 해석하는데 중요한 의미를 지닌다. 선형성 회로가 갖는 성질은 여러 개의 전원이 회로망 내에 존재할 때 회로해석을 단순하게 해 준다.

1) 선형성

선형성(linearity)은 직선처럼 곧은 도형, 또는 그와 같은 성질을 갖는 대상이라는 뜻이다. 함수의 경우에는 어떠한 함수의 진행 모양이 '직선'이라는 의미로 사용되며, 이러한 개념은 수학, 물리학, 공학 등에서 많이 다루어진다.

전기전자 회로에서 선형성은 회로를 구성하는 소자나 시스템의 입출력 관계가 선형인 회로를 말하는 것으로, 이는 소자나 시스템의 '전기적 특성에서 출력이 입력에 비례한다'는 것을 의미한다. 이러한 성질은 일반적으로 수학적인 취급을 용이하게 해 준다. 즉 전기전자 회로에서 다음의 성질이 만족될 때 '회로는 선형성을 갖는다'라고 말한다.

정리 4.1 선형성 성질

(1) 척도화(Scaling) 성질 : '저항성 회로에 단일 전원이 인가될 때 각 지로전류나 두 절점 사이의 전압은 인가전원에 비례한다'는 성질이다.
(2) 가산성(Additive) 성질 : '두 개 이상의 전원을 갖는 저항성 회로에서 각 지로전류나 두 절점 사이의 전압은 각 전원이 홀로 인가되었을 때 나타나는 각 지로전류나 두 절점 사이 전압의 대수합과 같다'는 성질이다.

척도화

척도화는 '각 지로 전류나 절점 사이의 전압은 전원의 상수배(곱)로 표현된다'는 것을 의미한다.

지금까지 언급된 모든 회로에서는 저항과 전원으로 구성되어 있으며, 이들은 선형성을 띠고 있다. 예로써 그림 4.1은 2개의 저항과 하나의 전원으로 구성된 회로인데, 이 회로가 선형회로인지 살펴보자.

그림 4.1의 회로에서 저항 R_1과 R_2에서 강하하는 전압 v_{R_1}과 v_{R_2}는 각각 다음과 같다.

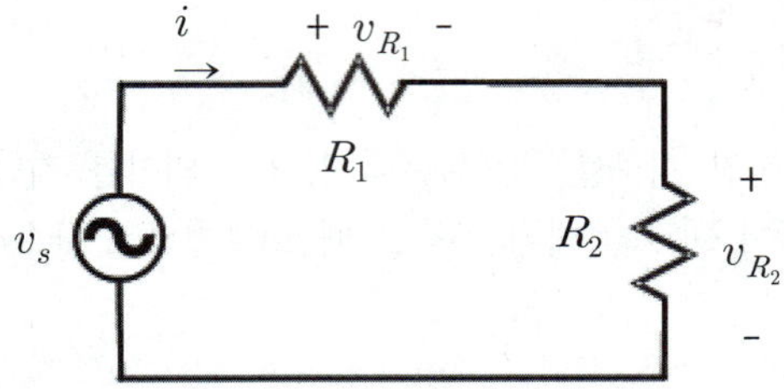

그림 4.1 선형성 회로

$$v_{R_1} = \frac{R_1}{R_1 + R_2} v_s \tag{4.1}$$

$$v_{R_2} = \frac{R_2}{R_1 + R_2} v_s \tag{4.2}$$

그리고 두 직렬저항을 흐르는 전류 i는

$$i = \frac{1}{R_1 + R_2} v_s \tag{4.3}$$

이 된다. 즉 각 저항에서 강하되는 전압은 각각 식 (4.1)과 (4.2)와 같이 전원 v_s에 비례하며, 또 직렬저항을 흐르는 전류 또한 식 (4.3)과 같이 전원 v_s에 비례한다. 따라서 이 회로는 선형회로이다.

가산성

가산성 성질에 대해 살펴보자. 먼저 그림 4.2를 고려하자.

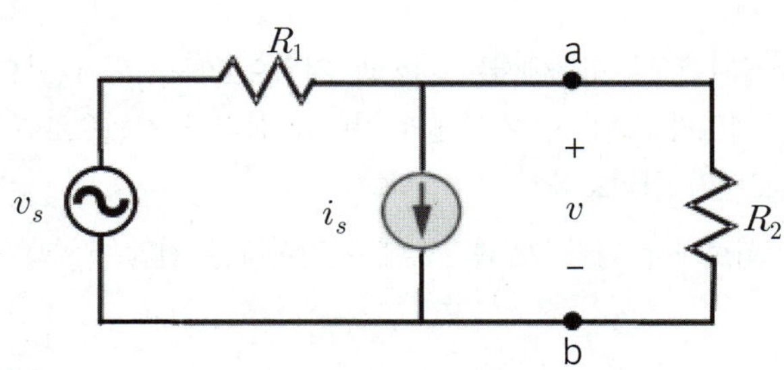

그림 4.2 가산성이 성립하는 전기회로

그림 4.2의 회로는 2개의 전원을 가진다. 우선 두 전원 각각에 의한 두 점 a, b 사이에 나타나는 전압 v를 살펴보자.

i) $i_s = 0$인 경우

$i_s = 0$이라는 것은 i_s가 있는 지로를 개방시키는 것과 등가이다. 즉 $i_s = 0$일 때 그림 4.2의 회로는 그림 4.3의 회로와 등가회로이다. 여기서 $i_s = 0$일 때 v_s에 의한 a, b 단자 사이의 전압을 v_1이라 하자.

인가전압 v_s에 의해 나타나는 전압 v_1는 다음과 같다.

$$v_1 = \frac{R_2}{R_1 + R_2} v_s \tag{4.4}$$

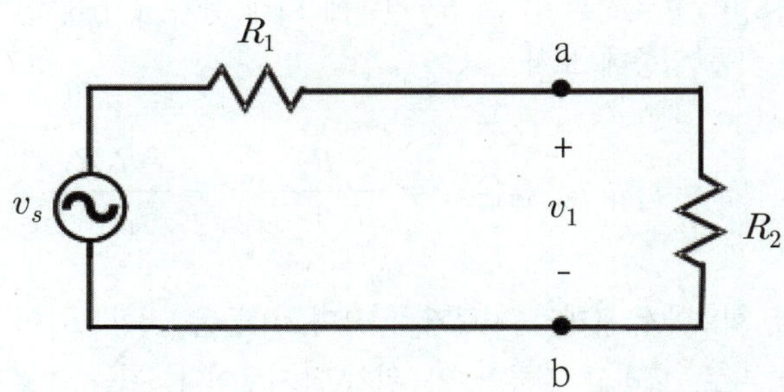

그림 4.3 $i_s = 0$일 때 '그림 4.2'의 등가회로

ii) $v_s = 0$인 경우

$v_s = 0$이라는 것은 전원 v_s의 양단의 전위차가 0이라는 것이므로, 이것은 전원을 없애고 그 부분을 단락시키는 것과 등가이다. 즉 $v_s = 0$일 때 그림 4.2 회로는 그림 4.4 회로와 등가회로가 된다.

따라서 $v_s = 0$인 경우 i_s에 의해 나타나는 단자 a, b 사이의 전압을 v_2라 하면, 이는 다음과 같다.

$$v_2 = -\frac{R_1 R_2}{R_1 + R_2} i_s \tag{4.5}$$

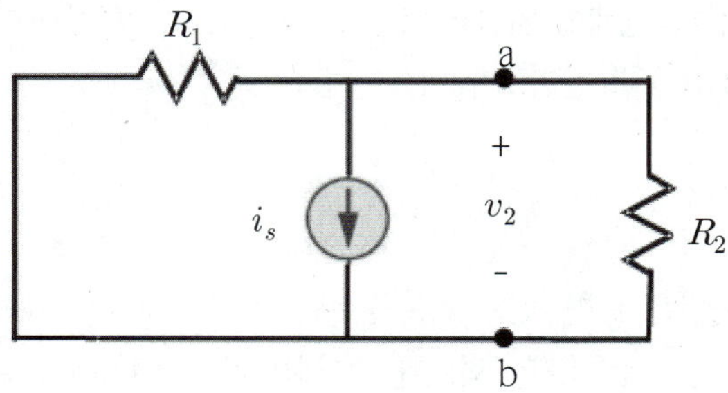

그림 4.4 $v_s = 0$일 때 '그림 4.2'의 등가회로

식 (4.5)에서 음의 부호는 단자 a를 '+'로 단자 b를 '-'로 기준을 취하였기 때문이다.

iii) 두 전원 모두 인가된 경우

여기서 가산성이 만족하는지, 즉 두 전원에 의해 단자 a, b에 인가되는 전압 v가 다음을 만족하는지를 입증해 보자.

$$v = v_1 + v_2 \text{ 혹은 } v = \frac{R_2}{R_1 + R_2} v_s - \frac{R_1 R_2}{R_1 + R_2} i_s \tag{4.6}$$

그림 4.2의 회로에서 3개의 지로가 있으며, 이들은 저항 R_1이 위치한 지로, 저항 R_2가 위치한 지로, 그리고 전류 i_s가 위치한 지로이다. 이들 지로가 만나는 지점에서 절점 해석법을 적용하면 다음의 방정식을 얻을 수 있다.

$$\frac{v_s - v}{R_1} = i_s + \frac{v}{R_2} \tag{4.7}$$

식 (4.7)을 다시 정리하면 다음과 같다.

$$v = \frac{R_2}{R_1 + R_2} v_s - \frac{R_1 R_2}{R_1 + R_2} i_s \tag{4.8}$$

따라서 식 (4.6)과 (4.8)은 일치하므로, 가산성이 성립한다.

2) 중첩의 원리

앞부분에서 우리는 회로해석의 기본 방법인 절점해석법과 지로해석법을 사용하여 저항성 회로에서 가산성이 성립함을 보았는데, 이것이 중첩의 원리에 대한 기본적 개념이다. 즉 절점해석법과 지로해석법의 대안으로 중첩의 원리를 사용한다.

즉 **'여러 개의 전원이 존재하는 회로망에서 특정 두 점 사이의 전압이나 특정 지로의 전류는, 각 전원이 독립적으로 존재할 때 그 부분의 전압이나 전류에 대한 기여도의 대수적 합과 같다'**는 것이 중첩의 원리(superposition principle)이다. 이것은 바로 앞의 가산성 개념과 같다. 중첩의 원리를 다시 정리하면 다음과 같다.

정리 4.2 중첩의 원리(The Superposition Principle)

여러 개의 전원을 갖는 임의의 선형회로에서 임의의 저항 양단의 전압(혹은 임의의 지로 전류)은 각각의 독립된 전원에 의한 그 저항 양단의 전압(혹은 지로 전류)의 대수적인 합과 같다.

중첩의 원리를 적용하여 회로를 해석하는 절차는 다음과 같다.

i) 찾고자하는 부분의 전압 혹은 전류에 라벨을 붙이고, 기준 방향을 설정하여 표기한다.

ii) 각 독립된 전원이 동작할 때, 이 독립된 전원이 찾고자하는 전압이나 전류에 얼마나 기여하는 지를 구한다. 이때 하나의 독립된 전원 이외의 모든 전압원은 전부 0볼트로, 모든 전류원은 0암페어로 놓는데, 이는 다음과 같은 의미를 갖는다.

전압원 → 전압원을 없애고 이 부분을 단락(short)시킨다.

전류원 → 전류원을 없애고 이 부분을 개방(open)시킨다.

iii) 각 독립 전원에 의해 구해진 특정 두 점 사이의 전압 혹은 특정 지로의 전류를 구한다.

iv) 각 독립 전원에 의해 구해진 전압 혹은 전류의 대수합을 구한다. (이 대수합은 전체 전원이 동시에 인가될 때 두 점 사이의 전압 혹은 특정 지로의 전류가 된다)

즉 중첩의 원리는 여러 개의 독립된 전원(전류원, 전압원)이 존재하는 선형 회로망을 해석하는데 매우 편리하게 이용된다. 구체적인 회로의 예로 그림 4.5를 중심으로 중첩의 원리를 적용하여 보자.

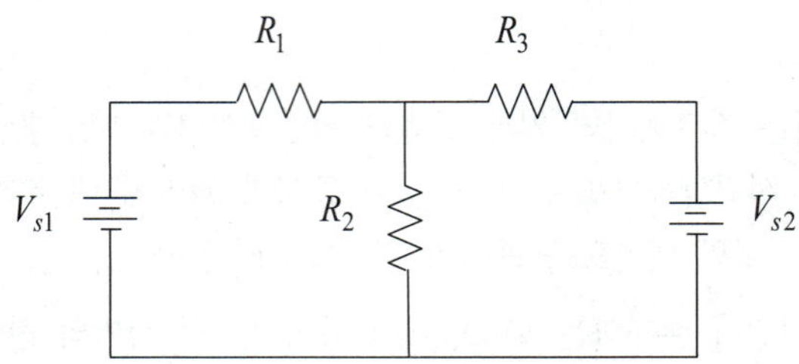

그림 4.5 '중첩의 원리'를 설명하기 위한 회로의 예

이상적인 전압원의 경우에는 내부저항이 0 Ω이고, 이상적인 전류원인 경우에는 내부저항이 무한대(∞)Ω이다. 여기서 전원은 모두 이상적인 전원이라 가정한다. 그렇지 않을 경우는 내부저항을 고려하면 된다.

그림 4.5에서 두 개의 전압원이 회로의 오른쪽과 왼쪽에 있다. 중첩의 원리에 의하면 그림 4.5의 회로는 그림 4.6(a)와 그림 4.6(b)의 회로처럼 단일 전원을 갖는 두 개의 회로로 분리하여 생각할 수 있다.

일반적으로 여러 개의 전원을 갖는 회로를 해석할 때는 개개의 전원이 단독으로 존재하는 것으로 간주하여 회로의 전류(혹은 전압)을 구하여 더해 주면 된다. 그러므로 2개 전원을 갖는 그림 4.5의 회로는 그림 4.6(a)와 그림 4.6(b)로 나누어 생각할 수 있다. 따라서 그림 4.5에서 저항 R_i $(i=1,2,3)$의 전압은, 그림 4.6(a) 회로에서 R_i $(i=1,2,3)$의 전압과 그림 4.6(b) 회로에서 R_i $(i=1,2,3)$의 전압을 대수적으로 합한 것과 같다. 이때 전압의 극성은 동일한 방향으로 취해야 한다. 한편 그림 4.5에서 각 저항을 흐르는 전류는 그림 4.6(a)와 그림 4.6(b)에서 각 저항을 흐르는 전류를 구하여 더해주면 된다.

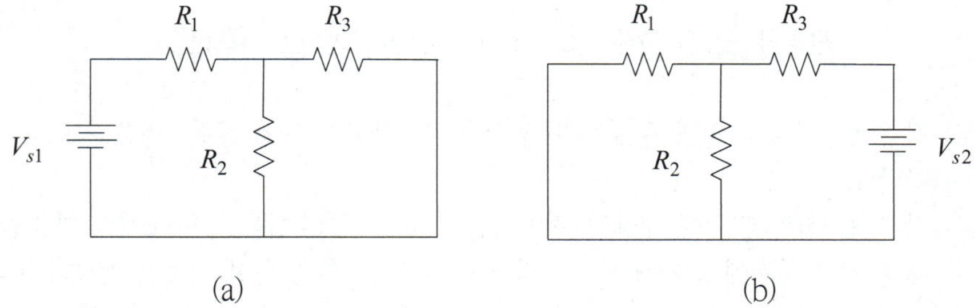

그림 4.6 '그림 4.5'의 회로를 단일 전원을 갖는 2개의 회로로 분리한 형태 :
(a) 회로의 왼쪽 전원만 갖는 경우, (b) 회로의 오른쪽 전원만 갖는 경우

그림 4.5의 회로에서 중첩의 원리를 적용하여 각 저항에서 나타나는 전압을 구해보자. 우선 저항 R_1 양단의 전압을 구하기 위해 그림 4.6(a)와 그림 4.6(b)에서 각각 전압을 구해 보자. 그림 4.6(a)와 그림 4.6(b)회로에서 저항 R_1의 전압을 각각 V_{1R_1}, V_{2R_1}라 하고 극성을 저항 R_1의 왼쪽을 '+'로, 오른쪽을 '-'로 선택하자. 이때 전압 V_{1R_1}, V_{2R_1}는 각각 다음과 같이 얻어진다.

$$V_{1R_1} = \frac{R_1}{R_1 + R_2 // R_3} V_{s1} \tag{4.9}$$

$$V_{2R_1} = -\frac{R_1 // R_2}{R_1 // R_2 + R_3} V_{s2} \tag{4.10}$$

여기서 '//'는 이 기호 양쪽에 있는 두 저항의 병렬 합성저항을 나타낸다. 그리고 식 (4.10)에서 음(-)의 부호가 취해진 것은 전압 극성의 기준을 저항 R_1의 왼쪽을 '+', R_1의 오른쪽을 '-'로 가정하였기 때문이다.

동일한 방법과 가정에서 그림 4.6(a)와 그림 4.6(b)에서 저항 R_2 양단의 전압을 각각 V_{1R_2}, V_{2R_2}라 하면, 이들은 식 (4.9) 및 (4.10)과 같은 방법으로 다음과 같이 얻어진다. 83

$$V_{1R_2} = \frac{R_2 // R_3}{R_1 + R_2 // R_3} V_{s1} \tag{4.11}$$

$$V_{2R_2} = \frac{R_1 // R_2}{R_1 // R_2 + R_3} V_{s2} \tag{4.12}$$

R_2 양단의 전압은 이 저항의 상측 부분을 '+'로 취하고, 하측 부분을 '-'로 취하였다. 그러므로 식 (4.11)과 (4.12)에는 음의 부호가 없다.

마찬가지로 그림 4.6(a)와 그림 4.6(b)회로에서 저항 R_3 양단의 전압 V_{1R_3}, V_{2R_3}는 각각

$$V_{1R_3} = \frac{R_2 // R_3}{R_1 + R_2 // R_3} V_{s1} \tag{4.13}$$

$$V_{2R_3} = -\frac{R_3}{R_1 // R_2 + R_3} V_{s2} \tag{4.14}$$

가 된다. 식 (4.13)과 (4.14)에서 전압의 극성은 저항 R_3의 왼쪽을 '+'로, 오른쪽을 '-'로 취하였다.

식 (4.9)~(4.14)로부터 두 전압원에 의해 각 저항 R_1, R_2, R_3의 양단에 나타나는 전압은 각각

$$V_{R_1} = V_{1R_1} + V_{2R_1} = \frac{R_1}{R_1 + R_2//R_3} V_{s1} - \frac{R_1//R_2}{R_1//R_2 + R_3} V_{s2} \tag{4.15}$$

$$V_{R_2} = V_{1R_2} + V_{2R_2} = \frac{R_2//R_3}{R_1 + R_2//R_3} V_{s1} + \frac{R_1//R_2}{R_1//R_2 + R_3} V_{s2} \tag{4.16}$$

$$V_{R_3} = V_{1R_3} + V_{2R_3} = \frac{R_2//R_3}{R_1 + R_2//R_3} V_{s1} - \frac{R_3}{R_1//R_2 + R_3} V_{s2} \tag{4.17}$$

이 된다. 즉 그림 4.5의 회로에서 각 저항의 전압을 계산해 보면, 그림 4.6(a)와 그림 4.6(b)의 각 독립 전원에 의해 나타나는 전압의 합과 같으며, 이는 식 (4.15) ~(4.17)로 계산된 값이 된다. 이들 식이 중첩의 원리를 적용한 결과이다.

그리고 각 저항을 흐르는 전류는 각각 다음과 같이 구할 수 있다.

$$I_{R_1} = \frac{V_{s1} - V_{R_2}}{R_1},\ I_{R_2} = \frac{V_{R_2}}{R_2},\ I_{R_3} = \frac{V_{R_2} - V_{s2}}{R_3} \tag{4.18}$$

여기서 I_{R_1}과 I_{R_3}는 전류의 양의 방향을 저항의 왼쪽에서 오른쪽으로 향하는 방향으로 선택하였으며, I_{R_3}는 전류의 양의 방향을 저항의 위쪽에서 아래쪽으로 향하는 방향으로 선택하였다. 전류의 값이 '-'라는 것은 실제로 설정된 방향과 반대로 흐른다는 것을 의미한다.

만약 그림 4.5에서 V_{s1} 혹은 V_{s2}가 전류원인 경우 그림 4.6(a)와 그림 4.6(b)에서 단락상태는 개방상태로 두고 계산해야 한다.

예로써 V_{s1} 대신 전류원 I_{s1}인 경우 그림 4.6(a)와 그림 4.6(b)는 각각 그림 4.7(a)와 그림 4.7(b)로 대체되어야 한다.

중첩에 의한 각 저항 양단의 전압과 각 지로를 흐르는 전류를 구하는 절차는 그림 4.6의 경우와 동일한 방법이다. 따라서 여기에서는 그 과정을 생략하기로 한다. 전원이 직류와 교류 전원 모두 저항성 회로에서는 중첩의 원리가 성립한다.

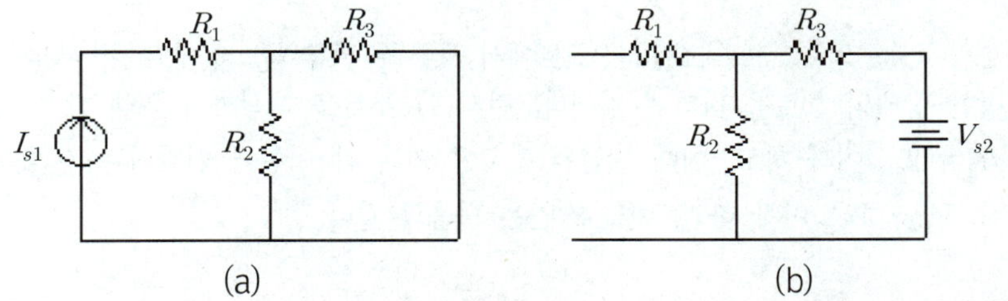

그림 4.7 '그림 4.5'의 회로에서 V_{s1} 대신 전류원 I_{s1}인 경우 단일 전원을 갖는 2개의 회로로 분리한 형태 : (a) 회로의 왼쪽에 전원을 갖는 경우, (b) 회로의 오른쪽에 전원을 갖는 경우

예제 4.1

그림 4.8회로에서 각 저항에 나타나는 전압을 중첩의 원리를 이용하여 구하라.

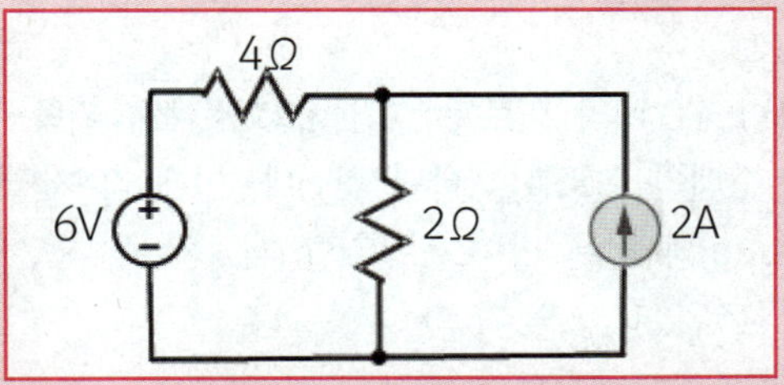

그림 4.8 두 전원을 갖는 저항성 회로

풀이

그림 4.8의 회로를 전원이 1개인 두 회로로 분리하면 그림 4.9와 같다.

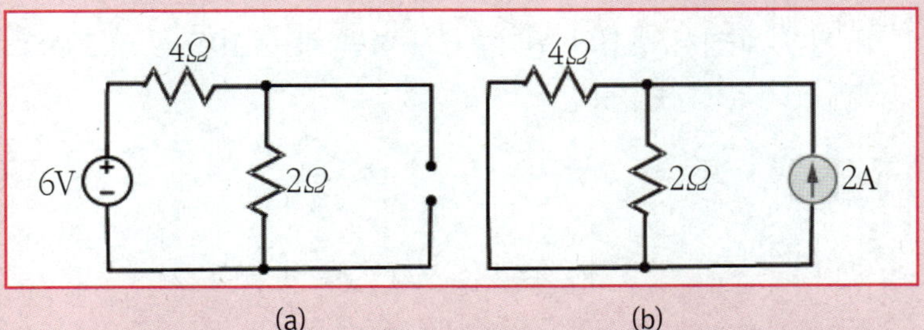

그림 4.9 '그림 4.8'의 회로를 1개 전원을 갖는 2개의 부분으로 분리한 회로:
(a) 왼쪽 전원만 갖는 회로, (b) 오른쪽 전원만 갖는 회로

그림 4.9(a)의 회로는 그림 4.8회로에서 오른쪽 전류원을 없애고 이 부분을 개방한 상태의 회로를 나타낸 것이다. 먼저 이 부분을 해석하기 위해 $R_1 = 4\Omega$, $R_2 = 2\ \Omega$이라 하고, 이때 전압원 6 V에 의해 각 저항에 인가되는 전압을 각각 V_{1R_1}, V_{1R_2}이라 하면, 이들 전압은 다음과 같다.

$$V_{1R_1} = \frac{4}{4+2} \times 6 = 4\ \text{V} \tag{4.19a}$$

$$V_{1R_2} = \frac{2}{4+2} \times 6 = 2\ \text{V} \tag{4.19b}$$

위에서 4Ω에 인가되는 전압의 방향을 저항의 왼쪽을 +로, 오른쪽을 -로 취하였다. 그리고 2Ω에 인가되는 전압을 저항의 위쪽을 +로, 아래쪽을 -로 취하였다.

한편 그림 4.9(b)의 회로는 그림 4.8회로에서 왼쪽 전압원을 없애고 이 부분을 단락한 상태의 회로를 나타낸 것이다. 이때 각 저항에 인가되는 전압의 방향을 그림 4.9(a)와 같은 방향으로 취할 때, 전류원 2A에 의해 각 저항에서 나타나는 전압 V_{2R_1}, V_{2R_2}은 각각

$$V_{2R_1} = -\frac{4\times 2}{4+2} \times 2 = -\frac{8}{3}\ \text{V} \tag{4.20a}$$

$$V_{2R_2} = \frac{4\times 2}{4+2} \times 2 = \frac{8}{3}\ \text{V} \tag{4.20b}$$

이 된다. 따라서 중첩의 원리를 사용하면 식 (4.19a) ~ (4.20b)로 부터 각 저항에 인가되는 전압은

$$V_{R_1} = V_{1R_1} + V_{2R_1} = \frac{4}{3}\ \text{V}$$

$$V_{R_2} = V_{1R_2} + V_{2R_2} = 4\frac{2}{3}\ \text{V}$$

가 된다.

4.2 테브난 정리와 노턴 정리

우리가 다루고 있는 저항은 전압과 전류가 선형 관계를 갖는 수동회로소자이다. 이러한 선형성 수동회로 소자로 구성된 회로를 해석하는데 필요한 기본 정리에 속하는 것이 테브난 정리와 노턴 정리이다. 이 절에서는 이 두 가지 정리에 대해 학습하고자 한다.

1) 테브난 정리

선형성 저항회로에서 테브난 정리(Thvenin's theorem)는 **'전압원, 전류원, 저항의 어떠한 결합을 갖는 2단자 회로망도 하나의 이상적 전압원과 하나의 저항을 직렬로 연결한 전기적 등가회로로 나타낼 수 있다'**는 것을 말한다. 교류 시스템에서 테브난 정리는 단순히 저항이 아닌, 일반적인 임피던스로 적용할 수 있다. 테브난의 정리는 독일 과학자 헬름홀츠(독일어: Hermann von Helmholtz)가 처음으로 1853년에 발견하였으나, 프랑스 통신공학자 테브난(프랑스어: Léon Charles Thévenin 1857년-1926년)에 의하여 1883년에 재발견되었다.

테브난 정리는 회로 분석에서 단순화 기술로 사용되는데, 테브난 등가회로는 저항을 나타내는 내부 저항과 전원을 나타내는 기전력을 지닌 전원장치나 배터리를 모델링하는데 사용될 수 있다. 이 등가회로는 이상적인 전압원과 이상적인 저항의 직렬연결로 구성된다. 이 정리에 대해 그림 4.10을 중심으로 자세히 설명하기로 한다.

그림 4.10(a)의 점선부분과 같은 전원(전압원 혹은 전류원)을 포함하는 어떠한 저항성 회로도 그림 4.10(b)의 점선부분과 같이 간단한 하나의 등가전압원과 하나의 등가저항을 직렬 연결한 형태의 회로로 대체할 수 있다. 이것을 테브난 정리라 한다.

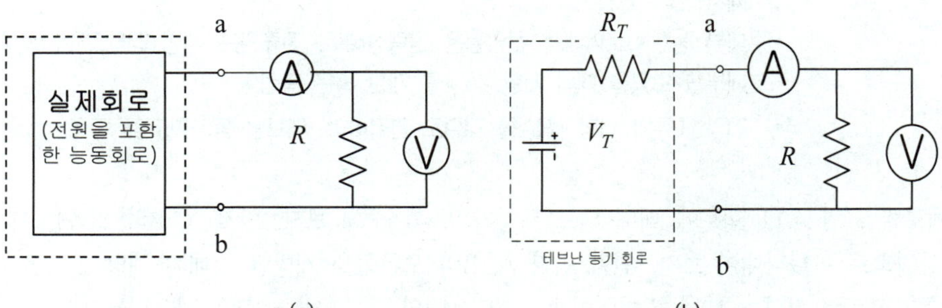

그림 4.10 저항성 능동회로와 테브난 등가회로: (a) 능동 회로, (b) 테브난 등가회로

이 때 그림 4.10(b)의 점선부분 회로를 그림 4.10(a)의 점선부분 회로에 대한 **테브난 등가회로**라 한다. 여기서 V_T는 그림 4.10(a) 회로에서 단자 a와 b의 오른쪽을 개방한 상태에서 왼쪽 점선회로 부분에 대한 개방전압으로 정의되고, R_T는 a-b 단자의 오른쪽을 개방한 상태에서 점선부분에 대한 내부 등가저항으로 정의되며, V_T와 R_T를 각각 **테브난 등가전압**과 **테브난 등가저항**이라 한다.

테브난 등가회로의 자세한 해석을 위해 그림 4.10(a)에서 점선 부분은 전원을 포함한 능동회로망이며, 그림 4.10(b)에서 점선부분은 그림 4.10(a)의 실제 회로에 대한 테브난 등가회로라 하자. 이 두 회로가 전기적으로 등가가 되기 위해서는 다음의 두 가지 조건, 즉 전압과 전류에 대한 조건이 성립되어야 한다. 설명의 편리성을 위해 회로 그림 4.10(a)에서 단자 a와 b의 양단과 등가회로 그림 4.10(b)에서 단자 a와 b의 양단에 각각 크기가 같은 임의의 저항 R을 연결하였다고 가정하자. 이 때 그림 4.10(a)의 능동 회로에서 저항 R을 통해 흐르는 전류와 그림 4.10(b)의 회로에서 저항 R을 통해 흐르는 전류는 같아야 하며, 또한 이 상태에서 그림 4.10(a)의 능동 회로 a-b 양단에서 관측되는 전압과 그림 4.10(b) 회로의 a-b 양단에 관측되는 전압이 같아야 한다. 이 2가지 조건을 일반화시키면, 위의 저항 R값이 ∞일 때에도 성립하여 두 그림의 회로에서 R 양단에 나타나는 전압은 같아야 하며, R값이 0일 때도 성립하여 두 그림의 회로에서 a-b 단락선로를 통해 흐르는 전류는 서로 같아야 한다. 이러한 조건들을 상태로 점선 내부의 등가저항과 a-b 양단에 나타나는 전압을 구하여 테브난 등가회로를 구한다.

테브난 등가회로를 구하는 절차를 정리하면 다음과 같다.

정리 4.3 테브난 등가회로 구하는 절차

- 능동회로망의 2단자를 개방한 상태(단자 외부저항이 ∞)에서 전압 V_T를 계산 혹은 측정.
- 내부 능동회로망에서 전압원은 단락상태로, 전류원은 개방 상태로 두 단자 내부를 보았을 때의 저항 R_T를 계산 혹은 측정.
- 전압 V_T와 저항 R_T를 직렬로 연결하여 '테브난 등가회로'를 구함.

예로써 그림 4.11 회로에 대해 테브난 등가회로를 구해 보자. 단자 A, B의 왼쪽을 테브난 등가회로로 나타내어 보자. 먼저 단자 A, B의 오른쪽을 개방한 상태의 개방 전압을 위한 등가회로는 그림 4.12와 같다. 이때 그림 4.12의 두 단자 A, B에 관측되는 테브난 등가전압 V_T는

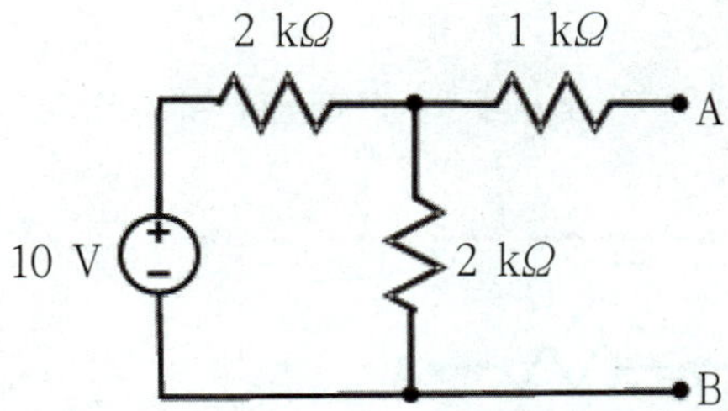

그림 4.11 전압원을 갖는 저항성 회로의 예

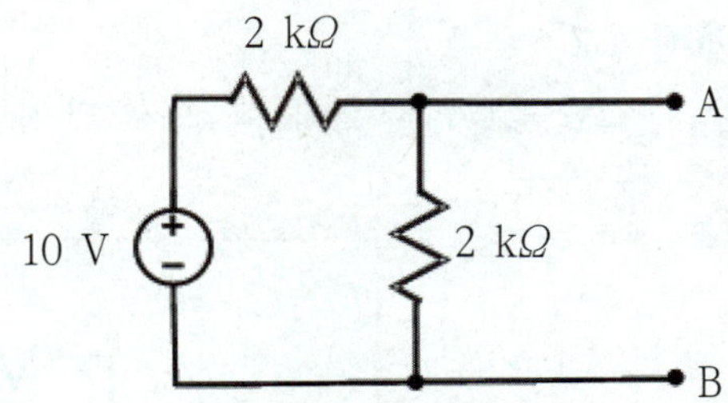

그림 4.12 '그림 4.11'의 회로에서 단자 A, B를 개방하였을 때의 등가회로

$$V_T = \frac{2\times 10^3}{2\times 10^3 + 2\times 10^3}\times 10 = 5\ \text{V} \tag{4.21}$$

와 같이 계산된다. 그림 4.11에서 단자 A, B의 오른쪽이 개방되었을 때 A, B 양단의 전압을 구하는 경우 1 kΩ의 저항은 아무런 역할을 하지 못하여 단락된 상태와 등가적이 된다.

그리고 전원 10 V를 없애고 이 부분을 단락시킬 때 등가회로는 그림 4.13과 같다. 이때 그림 4.13 회로의 단자 A, B의 왼쪽에 대한 테브난 등가저항 R_T는

$$R_T = 1 + 2//2 = 2\ \text{k}\Omega \tag{4.22}$$

으로 계산에 의해 구해진다.

식 (4.21)과 (4.22)를 사용하여 그림 4.11 회로의 테브난 등가회로를 그리면 그림 4.14와 같다.

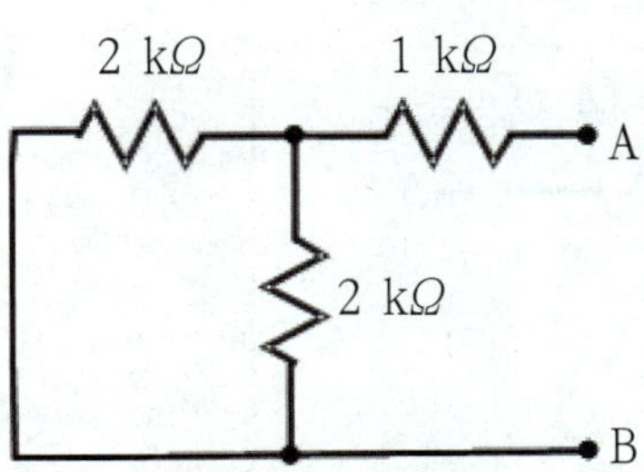

그림 4.13 '그림 4.12'의 회로에서 전원 10V를 없애고 이 부분을 단락시킬 때 등가회로

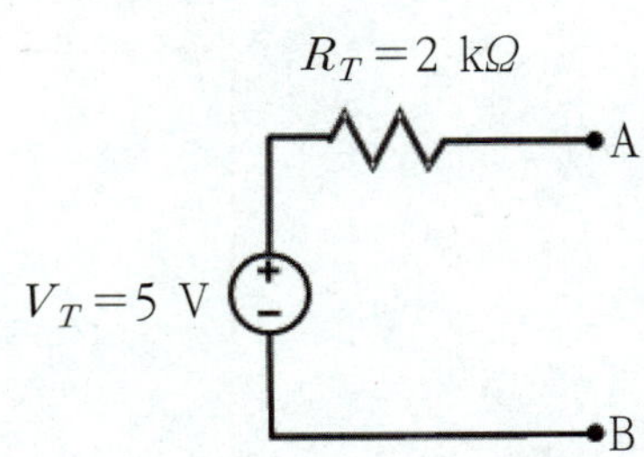

그림 4.14 '그림 4.11' 회로의 테브난 등가회로

예제 4.2

그림 4.15의 저항성 회로에서 단자 A, B의 왼쪽 회로에 대해 테브난 등가회로를 구하라.

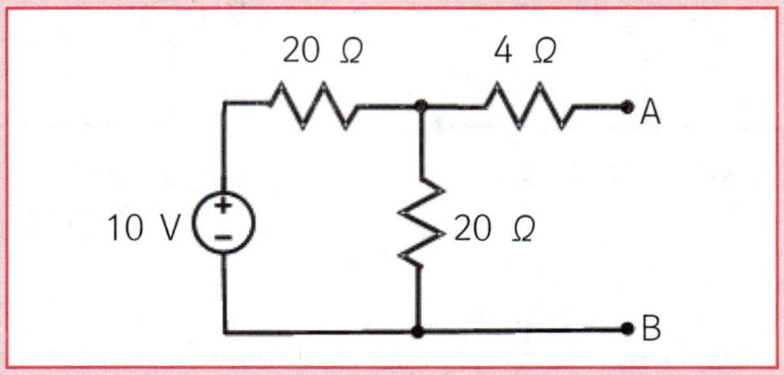

그림 4.15 전압원과 저항으로 구성된 회로의 예

풀이

먼저 단자 a, b의 오른쪽을 개방한 상태에서 두 단자 사이에 관측되는 테브난 등가전압 V_T 다음과 같이 얻을 수 있다.

$$V_T = \frac{20}{20+20} \times 10 = 5 \text{ V}$$

그리고 전원을 단락회로로 대체한 상태에서 단자 a, b의 왼쪽에 대한 테브난 등가저항 R_T는

$$R_T = 4 + \frac{20 \times 20}{20+20} = 14 \ \Omega$$

이 된다.

따라서 그림 4.15 회로의 테브난 등가회로는 그림 4.16과 같다.

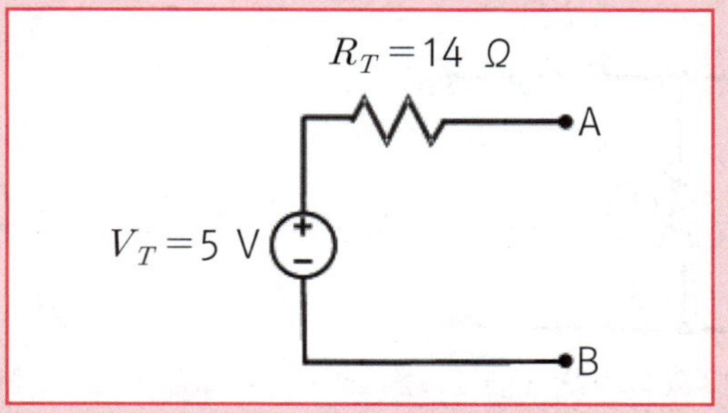

그림 4.16 '그림 4.15' 회로에 대한 테브난 등가회로

2) 노턴 정리

저항성 회로에서 노턴 정리(Norton's theorem)는 **'전압원과 전류원, 그리고 저항의 어떠한 결합을 갖는 2단자 회로망이라도 하나의 이상적인 전류원과 하나의 저항을 병렬로 연결한 전기적 등가회로로 변환하여 나타낼 수 있다'**는 것을 말한다. 즉 노턴 등가회로는 임의의 저항성 회로를 이상적인 전류원과 병렬로 연결된 하나의 저항으로 구성된다.

교류 시스템에서 노턴 정리는 단순히 저항이 아닌, 일반적인 어드미턴스에도 적용할 수 있다. 노턴 등가회로는 주어진 주파수에 따라 선형 전원과 임피던스의 회로망을 재분석하는데 사용된다. 이 정리는 테브난 정리를 확장한 것으로, 1926년 독일 지멘스 할스케의 연구원 한스 페르디난트 마이어와 미국 벨 연구소 공학자 에드워드 로리 노턴이 서로 독자적으로 발표한 것으로 알려져 있다.

그림 4.17을 참고로 노턴 정리에 대해 좀 더 자세히 설명해 보자. 그림 4.17(a)의 점선부분과 같이 전원을 포함하는 어떠한 저항성 회로도 그림 4.17(b)의 점선부분과 같이 간단한 하나의 등가 전류원과 하나의 등가저항을 병렬로 연결한 형태의 회로로 대체할 수 있다. 이것을 노턴 정리라 한다. 여기서 I_N은 그림 4.17(a) 회로에서 단자 a와 b의 오른쪽을 단락시킨 상태(R = 0 Ω)에서 단락회로를 흐르는 단락전류로 정의되고, R_N는 a-b 단자의 오른쪽을 개방한 상태에서 점선부분에 대한 내부 등가저항으로 정의된다. 91

그림 4.17(a)와 그림 4.17(b)의 점선부분에 있는 회로가 전기적으로 등가회로가 되기 위해서는 두 가지 조건이 성립되어야 한다. 이 두 가지 조건은 테브난 등가회로에서의 조건과 같다. 즉 두 회로에서 a와 b의 우측에 각각 값이 동일한 임의의 저항 R을 연결하였다고 가정하자. 이 때 실제 그림 4.17(a)의 회로에서 저항 R을 통해 흐르는 전류와 그림

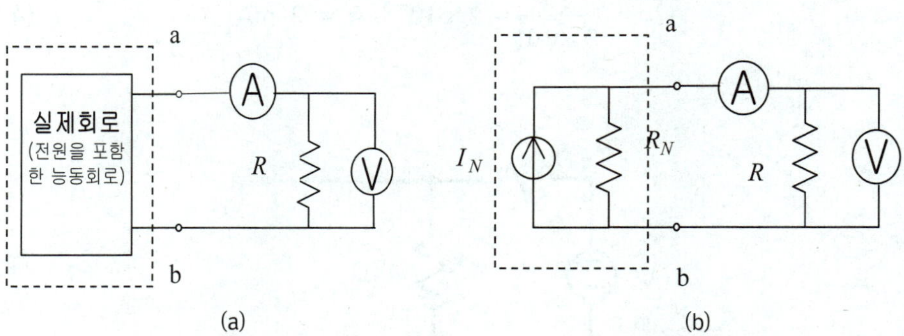

그림 4.17 저항성 능동회로와 노턴 등가회로: (a) 실제 회로, (b) 노턴 등가회로

4.17(b)의 등가회로에 부착된 저항 R을 통해 흐르는 전류는 같아야 하며, 또한 이 상태에서 실제 그림 4.17(a)의 회로 a-b 양단에서 관측되는 전압과 그림 4.17(b) 회로 a-b 양단에 관측되는 전압은 같아야 한다.

이러한 두 가지 조건이 성립될 때 그림 4.17(b)의 점선부분 회로를 실제 그림 4.17(a)의 점선부분 회로에 대한 **노턴 등가회로**라 한다. 이 때 전류 I_N과 저항 R_N을 각각 **노턴 등가전류**와 **노턴 등가저항**이라 한다. 노턴 등가회로를 구하는 절차를 정리하면 다음과 같다.

정리 4.4 노튼 등가회로를 구하는 절차

- 2단자 능동회로망의 2단자를 단락한 상태(단자 외부를 단락)에서 이 단락 지로를 흐르는 전류 I_N 계산 혹은 측정.
- 내부 능동회로망에서 전압원은 단락상태로, 전류원은 개방 상태로 두 단자 내부를 보았을 때의 관측되는 저항 R_N을 계산 혹은 측정.
- 전류원 I_N과 저항 R_N을 병렬로 연결하여 노튼 등가회로를 구함.

예로써 그림 4.18 회로에서 단자 a, b의 왼쪽에 대한 노턴 등가회로를 구해 보자. 그림 4.18의 저항성 회로에서 단자 a, b 왼쪽에 대해 노턴 등가회로를 얻기 위해 먼저 단자 a, b를 단락시켰을 때 회로는 그림 4.19와 등가회로이다. 이 경우 4 kΩ의 저항은 개방한 상태와 등가가 된다. 왜냐하면 저항 8 kΩ을 흐르는 전류는 모두 단락지로를 흐르기 때문이다.

따라서 그림 4.19의 a, b의 단락 지로를 통해 흐르는 노턴 등가전류 I_N를 구하면 다음과 같다.

$$I_N = \frac{16}{8 \times 10^3} = 2 \times 10^{-3}\ \text{A} = 2\ \text{mA} \tag{4.23}$$

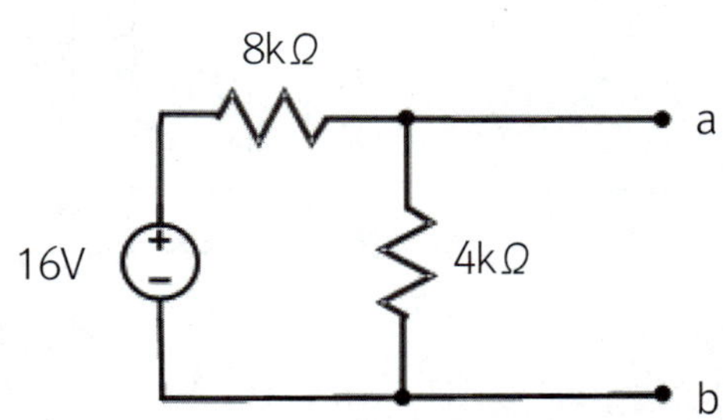

그림 4.18 전압원을 갖는 저항성 회로의 예

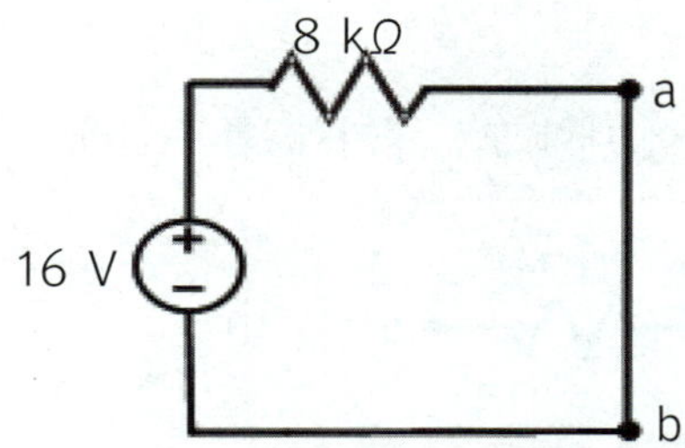

그림 4.19 '그림 4.18'의 회로에서 단자 a, b를 단락하였을 때 등가회로

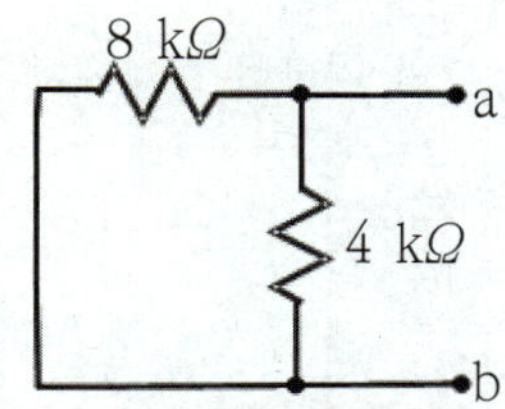

그림 4.20 '그림 4.19'의 회로에서 전원 단자를 제거하고 이 부분을 단락시켰을 때의 등가회로

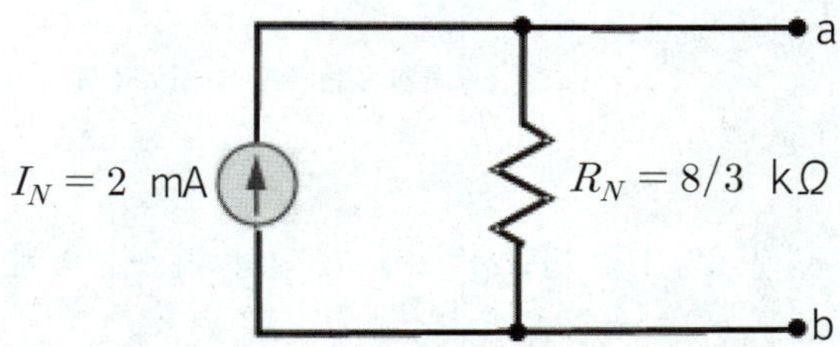

그림 4.21 '그림 4.18' 회로의 노턴 등가회로

다음으로 그림 4.18 회로에서 전원 단자를 제거하고 이 부분을 단락시켰을 때의 등가회로는 그림 4.20과 같다.

그림 4.20 회로에서 단자 a, b의 왼쪽에 대한 노턴 등가저항 R_N은

$$R_N = \frac{8 \times 4}{8 + 4} = \frac{8}{3} \ \text{k}\Omega \tag{4.24}$$

이다. 따라서 식 (4.23)과 (4.24)로부터 그림 4.18 회로의 노턴 등가회로를 구하면 그림 4.21과 같다.

예제 4.3

그림 4.22의 저항성 회로에서 단자 a, b의 왼쪽에 대한 노턴 등가회로를 구하라.

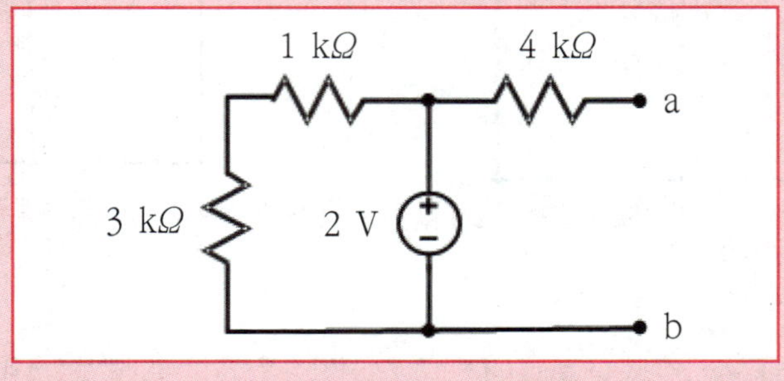

그림 4.22 전압원을 갖는 저항성 회로의 예.

풀이

그림 4.22에서 단자 a와 b를 단락시킬 때 이 단락 지로를 통해 흐르는 노턴 등가 전류는

$$I_N = \frac{2}{4 \times 10^3} = 0.5 \times 10^{-3} \text{ A} = 0.5 \text{ mA}$$

이다. 그리고 2 V 전원을 없애고 이 부분을 단락시키면 직렬저항 1 kΩ와 3 kΩ은 저항의 기능을 하지 못하므로, 단자 a, b에서 왼쪽으로 본 노턴 등가저항은

$$R_N = 4 \text{ k}\Omega$$

이 된다. 따라서 그림 4.22 회로의 노턴 등가회로는 그림 4.23과 같다.

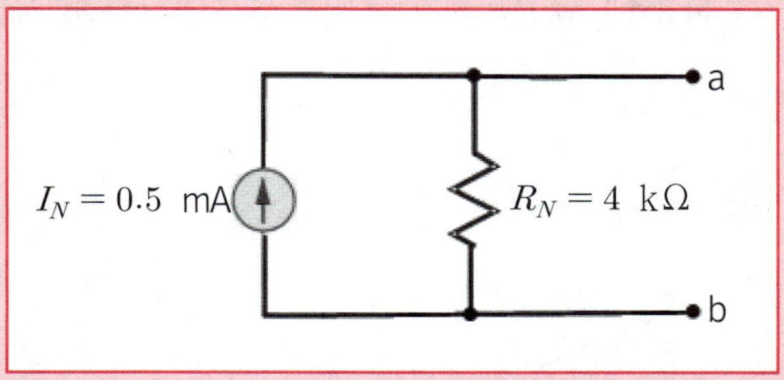

그림 4.23 '그림 4.22' 회로의 노턴 등가회로

3) 테브난 등가회로와 노턴 등가회로 사이의 관계

그림 4.10(a)와 그림 4.17(a)가 서로 같은 능동회로망이라 하자. 그러면 그림 4.10(b)와 그림 4.17(b)는 서로 같은 회로에 대한 등가회로이다. 따라서 그림 4.10(b)와 그림 4.17(b)가 서로 등가회로가 되어야 한다. 이와 같이 그림 4.10(b)와 그림 4.17(b)가 등가회로가 되려면 어떤 관계가 유지되어야 하는지를 살펴보자.

그림 4.10(a)와 그림 4.17(a)가 동일한 회로이면, 이 회로에 대한 테브난 등가회로와 노턴 등가회로를 구할 수 있다. 이 두 등가회로의 양쪽에 임의의 저항 R을 연결하더라도 두 등가회로의 R을 통해 흐르는 전류는 서로 같아야 하며, 또한 두 등가회로에서 R양단에 나타나는 전압도 서로 같아져야 할 것이다. 왜냐하면 이들은 동일한 회로에서 나온 등가회로이기 때문이다. 그러므로 저항 $R=\infty$ 인 경우에도 두 등가회로 a-b 양단에 나타나는 전압은 서로 같아야 하며, 저항 $R=0$인 경우에도 두 등가회로 a-b 양단의 단락선로를 흐르는 전류 또한 서로 같아야 한다.

먼저 $R=\infty$ 일 경우 노턴 등가회로에서 a-b 양단에 나타나는 전압 $I_N R_N$과 테브난 등가회로에서 a-b 양단에 나타나는 전압 V_T는 서로 같아야 한다. 즉

$$V_T = I_N R_N \tag{4.25}$$

이 성립되어야 한다.

한편 저항이 $R=0$인 경우도 노턴 등가회로의 a-b 양단을 흐르는 전류 I_N은 테브난 등가회로의 a-b 양단을 흐르는 전류 V_T/R_T와 같아야 한다. 즉

$$I_N = V_T/R_T \tag{4.26}$$

가 성립되어야 한다. 두 관계식 (4.25)와 (4.26), 즉 $V_T = I_N R_N$과 $I_N = V_T/R_T$에서 $R_N = R_T$가 성립되어야 한다. '$R_N = R_T$'의 관계는 앞에서 R_T와 R_N을 구할 때 동일한 방법으로 구하였기 때문에 당연히 같은 값이 나와야 한다는 논리이기도 한다. 이 관계를 다시 정리하여 보면 다음과 같다.

먼저 **테브난 등가회로를 노턴 등가회로로 변환**하려면

$$I_N = V_T / R_T \tag{4.27}$$

$$R_N = R_T \tag{4.28}$$

로 대체하면 된다. 한편 **노턴 등가회로를 테브난 등가회로로 변환**하려면

$$V_T = I_N R_N \tag{4.29}$$

$$R_T = R_N \tag{4.30}$$

으로 대체하면 된다.

식 (4.27) ~ (4.30)을 사용하면 임의의 전압원 회로망을 전류원 회로망으로, 혹은 전류원 회로망을 전압원 회로망으로 변환하여 전체 회로망을 해석할 수 있다.

예제 4.4

그림 4.23의 노턴 등가회로를 테브난 등가회로로 바꾸어라.

풀이

$V_T = I_N R_N = 0.5 \times 10^{-3} \times 4 \times 10^3 = 2$ V이며, $R_T = R_N = 4$ kΩ이므로 테브난 등가회로는 그림 4.24와 같다.

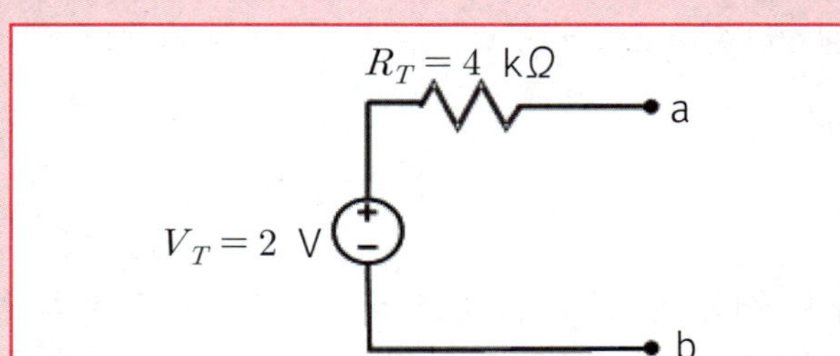

그림 4.24 '그림 4.23' 회로의 테브난 등가회로

4.3 전원의 내부저항과 등가회로

이상적인 전압원의 내부저항은 0 Ω이며, 이상적인 전류원의 내부저항은 ∞ Ω이다. 그러나 실제의 회로에서는 유한의 내부 저항이 존재한다. 따라서 실제 전원을 내부저항과 이상적인 전원의 형태로 나타내면 그림 4.25와 같다.

그림 4.25(a)는 실제 전압원을 나타낼 때 동일한 전압을 갖는 이상적인 전압원과 그 내부 저항을 직렬로 연결하여 나타낸 것으로 테브난 등가회로에 속한다. 한편 그림 4.25(b)는 실제 전류원을 나타낼 때 동일한 전류값을 갖는 이상적인 전류원과 그 내부 저항을 병렬로 연결하여 나타낸 것으로 노턴 등가회로에 속한다.

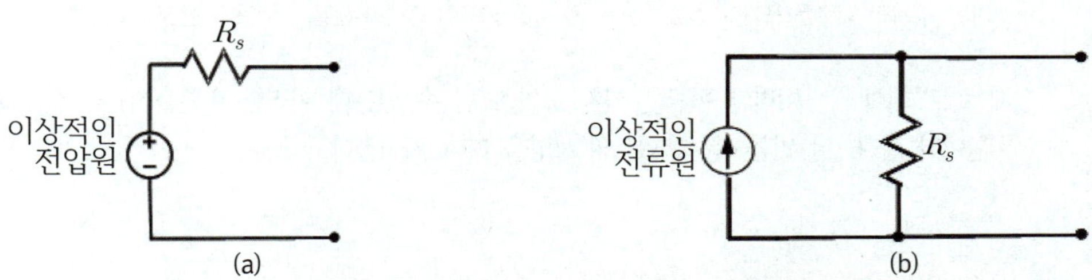

그림 4.25 실제 전원의 모델링: (a) 실제 전압원의 모델링, (b) 실제 전류원의 모델링

4.4 T-π 회로 변환

일반적인 전기회로에서 직렬회로의 경우에 전체 저항을 하나의 등가저항으로, 병렬회로의 경우에 전체 컨덕턴스(conductance)를 하나의 등가 컨덕턴스로 대체함으로써 회로를 단순화하여 해석할 수 있다. 그런데 실제 회로에서는 단순히 직렬합성법과 병렬합성법만으로 단순화될 수 없는 회로들도 있다. 예로써 브리지회로나 삼각형 모양과 같은 좀 더 복잡한 회로해석에서는 또 다른 편리한 해석 방법이 있는데, 여기에서 그 방법을 소개하고자 한다.

한 가지의 회로의 예로써 그림 4.26(a)와 같은 회로를 생각할 수 있다. 이 회로는 단순한 직렬회로나 병렬회로의 해석방식으로는 문제를 접근하기가 어렵다. 그러나 그림 4.26(a)의 점선 부분의 T(Y)자형 회로를 그림 4.26(b)의 점선 부분과 같은 π(Δ)형 회로로 대체할 수 있다면 이 회로는 쉽게 해석될 수 있다.

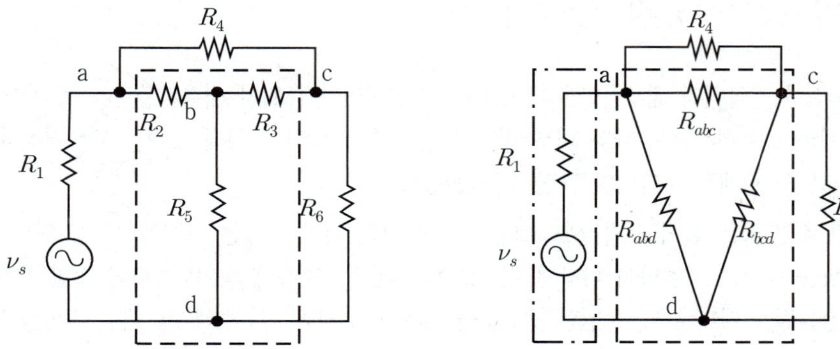

(a) (b)

그림 4.26 T-π변환 설명을 위한 회로의 예 :
(a) T자형 회로를 포함한 회로, (b) '그림 (a)' 회로의 점선 부분을 π형으로 변환한 회로

실제 회로 해석에는 이러한 변환을 거쳐 등가화 될 수 있는데 이러한 변환을 **T-π변환**, 혹은 **Y-Δ변환**이라 한다. 이 변환이름은 회로의 모양을 따라 지어졌다고 한다.

1) T-π변환에 의한 회로해석 절차

그림 4.26(a)의 T자형 회로를 4.25(b)의 π자형 회로로 변환하여 회로를 해석하는 절차를 살펴보기로 하자. 우선 그림 4.26(a)에서 점선 부분의 T자형 회로가 그림 4.26(b)의 그림에서 점선 부분의 π자형(삼각형 모양) 회로로 변환되었다고 가정하자. 이러한 변환 방법은 뒤에 자세히 언급하기로 한다. 그리고 그림 4.26(b)에서 일점쇄선 부분을 노턴 등가회로로 대체하면 그림 4.27(a)의 점선 부분과 같이 변환될 수 있다.

그림 4.27(a)의 회로는 그림 4.27(b)의 회로로 단순화될 수 있다. 즉 그림 4.27(a)와 4.27(b)에서

$$R_{ac} = R_4 // R_{abc} \tag{4.31a}$$

$$R_{cd} = R_6 // R_{bcd} \tag{4.31b}$$

$$R_{ad} = R_1 // R_{abd} \tag{4.31c}$$

의 관계를 갖는다. 여기서 $R_x // R_y$는 R_x와 R_y의 병렬 합성저항을 나타낸다.

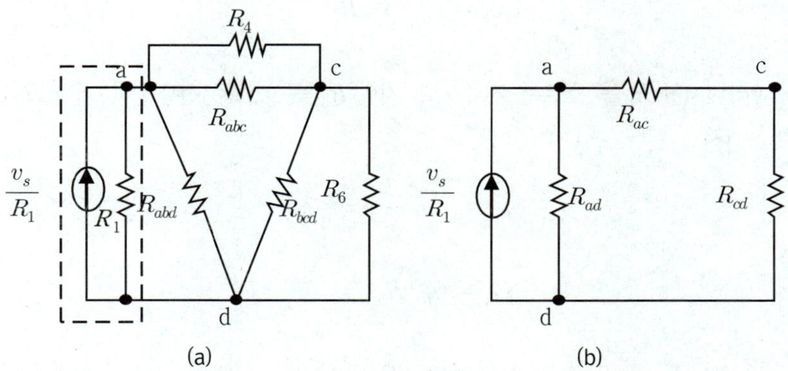

그림 4.27 T-π 변환 과정의 설명을 위한 회로: (a) '그림 4.26(b)'의 일점쇄선 부분을 노턴 등가회로로 대체된 회로, (b) '그림 4.27(a)'의 회로를 단순화한 회로

그림 4.27(b)에서 점 d를 기준으로 단자 a와 c의 전압을 각각 v_a과 v_c라 하면, 이 들은 각각

$$v_a = \frac{V_s}{R_1} \cdot [R_{ad}//(R_{ac} + R_{cd})] \tag{4.32a}$$

$$v_c = \frac{R_{cd}}{R_{ac} + R_{cd}} v_a \tag{4.32b}$$

가 된다. 이 두 전압은 각각 원 회로 그림 4.26(a)에서 점 a-d와 c-d 사이 전압과 같다. 따라서 이 두 전압을 다시 그림 4.26(a)에 적용하면, 저항 R_1을 흐르는 전류 i_{R_1}, 저항 R_4를 흐르는 전류 i_{R_4}, 저항 R_2를 흐르는 전류 i_{R_2}는 각각

$$i_{R_1} = (v_s - v_a)/R_1 \tag{4.33a}$$

$$i_{R_4} = (v_a - v_c)/R_4 \tag{4.33b}$$

$$i_{R_2} = i_{R_1} - i_{R_4} \tag{4.33c}$$

이 된다. 그리고 점 d를 기준으로 점 b의 전압은

$$v_b = v_a - i_{R_2} R_2 \tag{4.34}$$

가 된다. 한편 저항 R_3를 흐르는 전류 i_{R_3}, 저항 R_5를 흐르는 전류 i_{R_5}, 저항 R_6를 흐르는 전류 i_{R_6}는 각각

$$i_{R_3} = (v_b - v_c)/R_3 \tag{4.35a}$$

$$i_{R_5} = v_b/R_5 \tag{4.35b}$$

$$i_{R_6} = v_c/R_6 \tag{4.35c}$$

가 된다. 따라서 그림 4.26(a)의 점선 부분과 같은 T자형 회로가 그림 4.26(b)의 π 자형으로 변환될 수 있다면 위와 같이 쉽게 회로를 해석할 수 있다.

2) T-π 변환식 유도

그림 4.26(a)의 점선 부분과 같은 T자형 회로가 그림 4.26(b)의 점선 부분과 같은 π 자형으로 어떻게 변환되는지 그 과정을 그림 4.28을 참고로 하여 자세히 살펴보기로 하자.

그림 4.28(a)와 같이 T(Y)자형 회로가 복잡한 회로의 일부를 형성하고 있을 때, 이 T자형 회로를 그림 4.28(b)의 $\pi(\Delta)$형 회로로 대체하더라도 세 단자 a, b, c의 외부에서 어떠한 변화도 일어나지 않으면 이 두 회로는 서로 전기적으로 등가회로이다. 즉 그림 4.28(a)와 그림 4.28(b)의 두 회로가 전기적으로 등가가 되기 위해서는 두 회로에 대응되는 세 단자 a, b, c 서로 간의 단자전압이 항상 동일할 때, 대응되는 단자에 동일한 전류가 유출입될 것이다. 다시 말하면 두 회로를 고려할 때 동일한 외부 조건에서, 그림 4.28(a)의 회로에서 a와 b의 단자 사이의 전압 v_{ab}와 그림 4.28(b)의 회로에서 a와 b의 단자 사이의 전압 v_{ab}가 항상 서로 같아야 하고, 두 회로에서 b와 c단자 사이의 전압 v_{bc}가 항상 서로 같아야 하며, 또한 두 회로에서 c와 a의 단자 사이의 전압 v_{ca}가 항상 서로 같아야 한다. 이러한 조건이 만족될 때 그림 4.28(a)회로와 그림 4.28(b)회로는 서로 전기적으로 등가회로가 된다.

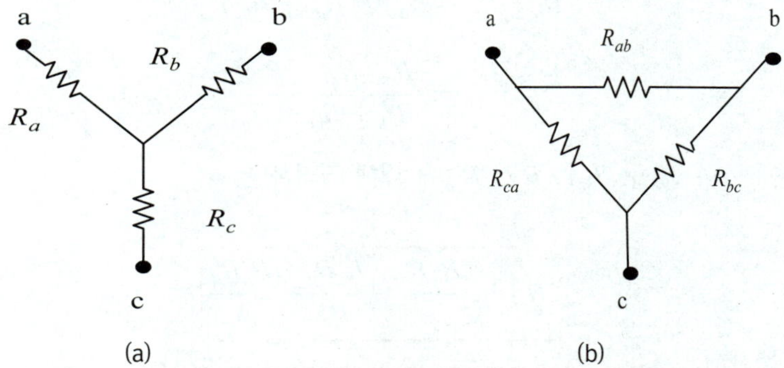

그림 4.28 T(Y)자형 회로와 π(⊿)형 회로: (a) T(Y)자형 회로, (b) π(⊿)형 회로

좀 더 구체적으로 살펴보기 위해 그림 4.28(a)의 회로와 그림 4.28(b)의 회로가 전기적으로 등가회로라 가정하자. 특수한 경우로서 두 회로에서 단자 a를 개방하고 단자 b-c에서 본 저항이 서로 같아야 하고, 단자 b를 개방하고 단자 c-a에서 본 저항이 서로 같아야 하며, 단자 c를 개방하고 단자 a-b에서 본 저항이 서로 같아야 한다. 위의 논리를 구체적으로 정리하여 보자.

먼저 그림 4.28(a)와 그림 4.28(b)의 두 회로에서 c단자를 개방하였을 때 a-b 단자에서 측정된 저항값은 서로 같아야 한다. 즉 다음의 관계가 성립되어야 한다.

$$R_a + R_b = R_{ab} // (R_{bc} + R_{ca})$$

$$= \frac{R_{ab}(R_{bc} + R_{ca})}{R_{ab} + R_{bc} + R_{ca}} \tag{4.36}$$

한편 그림 4.28(a)와 그림 4.28(b)회로에서 모두 a단자를 개방하였을 때 단자 b-c에서 측정된 저항값은 다음과 같이 서로 같아야 한다.

$$R_b + R_c = R_{bc} // (R_{ca} + R_{ab})$$

$$= \frac{R_{bc}(R_{ca} + R_{ab})}{R_{ab} + R_{bc} + R_{ca}} \tag{4.37}$$

또한 두 회로에서 b단자를 개방하였을 때 c-a 단자에서 측정된 저항값은 다음과 같이 서로 같아야 한다.

$$R_c + R_a = R_{ca} // (R_{ab} + R_{bc})$$

$$= \frac{R_{ca}(R_{ab} + R_{bc})}{R_{ab} + R_{bc} + R_{ca}} \tag{4.38}$$

식 (4.36) ~ (4.38)을 R_{ab}, R_{bc}, R_{ca}에 대해 정리하면

$$R_{ab} = \frac{R_aR_b + R_bR_c + R_cR_a}{R_c} \tag{4.39}$$

$$R_{bc} = \frac{R_aR_b + R_bR_c + R_cR_a}{R_a} \tag{4.40}$$

$$R_{ca} = \frac{R_aR_b + R_bR_c + R_cR_a}{R_b} \tag{4.41}$$

즉 식 (4.39)~(4.41)을 이용하면 T(Y)형 회로를 $\pi(\Delta)$형의 회로로 변환이 가능하다.

한편 식 (4.36) ~ (4.38)을 이용하여 R_a, R_b, R_c에 대해 정리하면

$$R_a = \frac{R_{ca}R_{ab}}{R_{ab} + R_{bc} + R_{ca}} \tag{4.42}$$

$$R_b = \frac{R_{ab}R_{bc}}{R_{ab} + R_{bc} + R_{ca}} \tag{4.43}$$

$$R_c = \frac{R_{bc}R_{ca}}{R_{ab} + R_{bc} + R_{ca}} \tag{4.44}$$

의 관계를 얻을 수 있다. 식 (4.42)~(4.44)를 이용하면 $\pi(\Delta)$형 회로를 T(Y)형의 회로로 변환이 가능하다.

그림 4.26(a)에서 T(Y)형 회로를 단순화하면 그림 4.26(b)와 그림 4.27(a) 회로를 거쳐 그림 4.27(b)의 회로까지 단순화시킬 수 있다. 그림 4.27(b)의 회로에서는 a, c 점의 전압은 쉽게 구해진다. 이 점들의 전위는 각각 원래의 회로 그림 4.26(a)에서 a, c 점들의 전압과 같다. 그러므로 처음 회로의 각 저항을 흐르는 전류 및 절점의 전압을 쉽게 구할 수 있다.

예제 4.5

그림 4.29는 휘스톤브리지 회로의 예이다. 이 그림에서 a-b-c 부분인 $\pi(\Delta)$형 회로를 T(Y)형 회로로 바꾸고, 바뀐 회로를 이용하여 a-d, b-d, c-d 사이의 전압 V_{ad}, V_{bd}, V_{cd}를 구하라.

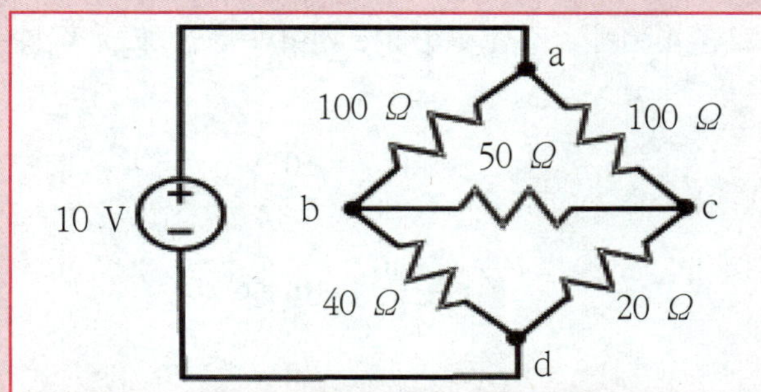

그림 4.29 휘스톤 브리지 회로

풀이

식 (4.42) ~ (4.44)로부터

$$R_a = \frac{100 \times 100}{100 + 50 + 100} = 40\,\Omega \tag{4.45}$$

$$R_b = \frac{50 \times 100}{100 + 50 + 100} = 20\,\Omega \tag{4.46}$$

$$R_c = \frac{100 \times 50}{100 + 50 + 100} = 20\,\Omega \tag{4.47}$$

따라서 식 (4.45) ~ (4.47)을 사용하여 그림 4.29의 a-b-c 부분의 $\pi(\Delta)$형 회로를 등가 T(Y)형 회로로 변환한 것이 그림 4.30이다.

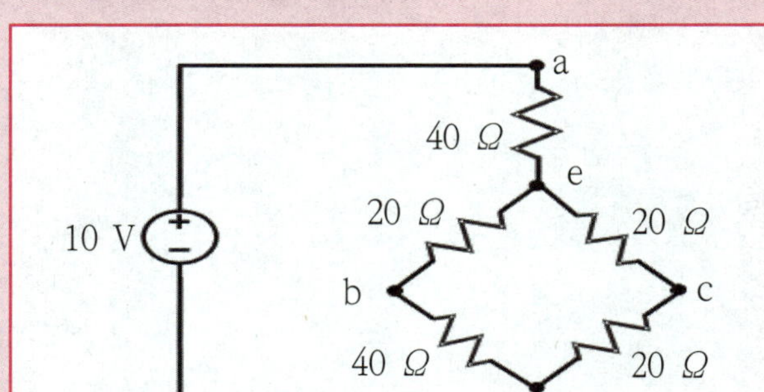

그림 4.30 '그림 4.29'의 등가회로

그림 4.30에서 점 e-d 사이의 합성저항 R_{ed}는 $R_{ed} = 60//40 = 24\ \Omega$이 된다. 따라서 전체 합성저항, 즉 a-d 사이의 합성저항 R_{ad}는 $R_{ad} = 40 + 24 = 64\ \Omega$이 된다.

따라서 그림 4.30에서 절점 a-d, a-e 사이의 전압 V_{ad}, V_{ae}는 각각

$$V_{ad} = 10\ \text{V}$$

$$V_{ae} = \frac{40}{64} \times 10 = 6.25\ \text{V}$$

이 된다. 따라서 e-d 사이의 전압 $V_{ed} = 10 - 6.25 = 3.75$ V이다. 그러므로 V_{bd}와 V_{cd}는 각각 다음과 같이 구할 수 있다.

$$V_{bd} = \frac{40}{40 + 20} \times 3.75 = 2.5\ \text{V}$$

$$V_{cd} = \frac{20}{20 + 20} \times 3.75 = 1.875\ \text{V}$$

연습문제

4.1 그림 E.4.1의 회로를 중첩의 원리를 이용하여 각 저항에 인가되는 전압을 구하라.

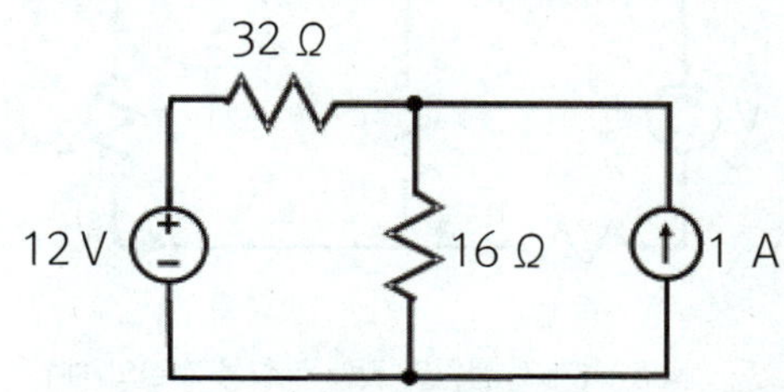

그림 E.4.1 두 전원이 있는 저항성 회로의 예1

4.2 그림 E.4.2의 회로를 중첩의 원리를 이용하여 각 지로의 전류를 구하라.
단 $R_1 = R_2 = 4\ \text{k}\Omega$, $R_3 = 6\ \text{k}\Omega$, $V_1 = 10\ \text{V}$, $V_2 = 15\ \text{V}$이다.

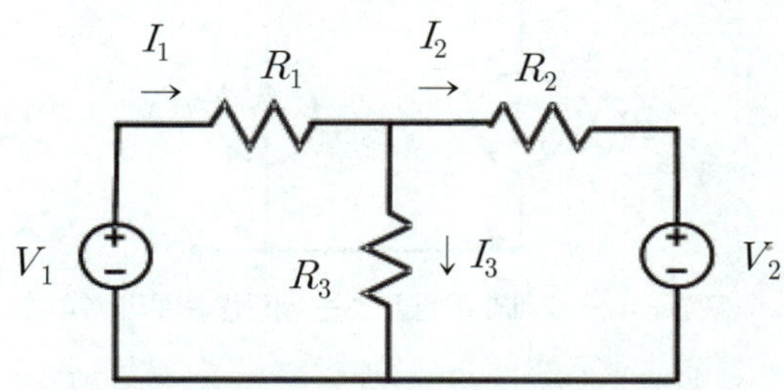

그림 E.4.2 두 전원이 있는 저항성 회로의 예2

4.3 그림 E.4.3의 회로를 중첩의 원리를 이용하여 4 $k\Omega$의 저항을 흐르는 전류를 구하라.

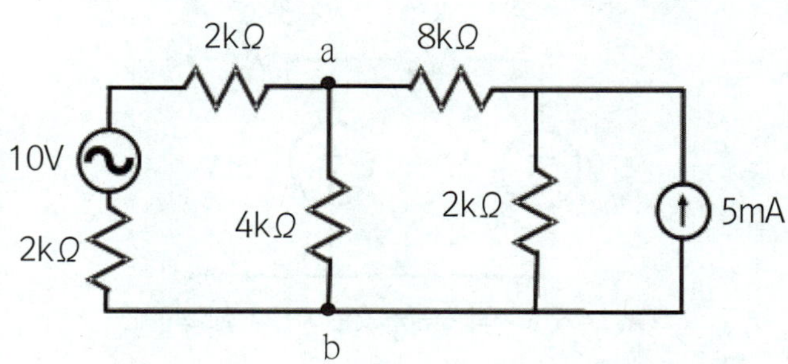

그림 E.4.3 두 전원이 있는 저항성 회로의 예3

4.4 그림 E.4.4 회로에서 전원을 포함한 두 점 a, b 왼쪽 회로에 대해 테브난 등가회로와 노턴 등가회로를 구하고, 전류 I_2를 계산하라.

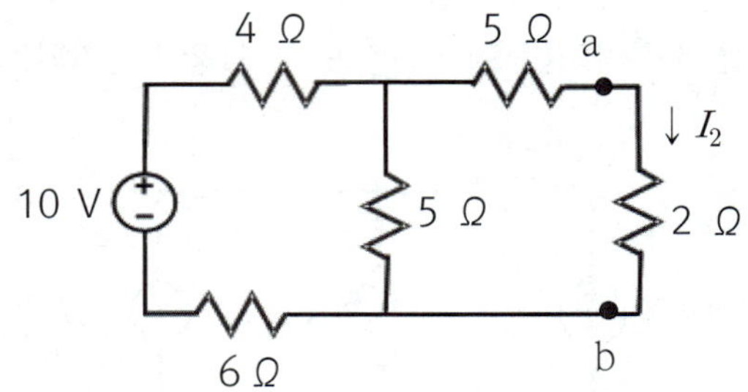

그림 E.4.4 1개의 전원을 갖는 저항성 회로의 예1

4.5 그림 E.4.5의 회로에서 단자 a, b의 왼쪽 회로에 대해 테브난 등가회로를 구하라.

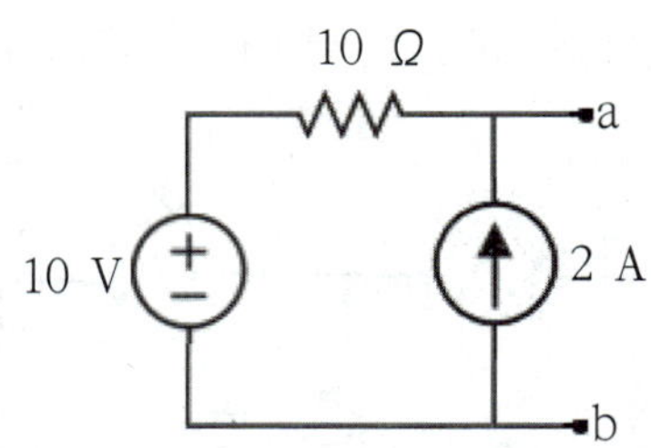

그림 E.4.5 2개의 전원을 갖는 저항성 회로의 예4

4.6 그림 E.4.6의 회로에서 a-b 왼쪽에 대해 테브난 등가회로를 구하라.

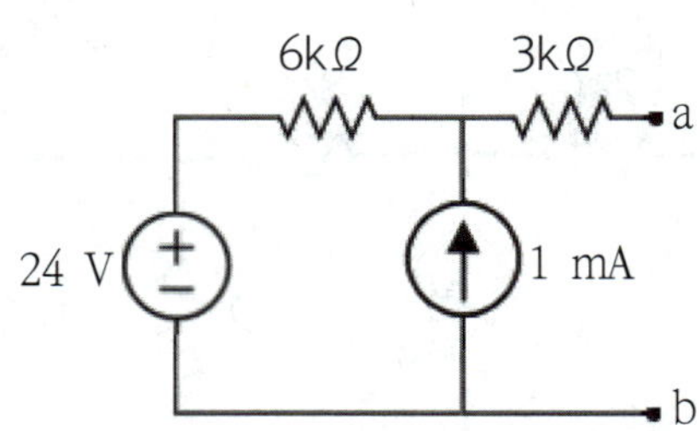

그림 E.4.6 2개의 전원을 갖는 저항성 회로의 예5

4.7 그림 E.4.7의 회로에서 단자 a, b의 왼쪽 회로에 대해 테브난 등가회로와 노턴 등가회로를 구하라.

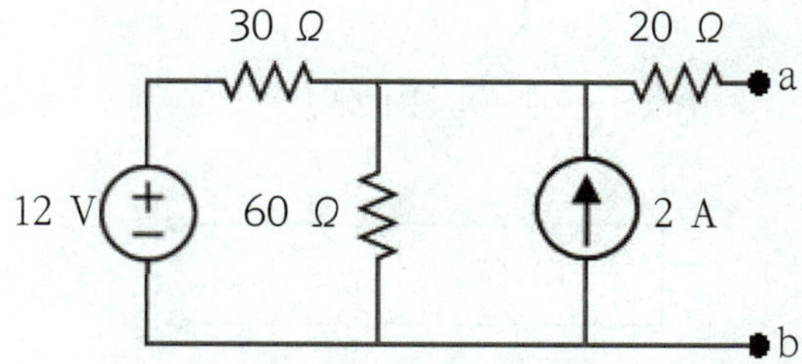

그림 E.4.7 2개의 전원을 갖는 저항성 회로의 예6

4.8 그림 E.4.8의 회로에서 단자 a, b의 왼쪽 회로에 대해 테브난 등가회로와 노턴 등가회로를 구하라.

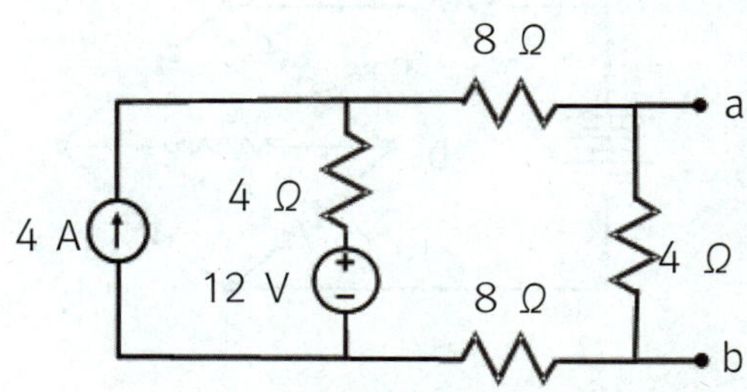

그림 E.4.8 2개의 전원을 갖는 저항성 회로의 예7

4.9 다음의 Y자형 회로를 △형 등가회로로 변환하라.

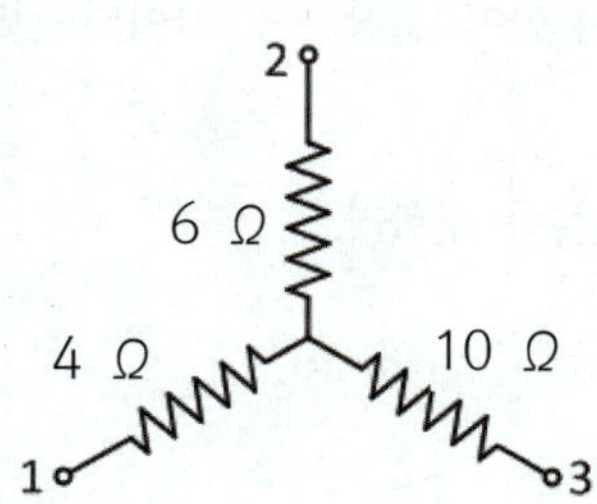

그림 E.4.9 저항성 Y자형 회로의 예

4.10 그림 E.4.10의 3단자 회로망에서 △형 회로를 Y형 회로로 변환하라.

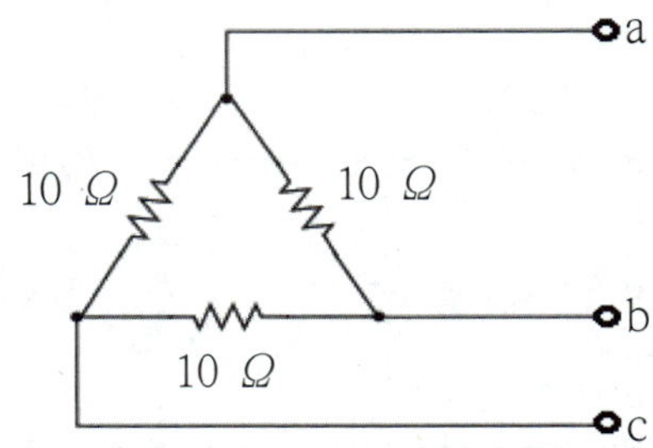

그림 E.4.10 △형 3단자 회로망의 예

4.11 그림 E.4.11의 휘스톤브리지 회로에 대해 다음을 구하라.

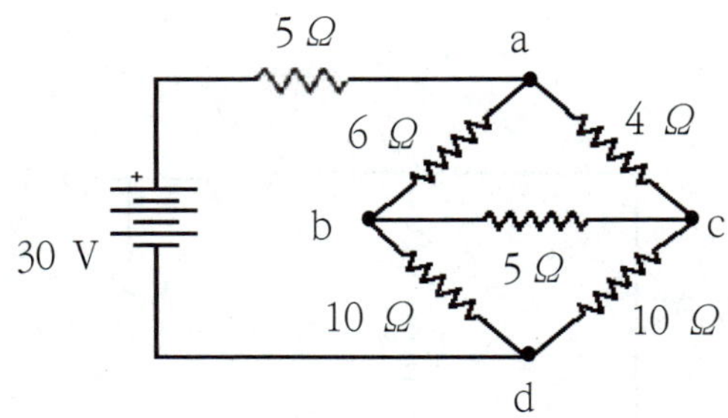

그림 E.4.11 휘스톤 브리지의 예

1) 절점 a-b-c로 연결된 부분인 $\pi(\Delta)$형 회로를 T(Y)형 회로로 변환하라.
2) 바뀐 T(Y)형 회로를 이용하여 절점 a-d 사이의 전압 V_{ad}와 저항 5 Ω에서 강하되는 전압 V_5를 구하라.
3) 전원에서 흘러나가는 전류를 구하라.

교류 회로해석

2부

5장 에너지 저장 회로소자

▶학습 목표◀

- 에너지 저장 소자인 인덕터와 커패시터의 전기적 특성을 학습한다.
- 커패시터의 직렬과 병렬 연결에 대한 등가 커패시턴스를 학습한다.
- 인덕터의 직렬과 병렬 연결에 대한 등가 인덕턴스를 학습한다.
- 실제 인덕터와 커패시터에 대한 등가회로도를 이해한다.

5.1 개요

지금까지 우리는 저항성 회로에 대해 전압과 전류의 관계를 살펴보았다. 이러한 저항성 회로에서는 기본적으로 오옴의 법칙과 키르히호프 법칙이 전기적 특성을 지배함을 알 수 있다. 저항성 회로소자(저항)는 주파수 의존성을 갖지 않으며, 에너지를 저장하지 않는다. 즉 저항은 자체적으로 전기에너지를 저장하거나 방출하지 않는다.

반면에 인덕터와 커패시터는 전압과 전류의 관계가 주파수 의존성을 갖으며, 전기에너지를 저장하거나 방출한다. 이러한 이유로 인덕터와 커패시터를 에너지 저장 회로소자라고 한다.

본 장에서는 에너지 저장 회로소자인 인덕터(코일)와 커패시터(콘덴서)의 전기적 특성에 대해 학습하고, 인덕터와 커패시터가 각각 직렬과 병렬로 연결되는 경우 합성인덕턴스와 합성커패시턴스를 어떻게 구하는지를 학습하고, 마지막으로 실제 인덕턴스와 커패시턴스의 등가회로에 대해 학습하기로 한다.

5.2 커패시터

전기에너지를 저장하는 소자로 먼저 커패시터(capacitor))를 들 수 있다. 커패시터는 전하의 형태로 에너지를 저장할 수 있는 수동회로소자이다. 커패시터의 전기적 특성은 공간상에서 분리된 반대 극성의 전하 사이에 존재하는 힘의 결과이다.

전류의 흐름 관점에서 본다면, 정상상태에서 커패시터는 직류는 흐르지 못하게 하는 성질이 있지만 반면에 교류는 잘 흐르게 하는 성질을 가진다. 이러한 커패시터의 교류에 대한 전기적 특성은 용량이 클수록 그리고 주파수가 높을수록 전류를 더 잘 흐르게 한다. 본 절에서는 커패시터의 전기적 성질에 대해 자세히 살펴보기로 한다.

1) 정의 및 회로기호

커패시턴스(capacitance)는 물체가 전하를 축적하는 능력을 나타내는 물리량으로 정의되며, 정전용량이라고도 한다. 이러한 기능을 제공하기 위해 설계된 회로소자를 커패시터(capacitor) 혹은 콘덴서(condensor)라 한다.

그림 5.1(a)는 커패시터의 구조를 보여주며, 그림 5.1(b)는 커패시터를 회로 상에서 나타낼 때 사용되는 회로심벌을 나타내며, 그림 5.1(c)는 실제 생산되고 있는 다양한 종류의 커패시터에 대한 외형을 보여준다.

그림 5.1(a)에서 보여진 바와 같이 커패시터는 두 도체 판 사이에 얇은 유전체로 채워진 구조로 되어 있다. 만약 두 도체판에 전압을 인가하면 높은 전위를 갖는 전원 쪽에 연결된 커패시터의 도체 판에는 + 전하가, 낮은 전위를 갖는 전원 쪽에 연결된 커패시터의 도체 판에는 같은 양의 – 전하가 축적된다.

그림 5.1(b)는 커패시터의 회로기호를 나타내는데, 커패시터는 유극성 커패시터와 무극성 커패시터가 있다. 무극성이라 함은 전원의 극성에 관계없이 어느 쪽으로 연결해도 되는 커패시터를 말하며, 유극성이라 함은 전원의 극성을 커패시터에 표기된 것과 동일한 극성으로 연결해야 되는 커패시터를 말한다. 일반적으로 무극성커패시터는 그림 5.1(b)의 왼쪽 회로기호와 같이 아래쪽과 위쪽(혹은 왼쪽과 오른쪽)을 같은 모양으로 나타내나, 유극성인 경우는 그림 5.1(b)의 오른쪽 회로기호와 같이 + 극성을 직선 모양의 막대로, – 극성을 곡선 형태로 표기한다.

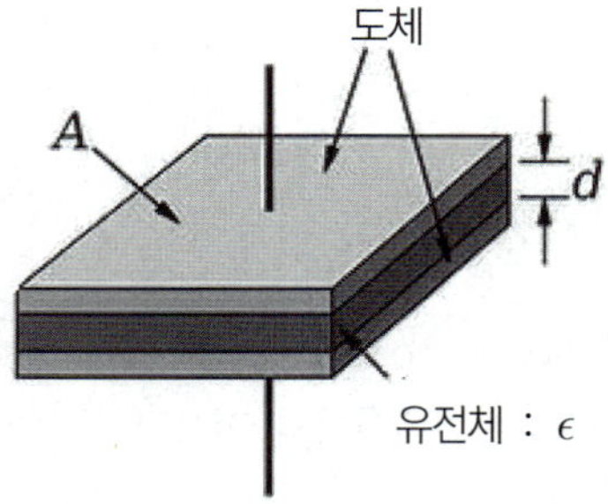

(a)

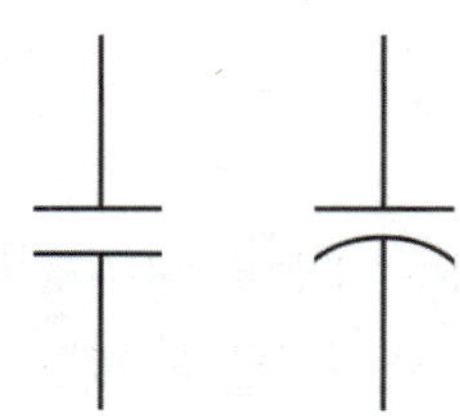

(b)

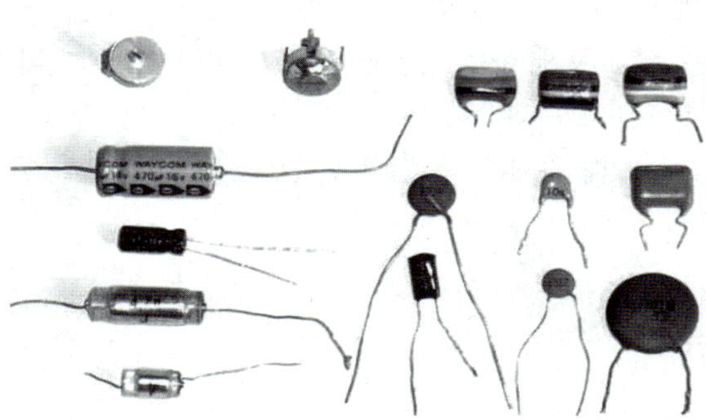

(c)

그림 5.1 커패시터: (a) 구조, (b) 회로 심벌, (c) 실제 커패시터의 다양한 외형의 예

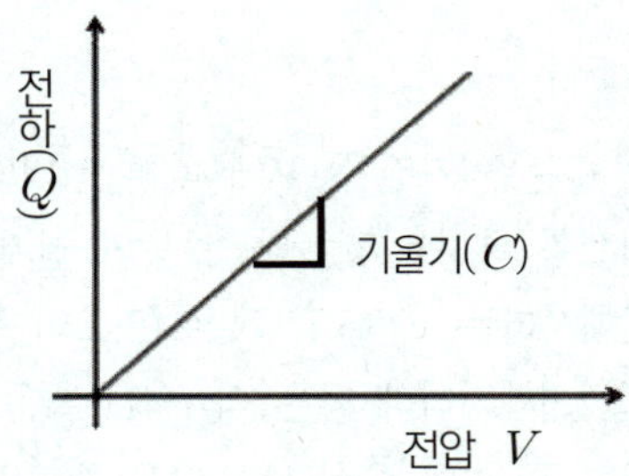

그림 5.2 커패시터의 전하-전압 관계

커패시터의 두 도체에 전압 V를 인가할 때 축적(저장)되는 전하량이 Q일 때, 커패시터의 **커패시턴스(정전용량)**를 다음과 같이 정의한다.

$$C \doteq \frac{Q}{V} \tag{5.1}$$

커패시턴스의 단위는 패러드(Farad: 기호 F)를 사용하는데, 1 F는 1 V의 전압을 인가할 때 1C의 전하를 축적하는 경우 정전 용량을 말한다. 즉 인가전압과 축적전하 사이는 그림 5.2와 같은 특성을 가지며, C는 $Q-V$ 관계를 나타내는 직선의 기울기에 해당한다.

커패시턴스를 좀 더 일반적으로 정의하는 방법으로, 인가전압이 변하는 경우 미소 전압 dv 의 변화에 따른 축적 전하량 dq에 의해 다음과 같이 정의하기도 한다.

$$C \doteq \frac{dq}{dv} \tag{5.2}$$

$Q-V$ 관계가 선형성 특성을 갖는 물질에서 커패시턴스는 시간에 따라 변하지 않는 상수의 값을 갖는다.

그리고 통상적으로 교류회로에서 패러드 단위는 너무 크므로 마이크로 패러드(μF=10^{-6}F), 나노 패러드(nF=10^{-9}F), 피코 패러드(pF=10^{-12}F) 등의 단위를 사용한다.

2) 구조와 정전용량

커패시터에 축적되는 전하 Q는 인가전압 V에 따른 임의의 함수 특성을 가질 수 있으나, 이러한 경우 커패시턴스는 비선형 특성을 갖는다. 보통의 전기전자 회로에서는 선형성 커패시터를 사용한다. 즉 선형성 커패시터는 식 (5.1) 혹은 (5.2)의 특성을 갖는 커패시터이다. 지금부터는 특별한 언급이 없는 한 커패시터라 함은 식 (5.1) 혹은 (5.2)와 같은 선형적 특성을 갖는 커패시터를 나타내는 것으로 한정한다. 식 (5.2)에서 전하와 전압을 소문자로 나타내는 경우 교류를 포함하는 표기법이다.

그림 5.1(c)와 같은 실제의 커패시터가 갖는 커패시턴스는 유전체의 유전율 ϵ과, 물리적 차원(d, A)에 의존한다. 즉 커패시터는

$$C = \epsilon \frac{A}{d} \tag{5.3}$$

와 같은 용량을 갖는다. 여기서 d는 같은 면적 A를 갖는 두 도체판 사이의 거리를 나타낸다.

3) 전압-전류 특성

선형성 특성을 갖는 커패시터는 식 (5.2)로부터 $dq = Cdv$로 표현 할 수 있다. 그리고 $dq = Cdv$의 양변을 시간 t에 대한 미분 형식으로 나타내면

$$\frac{dq}{dt} = C\frac{dv}{dt} \tag{5.4}$$

이 된다. 전류의 정의에 의해 $i = dq/dt$이므로, 식 (5.4)는 다음과 같이 표현할 수 있다.

$$i = C\frac{dv}{dt} \tag{5.5}$$

여기서 C는 전류와 전압의 시간적 변화율 사이의 관계를 나타내는 비례상수로 취급될 수 있다. 즉 그림 5.3과 같이 커패시터 양단에 교류전압 v를 인가할 때, 이 커패시터를 통해 흐르

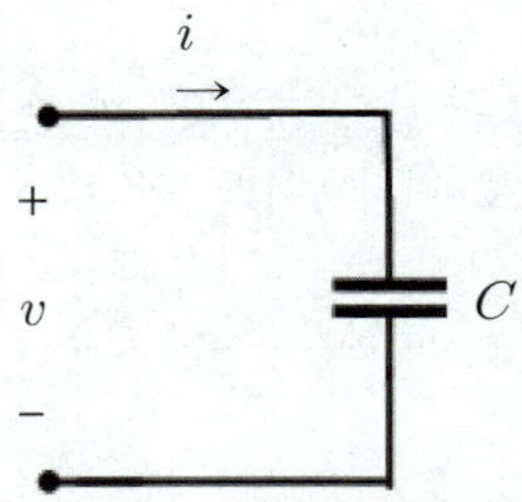

그림 5.3 커패시터 양단에 교류전압 v를 인가할 때 이 커패시터를 통해 흐르는 전류

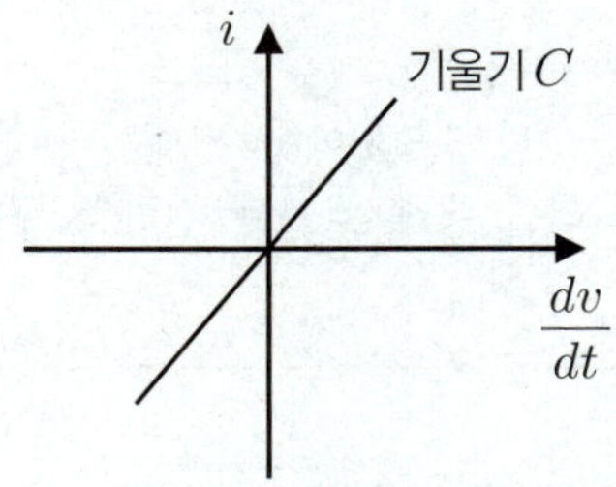

그림 5.4 커패시터의 전류-전압 특성

는 전류와의 관계를 나타내는 전압-전류 곡선은 그림 5.4와 같다.

커패시터 양단에 나타나는 전압의 주파수에 따라 동일한 용량을 갖는 커패시터라도 이를 통해 흐르는 전류는 달라진다. 식 (5.5)로부터 커패시터에 인가되는 전압의 시간적 변화율이 일정하면 전류도 일정하게 흐르는데. 이것은 커패시터에 일정한 비율로 충전되거나 방전된다는 것을 의미한다.

만약 커패시터에 **직류 전압**을 인가하는 경우 커패시터에 전하가 충전(저장)되는 어느 정도까지 시간은 전류가 흐르지만, 충분한 시간이 지난 후(정상상태)에는 전류가 흐르지 않는다. 여기서 정상상태라 함은 **'전기회로에서 어떤 시간 동안의 과도적 상태를 지나서 시간에 따라 전압이나 전류가 일정한 패턴으로 유지되는 상태'**를 말한다. 즉 전압이나 전류를 회로에 인가한 직후 일정시간 동안을 과도상태라 하며 이때 과도기적 응답을 보이는데, 이 부분에 대해서는 뒷부분에 언급하기로 하고 여기에서는 정상상태에 국한하여 언급하기로 한다.

한편 식 (5.5)로부터 커패시터에 시간 $t_1 \sim t_2$ 동안 전류 i를 흘러 보낼 때 커패시터 양단의 전압은 다음과 같이 얻어진다.

$$v(t) = v(t_1) + \frac{1}{C}\int_{t_1}^{t_2} i\,dt \tag{5.6}$$

여기서 $v(t_1)$은 전류를 흘러 보내기 직전 커패시터 양단의 초기전압을 나타낸다.

예제 5.1

그림 5.5(a)에서 커패시터 양단에 그림 5.5(b)와 같은 전압을 인가할 때, 이 커패시터를 통해 흐르는 전류를 구하고 이를 그림으로 나타내어라. 단 $C = 1\mu$F임.

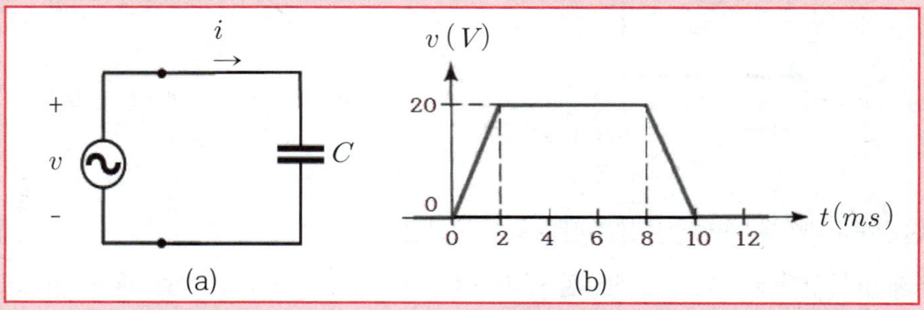

그림 5.5 커패시터 회로와 인가 전압: (a) 회로도, (b) 인가 전압

풀이

커패시터를 통해 흐르는 전류 i는

$$i = C\frac{dv}{dt} = \begin{cases} 0\,mA,\, t < 0 \text{ and } t > 10\,ms \\ 10\,mA,\, 0\,ms < t < 2\,ms \\ 0\,mA,\, 2\,ms < t < 8\,ms \\ -10\,mA,\, 8\,ms < t < 10\,ms \end{cases}$$

이 된다. 이를 그림으로 나타내면 다음과 같다.

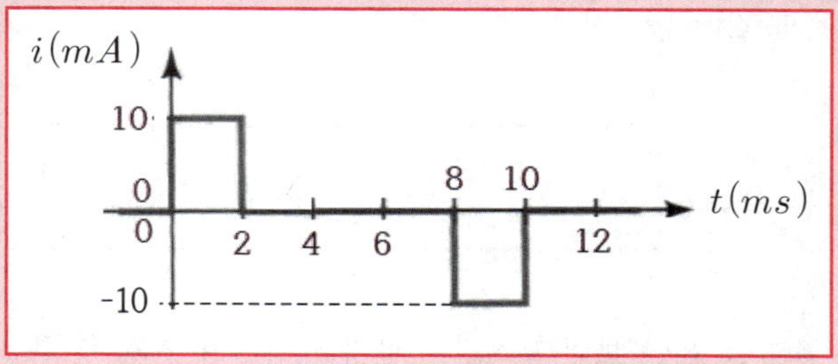

그림 5.6 '그림 5.5(a)' 회로에서 커패시터를 흐르는 전류

4) 에너지 저장

커패시터에 공급되는 순시전력 p는

$$p = vi = Cv\frac{dv}{dt} \quad \text{W(와트)} \tag{5.7}$$

이다. 즉 커패시터 양단에 전압 v를 인가하면 단위시간당 식 (5.7) 만큼의 에너지가 저장된다. 따라서 시간 $t_1 \sim t_2$ 동안 커패시터에 전압 v를 인가하는 경우 이 커패시터에 저장(축적)되는 에너지 W_C는

$$\begin{aligned} W_C &= \int p\,dt = \int_{t_1}^{t_2} Cv\,dv \\ &= \frac{1}{2}Cv^2(t_2) - \frac{1}{2}Cv^2(t_1) \quad \text{J} \end{aligned} \tag{5.8}$$

이다. 여기서 $v(t_1)$과 $v(t_2)$는 각각 t_1, t_2에서 커패시터 양 단자 사이의 전압을 나타낸다. 만약 초기전압이 $v(t_1) = 0$이고, t_2에서 전압을 $v(t_2) = V$라 놓으면, 즉 초기 전압이 없는 상태에서 커패시터 양단에 전압 V가 측정될 때 커패시터에 저장된 에너지는 다음과 같이 나타낼 수 있다.

$$\boxed{W_C = \frac{1}{2}CV^2 \quad \text{J}} \tag{5.9}$$

커패시터에 축적되는 전하와 전압, 그리고 전류의 개념에 대한 이해를 돕기 위해 수조(water tank)에 채워진 물, 수위, 물의 흐름과 비교해 보면 표 5.1과 같이 대응시킬 수 있다. 먼저 커패시터는 수조에 대응시킬 수 있으며, 커패시터에 채워진 전하는 수조를 채우는 물과 대응시킬 수 있고, 그리고 커패시터 양단에 인가된 전압은 수조의 수위에 대응시킬 수 있으며, 커패시터로 유출입하는 전류는 수조로 유출출입하는 유수와 대응시킬 수 있다.

표 5.1 커패시터에 축적되는 전하와 수조의 물의 관계 비교

커패시터	수조
전하	물
전위	수위
전류	물의 흐름(유수)

예제 5.2

초기에 저장된 에너지가 없고 용량이 $C=10\ \mu$F인 커패시터에 충분히 시간이 지난 후 측정된 전압이 5 V일 때 축적된 에너지는 얼마인가?

풀이

식 (5.9)에 의해 다음과 같이 얻을 수 있다.

$$W_C = \frac{1}{2}CV^2 = \frac{1}{2}\times 10\times 10^{-6}\times 5^2 = 1.25\times 10^{-4}\quad \text{J}$$

5) 직병렬 연결

앞서 언급한 바와 같이 커패시터의 전기적 특성은 공간상에서 분리된 반대 극성의 전하 사이에 존재하는 힘의 결과이다. 이러한 특성에 의해 여러 개의 커패시터가 직렬 혹은 병렬로 연결된 경우 등가(합성) 커패시턴스가 어떻게 되는지를 살펴보자.

병렬연결

그림 5.7과 같이 2개의 커패시터가 병렬로 연결된 경우 전체 커패시터의 용량에 대해 알아보자. 즉 그림 5.7과 같이 커패시터 2개가 병렬로 연결된 구조에서 두 커패시터의 양 단자에 전압 V가 인가된 경우 전원의 +단자에 연결된 두 커패시터의 금속판에는 각각 $+Q_1$쿨롱과 $+Q_2$쿨롱의 전하가 축적되고, 전원의 -단자 쪽과 연결된 두 커패시터 금속판에는 각각 $-Q_1$쿨롱과 $-Q_2$쿨롱의 전하가 축적된다. 따라서 두 커패시터에 축적되는 전체 전하는 $Q=Q_1+Q_2$가 되므로, 식 (5.1)의 정의에 의해 합성 커패시턴스는 다음과 같다.

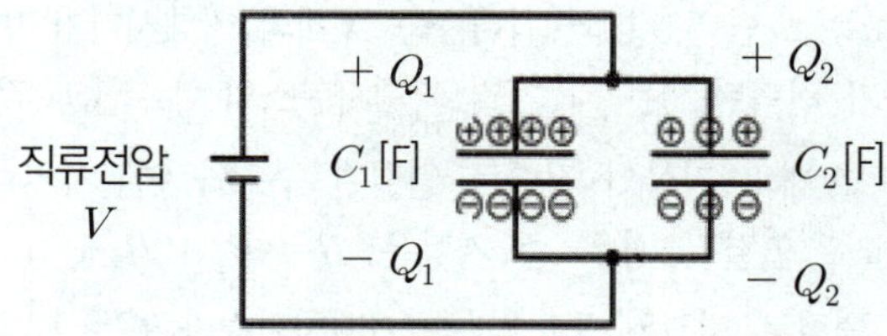

그림 5.7 2개의 커패시터가 병렬로 연결된 회로에서 전하 저장 개념도

$$C = \frac{Q}{V} = \frac{Q_1 + Q_2}{V} = C_1 + C_2$$

여기서 $C_1 = \frac{Q_1}{V}$, $C_2 = \frac{Q_2}{V}$를 나타낸다. 즉 병렬로 연결된 2개 커패시터의 **합성 커패시턴스**(등가 커패시턴스)는 다음과 같다.

$$C = C_1 + C_2 \tag{5.10}$$

다시 표현하면 그림 5.8(a)와 같이 2개의 커패시터가 병렬로 연결되어 있는 경우 이들의 합성 커패시턴스는 그림 5.8(b) 같이 표현할 수 있다.

동일한 논리로 그림 5.9(a)와 같이 N개의 커패시터가 병렬로 연결될 때 합성 커패시턴스는

$$\boxed{C = C_1 + C_2 + \ldots + C_N} \tag{5.11}$$

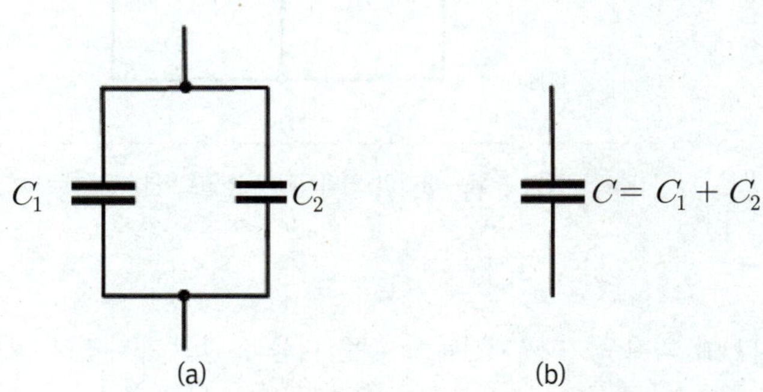

그림 5.8 커패시터의 병렬연결 회로도
(a) 병렬로 연결된 2개의 커패시터, (b) 합성 커패시턴스

이 되며, 등가회로는 그림 5.9(b)와 같다. 즉 N개의 커패시터가 병렬로 연결된 구조의 합성 커패시턴스(등가 컨덕턴스)는 각 개별 커패시턴스의 대수합과 같다.

여기서 우리는 N개의 저항이 직렬로 연결된 구조와 연관시켜 생각해 볼 수 있다. N개의 저항이 직렬로 연결된 경우 총 저항은 $R = R_1 + R_2 + \dots + R_N$으로 얻어지는데, 이는 커패시터가 병렬로 연결된 구조의 총 커패시턴스가 $C = C_1 + C_2 + \dots + C_N$으로 얻어지는 것과 유사한 논리이다.

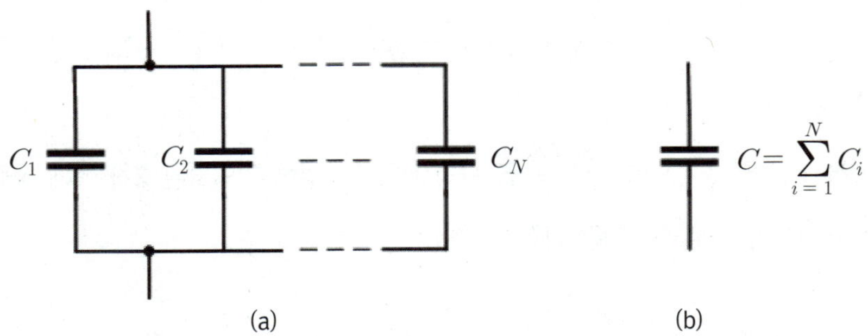

그림 5.9 N개 커패시터의 병렬연결 회로: (a) 병렬연결회로, (b) 'a'의 등가 커패시턴스

예제 5.3

그림 5.10 회로의 두 점 a, b에서 본 합성 커패시턴스는 얼마인가? 단 $C_1 = 4\,\mu\text{F}$, $C_2 = 8\ \mu\text{F}$, $C_3 = 3\ \mu\text{F}$이다.

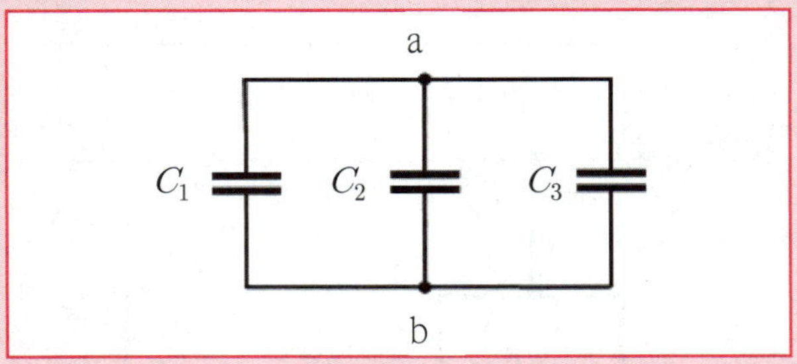

그림 5.10 3개의 커패시터가 병렬로 연결된 회로

풀이

식 (5.11)에 의해 등가 커패시턴스 C는 다음과 같이 구해진다.

$$C = C_1 + C_2 + C_3 = 4 + 8 + 3 = 15\ \ \mu\text{F}$$

직렬연결

그림 5.11과 같이 2개의 커패시터가 직렬로 연결된 경우 전체 커패시터의 합성 용량에 대해 알아보자. 그림 5.11과 같이 커패시터 2개가 직렬로 연결된 커패시터의 양 단자에 직류전압 V가 인가된 경우, 위쪽 커패시터 C_1의 단자 중 전원의 +단자에 연결된 쪽의 커패시터 금속판에 $+Q$쿨롱의 전하가, 그리고 커패시터 C_1의 아래쪽 금속판의 단자 부분에 $-Q$쿨롱의 전하가 축적된다.

C_1의 $-Q$쿨롱의 전하로 인해 이 부분과 연결된 커패시터 C_2의 위쪽 금속판에는 다시 $+Q$쿨롱의 전하가 유도되고 C_2의 아래쪽 금속판에는 다시 $-Q$쿨롱의 전하가 유도된다. 따라서 위쪽 커패시터 양단에는 $V_1 = Q/C_1$이, 아래쪽 커패시터 양단에는 $V_2 = Q/C_2$의 전압이 발생하게 된다. 따라서 $V = V_1 + V_2$의 관계가 성립되어야 하며, 이로부터 다음의 관계가 성립한다.

$$V = V_1 + V_2 = \frac{Q}{C_1} + \frac{Q}{C_2} = \frac{1}{C}Q$$

여기서 $1/C = 1/C_1 + 1/C_2$를 나타낸다. 이 식은 곧 다음과 같이 '직렬로 연결된 2개의 커패시터에 대한 합성 커패시턴스는 다음과 같이 표현할 수 있다'는 것을 의미한다.

$$\frac{1}{C} = \frac{1}{C_1} + \frac{1}{C_2} \tag{5.12}$$

다시 말하면 그림 5.12(a)와 같이 2개의 커패시터가 직렬구조로 연결되어 있는 경우 이들의 합성 커패시턴스를 그림 5.12(b)와 같이 등가적으로 표현할 수 있다.

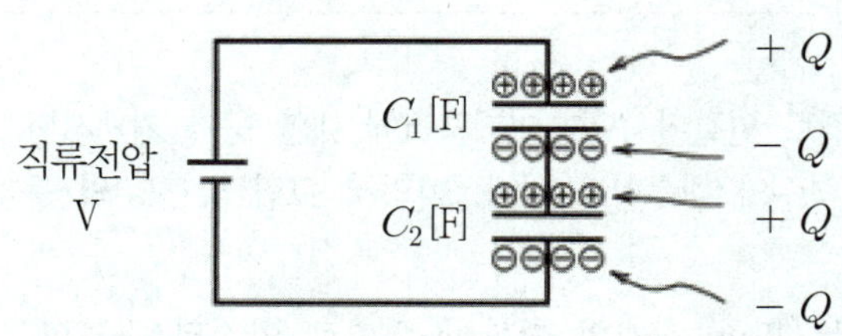

그림 5.11 2개의 커패시터가 직렬로 연결된 회로에서 전하의 저장 개념도

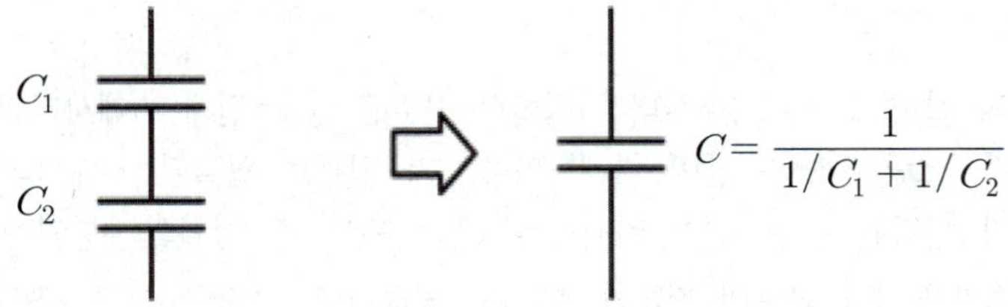

그림 5.12 커패시터의 직렬연결 :
(a) 직렬로 연결된 2개의 커패시터 회로, (b) 'a'의 등가 커패시턴스

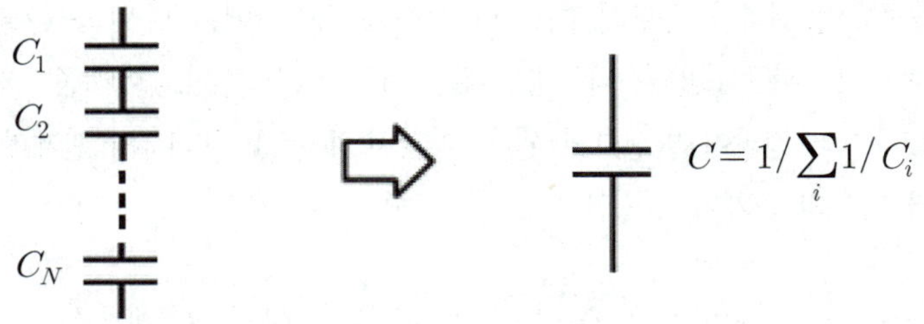

그림 5.13 N개 커패시터의 직렬연결 회로 : (a) 커패시터의 직렬연결 회로,
(b) 'a'의 등가 커패시턴스

동일한 논리로 그림 5.13(a)와 같이 N개의 커패시터가 직렬로 연결된 경우를 생각하자. 이 때 합성 커패시턴스는

$$\frac{1}{C}=\frac{1}{C_1}+\frac{1}{C_2}+\dots+\frac{1}{C_N} \quad \text{혹은}$$

$$C=\frac{1}{1/C_1+1/C_2+\dots+1/C_N} \tag{5.13}$$

이 된다. 즉 직렬로 연결된 N개 커패시터에 대한 등가 커패시턴스의 역수는 각 커패시터의 커패시턴스 역수의 대수합과 같다. 따라서 그림 5.13(a)의 등가회로는 그림 5.13(b)와 같다.

여기서 우리는 또한 N개의 저항이 병렬로 연결된 구조와 연관시켜 생각해 볼 수 있다. N개의 저항이 병렬로 연결된 경우 등가 저항은 $1/R=1/R_1+1/R_2+\dots+1/R_N$으로 얻어지는데, 이는 커패시터가 직렬로 연결된 경우 합성 커패시턴스가 $1/C=1/C_1+1/C_2+\dots+1/C_N$ 와 같이 얻어지는 논리와 유사하다.

예제 5.4

그림 5.14 회로의 a, b 단자에서 본 합성 커패시턴스(등가 커패시턴스)는 얼마인가? 단 $C_1 = 4\,\mu\text{F}$, $C_2 = 8\,\mu\text{F}$이다.

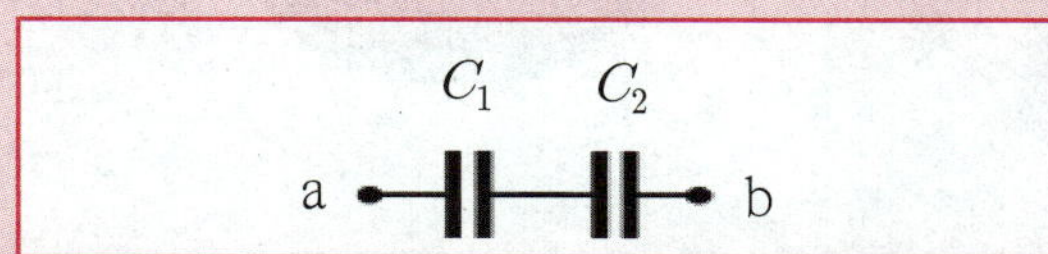

그림 5.14 2개의 커패시터가 직렬로 연결된 회로의 예

풀이

식 (5.13)에 의해 등가 커패시턴스 C는 다음과 같다.

$$C = \frac{1}{1/C_1 + 1/C_2} = \frac{C_1 \times C_2}{C_1 + C_2} = \frac{8}{3} \quad \mu\text{F}$$

5.3 인덕터

전기를 저장하는 또 하나의 회로소자로 인덕터(코일)를 들 수 있다. 본 절에서는 인덕터의 전기적 특성에 대해 자세히 살펴보기로 한다.

1) 정의 및 회로 기호

인덕터는 그 주변이나 내부를 관통하는 자속의 변화를 방해하는 성질을 갖고 있으며, 이러한 성질의 정도(크기)를 나타내는 값을 **인덕턴스**(industance)라 한다. 또한 자속이 자신의 코일을 흐르는 전류에 의한 것일 때는 **자기인덕턴스**(self industance)라 하고, 다른 코일의 전류에 의한 것일 때는 **상호인덕턴스**(mutual industance)라 한다. 이와 같이 인덕턴스 성질을 갖는 물질을 **인덕터**(inductor)라 한다. 지금부터 인덕터의 전기적 특성에 대해 자세히 살펴보기로 하자. 단순한 의미에서 코일은 인덕턴스 성분을 갖는 물질로 그림 5.15와 같은 물질이다.

그림 5.15 실제 코일의 예

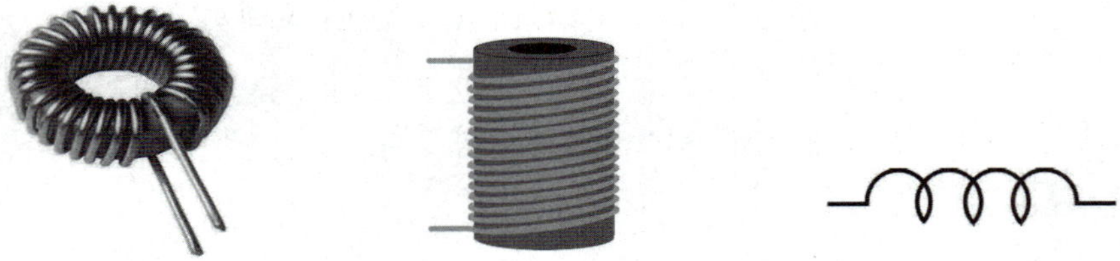

(a) (b) (c)

그림 5.16 인덕터: (a) 실제 구조에 대한 예1, (b) 실제 구조에 대한 예2, (c) 회로기호

통상적으로 인덕터는 그림 5.16(a) 혹은 그림 5.16(b)와 같이 코어와 이를 중심으로 감겨 있는 코일로 구성되어 있는 2단자 회로소자이다. 하지만 보통 인덕터를 코일이라고도 한다. 그림 5.15(c)는 인덕터의 회로기호를 나타낸다.

2) 전류와 자속쇄교수

실험적으로 밝혀진 바에 의하면, **'도선에 전류를 흘릴 때 그 주위에는 전류의 방향에 대해 오른쪽 방향 나사를 돌릴 때 그 도는 방향으로 자기력선이 생긴다'**는 것이 밝혀졌다. 자기력선은 매우 많이 나오기 때문에 하나 하나를 고려하지 않고 한 묶음으로 취급하여 이 묶음을 자기력선속 혹은 자속(magnetic flux)이라 한다. 자속의 단위는 웨버(Weber, 기호 Wb)인데, 이 이름은 독일의 물리학자 Wilhelm Weber(1804-1891)의 이름을 딴 것이다. 최근에는 자속의 단위로 테슬라(Tesla: T)를 사용하기도 한다.

원형 구조의 코일에 전류를 흘리면 그림 5.17과 같이 원형(정확히 나선형) 모양의 코일 내부에 자속이 형성되는데, 자속의 기호로는 통상적으로 ϕ를 많이 사용한다.

그리고 이때 만들어진 자속의 모양은 폐회로(무한히 큰 규모까지 포함)를 이루며 이 자속은 코일과 쇄교한다. 여기서 쇄교(link)라는 것은 자속이 원형(정확히는 나선형) 모양을

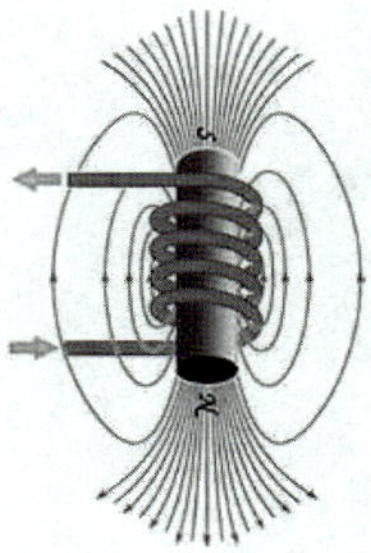

그림 5.17 코일의 전류와 이로 인해 생기는 자속

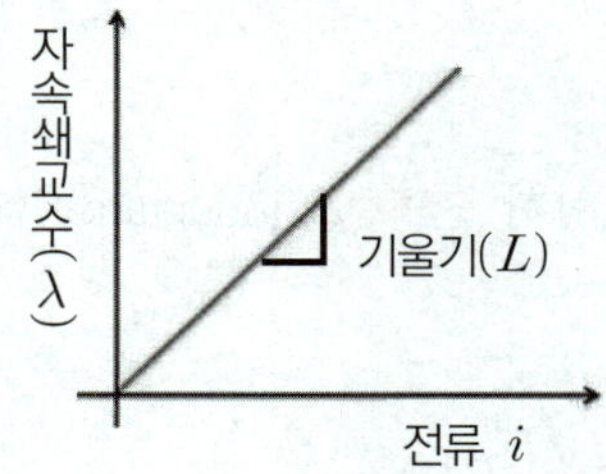

그림 5.18 전류와 자속쇄교수의 선형적 관계

하는 코일과 교차(직각으로 통과)하는 것을 말한다. 자속이 쇄교하는 정도를 나타내기 위해 자속쇄교수(magnetic flux linkage)를 사용하는데, 이는 코일을 구성하고 있는 각 권선(원 형태의 코일)과 쇄교(혹은 링크)하는 자속의 총합으로 정의된다.

만약 코일의 감긴 횟수를 N라 할 때 총 자속쇄교수(total magnetic flux linkage)는

$$\lambda = N\phi \quad \text{weber-turn} \tag{5.14}$$

이 되며, 기호로는 통상적으로 λ를 사용한다. 식 (5.14)는 매 순간 자속 ϕ가 각각의 권선과 쇄교한다고 가정하였다. 즉 식 (5.14)는 권선 N개 중 한 개가 만드는 폐회로 면을 직각으로 관통(쇄교)하는 자속수가 ϕ가 된다는 것을 의미한다.

그리고 선형 인덕터의 경우에 코일을 흐르는 전류 i와 이 전류로 인해 생긴 자속이 원형 모양의 코일 구조와 쇄교하는 총 자속쇄교수 λ를

$$\boxed{\lambda = Li \quad \text{weber-turn}} \tag{5.15}$$

으로 나타낼 수 있음이 과학자들에 의해 밝혀졌으며, 여기서 L은 비례상수로서 자기인덕턴스(self-inductance)라 불린다. 인덕턴스의 크기를 나타내는 단위로 헨리(Henry: 기호 H)가 사용되며, 이는 미국의 물리학자 Joseph Henry(1797-1878)의 이름을 따서 지은 것이다.

식 (5.15)를 그림으로 나타내면 그림 5.18과 같다. 그리고 식 (5.15)는 다음과 같이 표현할 수 있다.

$$L = \frac{\lambda}{i} = \frac{N\phi}{i} \quad \text{H} \tag{5.16}$$

여기서 L을 간단히 인덕턴스(inductance)라 부르기도 한다.

3) 전류-전압 특성

영국의 물리학자 마이클 패러데이(Michael Faraday, 1791-1867)는 전자기 유도현상의 원리를 발견하였는데, 이것이 바로 패러데이 법칙(Faraday's Law)이다. 패러데이 법칙은 **'코일의 양단에 유도되는 기전력은 자속쇄교수의 시간적 변화율과 같다'**는 것을 말하며, 이는

$$v = \frac{d\lambda}{dt} \tag{5.17}$$

으로 표현할 수 있다. 식 (5.15)를 식 (5.17)에 대입하면, 인덕터에 인가한 전류와 이 인덕터의 양단에 유도되는 전압(기전력)과의 관계식을 얻을 수 있다.

$$\boxed{v = L\frac{di}{dt} \quad \text{볼트}} \tag{5.18}$$

즉 그림 5.19와 같이 인덕터에 교류 전류 i를 흘러 보내면 인덕터 양단에 유도되는 기전력(전압)은 식 (5.18)과 같으며, 이를 그림으로 나타내면 그림 5.20과 같다.

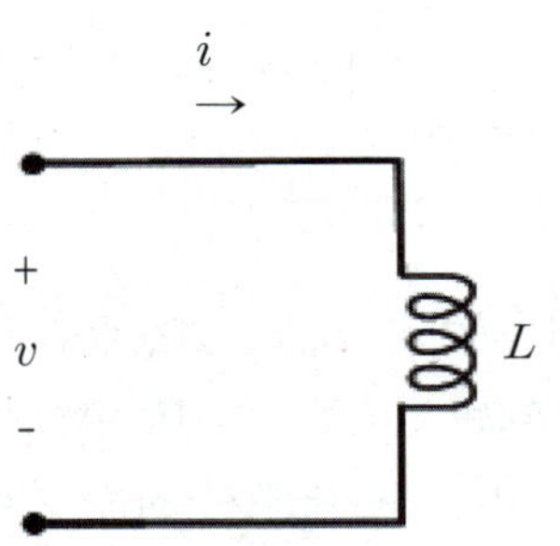

그림 5.19 인덕터에 인가 전류와 유도전압

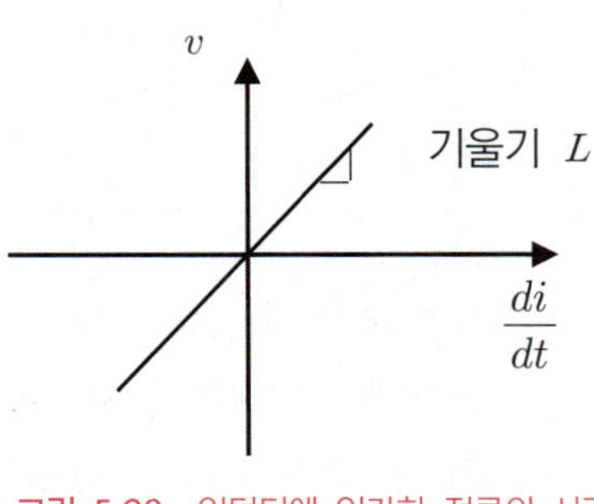

그림 5.20 인덕터에 인가한 전류의 시간적 변화율과 유도 전압과의 관계

인덕터는 인덕턴스라는 전기적 성질에 의해 특징지어진다. 인덕턴스는 전류에 대해 자속쇄교(magnetic flux linkage)를 만드는 회로소자의 능력 정도를 나타내며, 특별히 이러한 쇄교 기능을 만들어내기 위해 설계된 회로소자를 인덕터라 한다.

한편 식 (5.18)로부터 인덕터에 시간 $t_1 \sim t_2$ 동안 전압 v가 관측될 때 인덕터를 흐르는 전류는

$$i(t) = i(t_1) + \frac{1}{L}\int_{t_1}^{t} v(\eta)\,d\eta \quad \text{암페어} \tag{5.19}$$

가 된다. 여기서 $i(t_1)$은 t_1에서 인덕터의 초기 전류를 나타낸다.

예제 5.5

그림 5.21(a) 회로의 인덕터에 그림 5.21(b)와 같은 전류를 흘려 보낼 때, 이 인덕터 양단에 유도되는 전압을 $0 \le t \le 80$의 구간에서 구하고 이를 그림으로 나타내어라. 단 $L = 10$ mH임.

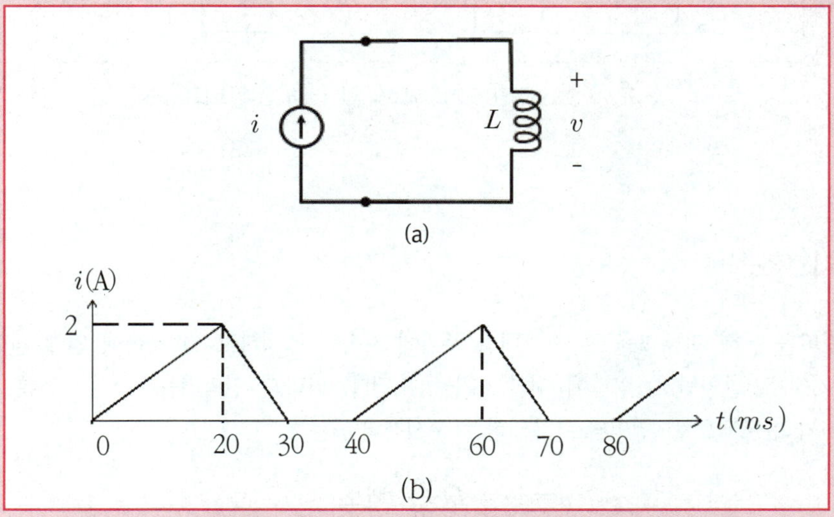

그림 5.21 인덕터 회로와 인가한 전류: (a) 인덕터 회로, (b) 인가 전류

풀이

그림 5.21(a) 회로의 인덕터를 통해 흐르는 전류 i와 인덕터 양단에 유도되는 전압의 관계는 식 (5.18)로부터 다음과 같다.

$$v = L\frac{di}{dt} = \begin{cases} 1\,V, & 0\,ms < t < 20\,ms,\ 40\,ms < t < 60\,ms \\ -2\,V, & 20\,ms < t < 30\,ms,\ 60\,ms < t < 70\,ms \\ 0\,V, & 30\,ms < t < 40\,ms,\ 70\,ms < t < 80\,ms \end{cases} \quad (5.20)$$

따라서 전류-전압 관계를 그래프로 나타내면 그림 5.22와 같다.

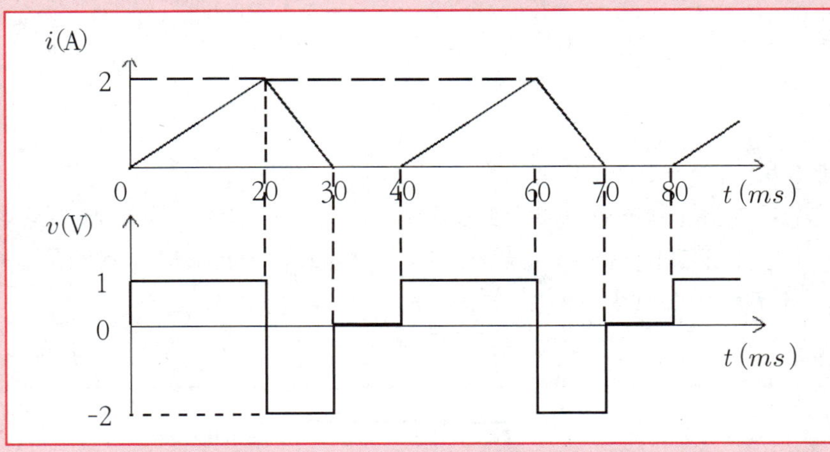

그림 5.22 '그림 5.21' 회로의 인덕터를 통해 흐르는 전류

4) 에너지 저장

인덕터를 통해 전류 i를 흘러 보내면 주위에 자속이 발생하고 이 자속에 의해 원형 모양으로 감겨진 코일(인덕터) 양단에 전압 v가 유도된다. 따라서 인덕터를 흐르는 전류 i로 인해 전압 v가 유도되므로, 인덕터로 유입하는 순시전력 p는

$$p = vi = Li\frac{di}{dt} \text{ 와트} \quad (5.21)$$

가 된다. 즉 인덕터에 전류를 흘러 보내면 식 (5.21) 만큼의 순시 에너지를 코일에 공급(저장)

하게 된다. 따라서 시간 $t_1 \sim t_2$ 동안 인덕터에 전류 i를 흘러 보내는 경우 인덕터에 저장되는 에너지 W_L은

$$W_L = \int p\,dt = \int_{t_1}^{t_2} Li\,di$$
$$= \frac{1}{2}Li^2(t_2) - \frac{1}{2}Li^2(t_1) \quad \text{J} \tag{5.22}$$

이 된다. 여기서 $i(t_1)$은 시각 t_1에서 흐르는 초기전류를 나타낸다. 만약 초기 전류가 없는 경우, 즉 $i(t_1)=0$이고 $i(t_2)=I$라 놓으면, 인덕터에 저장되는 에너지는 식 (5.22)로부터 다음과 같이 얻어진다.

$$\boxed{W_L = \frac{1}{2}LI^2 \quad \text{J}} \tag{5.23}$$

예제 5.6

초기 전류가 없는 1 H의 인덕터에 4 A의 전류를 흘러 보낼 때 일정 시간이 지난 후 인덕터에 저장되는 에너지는 얼마인가?

풀이

식 (5.23)에 의해 저장되는 에너지 W_L은 다음과 같이 얻어진다.

$$W_L = \frac{1}{2}LI^2 = 8 \ \text{J}$$

5) 직병렬 연결

이 절에서는 직렬 혹은 병렬로 연결된 인덕터에 대한 등가 인덕턴스를 구하는 방법에 대해 살펴보기로 한다.

직렬연결

먼저 그림 5.23(a)와 같이 2개의 인덕터가 직렬로 연결된 경우 등가(합성) 인덕턴스에 대해 알아보자. 그림 5.23(a)와 같이 2개의 직렬로 연결된 인덕터에 전류 i를 흘러 보내면 각 인덕터에 유도되는 전압은 각각 $v_1 = L_1 di/dt, v_2 = L_2 di/dt$이므로, 단자 a, b 양단에 유도되는 전압 v는

$$
\begin{aligned}
v = v_1 + v_2 &= L_1 \frac{di}{dt} + L_2 \frac{di}{dt} \\
&= L \frac{di}{dt}, \quad (L = L_1 + L_2)
\end{aligned}
\tag{5.24}
$$

가 된다. 여기서 L을 직렬로 연결된 2개의 인덕터에 대한 **합성 인덕턴스**(혹은 **등가 인덕턴스**)라 부른다. 따라서 그림 5.23(a)의 회로에 대한 등가회로는 그림 5.23(b)가 된다.

같은 논리로 N개의 인덕터가 그림 5.24(a)와 같이 직렬로 연결된 경우 등가 인덕턴스는

$$
\boxed{L = L_1 + L_2 + \ldots + L_N} \tag{5.25}
$$

이 되며, 그림 5.24(a)의 등가회로는 그림 5.24(b)와 같다. 즉 N개의 인덕터가 직렬로 연결된 경우 합성 인덕턴스는 각 개별 인덕턴스 값의 대수합과 같다.

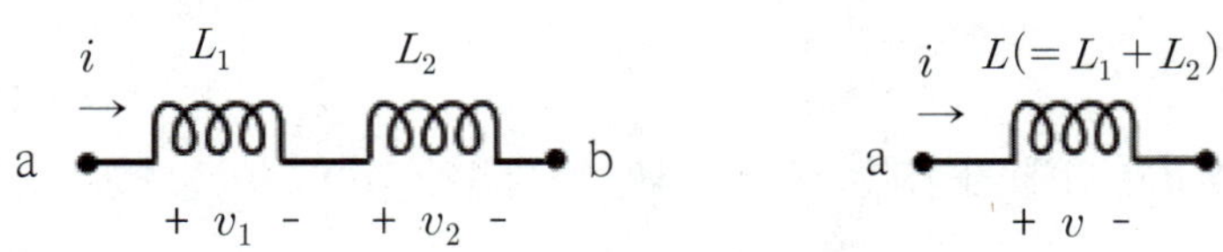

그림 5.23 2개 인덕터의 직렬연결 회로와 이의 등가회로:
(a) 2개 인덕터의 직렬연결 회로, (b) 'a'의 등가회로

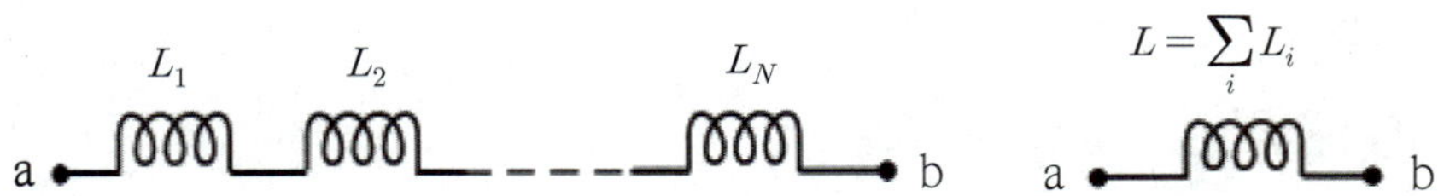

(a) (b)

그림 5.24 N개의 인덕터가 직렬로 연결된 회로와 이의 등가회로:
(a) N개 인덕터의 직렬연결 회로, (b) 'a'의 등가회로

병렬연결

그림 5.25(a)와 같이 2개의 인덕터가 병렬로 연결된 경우를 고려하자.

그림 5.25(a)의 회로에서 각 인덕터를 흐르는 전류는 식 (5.19)에 의해

$$i_1(t) = i_1(t_1) + \frac{1}{L_1}\int_{t_1}^{t} v(\eta)\, d\eta \text{ 암페어} \tag{5.26a}$$

$$i_2(t) = i_2(t_1) + \frac{1}{L_2}\int_{t_1}^{t} v(\eta)\, d\eta \text{ 암페어} \tag{5.26b}$$

가 된다. 따라서 전체 전류 i는 다음과 같다.

$$\begin{aligned} i(t) &= i_1(t) + i_2(t) = i_1(t_1) + \frac{1}{L_1}\int_{t_1}^{t} v(\eta)\, d\eta + i_2(t_1) + \frac{1}{L_2}\int_{t_1}^{t} v(\eta)\, d\eta \\ &= [i_1(t_1) + i_2(t_1)] + (\frac{1}{L_1} + \frac{1}{L_2})\int_{t_1}^{t} v(\eta)\, d\eta \\ &= i(t_1) + \frac{1}{L}\int_{t_1}^{t} v(\eta)\, d\eta \quad \text{암페어} \end{aligned} \tag{5.27}$$

단 $i(t) = i_1(t_1) + i_2(t_1)$이며, 여기서 $1/L = 1/L_1 + 1/L_2$를 나타내며, L을 병렬로 연결된 2개 인덕터에 대한 합성(등가) 인덕턴스라 한다.

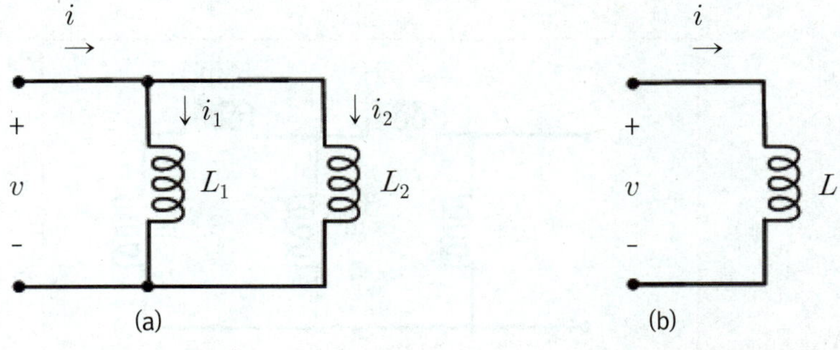

그림 5.25 2개 인덕터의 병렬로 연결된 회로와 이의 등가회로 : (a) 2개 인덕터의 병렬 연결된 회로, (b) 'a'의 등가회로

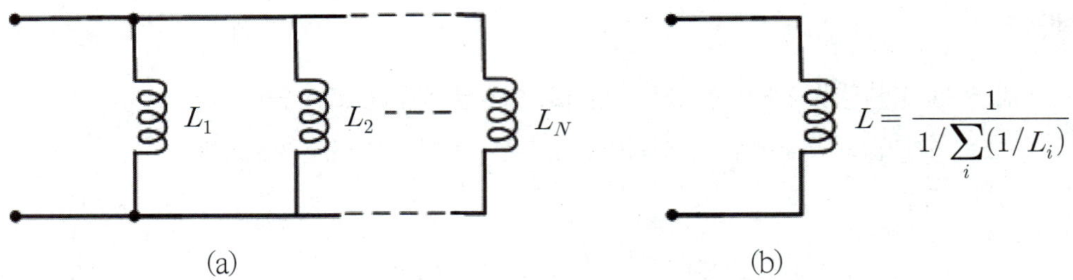

그림 5.26 N개의 인덕터가 병렬로 연결된 회로: (a) N개 인덕터의 병렬 연결된 회로, (b) 'a'의 등가회로

같은 논리로 N개의 인덕터가 그림 5.26(a) 같이 병렬로 연결된 경우, 합성 인덕턴스 L은 다음과 같이 나타낼 수 있다.

$$\frac{1}{L} = \frac{1}{L_1} + \frac{1}{L_2} + \dots + \frac{1}{L_N} \text{ 혹은}$$

$$L = \frac{1}{1/L_1 + 1/L_2 + \dots + 1/L_N} \tag{5.28}$$

즉 N개의 인덕터가 병렬로 연결된 경우 등가 인덕턴스의 역수는 각 개별 인덕턴스 역수의 대수합과 같다. 그리고 그림 5.26(b)는 5.26(a)의 등가회로이다.

예제 5.7

그림 5.27의 인덕터 회로에서 단자 a, b 오른쪽 회로에 대한 등가 인덕턴스를 구하라.

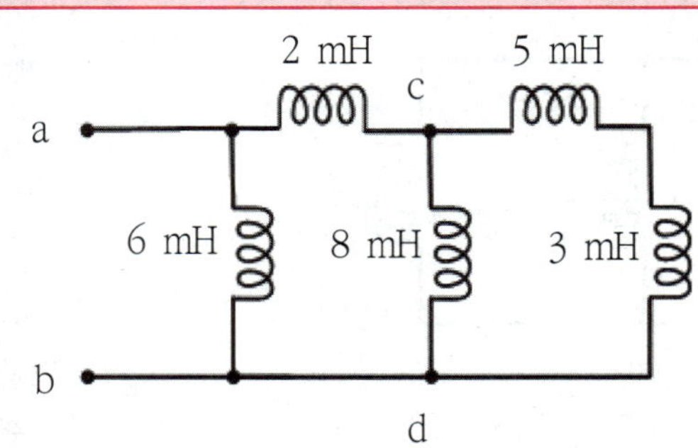

그림 5.27 직병렬 혼합 연결 형태의 인덕터 회로 예

풀이

c, d 단자를 중심으로 8 mH의 인덕터를 포함한 오른쪽에 대한 등가 인덕턴스 L_{cd}는 $L_{cd} = 8//(5+3) = 4$ mH이다. 따라서 전체 등가 인덕턴스 L_{ab}는 다음과 같이 얻어진다.

$$L_{ab} = 6//(2+4) = 3 \text{ mH}$$

5.4 실제 커패시터와 인덕터의 등가회로

1) 실제 커패시터

상업적으로 생산되는 커패시터는 개별 소자로 출시되거나 반도체 물질에 증착되어 집적회로(IC: Integrated Circuit) 내에 만들어진다. 특히 개별 소자로 만들어지는 커패시터는 두 개의 도체 사이에 유전체를 삽입하여 만들어진다.

이상적인 커패시터는 단순히 정전용량만 갖기 때문에 전력을 소모하지는 않는다. 그러나 실제의 커패시터에 사용되는 유전체는 이상적인 유전체가 아니므로 아주 작으나마 0이 아닌 전력을 소모한다. 이러한 전력손실은 소자 내의 유전물질 내부에 흐르는 누설전류에 기인한다. 그러므로 실제 커패시터를 모델링할 때는 그림 5.28과 같이 이상적인 커패시터와 병렬형태로 저항을 위치시킨다. 즉 정전용량(커패시턴스) C를 갖는 실제 커패시터는 이상적인 커패시터의 정전용량 C에 전력손실에 대응하는 정도의 저항 R_C을 병렬로 삽입하며 등가회로로 모델링된다.

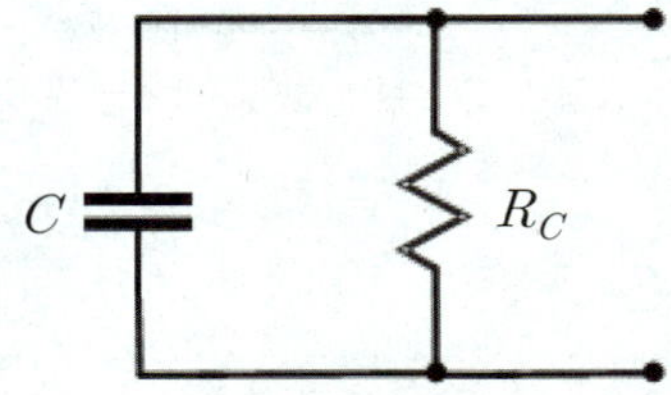

그림 5.28 실제 커패시터의 모델링

통상적으로 개별 커패시터에 사용되는 유전물질의 종류에 따라 세라믹 커패시터(Ceramic capacitor), 마일러 커패시터(Mylar capacitor), 폴리스티렌 커패시터(polystyrene capacitor) 등으로 구분된다.

집적회로에서 커패시터는 사용되는 IC 제조기술과 반도체 물질 사이에 놓인 박막 형태의 절연 산화막 특성에 따라 누설전류의 정도가 달라지므로 이에 따라 모델링되어진다.

2) 실제 인덕터

실제 인덕터는 IC 형태로는 제조되지 않고 개별소자로만 제조된다. 실제 인덕터에서도 실제 커패시터와 같이 이상적이지는 않고 작으나마 0이 아닌 전력 손실이 일어난다. 이러한 현상은 실제 만들어지는 인덕터의 코일 내부에 일정부분 저항성분이 있거나 인덕터 코어(core)에서의 손실에 기인한 것이다. 따라서 실제 인덕터를 모델링할 때는 그림 5.29와 같이 이상적인 인덕턴스 L에 손실 전력에 해당하는 정도의 저항 성분을 직렬로 삽입하여 등가회로를 모델링한다.

즉 인덕턴스 L를 갖는 실제 인덕터는 이상적인 인덕턴스 L에 누설 전류를 고려한 저항 R_L을 직렬로 삽입하며 모델링한다.

IC에서 인덕터를 실제로 만들지 않는 것은 대부분의 IC를 만드는 물질들이 아주 작은 양의 자성 성질을 가지고 있을 뿐 아니라 평탄한 면에 코일을 감기가 어려운 점이 있기 때문이다.

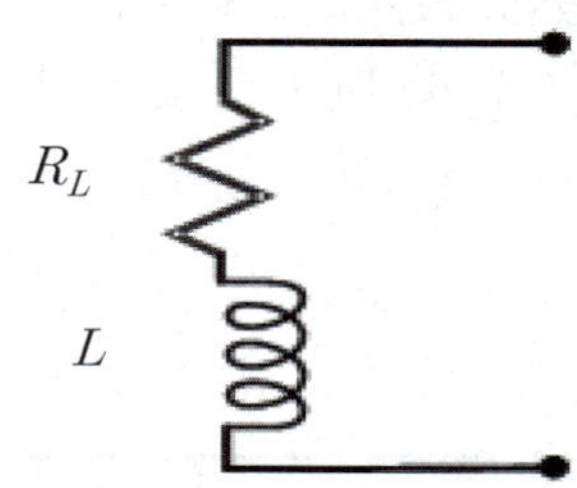

그림 5.29 실제 인덕터의 모델링

연습문제

5.1 그림 E.5.1(a) 및 그림 E.5.1(b)의 회로에서 각각 등가 커패시턴스를 구하라.

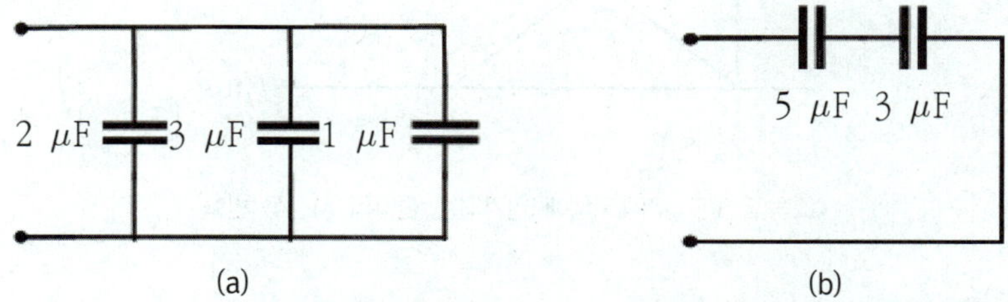

그림 E.5.1 커패시터의 직렬 및 병렬 연결 회로의 예: (a) 병렬연결 회로, (b) 직렬연결 회로

5.2 그림 E.5.2에 보여진 커패시터의 직렬-병렬 혼합 연결회로에 대한 등가 커패시턴스를 구하라.

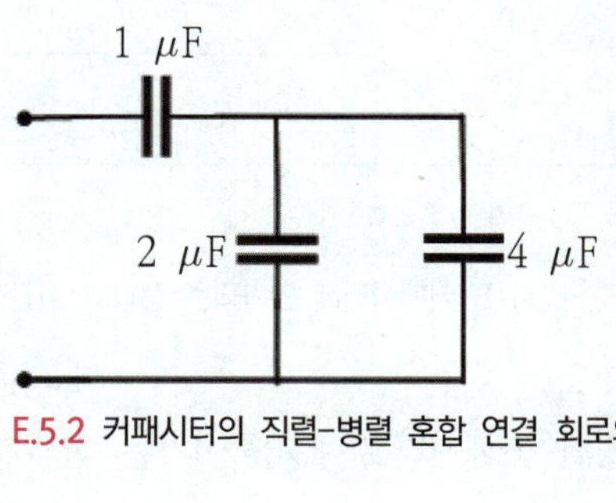

그림 E.5.2 커패시터의 직렬-병렬 혼합 연결 회로의 예

5.3 초기 시각 $t=0$에서 초기 전하가 전혀 없는 상태에서 정전용량(커패시턴스)이 20 μF인 커패시터에 6 mA의 직류 전류를 흘려 보낼 때,

1) 커패시터 양단의 전압은 시간에 따라 어떻게 변하는가?

2) 2초 후 커패시터에 저장되는 에너지는 얼마인가?

5.4 정전용량이 4 μF인 커패시터에 그림 E.5.3과 같은 전압을 인가할 때 커패시터를 흐르는 전류가 시간에 따라 어떻게 변하는지를 구하고, 이를 그림으로 나타내어라. 단 커패시터의 초기전압은 0볼트이다.

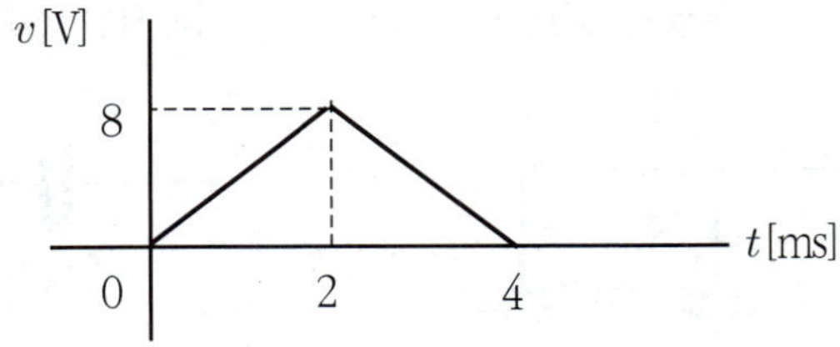

그림 E.5.3 커패시터에 인가되는 전압의 시간적 변화

5.5 1μF의 커패시터 양단에 그림 E.5.4와 같은 전압이 인가되었을 때, $t > 0$에서 이 커패시터를 통해 흐르는 전류를 구하고 그림으로 도시하라.

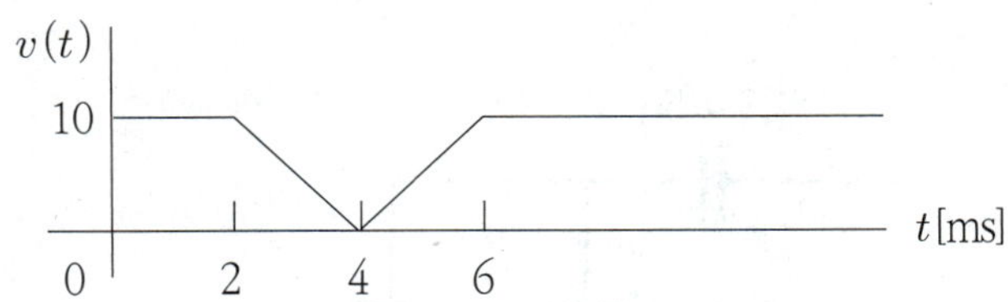

그림 E.5.4 1μF 커패시터에 인가되는 전압의 시간적 변화

5.6 그림 E.5.5의 회로에서 병렬 커패시터로 흘러들어가는 전류가 $i = 6\dfrac{dv}{dt}$ μA이고, 커패시터 C_1을 흐르는 전류가 $i_1 = 10\cos 4t$ μA임이 관측되었다. 이때 커패시터 양단의 전압이 $v = 2\sin 4t$일 때, 커패시터 C_1과 C_2의 용량을 구하라.

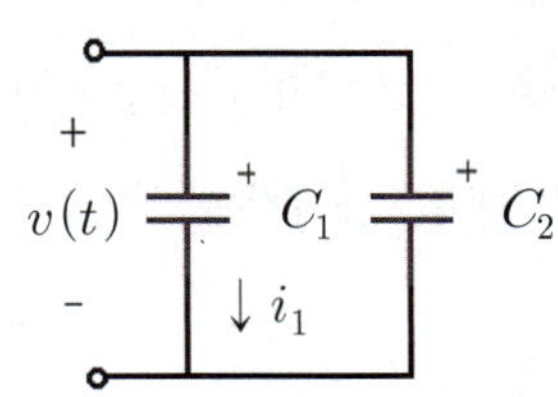

그림 E.5.5 2개의 병렬 연결된 커패시터를 갖는 회로의 예

5.7 그림 E.5.6(a) 및 그림 E.5.6(b)의 회로에서 각각 등가 인덕턴스를 구하라.

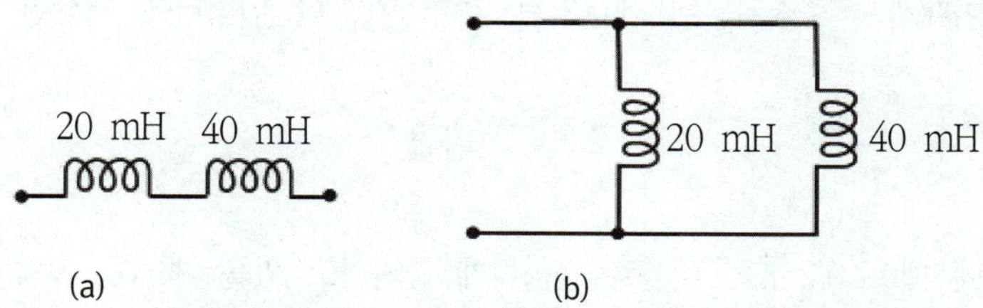

그림 E.5.6 인덕터의 직렬 및 병렬 연결회로의 예: (a) 직렬연결 회로, (b) 병렬연결 회로

5.8 그림 E.5.7의 회로에서 전체에 대한 등가 인덕턴스를 구하라.

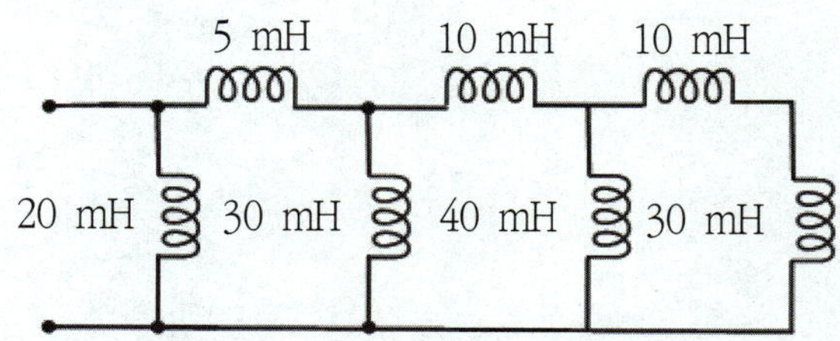

그림 E.5.7 인덕터의 직렬-병렬 혼합 연결 회로의 예

5.9 그림 E.5.8(a)의 인덕터 양단에 그림 E.5.8(b)의 전류를 흘러 보낼 때 인덕터 양단에 유도되는 전압이 얼마인지를 구하고, 그 결과를 그림으로 나타내어라. 단 인덕턴스 L은 20 mH이다.

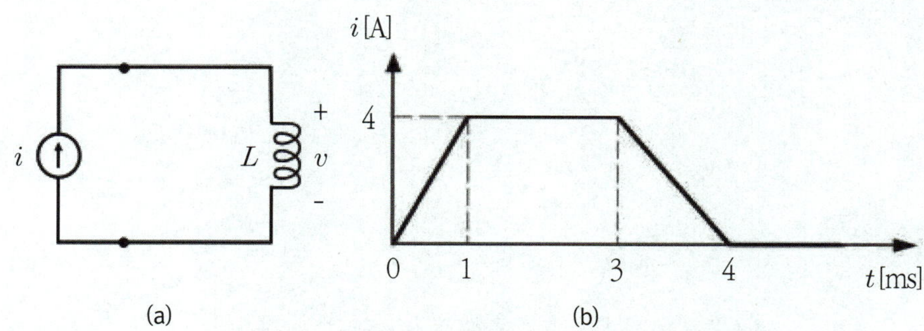

그림 E.5.8 1개 전류원을 갖는 인덕터와 인가전류:
(a) 인덕터와 전류원을 갖는 회로, (b) '(a)'의 회로에 인가되는 전류

5.10 10 mH의 인덕턴스에 $t = 0$에서부터 시작하여 어느 정도 시간이 흘러 5 mA의 전류가 흐를 때, 이때까지 축적된 자기에너지는 얼마인가? 단 인덕터에 저장된 초기 에너지는 없음.

5.11 어떤 코일에 매초 0.2 A의 비율로 균일하게 증가하고 있을 때, 0.1 V의 유도전압이 발생하였다. 이때 코일의 인덕턴스는 얼마인가? 단 인덕터에 저장된 초기 에너지는 없음.

6장 정현파와 페이저

▶학습 목표◀

- 정현파의 정의와 개념을 복습한다.
- 정현파의 페이저 표현을 이해한다.
- 정현파 신호의 복소신호 표현과 페이저 표현 사이의 관계를 이해한다.

6.1 개요

교류(AC) 회로에 사용되는 sinusoid 파형은 정현파(혹은 사인파)라 말하며, 이는 주기적이고 연속적으로 진동하는 가장 간단한 파형 중 하나를 말한다. 즉 sinusoid 파형은 정현파라고 부르나, 코사인파도 기본적으로 같은 현상을 기술한다. 따라서 넓은 의미에서 sinusoid 파형이라 함은 코사인파도 포함시킬 수 있다. 이는 코사인 파형에서 위상을 90° 빼어주면 사인파가 되기 때문이다.

초기 교류회로 연구에서 전압, 전류와 같은 양의 측정치를 실수 범위에서 구하기 어렵다는 것을 발견하였다. 이러한 양을 측정하는 동안 주파수 및 위상 변위와 같은 다른 차원을 고려해야하기 때문이다. 즉 교류회로를 분석하기 위해서는 다차원 수량을 나타내는 것이 필요하다. 이와 같은 문제를 취급하기 위해, 벡터 숫자가 버려지고 주파수와 위상 변위의 2차원을 나타내는 복잡한 숫자가 사용되었다.

물리학 및 공학 분야에서 주로 사용되는 페이저(뒷 부분에서 자세히 언급함)는 진폭, 각속도, 초기 위상이 시간 불변하는 양을 지닌 사인파 혹은 코사인파 함수를 복소수로 표현하는 한 가지 방법이다. 이러한 표현은 분석적 표현이라 불리는 좀 더 일반적인 개념과 연관되어 있으며, 또한 이러한 표현은 정현파를 복소 상수(complex constant)와 주파수 및 시간 의존을 캡슐화 하는 인자의 곱으로 분해할 수 있게 한다. 여기서 진폭과 위상의 종속성을 캡슐화한 복소 상수를 우리는 페이저라는 용어로 정의하여 사용한다.

페이저 표현은 교류회로 해석을 아주 편리하게 하는 획기적인 방법이 되고 있다. 교류회로에서 정현파 형태의 전압, 전류, 그리고 저항(혹은 임피던스)을 실수 범위에서 계산하려면 복잡한 숫자로 표현해야 된다. 그러나 이들 양의 연산 작용을 복소수와 페이저 표현을 통해 훨씬 단순화시킬 수 있다.

본 장에서는 정현파의 정의, 페이저 표현, 페이저 연산 등에 대해 학습하고, 이를 통해 간단한 교류 회로의 예제를 풀어 보기로 한다.

6.2 정현파

1822년에 프랑스 수학자 조셉 푸리에(Joseph Fourier)는 주기성 파동이 모든 주기적인 파형을 묘사하고 근사화시킬 수 있는 단순한 블록으로 사용될 수 있음을 발견하였다. 우리는 이러한 주기성 파동으로 정현파를 도입하여 교류회로를 해석하고 있다.

1) 정의 및 기본 성질

정현파(sine wave 혹은 sinusoidal wave)는 부드러우면서 반복적으로 발진하는 파형을 나타내는 수학적 곡선으로서 연속 파형이다. 정현파 함수의 순시값 $y(t)$는 다음과 같이 표현한다.

$$y(t) = A_m \sin(\omega t + \theta) \tag{6.1}$$

여기서 A_m은 정현파의 최대값을 나타내며 진폭(amplitude)이라고도 말하며, ω를 편의상 각주파수(angular frequence)라 정의하여 사용하고 단위는 라디안퍼초(radian/second : rad/sec)을 사용한다. 그리고 θ를 위상(phase)으로 정의하고 단위는 라디안(radian : rad)을 사용하는데, 위상을 각(degree)으로 나타내기도 한다. 라이안과 각은 1 radian=$180^o/\pi$ degree의 관계를 갖는다.

그림 6.1은 $\theta = 0$일 때 정현파의 일부를 그림으로 나타낸 것이다. 그림 6.1(a)는 식 (6.1)로 표현되는 정현파의 순시값을 시각 t에 따라 도시한 것이며, 그림 6.1(b)는 순시값을 총 순시각 ωt에 따라 도시한 것이다. 식 (6.1)로 표현되는 정현파는 주기 T로 반복되는 파형이므로 다음과 같은 주기적인 성질을 갖는다.

$$y(t) = y(t + Tn), n = \pm 1, \pm 2, \pm 3, \ldots \tag{6.2}$$

이와 같이 정현파에서 동일한 파형이 반복되는 시간 T를 주기(period)라 정의하며 단위는 초(second)를 사용한다. 그리고 정현파가 1초 동안에 1주기가 변하면 주파수(frequency: 기호 f)는 1헤르쯔(기호: Hz)라 하는데, 이를 다음과 같이 정의한다.

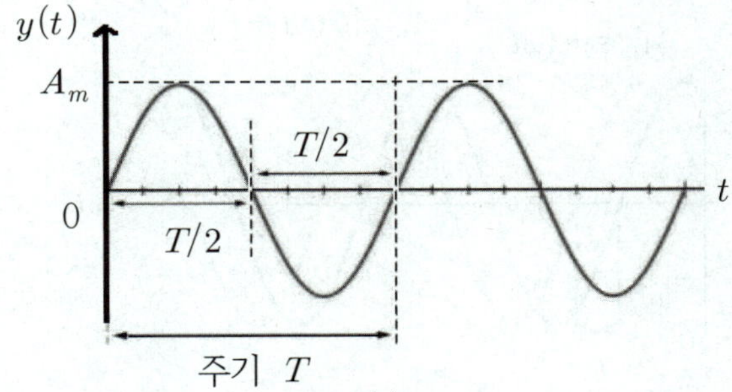

(a)

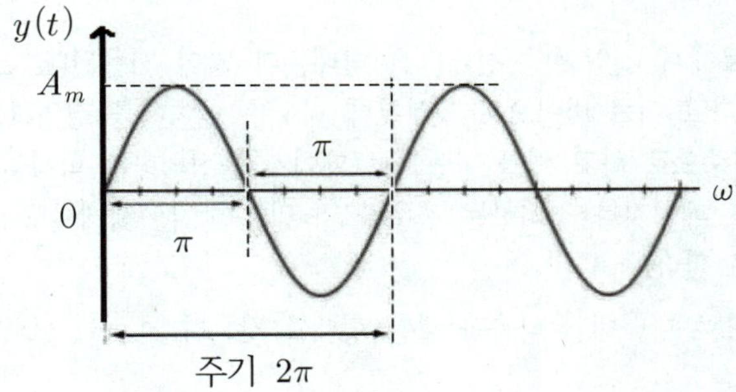

(b)

그림 6.1 $\theta = 0$일 때 정현파의 표현 :
(a) 시각 t에 따른 정현파 표현, (b) ωt에 따른 정현파 표현

$$f \doteq \frac{1}{T} \tag{6.3}$$

그러므로 '1초 동안 n번 주기가 변하면 nHz의 주파수를 갖는다'고 말한다. 이러한 정의에 의해 각주파수와 주파수는 다음과 같은 관계를 갖는다.

$$\omega = 2\pi f \tag{6.4}$$

즉 식 (6.1)에서 $t = T$일 때 $\omega T = 2\pi$가 되므로 식 (6.4)의 관계가 얻어진다.

정현파의 총순시각이 $\omega t = 0$일 때 0인 값을 가지면 위상이 0도(degree)라 한다. 식 (6.1)에서 $\theta = 0$과 $\theta \neq 0$인 두 가지 경우의 일부를 그래프로 나타내면 그림 6.2와 같다.

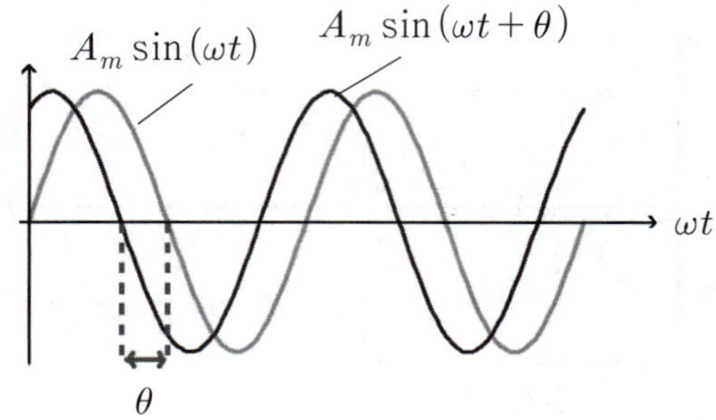

그림 6.2 정현파 파형의 예

정현파는 교류회로에서 전압이나 전류를 나타내는데 많이 사용된다. 그런데 회로해석에서, 사인파를 기준으로 하고 이를 바탕으로 뒷부분에 나오는 페이저를 정의하는 학자들이 있는 반면에, 코사인파를 기준으로 하고 이를 바탕으로 페이저를 정의하는 학자들도 있다. 일반적으로 코사인파를 기준으로 페이저를 정의하는 경우가 더 많은데, 본 책에서도 코사인파를 기준으로 페이저를 정의하기로 한다.

코사인파를 수식으로 나타내면 다음과 같은 형태를 갖는다.

$$x(t) = A_m \cos(\omega t + \theta) \tag{6.5}$$

사인파 함수와 코사인파 함수의 관계는 다음과 같은 관계를 갖는다.

$$\sin(\phi) = \cos(\phi - \pi/2), \ \ \cos(\phi) = \sin(\phi + \pi/2) \tag{6.6}$$

이와 같이 코사인파는 사인파보다 $\pi/2$만큼 위상이 빠른데, 달리 표현하면 사인파는 코사인파보다 $\pi/2$만큼 위상이 늦다. 한편 정현파의 진폭은 통상적으로 음수를 취하지 않으며, 정현파 앞에 음의 부호가 붙는 경우 $-A\cos(\theta) = A\cos(\theta \pm \pi)$, $-B\sin(\theta) = B\sin(\theta \pm \pi)$와 같은 변환을 통해 진폭과 위상을 나타낸다.

예제 6.1

진폭이 2, 주기가 $T = 2\text{sec}$이며, 위상이 $\pi/3$인 사인파 함수를 수식으로 표현하고, 또한 그림으로 표현하라.

풀이

$\omega = 2\pi f = 2\pi / T = \pi$ rad/sec이고 $\theta = \pi/3$ rad이므로, 다음과 같이 표현할 수 있다.

$$y(t) = A_m \sin\left(\frac{2\pi}{T}t + \theta\right) = 2\sin(\pi t + \pi/3) \tag{6.7}$$

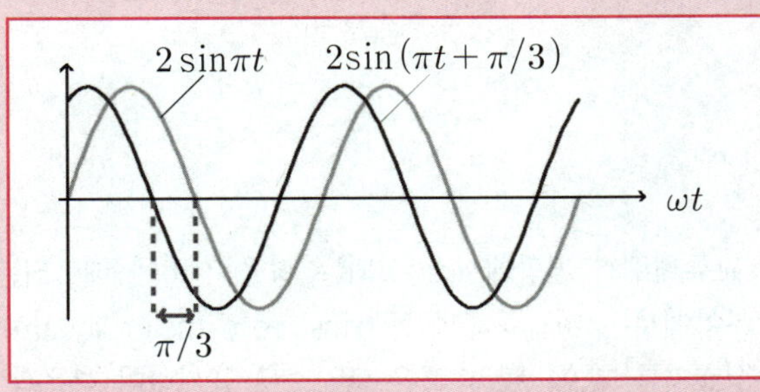

그림 6.3 식 (6.7)의 정현파

단 그림 6.3에서 파형은 $-\infty < t < \infty$의 구간에서 반복되는 파형이다.

2) 평균치와 실효치

평균치

정현파의 평균치와 실효치는 교류회로에서 전력과 관계되는 양을 취급할 때 자주 사용된다. 먼저 식 (6.1)나 (6.5)로부터 '정현파의 한 주기에 대한 평균치는 0이다'는 것을 알 수 있다. 즉 그림 6.4(a)와 같은 파형을 한 주기 T동안 적분하면 0이 된다.

$$\frac{1}{T}\int_T A_m \sin(\omega t + \theta)dt = \frac{1}{T}\int_T A_m \cos(\omega t + \theta)dt = 0 \tag{6.8}$$

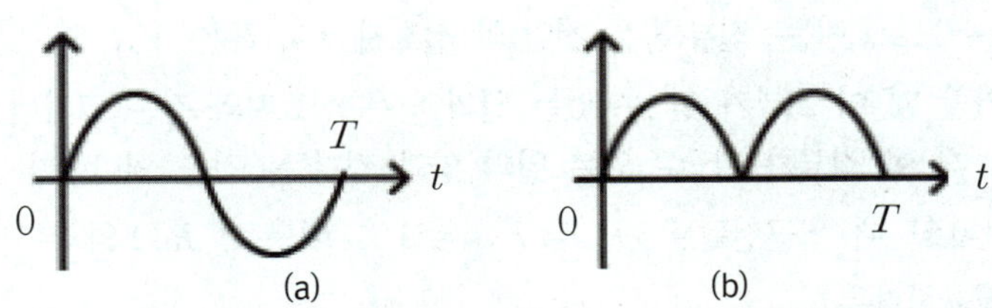

그림 6.4 정현파 1주기와 절대값: (a) 정현파 1주기, (b) 정현파 1주기의 절대값

그림 6.4(b)와 같은 정현파의 절대값에 대해 1주기 평균을 구하면

$$\frac{1}{T}\int_{T}\left|A_m \sin(\omega t+\theta)\right|dt = \frac{2}{\pi}A_m \tag{6.9}$$

이 된다.

실효치

실효치는 교류회로의 저항에서 손실되는 평균 전력에 해당되는 값으로 취급되어지는 양으로, 다른 분야에서는 제곱평균제곱근(rms: root mean square)이라고도 부른다. 즉 정현파 $x(t)$의 실효치를 기호 X_{eff} 혹은 X_{rms}로 표기하며 다음과 같이 정의한다.

$$X_{eff} = X_{rms} \doteq \sqrt{\frac{1}{T}\int_{t}^{t+T} x^2(\tau)\,d\tau} \tag{6.10}$$

전기회로에서는 교류전기의 실효치(effective value)을 표현하기 위해, 식 (6.10)에서 신호 $x(t)$가 전압이거나 전류이면 이들은 각각

$$V_{eff}^2 = \frac{1}{T}\int_{t}^{t+T} v^2(\tau)\,d\tau \tag{6.11a}$$

$$I_{eff}^2 = \frac{1}{T}\int_{t}^{t+T} i^2(\tau)\,d\tau \tag{6.11b}$$

으로 나타낸다. 즉 교류회로에서 전압과 전류의 실효치에 해당하는 값이 식 (6.11a)와 (6.11b)이므로, 이는 **'전류(혹은 전압)의 실효치 I_{eff}(혹은 V_{eff})를 갖는 교류전원을 부하에 인가할 때 이 교류가 할 수 있는 일의 양은 실효치와 같은 크기의 직류 전원을 부하에 인가할 때 이 직류가 할 수 있는 일의 양과 같다'**는 것을 의미한다. 즉 정규화 평균전력($R = 1\,\Omega$일 때 평균전력)은 $P_n = I_{eff}^2 = V_{eff}^2$ 이므로, $R\,\Omega$의 부하에 전원이 공급되는 경우 평균전력은

$$P_{av} = RI_{eff}^2 = \frac{V_{eff}^2}{R} \tag{6.12}$$

이 된다.

한편 $\sin^2 a = (1 - \cos 2a)/2, \cos^2 a = (1 + \cos^2 a)/2$이므로, 정현파의 실효치는 다음과 같다.

$$X_{eff} = \sqrt{\frac{1}{2\pi}\int_0^{2\pi} A_m^2 \cos^2(\tau)\, d\tau} = \sqrt{\frac{1}{2\pi}\int_0^{2\pi} A_m^2 \sin^2(\tau)\, d\tau}$$

$$= \frac{A_m}{\sqrt{2}} \simeq 0.707 A_m \tag{6.13}$$

따라서 정현파 파형의 실효치는 최대치의 $1/\sqrt{2}$ 배에 해당한다. 이를 다시 정리하면 다음과 같이 표현할 수 있다.

실효치 = 최대치/ $\sqrt{2}$,
최대치 = $\sqrt{2}\times$실효치 (6.14)

예제 6.2

부하에 공급되는 전압의 주파수가 60 Hz, 진폭이 220 V일 때,

1) 이 전원의 실효치는 얼마인가?
2) 이 전원이 100 Ω의 부하에 연결될 때 부하에서 소비되는 평균전력은 얼마인가?

풀이

1) 실효치는 $V_{eff} = \frac{220}{\sqrt{2}} \simeq 155.6$ V이며,

2) 부하에 공급되는 평균 전력은 $P_{av} = \frac{V_{eff}^2}{100} = 242$ W이다.

3) 정현파에 의한 회로 해석

앞서 언급한 바와 같이 정현파는 주기적이고 연속적으로 진동하는 가장 간단한 파동 중 하나를 말한다. 정현파는 사인함수로 기술되므로 사인파라고도 불리어지나, 코사인함수도 기본적으로 같은 현상을 기술한다. 정현파의 가장 대표적인 예로 평평한 공간 전체를 채우면서 진행하는 평면파를 들 수 있다.

실제 전기회로에서 취급되는 여러 가지 주기적인 파형으로 사각파, 삼각파, 톱니파 등을 들 수 있는데, 이들은 정현파가 아니지만 푸리에 변환(푸리에 급수 포함)이라는 수학을 통해 여러 정현파의 중첩(합성)으로 표현할 수 있다. 즉 주기적인 현상을 나타내는 파형들은 정현파 파형들의 합성으로 기술되거나 근사화될 수 있는데, 이는 주기함수들을 정현파들의 중첩으로 나타낼 수 있게 해 준 푸리에 변환 덕분이다. 따라서 정현파는 주기함수의 기저(basis)가 된다. 전기회로에서 푸리에 해석은 주기파형에 적용되는 **푸리에 급수**와 비주기 파형에 적용되는 **푸리에 변환**을 이용한 회로해석을 의미하는데, 이 부분에 대한 자세한 설명은 공학수학 교재를 참고하기 바란다. 단지 여기에서는 주기함수 형태의 신호를 어떻게 푸리에 변환을 통해 해석하는지에 대한 개념만 설명하기로 한다.

간단한 예로써 사각형 파형의 전기 신호를 몇 개의 정현파로 근사화한 것이 그림 6.5에 보인다. 즉 그림 6.5는 사각파를 푸리에 급수로 변환하여 직류를 포함한 기본 주파수로부터 2개의 항, 4개의 항, 8개의 항, 32개의 항으로 근사화한 파형을 보여주고 있다. 근사화에 포함되는 정현파의 수가 많을수록 사각파(구형파)를 더 잘 근사화할 수 있음을 알 수 있다.

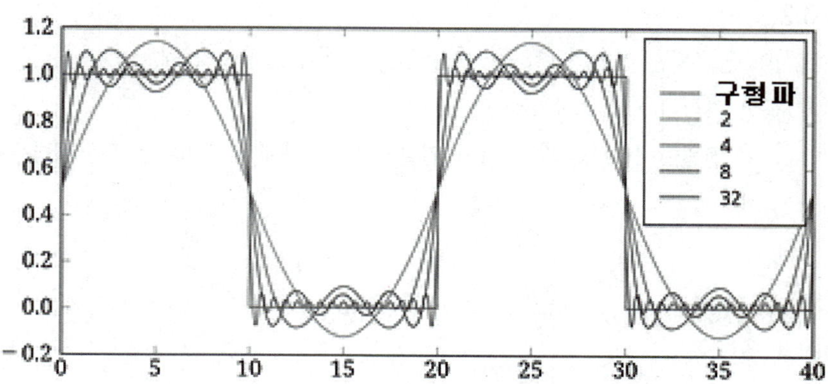

그림 6.5 푸리에 정리(푸리에 급수)에 의한 사각파의 근사화

많은 경우 비주기 파형(혹은 신호)도 푸리에 변환을 통해 정현파의 중첩으로 근사화하여 해석하므로, 회로가 정현파 신호에 어떠한 응답을 하는지는 매우 중요하다. 전기회로 해석에서 정현파를 기본 파형으로 선택하는 이유가 여기에 있다.

6.3 정현파의 페이저 표현

정현파(sinusoids) 함수는 회로해석에 매우 유용한 것이지만, 이것을 실수영역에서 사용하는 것은 매우 성가시다. 왜냐하면 2개 혹은 그 이상의 정현파를 실수영역에서 사칙연산을 하는 경우 계산이 아주 성가시게 될 수 있기 때문이다. 뿐만 아니라, 복잡한 미분과 적분을 수행하는 일 또한 매우 번거롭다. 이러한 문제점을 덜어주는 방법으로 복소수를 도입하는 것이다.

1) 복소수

정현파 전원을 갖는 회로를 취급하는 또 하나의 방법이 주어진 전원을 복소전원으로 변환하여 해석하는 것이다. 복소전원은 신호가 실수부 신호와 허수부 신호를 갖는 것을 말하는데, 복소전원이 인가된 회로에서 전류나 전압은 그 자체가 복소수 값을 갖는다는 것을 의미한다. 이를 취급하기 위해서는 복소수의 기본 연산법칙에 대한 이해가 선행되어야 한다.

복소수의 표현

하나의 복소수는 복소평면에 하나의 점으로 표현된다. 복소수 z를 직교좌표 형식(rectangular form)에서는 다음과 같이 표현한다.

$$z = a + jb \tag{6.15}$$

단 $j = \sqrt{-1}$을 나타내며, 이는 복소평면에서 허수축 방향으로 단위길이를 갖는 복소수이다. 그리고 a와 b는 실수로서 각각 실수부와 허수부라 말한다. 한편 복소수에서 실수부와 허수부는 각각 다음과 같이

$$\text{Re}[z] = a,\ \text{Im}[z] = b \tag{6.16}$$

나타내기도 하는데, 식 (6.16)에 사용되는 괄호는 ( ) 혹은 { }으로 사용되기도 한다.

식 (6.15)의 복소수를 극좌표 형식(polar form)으로 표현하면

$$z = r\angle\theta \tag{6.17}$$

같이 되는데, 여기서 r을 복소수 z의 진폭(amplitude) 혹은 크기(magnitude)라 하며, θ를 복소수 z의 각(angle) 또는 위상(phase)이라 한다. 직교좌표와 극좌표 형식 사이의 관계는 다음과 같다.

$$r = \sqrt{a^2 + b^2},\ \theta = \tan^{-1}\frac{b}{a} \tag{6.18a}$$

$$a = r\cos\theta,\ b = r\sin\theta \tag{6.18b}$$

식 (6.15)와 식 (6.17)을 복소평면에서 나타내면 그림 6.6과 같다.

다음의 오일러 공식(Euler identity)

$$e^{j\theta} = \cos\theta + j\sin\theta \tag{6.19}$$

을 사용하면, 복소수 z를 다음과 같이 표현한다.

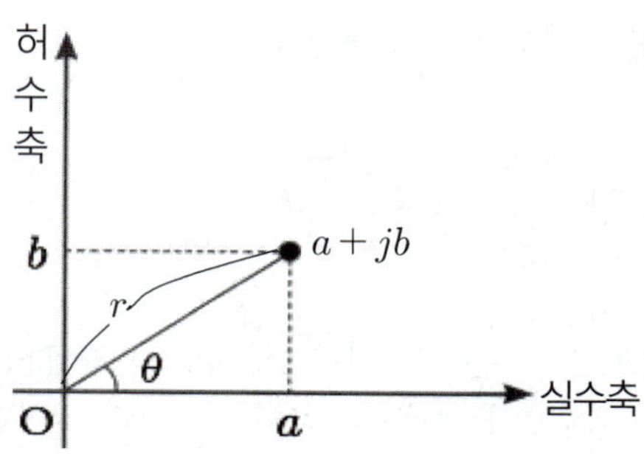

그림 6.6 복소평면에서 복소수의 표현

$$z = re^{j\theta} \tag{6.20}$$

복소수 z를 식 (6.20)과 같이 나타내는 것을 지수형 극좌표 형식(exponential polar form) 혹은 복소지수 형식이라고도 부른다. 즉 복소지수형 함수 $e^{j\theta}$는

$$e^{j\theta} = 1\angle\theta \tag{6.21}$$

과 같으므로, θ가 어떠한 값을 갖더라도 크기는 1이며, $e^{j\theta}$는 복소평면 상에서 원점을 중심으로 반경이 1인 원 위를 θ 값에 따라 움직이게 된다.

편이성을 위해 정현파의 표현 형식 방법은 사용되는 장소에 따라 적절한 형태로 바꾸면 편리하다.

복소수 연산

복소수 형태로 표현된 식은 쉽게 연산할 수 있을 뿐만 아니라, 이들의 중요 성분을 쉽게 파악할 수 있도록 해준다. 이것은 아래에 정의되는 복소수의 연산법칙에 의해 나타나는 현상이다. 먼저 두 복소수 $z_1 = a_1 + jb_1, z_2 = a_2 + jb_2$에 대한 덧셈과 뺄셈을 아래와 같이 정의하면, 덧셈과 뺄셈은 복소평면에서 직교좌표 형태로 표현될 때 쉽게 연산될 수 있다.

$$z_1 \pm z_2 \doteq (a_1 + a_2) \pm j(b_1 + b_2), \quad \text{복호동순} \tag{6.22a}$$

한편 두 복소수 $z_1 = r_1 e^{j\theta_1}, z_2 = r_2 e^{j\theta_2}$의 곱을 다음과 같이 정의할 때, 이들 복소수가 지수 형태로 표현되는 경우 쉽게 연산을 할 수 있다.

$$z_1 z_2 \doteq r_1 r_2 e^{j(\theta_1 + \theta_2)} \tag{6.22b}$$

특히 두 복소수의 곱에서 진폭은 단순히 실수의 곱으로, 위상은 두 복소수 위상의 지수의 합으로 계산될 수 있다. 그리고 두 복소수의 곱셈에 대한 정의에 의해 나눗셈은 $z_1/z_2 = (r_1/r_2)e^{j(\theta_1 - \theta_2)}$으로 얻을 수 있다.

예제 6.3

직교좌표 형태의 두 복소수 $z_1 = 2 + j3$, $z_2 = 3 - j4$의 합과 곱을 구하라.

풀이

두 복소수의 합을 z_3라 하면, 이는

$$z_3 = z_1 + z_2 = 5 - j$$

이 된다. 그리고 두 복소수의 곱을 z_4라 하면, 이는 z_1과 z_2 각각을 극좌표 형식으로 바꾸어 구하면 다음과 같이 간단히 얻을 수 있다.

$$z_1 = \sqrt{13}\, e^{j\phi_1},\ \phi_1 = \tan^{-1}\frac{3}{2}$$

$$z_2 = 5e^{j\phi_2},\ \phi_2 = \tan^{-1}(-\frac{4}{3})$$

$$\therefore \quad z_4 = z_1 z_2 = 5\sqrt{13}\, e^{j\phi},\ \phi = \phi_1 + \phi_2 = \tan^{-1}\frac{3}{2} + \tan^{-1}(-\frac{4}{3})$$

2) 복소전원

전기전자회로 해석에 많이 사용되는 전원 형태로, 식 (6.6)과 같이 시간에 따라 변하는 정현파 파형에 대응하는 복소지수 함수 $A_m e^{j(\omega t + \theta)}$를 고려하자. 이 복소지수 함수를 복소평면에 나타내면 그림 6.7과 같다.

그림 6.7(a)는 $\theta = 0$인 경우, 즉 $A_m e^{j\omega t}$를 복소평면에 나타낸 것이다. $A_m e^{j\omega t}$의 함수는 복소평면에서 $t = 0$일 때 A_m 되는 점에서 출발하여 ω rad/sec의 속도로 반경 A_m인 원위를 반시계방향으로 회전하게 된다.

한편 그림 6.7(b)는 $\theta \neq 0$인 경우, 즉 $A_m e^{j(\omega t + \theta)}$를 복소평면에 나타낸 것으로, 복소지수 함수 $A_m e^{j(\omega t + \theta)}$는 복소평면에서 $t = 0$일 때 실수축과 θ되는 각을 이루는 반경 A_m인 원위에서 출발하여 반시계방향으로 ω rad/sec의 속도로 회전하게 된다.

복소지수함수 $A_m e^{j(\omega t + \theta)}$의 실수축 값과 허수축 값은 각각

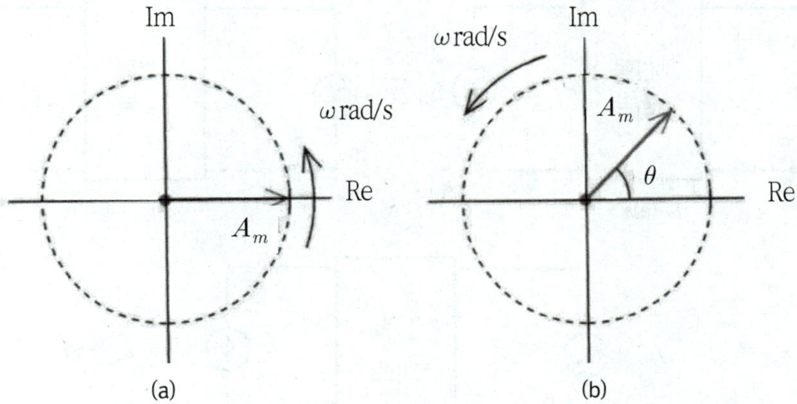

그림 6.7 복소지수함수 : (a) $A_m e^{j\omega t}$, (b) $A_m e^{j(\omega t+\theta)}$

$$\text{Re}[A_m e^{j(\omega t+\theta)}] = A_m \cos(\omega t+\theta) \tag{6.23a}$$

$$\text{Im}[A_m e^{j(\omega t+\theta)}] = A_m \sin(\omega t+\theta) \tag{6.23b}$$

이 된다.

여기서부터는 복소수를 전기전자 회로에 응용하는 문제를 생각해 보기로 한다. 그림 6.8(a) ~ 6.8(c)에서 모든 전기전자 회로는 선형성을 갖는다고 가정한다. 그림 6.8(a)는 선형회로의 입력단자 a-b에 인가되는 전압원 v_{s1}이 시간에 따라 실수값을 가지며, 이에 대한 회로의 출력단 c-d에서 나타나는 응답 전류 i_{o1}도 시간에 따라 실수값을 갖는다고 가정하자. 그러면 동일한 선형회로에서 그림 6.8(b)와 같이 입력단자 a-b에 시간에 따라 실수값을 가지는 전압원 v_{s2}를 인가하면, 이에 대한 회로의 출력단 c-d에서 나타나는 응답 전류 i_{o2}도 실수이다. 선형회로에서는 비례원리(proportional principle)가 성립하므로, 동일한 회로에서 그림 6.8(c)와 같이 입력신호에 $v_s = v_{s1} + v_{s2}$를 더한 것을 입력으로 인가하는 경우 출력은 $i_o = i_{o1} + i_{o2}$가 나타나야 한다. 즉 동일 선형회로에 그림 6.8(c)와 같이 두 입력 신호의 중첩입력인 $v_{s1} + v_{s2}$을 인가하는 경우, 선형회로는 중첩의 원리가 성립하므로, 출력은 $i_{o1} + i_{o2}$가 나타나야 한다.

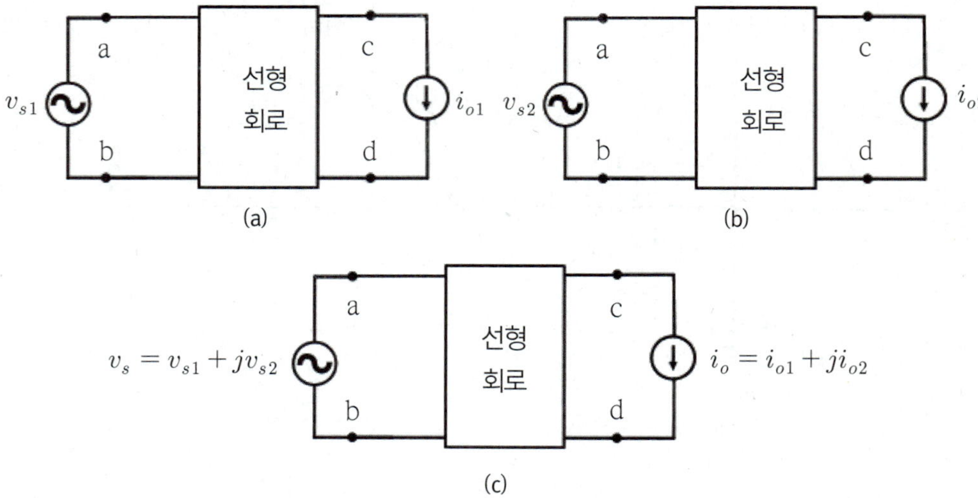

그림 6.8 전기회로에서 선형응답과 복소 전원:
(a) 선형회로에서 실수값 v_{s1}의 입력 전압원에 대한 응답,
(b) 선형회로에서 실수값 v_{s2}의 입력 전압원에 대한 응답,
(c) 선형회로에서 ‘$v_s = v_{s1} + v_{s2}$’의 입력 전압원에 대한 응답

여기서 우리는 복소수 신호에 대해 비례원리와 중첩의 원리를 적용하여 보자. 그림 6.8(b)의 입력신호에 상수 j를 곱한 것을 입력으로 인가하는 경우 출력은 ji_{o2}가 나타나야 한다. 그러면 동일 선형회로에 그림 6.8(c)와 같이 두 입력 신호의 중첩입력인 $v_{s1} + jv_{s2}$을 인가하는 경우, 선형회로는 중첩의 원리가 성립하므로 출력은 $i_{o1} + ji_{o2}$가 나타나야 한다. 즉 여기서 우리는 실수와 복소수 신호에 대해 비례원리와 중첩의 원리를 적용하였다.

여기서 임의의 복소 입력 신호 $v_s = v_{s1} + jv_{s2}$에 대해 복소 출력 $i_o = i_{o1} + ji_{o2}$을 보였는데, i_{s1}은 복소 전원의 실수부 v_{s1}에 대한 응답이고 i_{s2}는 복소 입력의 허수부 v_{s2}에 대한 응답이다.

선형회로에서 이러한 현상은 복소 지수형 입력신호 $V_m e^{j(\omega t + \theta_v)}$를 인가하더라도 같은 결과를 준다. 즉 선형회로에 복소 지수형 입력신호 $V_m e^{j(\omega t + \theta_v)}$를 인가하면 출력 응답 역시 복소지수형 출력신호 $I_m e^{j(\omega t + \theta_i)}$의 형태로 나타나게 된다. 우리는 복소 지수형 신호에 대한 응답을 선형회로에서 찾았다. 그러므로 정현파 신호원 $V_m \cos(\omega t + \theta_v)$를 복소 입력의 실수부로, $V_m \sin(\omega t + \theta_v)$를 복소 입력의 허수부로 쓸 수 있다. 하나의 예제를 통해 설명한 부분의 이해를 돕기로 하자.

예제 6.4

선형성 성질을 갖는 RLC 회로소자를 사용한 그림 6.9의 회로에서 $R=6\,\Omega$, $L=1\mathrm{H}$, $C=0.2\mathrm{F}$일 때 $t \geq 0$에 대해

1) 입력전원 $v_s(t)$가 $10\cos t$ 볼트인 경우 정상상태의 출력 응답 $i_1(t)$를 구하고,
2) 입력전원 $v_s(t)$가 $10\cos t$ 볼트의 복소함수 형식인 $10e^{jt}$ 볼트인 경우 정상상태의 출력 응답 $i_2(t)$를 구하고,
3) 위의 두 경우에 대해 비교하라.

단 L과 C의 초기 전류 및 전압은 모두 0이다.

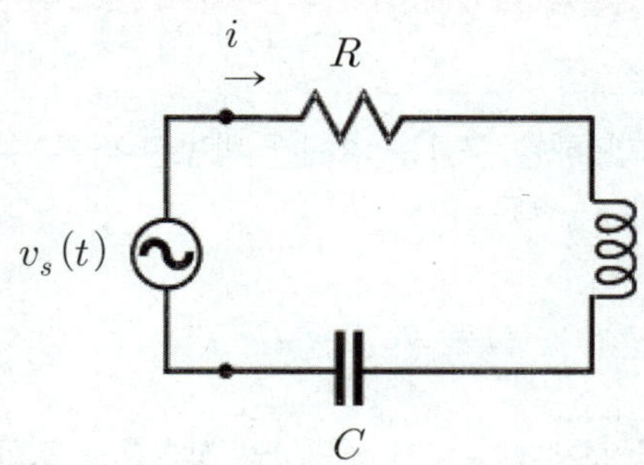

그림 6.9 RLC 직렬 회로의 예

풀이

그림 6.9의 회로에 키르히호프 전압법칙(KVL)을 적용하면, 즉

$$v_s(t) = Ri(t) + L\frac{di(t)}{dt} + \frac{1}{C}\int_0^t i(\tau)d\tau$$

의 관계식을 정리하면

$$v_s(t) = \frac{di(t)}{dt} + 6i(t) + 5\int_0^t i(\tau)\,d\tau \tag{6.24a}$$

을 얻을 수 있다.

i) $v_s(t) = 10\cos t$일 때 출력 응답 $i_1(t)$

식 (6.24a)의 양변을 미분하면 다음과 같이 정리할 수 있다.

$$\frac{d^2 i_1(t)}{dt^2} + 6\frac{di_1(t)}{dt} + 5i_1(t) = -10\sin t \tag{6.24b}$$

식 (6.24b)의 미분방정식에 대한 일반해 $i_1(t)$는 $\frac{d^2 i_1(t)}{dt^2} + 6\frac{di_1(t)}{dt} + 5i_1(t) = 0$을 만족하는 제차방정식의 해 $i_{1h}(t)$와 식 (6.24b)의 특수해 $i_{1p}(t)$의 합인

$$i_1(t) = i_{1h}(t) + i_{1p}(t) \tag{6.25}$$

이다(미분방정식의 해를 구하는 자세한 방법은 다른 수학책을 참조하기 바람). 먼저 제차방정식의 해 $i_{1h}(t)$는

$$i_{1h}(t) = Ae^{-t} + Be^{-5t},\ A, B\text{: 상수} \tag{6.26}$$

의 형태이다. 이 문제에서는 식 (6.26)의 상수를 결정할 필요가 없음을 뒤에서 설명한다. 그리고 특수해 $i_{1p}(t)$는

$$i_{1p}(t) = C\cos t + D\sin t,\ C, D\text{: 상수} \tag{6.27}$$

의 형태이다(수학책 참조). 식 (6.27)에서 상수 C, D를 구하기 위해 식 (6.27)을 원 미분방정식 (6.24b)에 대입하면 다음과 같다.

$$(-C\cos t - D\sin t) + 6(-C\sin t + D\cos t) + 5(C\cos t + D\sin t) = -10\sin t \tag{6.28}$$

식 (6.28)에서 등호 좌우의 관계에서

$$2C + 3D = 0\ ,\ 3C - 2D = 5$$

를 얻는다. 따라서 C, D는

$$C = \frac{15}{13},\ D = -\frac{10}{13} \tag{6.29}$$

를 얻을 수 있다. 식 (6.29)를 식 (6.27)에 대입하면

$$i_{1p}(t) = \frac{15}{13}\cos t - \frac{10}{13}\sin t = \frac{5}{\sqrt{13}}(\cos\alpha\cos t - \sin\alpha\sin t)$$
$$= \frac{5}{\sqrt{13}}\cos(t+\alpha),\ \alpha = \tan^{-1}\frac{2}{3} \tag{6.30}$$

를 얻는다. 식 (6.26)에서 제차방정식의 해가 정상상태(t가 충분히 큰 경우)에서는 상수 A, B값에 관계없이 $i_{1h}(t) = 0$이 된다. 따라서 그림 6.9의 선형성 RLC 직렬회로에서 정상상태 출력응답 $i_1(t)$는 다음과 같다.

$$i_1(t) = i_{1p}(t) = \frac{5}{\sqrt{13}}\cos(t+\alpha),\ \alpha = \tan^{-1}\frac{2}{3} \tag{6.31}$$

ii) $v_s(t) = 10e^{jt}$ 일 때 출력 응답 $i_2(t)$

식 (6.24a)의 양변을 미분하면 다음과 같이 정리할 수 있다.

$$\frac{d^2 i_2(t)}{dt^2} + 6\frac{di_2(t)}{dt} + 5i_2(t) = j10e^{jt} \tag{6.32}$$

식 (6.32)의 미분방정식의 일반해 $i_2(t)$는 $\frac{d^2 i_2(t)}{dt^2} + 6\frac{di_2(t)}{dt} + 5i_2(t) = 0$을 만족하는 제차방정식의 해 $i_{2h}(t)$와 특수해 $i_{2p}(t)$의 합인 $i_2(t) = i_{2h}(t) + i_{2p}(t)$으로 구성된다. 그런데 앞에서 본 바와 같이 정상상태(t가 충분히 큰 경우)에서는 $i_{2h}(t) = Ae^{-t} + Be^{-4t} = 0$ 이므로, 특수해 $i_{2p}(t)$만 구해 보자.

식 (6.32) 미분방정식의 특수해를 구하기 위해

$$i_{2p}(t) = Ae^{jt}\ \ (A\text{: 상수}) \tag{6.33}$$

의 형태를 식 (6.32)에 대입하여 정리하면 다음과 같다.

$$-Ae^{jt}+j6Ae^{jt}+5Ae^{jt}=j10e^{jt} \tag{6.34}$$

식 (6.34)를 A에 관해 풀면

$$A=\frac{15+j10}{13}=\frac{5}{\sqrt{13}}e^{j\beta},\ \beta=\tan^{-1}\frac{2}{3} \tag{6.35}$$

식 (6.35)를 식 (6.33)에 대입하면 출력응답 $i_2(t)$는

$$i_2(t)=i_{2p}(t)=\frac{5}{\sqrt{13}}e^{j(t+\beta)},\ \beta=\tan^{-1}\frac{2}{3} \tag{6.36}$$

이 된다.

iii) 두 경우에 대한 비교

첫 번째, 입력 신호로 실수 신호 형태인 $v_s(t)=10\cos t$을 인가한 경우 출력 전류는 식 (6.31)으로, 즉

$$i_1(t)=\frac{5}{\sqrt{13}}\cos(t+\alpha),\ \ \alpha=\tan^{-1}\frac{2}{3} \tag{6.37}$$

이 된다.

한편 두 번째 입력으로 첫 번째 $10\cos t$의 복소 지수형인 $v_s(t)=10e^{jt}$을 인가한 경우 출력 전류는 식 (6.36)으로

$$i_2(t)=\frac{5}{\sqrt{13}}e^{j(t+\beta)},\ \beta=\tan^{-1}\frac{2}{3} \tag{6.38}$$

이 된다. 그리고 식 (6.38)을 각각 실부부와 허수부로 구분하면

$$\mathrm{Re}[i_2(t)]=\frac{5}{\sqrt{13}}\cos(t+\beta),\ \beta=\tan^{-1}\frac{2}{3} \tag{6.39a}$$

$$\mathrm{Im}[i_2(t)]=\frac{5}{\sqrt{13}}\sin(t+\beta),\ \beta=\tan^{-1}\frac{2}{3} \tag{6.39b}$$

이 된다.

식 (6.37)과 (6.39a)를 비교하면,

$$i_1(t) = Re[i_2(t)]$$

가 된다. 즉 코사인 신호를 인가하였을 때 응답 출력은 코사인파의 지수형을 인가한 후 나타나는 출력 응답의 실수부와 같다. 그러므로 후자로 계산하는 편이 더 편리하다. 왜냐하면 삼각함수의 연산보다 복소수의 연산이 편리하기 때문이다.

또 한편으로는 사인파 함수를 입력으로 사용하는 경우도 마찬가지로 사인파를 그대로 사용하는 것보다 이에 대응하는 지수형 함수로 바꾸어 계산한 후 마지막 결과에 허수부를 취하여 사용하는 경우가 더 편리하다. 이 부분에 대한 편리성에 관한 더 많은 예는 연습문제로 남겨두기로 한다.

3) 페이저의 정의와 정현파의 페이저 표현

페이저 정의

앞부분에서 우리는 회로를 해석할 때 정현파 신호를 그대로 사용하는 것보다 복소수 형태의 신호로 바꾸어 사용하는 것이 더 편리함을 보았다. 그런데 이보다 더 축약적인 형태가 페이저(phasor) 표기 방법을 사용하는 것이다. 회로를 해석할 때 페이저 표현 방법을 사용하는 것은 독일 태생의 미국 전기 공학자 스타인메츠, 찰스 프로티어스(1865~1923)에 의해 일반화되기 시작하였다. 지금부터 이러한 페이저 표현에 의한 회로해석 방법에 대해 자세히 살펴보기로 하자.

먼저 다음과 같이 표현되는 각주파수 ω인 코사인파 신호를 고려하자.

$$x(t) = A_m \cos(\omega t + \theta) \tag{6.40a}$$

식 (6.40a)의 복소지수 형태의 표현을 다음과 같이 정의한다.

$$x_e(t) \doteq A_m e^{j(\omega t + \theta)} \tag{6.40b}$$

따라서 $x(t)$와 $x_e(t)$의 관계는

$$x(t) = Re[x_e(t)] \tag{6.41}$$

을 갖는다. 이러한 복소지수 형태로 표현된 식을 통해 쉽게 연산할 수 있고, 이들의 중요한 성분을 쉽게 파악할 수 있다. 즉 다음과 같은 식을 통해 두 복소수 $z_1 = r_1 e^{j\phi_1}$과 $z_2 = r_2 e^{j\phi_2}$의 곱은 단순히 다음과 같이 계산할 수 있다.

$$z_3 = r_1 e^{j\phi_1} r_2 e^{j\phi_2} = r_1 r_2 e^{j(\phi_1 + \phi_2)} \tag{6.42}$$

또한 ϕ_1과, ϕ_2가 주어졌을 때, 정현파를 복소지수 형태의 표현으로 나타내면, 복소평면에서 주어진 출발점으로부터 회전하는 회전 복소수가 됨을 알 수 있다.

그리고 식 (6.40b)의 복소지수 형태를 살펴보면,

$$x_e(t) = A_m e^{j\theta} e^{j\omega t} = \boldsymbol{X} e^{j\omega t}$$

으로 나타낼 수 있으며, 여기서 $\boldsymbol{X}$를 다음과 같이 정의하고

$$\boxed{\boldsymbol{X} \doteq A_m e^{j\theta}} \tag{6.43}$$

이를 **원 신호** $x(t)$**의** 페이저(phasor)라 부른다.

신호 $x_e(t)$는 $2\pi/\omega$의 주기를 가지고, θ만큼 위상을 갖는 신호라는 것을 쉽게 알 수 있다. 다시 말하면 위의 식 (6.40b)의 신호는 특정 시각 t에서 진폭이 A_m이고, 총 순시각이 $\omega t + \theta$인 복소지수 형 신호이다. 다른 복소수와 마찬가지로 $\boldsymbol{X}$도 복소평면에서 하나의 점으로 표시되며, 또한 반지름이 A_m인 원(circle) 위에 놓인다. 한편 $x_e(t)$는 반지름이 A_m인 원 위를 $t = 0$에서 위상 θ에서 출발하여 회전하게 된다. 즉 진폭과 위상으로 구성된 페이저 $\boldsymbol{X}$에 $e^{j\omega t}$를 곱하면 고정된 복소지수 신호 $\boldsymbol{X}$가 회전하게 된다. 이와 같이 정의한 페이저를 다른 신호와 구별하기 위해 통상적으로 굵은 글씨(boldface)로 나타낸다. 여기서 정의된 페이저를 위상(phase)과 혼돈하지 않기 바란다.

그리고 정현파의 실수 표현과 페이저 표현을 각각 시간영역 표현과 페이저영역 (**혹은 주파수영역**) 표현이라 부르기도 한다.

위에서 정의된 페이저를 기준으로, 식 (6.40b)로 표현되는 복소지수 신호 $x_e(t)$는 페이저 $\boldsymbol{X}$를 회전시키는 **회전 페이저**(rotating phasor)라고도 부른다. 만약 ω가 음수라면, 신호는 시계 방향으로 회전하고, 양수라면 시계 반대 방향으로 회전한다.

여기서 우리는 코사인파를 중심으로 페이저를 정의하였다. 그리고 앞으로도 페이저를 식 (6.43)에 의한 정의를 사용하기로 한다. 그러나 일부 학자들은 사인파를 중심으로 페이저를 정의하기도 하는데, 어느 파형을 중심으로 정의하더라도 일관성을 유지하면 회로를 해석하는 부분에는 차이점이 없다. 단지 해석 마지막 부분에서 복소지수 함수로부터 실부수를 취할 것인가 허수부를 취할 것인가만 다를 뿐이다.

정현파 신호와 페이저의 관계

실수 영역의 정현파 신호와 복소지수 형태로 나타나는 페이저와의 관계는 식 (6.40a)와 (6.43)으로부터

$$x(t) = A_m \cos(\omega t + \theta) = Re[\boldsymbol{X} e^{j\omega t}], \ \boldsymbol{X} = A_m e^{j\theta} \tag{6.44}$$

의 관계를 갖는다.

한편 사인파는 코사인파와 90^o의 위상차, 즉 $\sin\theta = \cos(\theta - 90^o)$의 관계가 있으므로 사인파를 $y(t)$라 하면 이는 다음과 같이 표현할 수 있다.

$$y(t) = A_m \sin(\omega t + \theta) \tag{6.45}$$

식 (6.45)는 다음과 같이 표현할 수 있다.

$$y(t) = A_m \cos(\omega t + \theta - 90^o) = Re[\boldsymbol{Y} e^{j\omega t}], \ \text{단} \ \boldsymbol{Y} = A_m e^{j(\theta - 90^o)}$$

즉 식 (6.45)의 사인파 $A_m \sin(\omega t + \theta)$에 대한 페이저 표현 $\boldsymbol{Y}$는

$$\boldsymbol{Y} = A_m e^{j(\theta - 90^o)} \tag{6.46}$$

이 된다. 한편 정현파 앞에 음의 부호(-)가 붙는 경우는 다음과 같이 음의 부호를 정현파의 위상 부분으로 넣어 $-\cos(\alpha) = \cos(\alpha \pm \pi)$, $-\sin(\alpha) = \sin(\alpha \pm \pi)$와 같이 취급할 수 있다. 사인파와 코사인파의 복소지수와 페이저 표현을 요약하면 표 6.1과 같다.

표 6.1 사인파와 코사인파의 복소지수와 페이저 표현

정현파	복소지수 형식	페이저 형식
$A_m \cos(\omega t + \theta)$	$A_m e^{j(\omega t + \theta)}$	$A_m e^{j\theta}$
$A_m \sin(\omega t + \theta)$	$A_m e^{j(\omega t + \theta - 90^o)}$	$A_m e^{j(\theta - 90^o)}$

예제 6.5

그림 6.10의 RL 직렬회로에서 인가전원이 $v_g(t) = 8\cos 4t$라면, 이 회로를 흐르는 전류 $i(t)$, $(t > 0)$의 정상상태(t가 충분히 큰 경우) 응답을 페이저와 실수 2가지로 표현하라. 단 인덕터의 초기전류는 $i(t=0) = 0$이다.

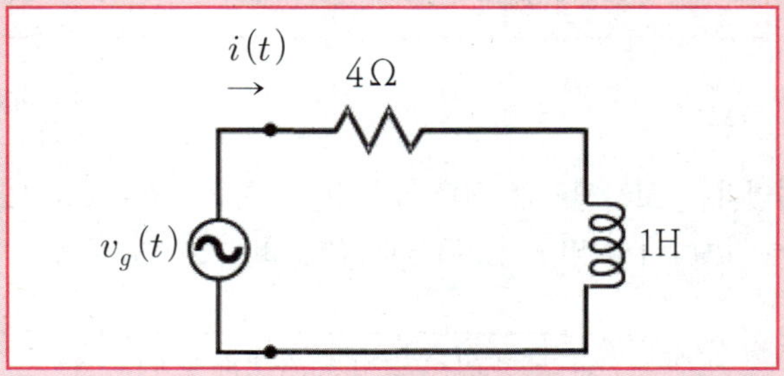

그림 6.10 RL 직렬 회로의 예

풀이

$v_g(t) = 8\cos 4t$의 지수함수 표현은 $v_{e,g}(t) = 8e^{j4t}$이다. 복소지수 전원을 사용할 때 전류를 $i(t)$ 대신 $i_e(t)$라 하자. 복소지수 전원을 사용하여 그림 6.10 회로에서 키르히호프 전압법칙을 적용하여 회로에 대한 미분방정식을 구하면

$$\frac{di_e(t)}{dt} + 4i_e(t) = 8e^{j4t} \tag{6.47}$$

이 된다.

식 (6.47)의 제차미분방정식 $\frac{di_e(t)}{dt} + 4i_e(t) = 0$을 만족하는 해를 $i_{e,h}(t)$라 하면, 이는

$$i_{e,h}(t) = K_o e^{-4t},\ K_o\text{: 상수}$$

와 같이 얻어지며, 정상상태에서 $i_{e,h}(t=0) = 0$이다. 따라서

$$i_{e,h}(t) = 0 \tag{6.48}$$

이다. 그리고 미분방정식 (6.47)을 만족하는 특수해를 $i_{e,p}(t)$라 하면, 이는

$$i_{e,p}(t) = Ce^{j4t},\ C\text{ : 상수} \tag{6.49}$$

형태이다(수학책 참조). 따라서 식 (6.49)를 식 (6.47)에 대입하면 다음의 결과를 얻을 수 있다.

$$j4Ce^{j4t} + 4Ce^{j4t} = 8e^{j4t}$$

이 식으로부터

$$C = 1 - j = \sqrt{2}\,e^{-j\pi/4} \tag{6.50}$$

을 얻을 수 있다. 식 (6.50)을 식 (6.49)에 대입하면

$$i_{e,p}(t) = \sqrt{2}\,e^{j(4t - \pi/4)} \tag{6.51}$$

를 얻을 수 있다. 따라서 정상상태에서 전류 $i_e(t)$는

$$i_e(t) = i_{e,p}(t) = \sqrt{2}\,e^{-j\pi/4}e^{j4t} \tag{6.52}$$

이 된다. 따라서 출력응답 $i(t)$의 페이저 표현 I는

$$I = \sqrt{2}\, e^{-j\pi/4} \tag{6.53}$$

이다. 그리고 실수영역 $i(t)$는 식 (6.51) 혹은 (6.53)으로부터

$$i(t) = Re[i_e(t)] = Re[Ie^{j4t}] = \sqrt{2}\cos(4t - \pi/4)$$

과 같이 얻을 수 있다.

연습문제

6.1 다음 정현파의 진폭, 위상, 각주파수, 주파수, 주기는 얼마인가? 단 위상은 $-180^o \le \theta \le 180^o$ 범위에서 표현하라.

1) $5\cos(20\pi t + 30^o)$　　　2) $-2\cos(40\pi t - 45^o)$

3) $10\sin(10\pi t + 60^o)$

6.2 부하에 공급되는 정현파 전압의 주파수가 50 Hz, 최대값이 100 V일 때,

1) 이 전원의 실효치는 얼마인가?

2) 이 전원이 50 Ω의 부하에 연결될 때 부하에서 소비되는 평균전력은 얼마인가?

6.3 다음 복소수의 합과 곱을 구하라.

1) $z_1 = 1 + j2, z_2 = 5 - j4$　　　2) $z_1 = 5 + j4, z_2 = 5 - j4$

6.4 다음 복소수를 직교좌표 형식은 복소지수 형식으로, 복소지수 형식은 직교좌표 형식으로 바꾸어라.

1) $z_1 = 1 + j2$　　　2) $z_2 = 3 - j4$

3) $z_3 = 2e^{j60^o}$　　　4) $z_4 = 5e^{-j30^o}$

6.5 예제 6.4 1)에서 $v_s = 10\sin t$로 놓고 동일한 관점에서 문제를 풀어라.

6.6 다음 실수 영역의 정현파 신호를 페이저로 나타내어라. 단 위상은 $-180^o \le \theta \le 180^o$ 범위에서 표현하라.

1) $x_1(t) = 5\cos(20\pi t + 30^o)$ 2) $x_2(t) = -2\cos(20\pi t - 45^o)$

3) $x_3(t) = 10\sin(40\pi t + 30^o)$ 4) $x_4(t) = -10\sin(40\pi t - 30^o)$

6.7 각주파수가 $\omega = 5$ rad/sec인 경우 다음의 페이저 형태의 신호를 시간영역의 신호로 바꾸어라.

1) $\boldsymbol{X}_1 = 10e^{-j45^o}$ 2) $\boldsymbol{X}_2 = 10e^{j90^o}$

3) $\boldsymbol{X}_3 = 3 + j4$ 4) $\boldsymbol{X}_4 = -5j$

6.8 그림 E.6.1의 두 직렬 회로에서 1) 인가 신호를 복소 지수형 신호로 바꾼 후, 2) 정상상태 출력 i_{RL}과 i_{RC}를 구하고, 3) 이들 출력을 각각 페이저로 표기하고, 4) 또한 페이저 $\boldsymbol{I}_{RL}$과 $\boldsymbol{I}_{RC}$로부터 각 회로의 시간영역 인가 전원에 대한 정상상태 전류 i_{RL}과 i_{RC}를 구하라. 단, 그림 E.6.1(a)의 RL 직렬회로에서 인덕터의 초기 전류가 0 A이며, 그림 E.6.1(b)의 RC 직렬회로에서 커패시터의 초기 전압이 0V이다.

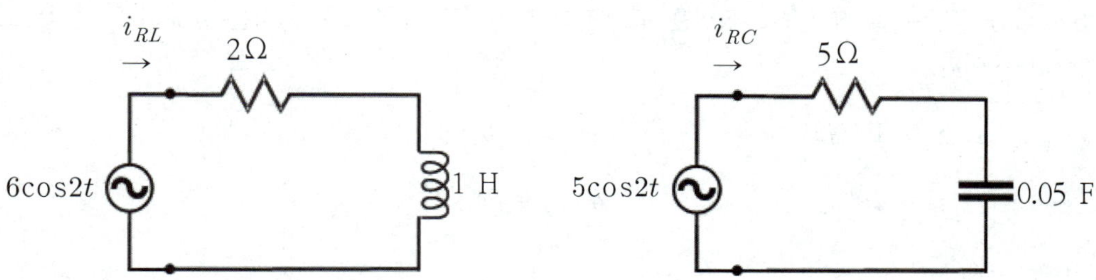

(a) (b)

그림 E.6.1 RL 직렬회로 및 RC 직렬회로의 예 : (a) RL 직렬회로, (b) RC 직렬회로

6.9 다음과 같은 3개의 정현파 전류 i_1, i_2, i_3가 주어질 때 세 전류의 합을 각 전류의 페이저를 이용하여 구한 후 $A\cos(\omega t+\alpha)$의 형태로 변환하여 나타내어라.

단, $i_1 = 100\cos(\omega t+60^o)$, $i_2 = 20\cos(\omega t+30^o)$, $i_3 = 40\sin(\omega t+90^o)$임.

6.10 다음 그림과 같이 페이저로 표현된 두 전류 $\boldsymbol{I}_o$와 $\boldsymbol{I}_1$을 시간영역의 전류로 표현하라.

단, 각주파수는 60π, $|\boldsymbol{I}_o|=2$, $|\boldsymbol{I}_1|=3$임.

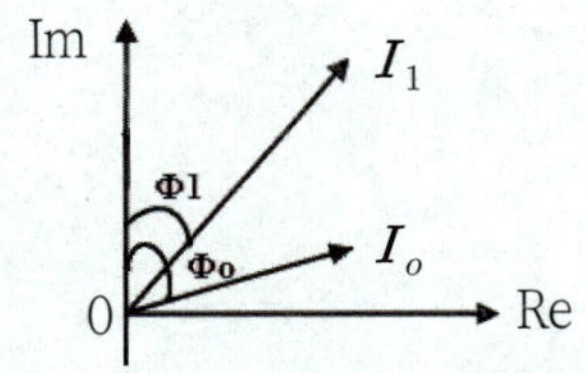

그림 E.6.2 복소평면에서 페이저로 표현된 두 전류

7장 전압과 전류의 페이저 표현 및 임피던스

▶학습 목표◀

- 정현파로 표현되는 전압과 전류를 페이저로 바꾸는 방법을 익힌다.
- 임피던스의 정의와 의미를 이해한다.
- 페이저 회로도에서 키르히호프 법칙 적용과 등가임피던스 및 등가어드미턴스를 구하는 방법을 학습한다.
- 페이저 회로도를 이용한 간단한 회로해석 방법을 익힌다.

7.1 개요

우리는 앞에서 저항성 회로에서는 전압과 전류의 관계가 직선이며, 또한 동상(in phase)임을 학습하였다. 한편 인덕터와 커패시터에서 전압과 전류는 동상이 아니므로, 서로의 관계를 실수 영역에서 구하려면 미분과 적분을 통해 복잡하게 구해야만 했다. 그런데 앞장에서 학습한 정현파의 복소지수 표현과 페이저 표현을 사용하면 좀 더 쉽게 이들 관계를 얻을 수 있다. 이미 학습하였듯이 복소수 형태의 표현은 4칙 연산뿐만 아니라 미분과 적분이 관계된 부분까지도 쉽게 연결시켜 연산을 할 수 있기 때문이다.

본 장에서는 저항과 인덕터, 커패시터가 있는 회로에서 전압과 전류를 페이저로 표현하는 방법, 이들의 페이저 비로 정의되는 복소임피던스(간단히 임피던스), 그리고 등가임피던스와 등가어드미턴스 구하는 방법을 학습하며, 또한 페이저 표현에 의한 간단한 회로해석에 대해서도 살펴보기로 한다.

7.2 전압과 전류의 페이저 표현

우리는 앞에서 정현파를 페이저로 나타내는 방법을 학습하였다. 전기전자회로에서 전압과 전류가 정현파로 나타내어지는 경우 이 또한 페이저로 변환하여 회로를 해석할 수 있다. 먼저 시간영역에서 실수 함수로 나타내어지는 다음과 같은 정현파의 전압 v와 전류 i를 고려하자.

$$v = V_m(\cos\omega t + \phi_v) \tag{7.1}$$

$$i = I_m(\cos\omega t + \phi_i) \tag{7.2}$$

여기서 ϕ_v와 ϕ_i는 각각 전압과 전류의 위상을 나타낸다. 식 (7.1)과 (7.2)를 페이저로 나타내면

$$\boldsymbol{V} = V_m e^{j\phi_v} \tag{7.3}$$

$$I = I_m e^{j\phi_i} \tag{7.4}$$

과 같다.

지금부터 정현파 형태의 전압원 혹은 전류원이 회로소자에 인가되는 경우 이 회로소자를 흐르는 전류와 이 양단의 전압 사이의 관계가 어떻게 나타내어지는지에 대해 자세히 학습하기로 한다.

1) 저항에서 전압과 전류

전압과 전류의 페이저 표현을 살펴보기 위해 먼저 그림 7.1(a)와 같이 저항에 전압이 인가된 회로를 고려하자.

만약 그림 7.1(a)의 회로에서 저항에 인가된 전압과 이를 통해 흐르는 전류를 각각 다음과 같다고 가정하자.

$$v_R = V_m \cos(\omega t + \phi_v) \tag{7.5a}$$

$$i_R = I_m \cos(\omega t + \phi_i) \tag{7.5b}$$

이들을 식 (6.43)에서 정의한 페이저로 표현하면 각각 다음과 같다.

$$V_R = V_m e^{j\phi_v} \tag{7.6a}$$

$$I_R = I_m e^{j\phi_i} \tag{7.6b}$$

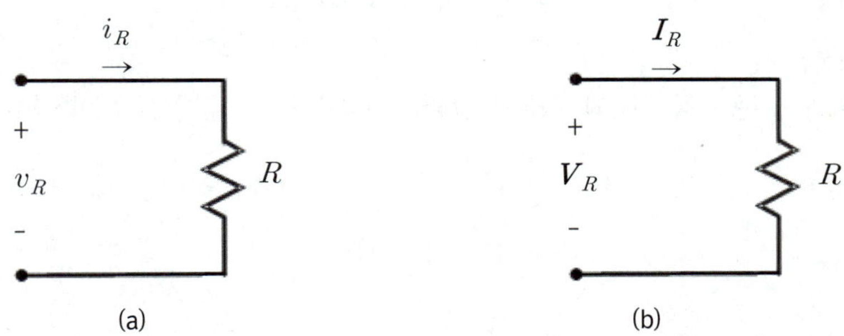

그림 7.1 저항에 인가되는 전압과 저항을 흐르는 전류 관계를 나타내는 회로도 : (a) 시간영역 회로도 (b) 페이저영역 회로도

따라서 식 (7.5a)와 (7.5b)는 각각 다음과 같이 나타낼 수 있다.

$$v_R = Re[V_m e^{j(\omega t + \phi_v)}] = Re[\boldsymbol{V}_R e^{j\omega t}] \tag{7.7}$$

$$i_R = Re[I_m e^{j(\omega t + \phi_i)}] = Re[\boldsymbol{I}_R e^{j\omega t}] \tag{7.8}$$

와 같이 나타낼 수 있다. 따라서 저항 R을 통해 흐르는 전류 i_R은 오옴의 법칙에 의해

$$i_R = \frac{v_R}{R} = \frac{Re[\boldsymbol{V}_R e^{j\omega t}]}{R} = Re[\frac{\boldsymbol{V}_R}{R} e^{j\omega t}]$$

가 된다. 식 (7.8)로부터 $i_R = Re[\boldsymbol{I}_R e^{j\omega t}]$이므로, 위식은 다음과 같이 표현할 수 있다.

$$i_R = Re[\frac{\boldsymbol{V}_R}{R} e^{j\omega t}] = Re[\boldsymbol{I}_R e^{j\omega t}], \text{ 단 } \boldsymbol{I}_R = \frac{\boldsymbol{V}_R}{R} \tag{7.9}$$

즉 식 (7.9)로부터

$$\boxed{\boldsymbol{I}_R = \frac{\boldsymbol{V}_R}{R} \text{ 혹은 } \boldsymbol{V}_R = R\boldsymbol{I}_R} \tag{7.10}$$

의 관계가 성립함을 알 수 있다. 시간영역에서 신호 $x(t) = A_m \cos(\omega t + \phi)$를 페이저로 나타내면 $\boldsymbol{X} = A_m e^{j\phi}$이 된다.

회로도에서 전압과 전류를 페이저 형태로, 그리고 개별 저항, 인덕터, 커패시터를 임피던스(뒷 부분에서 정의함) 형식으로 표현한 것을 또한 **페이저영역**(혹은 **주파수영역**) **회로도**라 한다. 즉 그림 7.1(b)는 저항에서 전압과 전류 관계를 페이저로 표현한 회로도로서 그림 7.1(a)에 대한 페이저영역 회로도라 한다.

한편 식 (7.6a), (7.6b), (7.10)으로부터

$$V_m e^{j\phi_v} = R I_m e^{j\phi_i} \tag{7.11}$$

의 관계를 얻을 수 있다. 식 (7.11)에서 등호 양변이 같기 위해서는

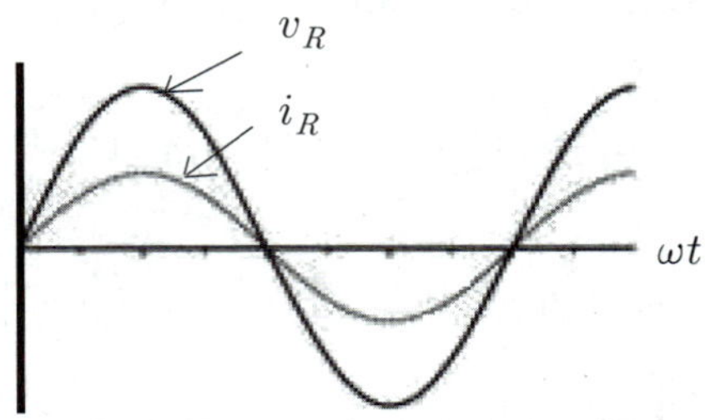

그림 7.2 저항회로에서 전압과 전류의 동상 관계. 단 $V_m > I_m$인 경우임.

$$V_m = RI_m \tag{7.12}$$

$$\phi_v = \phi_i \tag{7.13}$$

이 성립되어야 한다. 식 (7.13)으로부터 저항에 인가된 정현파 전압과 이를 통해 흐르는 전류의 위상은 그림 7.2와 같이 동상을 갖는다. 그림 7.2는 $V_m > I_m$ 인 경우 v_R과 i_R의 관계를 나타낸 것이다. 만약 $V_m < I_m$ 인 경우 v_R과 i_R의 그래프는 바뀌어 표시된다.

학자들에 따라서는 회로의 전압과 전류에 대한 페이저를 실효치를 중심으로 정의하기도 한다. 즉 $\boldsymbol{V}_R \doteq (V_m/\sqrt{2})e^{j\phi_v}$, $\boldsymbol{I}_R \doteq (I_m/\sqrt{2})e^{j\phi_i}$와 같이 정의하기도 한다. 그러나 본 교재에서는 식 (7.3)과 (7.4)로 정의하여 사용하기로 한다. 어느 쪽으로 정의를 하더라도 일관성을 유지하면 회로해석에는 동일한 결과를 준다.

예제 7.1

100 Ω의 저항에 정현파 교류전압 $v = 10\cos(\omega t + 45^o)$을 인가하였을 때, 저항을 흐르는 전류를 페이저로 나타내어라.

풀이

전압 v의 페이저 $\boldsymbol{V}$는

$$\boldsymbol{V} = 10e^{j45^o} \text{ 볼트}$$

이다. 따라서 식 (7.10)에 의해 100 Ω의 저항을 흐르는 전류의 페이저는 다음과 같다.

$$\boldsymbol{I} = \frac{\boldsymbol{V}}{R} = \frac{10}{100}e^{j45^o} = 0.1e^{j45^o} \text{ A}$$

2) 인덕터에서 전압과 전류

그림 7.3(a) 회로에서 인덕터를 흐르는 교류 전류 i_L과 이때 인덕터 양단의 전압 v_L을 각각

$$i_L = I_m \cos(\omega t + \phi_i) \tag{7.14a}$$

$$v_L = V_m \cos(\omega t + \phi_v) \tag{7.14b}$$

이라 가정하자. 식 (7.14a)과 (7.14b)를 각각 페이저로 표현하면

$$\boldsymbol{I}_L = I_m e^{j\phi_i} \tag{7.15a}$$

$$\boldsymbol{V}_L = V_m e^{j\phi_v} \tag{7.15b}$$

와 같다.

그림 7.3(a)의 회로에 대해 전압과 전류의 페이저 관계와 위상차를 살펴보기로 하자. 먼저 인덕터에 교류 전류 i_L을 인가할 때 인덕터 양단에 유도되는 전압은

$$v_L = L\frac{di_L}{dt} \tag{7.16}$$

과 같다. 식 (7.16)을 다음과 같이 복소지수 형으로 표현할 수 있다.

$$\begin{aligned} Re[V_m e^{j(\omega + \phi_v)}] &= L\frac{d}{dt}Re[I_m e^{j(\omega t + \phi_i)}] \\ &= Re[LI_m \frac{d}{dt}e^{j(\omega t + \phi_i)}] \\ &= Re[j\omega L I_m e^{j(\omega t + \phi_i)}] \end{aligned} \tag{7.17}$$

식 (7.17)의 처음과 마지막 표현에서 등호 양변에 있는 [.] 내부를 $e^{j\omega t}$를 나누어도 등호는 성립한다. 즉 $Re[V_m e^{j\phi_v}] = Re[j\omega L I_m e^{j\phi_i}]$의 관계가 성립하는데, 등호 양변에서 [.] 내부를 고려하면

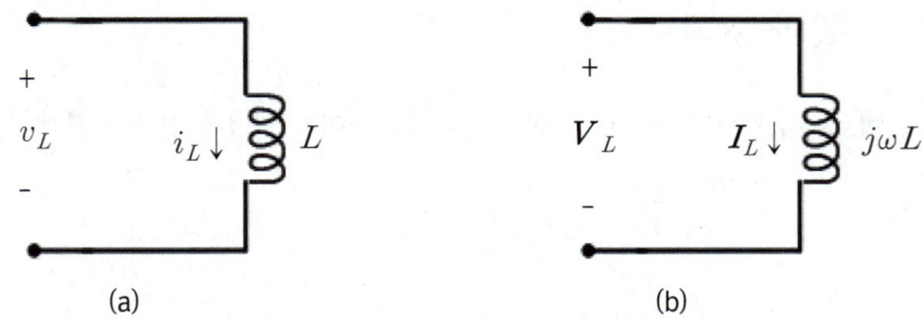

그림 7.3 인덕터에 인가되는 전류와 이때 유도되는 전압 관계를 나타내는 회로도 : (a) 시간영역 회로도, (b) 페이저 영역 회로도

$$V_m e^{j\phi_v} = j\omega L I_m e^{j\phi_i} \tag{7.18}$$

이 성립하여야 한다. $\boldsymbol{V}_L = V_m e^{j\phi_v}, \boldsymbol{I}_L = I_m e^{j\phi_i}$이므로, 식 (7.18)을 전압과 전류의 페이저로 나타내면 다음과 같다.

$$\boldsymbol{V}_L = j\omega L \boldsymbol{I}_L \tag{7.19}$$

이 관계를 페이저 회로도로 나타낸 것이 그림 7.3(b)이다.

한편 $j = e^{j90^o}$이므로, 식 (7.18)은 다시

$$V_m e^{j\phi_v} = \omega L I_m e^{j(\phi_i + 90^o)}$$

으로 표현할 수 있는데, 이 식으로부터 인덕터에 인가된 전류와 이로 인해 유도되는 인덕터 양단 전압의 크기와 위상 관계는 각각

$$V_m = \omega L I_m \tag{7.20}$$

$$\phi_v = \phi_i + 90^o \tag{7.21}$$

이 되어야 한다. 식 (7.21)에 의하면, 인덕터에 교류전류를 인가하면 인덕터 양단에 유도되는 전압은 전류보다 위상이 90° 앞선다.

따라서 인덕터에 교류전류를 인가하면 인덕터 양단에 유도되는 전압은 그림 7.4와 같이 도시될 수 있다. 그림 7.4는 $V_m > I_m$ 인 경우인데, 만약 $V_m < I_m$ 인 경우 v_L의 진폭이 i_L의 진폭보다 낮게 표시되어야 한다.

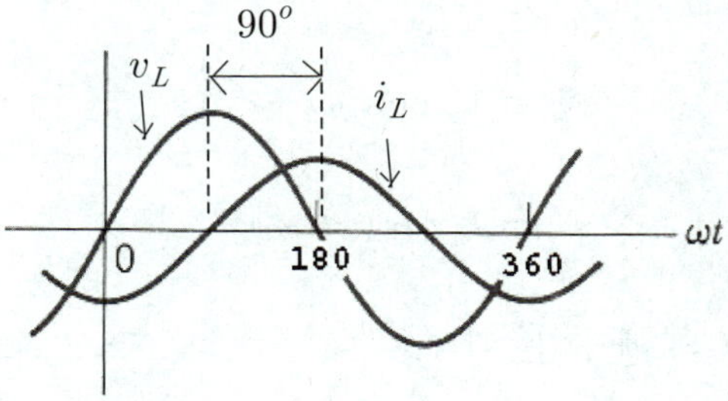

그림 7.4 인덕터에 인가된 전류와 유도되는 전압의 위상 관계(단 $V_m > I_m$ 인 경우)

예제 7.2

20 mH의 인덕터에 정현파 교류전류 $i_L = 10\cos(100t - 60^o)$을 인가할 때, 인덕터 양단에 유도되는 전압을 페이저로 나타내어라.

풀이

전류 i_L을 페이저로 표현하면

$$\boldsymbol{I}_L = 10e^{-j60^o}$$

이 된다. 그리고 $\omega = 100\text{rad/sec}$, $L = 20 \times 10^{-3}$H이므로, 인덕터 양단에 유도되는 전압 $\boldsymbol{V}_L$은 다음과 같다. 여기서 $j = e^{j90^o}$이므로

$$\boldsymbol{V}_L = j\omega L\boldsymbol{I}_L = j(100 \times 20 \times 10^{-3} \times 10e^{-j60^o}) = 20e^{j30^o}.$$

3) 커패시터에서 전압과 전류

그림 7.5를 참고로 커패시터에서 전압과 전류의 페이저 표현과 위상차에 대해 살펴보자. 그림 7.5(a)의 회로에서 커패시터 양단에 인가되는 교류 전압 v_c와 이 때 커패시터를 흐르는 전류 i_c를 각각

$$v_c = V_m \cos(\omega t + \phi_v) \tag{7.22a}$$

$$i_c = I_m \cos(\omega t + \phi_i) \tag{7.22b}$$

이라 하자. 이때 v_c와 i_c의 페이저는 각각

$$V_c = V_m e^{j\phi_v} \tag{7.23a}$$

$$I_c = I_m e^{j\phi_i} \tag{7.23b}$$

과 같이 나타낼 수 있다.

그림 7.5(a)에서 커패시터 양단에 전압 v_c가 인가될 때 이를 통해 흐르는 전류 i_c는 다음과 같다.

$$i_c = C\frac{dv_c}{dt} \tag{7.24}$$

식 (7.24)를 다음과 같이 나타낼 수 있다.

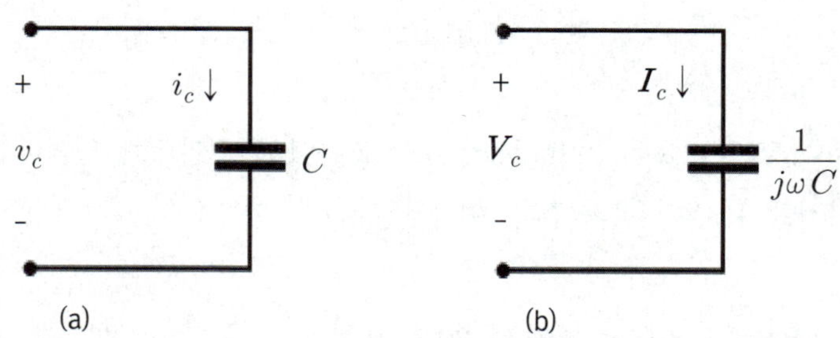

그림 7.5 커패시터에 인가되는 전압과 이를 통해 흐르는 전류 관계를 나타내는 회로도: (a) 시간 영역 회로도, (b) 페이저 영역 회로도

$$Re[I_m e^{j(\omega t+\phi_i)}] = C\frac{d}{dt}(Re[V_m e^{j(\omega t+\phi_v)}])$$
$$= Re[CV_m \frac{d}{dt} e^{j(\omega t+\phi_v)}]$$
$$= Re[j\omega C V_m e^{j(\omega t+\phi_v)}] \quad (7.25)$$

식 (7.25)의 첫 번째와 마지막 표현에서 [.] 내부를 $e^{j\omega t}$를 나누어도 등호는 성립한다. 즉 $Re[I_m e^{j\phi_i}] = Re[j\omega CV_m e^{j\phi_v}]$의 관계가 성립한다. 이 관계에서 등호 양변의 [.] 내부를 고려하면

$$I_m e^{j\phi_i} = j\omega CV_m e^{j\phi_v} \quad (7.26)$$

이 성립해야 한다. 따라서 식 (7.26)을 페이저로 나타내면 다음과 같다.

$$\boldsymbol{I}_c = j\omega C\boldsymbol{V}_c \quad \text{혹은} \quad \boldsymbol{V}_c = \frac{\boldsymbol{I}_c}{j\omega C} \quad (7.27)$$

그림 7.5(a)를 페이저영역 회로도로 나타낸 것이 그림 7.5(b)이다. 한편 $1/j = e^{-j90^o}$이므로, $V_m e^{j\phi_v} = \frac{1}{j\omega C} I_m e^{j\phi_i}$로부터

$$V_m e^{j\phi_v} = \frac{1}{\omega C} I_m e^{j(\phi_i - 90^o)}$$

가 성립함을 알 수 있다. 이 식으로부터 커패시터에 인가된 전압과 이를 통해 흐르는 전류의 크기와 위상 관계는 각각

$$V_m = \frac{1}{\omega C} I_m \quad (7.28)$$

$$\phi_v = \phi_i - 90^o \quad (7.29)$$

이 됨을 알 수 있다. 식 (7.29)에 의하면, 커패시터에 교류전압을 인가하면 커패시터를 통해 흐르는 전류는 전압보다 위상이 90° 앞서는데, 이를 도시한 것이 그림 7.6이다. 그림 7.6은

$V_m < I_m$인 경우인데, 만약 $V_m > I_m$인 경우 v_C의 진폭은 i_C의 진폭보다 높게 그려져야 한다.

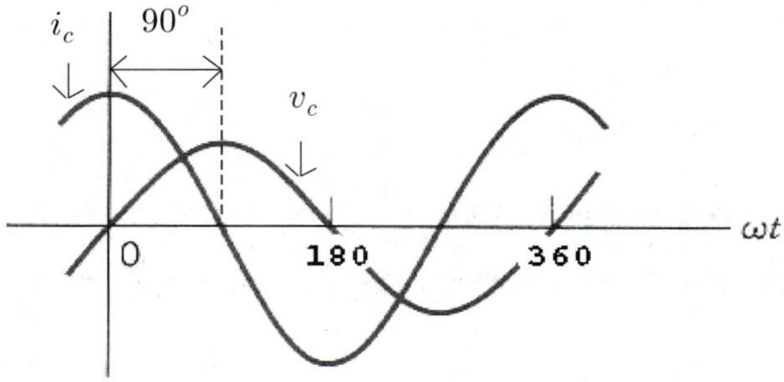

그림 7.6 커패시터에 인가된 전압과 이를 통해 흐르는 전류의 위상 관계(단 $V_m < I_m$)

예제 7.3

그림 7.5(a)의 회로에서 1μF의 커패시터에 정현파 교류전압 $v_c = 2\cos(1000t + 30^o)$을 인가하였을 때, 이를 통해 흐르는 전류를 시간영역과 페이저영역에서 나타내어라.

풀이

전압의 페이저는

$$\boldsymbol{V_c} = 2e^{j30^o} \quad \text{V}$$

이다. 따라서 식 (7.27)로부터 1μF의 커패시터를 통해 흐르는 전류는 페이저영역에서

$$\boldsymbol{I_c} = j\omega C \boldsymbol{V_c} = 2e^{j120^o} \ \text{mA}$$

이 되며, 시간영역에서는

$$i_c = Re[\boldsymbol{I_c} e^{j\omega t}] = Re[2e^{j120^o} e^{j1000t}] = 2\cos(1000t + 120^o) \ \text{mA}$$

가 된다.

7.3 임피던스

1) 임피던스 정의와 복소평면에서 표현

먼저 시간영역에서 임의의 회로 상의 두 단자 사이의 전압과 이를 통해 흐르는 전류를 각각 다음과 같다고 가정하자.

$$v = V_m(\cos\omega t + \phi_v) \tag{7.30}$$

$$i = I_m(\cos\omega t + \phi_i) \tag{7.31}$$

이 전압과 전류를 페이저로 나타내면 각각 다음과 같다.

$$\boldsymbol{V} = V_m e^{j\phi_v} \tag{7.32}$$

$$\boldsymbol{I} = I_m e^{j\phi_i} \tag{7.33}$$

전기회로에서 정현파 전압과 전류의 페이저 비를 복소임피던스(complex impedance) 혹은 간단히 임피던스(impedance)라 정의한다. 즉 복소임피던스를 다음과 같이 정의한다.

$$\boldsymbol{Z} \doteq \frac{\boldsymbol{V}}{\boldsymbol{I}} \quad \Omega \tag{7.34}$$

임피던스의 기호는 통상적으로 영문자 대문자 Z의 굵은 글씨 $\boldsymbol{Z}$로 나타내며, SI단위(국제단위)로는 저항과 같은 Ω 을 사용한다. 그리고 임피던스 크기와 임피던스 각은 각각

$$|\boldsymbol{Z}| = \left|\frac{\boldsymbol{V}}{\boldsymbol{I}}\right| = \frac{V_m}{I_m} \quad , \quad \phi_Z = \phi_v - \phi_i \tag{7.35}$$

이다. 즉 그림 7.7에서와 같이 페이저 전류와 페이저 전압 그리고 임피던스로 표현되는 회로도를 페이저 회로도(phasor circuits)라 한다.

식 (7.34)는 다시

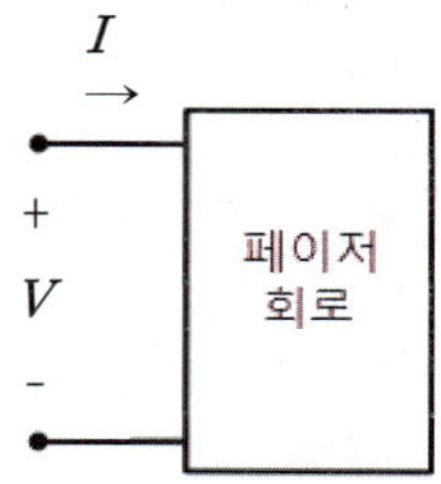

그림 7.7 페이저 회로도

$$I = \frac{V}{Z} \tag{7.36}$$

과 같이 표현할 수 있으므로, 오옴의 법칙과 매우 유사하며, 임피던스는 저항과 유사하므로 Ω 으로 측정된다.

정의에 의해 임피던스는 복소수이며, 전압의 페이저 전류의 페이저 비를 나타낸다. 한 가지 주의해야할 점은 **'임피던스는 페이저가 아니다'**라는 것이다. 전압과 전류의 페이저는 각각 시간영역에서 하나의 정현파에 대응하지만 임피던스는 그렇지 않다는 점이다.

식 (7.34)로 정의되는 임피던스는 복소지수 형식이나, 이는 다음과 같이 직교좌표 형식으로 나타내기도 한다.

$$\boxed{Z = R + jX \quad \Omega} \tag{7.37}$$

여기서 R은 $R = Re[\boldsymbol{Z}]$로 임피던스의 실수부를 나타내고, X는 $X = Im[\boldsymbol{Z}]$로 임피던스의 허수부를 나타낸다. R을 임피던스의 저항성 성분(resistive component) 혹은 간단히 저항(resistance)라 부르며, X를 리액턴스 성분(reactive conponent) 혹은 간단히 리액턴스(reactance)라 부른다. 그런데 일반적인 임피던스에서 저항성 성분은 회로에 포함된 단순한 저항 들에 의해 나타내어지는 값이 아니라, 주파수 의존성 성질을 갖고 있다.

임피던스의 복소지수 표현과 직교좌표 표현 사이의 관계는

$$R = |\boldsymbol{Z}|\cos\phi_z \tag{7.38}$$

$$X = |\boldsymbol{Z}|\sin\phi_z \tag{7.39}$$

$$|\boldsymbol{Z}| = \sqrt{R^2 + X^2} \tag{7.40}$$

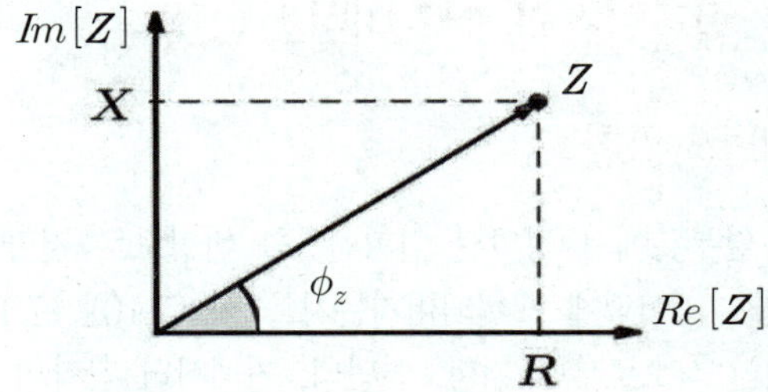

그림 7.8 임피던스의 복소평면 표기

$$\phi_z = \tan^{-1}\frac{X}{R} \tag{7.41}$$

와 같다. 식 (7.38) ~ (7.41)을 복소평면에서 나타내면 그림 7.8과 같다.

예제 7.4

임의의 2단자 회로망에 인가된 전압과 2단자를 흐르는 전류가 각각 $v = 10\cos(\omega t + 30^o)$, $i = 2\sin(\omega t - 15^o)$일 때, 2단자 회로망의 임피던스를 구하고 임피던스의 크기와 각을 구하라.

풀이

전압의 페이저 표현은 다음과 같다.

$$\boldsymbol{V} = 10e^{j30^o}$$

그리고 $i = 2\sin(\omega t - 15^o) = 2\cos(\omega t - 15^o - 90^o)$이므로 전류의 페이저 표현은

$$\boldsymbol{I} = 2e^{-j105^o}$$

이다. 따라서 임피던스는 다음과 같으며,

$$\boldsymbol{Z} = \frac{10e^{j30^o}}{2e^{-j105^o}} = 5e^{j135^o}$$

임피던스 크기와 각도는 각각 다음과 같다.

$$|\boldsymbol{Z}| = 5, \phi_z = 135^o$$

2) RLC 개별소자의 임피던스와 어드미턴스 표현

RLC 개별소자의 임피던스 표현

여기에서는 바로 앞부분에서 정의된 임피던스를 바탕으로 저항, 인덕터, 커패시터 개별소자에 대한 임피던스가 어떻게 표현되어지는지를 식 (7.10), (7.19), (7.27)로부터 정리하여 보자. 즉 이 3개의 식으로부터 저항, 인덕터, 커패시터 각각의 개별소자에 전원을 인가할 때, 전압과 전류의 페이저 비로 정의되는 임피던스는 다음과 같다.

$$\begin{aligned} Z_R &= R \quad \Omega, \\ Z_L &= j\omega L \ \ \Omega, \\ Z_C &= -j\frac{1}{\omega C} \ \ \Omega \end{aligned} \tag{7.42}$$

여기서 아래 첨자 R, L, C는 개별소자를 구분하기 위해 사용되었다. 식 (7.37)과 같이 인덕턴스와 커패시턴스를 임피던스(혹은 리액턴스)로 표현할 때는 통상적으로 각각

$$X_L = \omega L, \ \ X_C = -\frac{1}{\omega C} \tag{7.43}$$

으로 나타낸다. 그리고 X_L과 X_C를 각각 유도성 리액턴스(inductive reactance)와 용량성 리액턴스(capacitve reactance)라 부른다.

여기서 저항과 임피던스의 개념적 차이를 간단히 살펴보자. 단순 저항과 임피던스는 근본적 개념이 다르다. 임피던스는 리액턴스를 포함하는 저항에 대해 표현하는 일반적인 용어이다. 즉 저항은 지속적인 전류를 거부하는 정도에 대한 측정이다. 순수한 저항은 전류를 거부하는 정도가 주파수에 따라 바뀌지 않는다. 즉 주파수에 따라 순수 저항값은 그림 7.9와 같이 변하지 않고 일정하다. 그러나 **임피던스에서 저항성 성분(resistive component)은 순수 저항과는 달리 일반적으로 주파수 의존성을 갖는다.** 그리고 임피던스에서 리액턴스 성분은 커패시턴스 또는 인덕턴스로 인한 AC전류를 거부하는 정도에 대한 측정이다. 이러한 거부 정도는 주파수에 따라 다르다.

커패시터에 대한 임피던스(혹은 리액턴스)는 직류전압을 인가하는 경우 충전이 이루어질 때까지는 과도기적으로 전류를 흐르게 하며, 충전이 완료되면 전류의 흐름은 멈추어 커패시터 부분이 개방된 것과 같은 현상을 보인다. 이와 같이 일시적으로 전류가 흐르는 이러한

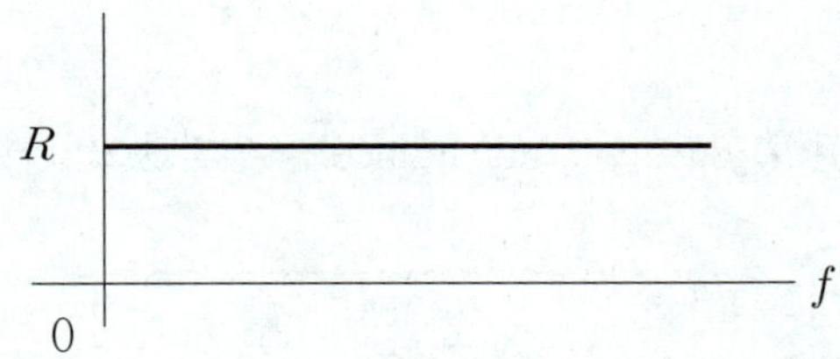

그림 7.9 주파수에 대해 일정한 값을 갖는 저항의 전기적 특성

과도 상태는 본 장의 범위를 벗어나므로 다루지 않고, 전원을 인가한 후 충분한 시간이 지난 상태(정상상태)라 가정하고 다룬다.

그런데 커패시터 양단에 교류를 인가하는 경우, 주파수가 아주 높은 교류 전압이 인가되면 커패시터는 단락된 것과 같은 현상을 보인다. 이러한 현상은 식 (7.42)의 세 번째 식으로부터 주파수에 반비례하는 리액턴스 성분 X_c를 가진다는 것을 의미한다. 그림 7.10에서 아랫부분의 점선은 주파수에 따른 용량성 리액턴스 X_c를 보여준다.

그리고 인덕터에 대한 리액턴스 X_L의 크기는 식 (7.42)의 두 번째 수식으로부터 DC에서는 단락(short) 현상을 보이며, 또한 주파수에 비례하는 현상을 보여 아주 높은 주파수 ($\rightarrow \infty$)에서는 개방(open) 현상을 보인다. 그림 7.10에서 윗부분의 점선은 주파수에 따른 유도성 리액턴스 성분 X_L을 보여준다.

그리고 인덕터와 커패시터를 직렬로 연결된 경우 합성 리액턴스 $X(=X_C+X_L)$는 그림 7.10에서 실선부분에 해당한다.

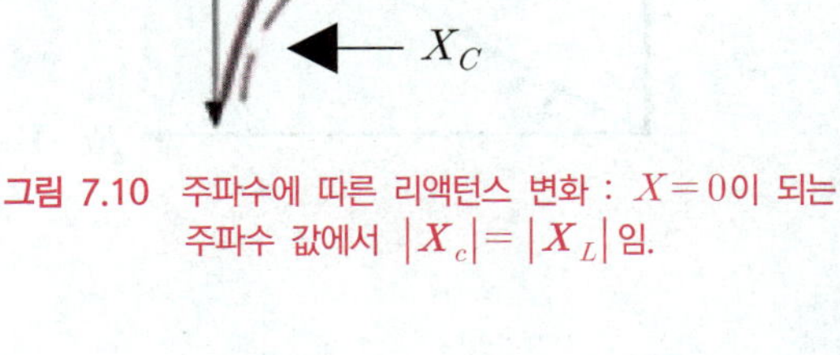

그림 7.10 주파수에 따른 리액턴스 변화 : $X=0$이 되는 주파수 값에서 $|X_c|=|X_L|$임.

어드미턴스 표현

한편 다음과 같이 어드미턴스(admittance)를 임피던스의 역수로 정의하고,

$$Y \doteq \frac{1}{Z} \quad ℧ \tag{7.44}$$

단위로는 저항의 역수 모양인 ℧를 사용하며 모(mho)라 읽는다. 어드미턴스의 직교좌표계에서 표현은

$$Y = G + jB \quad ℧ \tag{7.45}$$

이며, 여기서 G와 B를 각각 컨덕턴스(conductance)와 서셉턴스(susceptance)라 부른다. 즉 $G = Re[\boldsymbol{Y}]$와 $B = Im[\boldsymbol{Y}]$의 관계를 갖는다. $\boldsymbol{Y}$, G, B의 단위는 모두 동일하게 모(℧)를 사용하며, 정의와 같이 $\boldsymbol{Y}$는 전류와 전압의 페이저 비로 나타낸다. 그리고 어드미턴스의 크기와 각은 각각 다음과 같다.

$$|Y| = \sqrt{G^2 + B^2} \tag{7.46}$$

$$\phi_Y = \tan^{-1}\frac{B}{G} \tag{7.47}$$

식 (7.45) ~ (7.47)을 복소평면에서 나타내면 그림 7.11과 같다.

식 (7.37)과 (7.45)로부터 G, B와 R, X의 관계는 다음과 같이 유도된다.

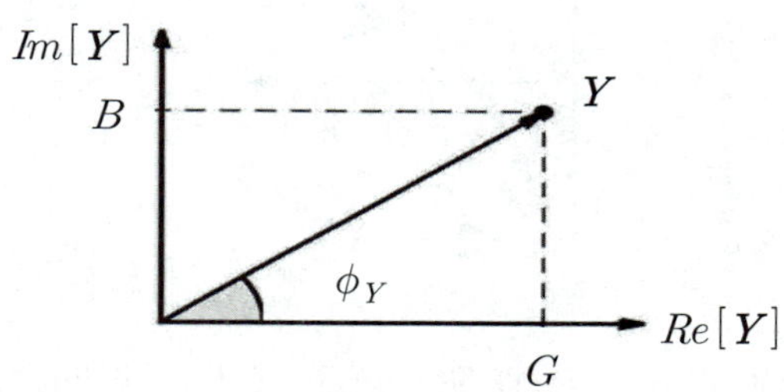

그림 7.11 어드미턴스의 복소평면 표기

$$\begin{aligned} \boldsymbol{Y} &= G + jB = \frac{1}{R + jX} \\ &= \frac{R - jX}{R^2 + X^2} \quad \mho \end{aligned} \tag{7.48}$$

식 (7.48)로부터 다음과 같은 관계를 얻을 수 있다.

$$G = \frac{R}{R^2 + X^2} \quad \mho \tag{7.49}$$

$$B = -\frac{X}{R^2 + X^2} \quad \mho \tag{7.50}$$

예제 7.5

임의의 2단자 회로의 임피던스가 $\boldsymbol{Z} = 3 + j4$일 때

1) 임피던스의 크기와 각을 구하고,

2) 어드미턴스의 크기와 각을 구하라.

풀이

1) 임피던스의 크기와 각은 각각 다음과 같다.

$$|\boldsymbol{Z}| = \sqrt{3^2 + 4^2} = 5 \quad \Omega$$

$$\phi_z = \tan^{-1}\frac{4}{3} \text{ rad.}$$

2) 어드미턴스는 식(7.48)로부터

$$\boldsymbol{Y} = \frac{R - jX}{R^2 + X^2} = \frac{3 - j4}{25} \quad \mho \tag{7.51}$$

가 된다. 따라서 어드미턴스의 크기와 각은 각각 다음과 같다.

$$|\boldsymbol{Y}| = \frac{1}{\sqrt{R^2 + X^2}} = \frac{1}{5} \ \mho$$

$$\phi_Y = -\tan^{-1}\frac{X}{R} = -\tan^{-1}\frac{4}{3} \text{ rad.}$$

7.4 페이저 회로도에서 키르히호프 법칙 적용과 등가회로

본 절에서는 페이저 회로도에서도 키르히호프 법칙이 유지되는지, 그리고 여러 개의 임피던스가 직렬 혹은 병렬로 연결되었을 때 등가 임피던스를 구하는 방법에 대해 학습하기로 한다.

1) 페이저 회로도에서 키르히호프 법칙 적용

키르히호프 전압법칙

먼저 그림 7.12와 같이 시간영역에서 N개의 정현파 전압이 다음과 같이 주어지거나 관측된다고 가정하자.

$$v_1 = V_1\cos(\omega t+\phi_1),\ v_2 = V_2\cos(\omega t+\phi_2),\ \dots,\ v_N = V_N\cos(\omega t+\phi_N) \tag{7.52}$$

그림 7.12의 폐회로망에 키르히호프 전압법칙을 적용하면 다음과 같이 나타낼 수 있다.

$$V_1\cos(\omega t+\phi_1)+V_2\cos(\omega t+\phi_2)+\dots-V_N\cos(\omega t+\phi_N)=0 \tag{7.53}$$

단 기준 방향을 반시계 방향으로 취하여 전압의 상승과 하강을 선택하였다. 앞에 학습한 바와 같이 선형회로에서 중첩의 원리가 성립되므로, 식 (7.53)을 다음과 같이 복소지수 함수로 표현하여 해석하여도 된다. 즉 식 (7.53)은

$$Re[V_1e^{j(\omega t+\phi_1)}+V_2e^{j(\omega t+\phi_2)}+\dots-V_Ne^{j(\omega t+\phi_N)}]=0 \tag{7.54}$$

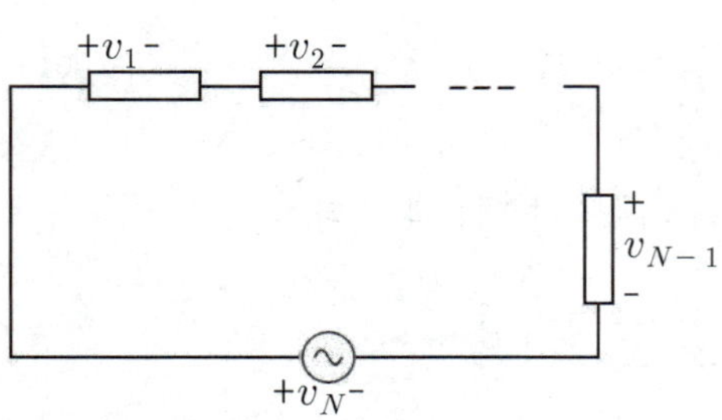

그림 7.12 N개 정현파 전압과 키르히호프 전압법칙

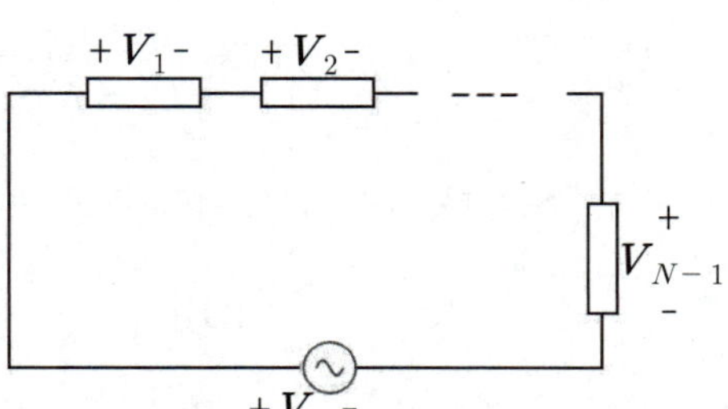

그림 7.13 N개 페이저 전압과 페이저 회로도

과 같이 표현할 수 있다. 여기서 식 (7.54) 양변을 $e^{j\omega t}$로 나누눈 후, [.] 내부를 고려하면 다음과 같이 페이저로 나타낼 수 있다.

$$\boldsymbol{V}_1 + \boldsymbol{V}_2 + \ldots - \boldsymbol{V}_N = 0 \tag{7.55a}$$

좀 더 일반적인 표현을 사용하면

$$\sum_{i=1}^{N} C_i \boldsymbol{V}_i = 0,\ \ C_i = \begin{cases} 1, \text{상승전압} \\ -1, \text{하강전압} \end{cases} \tag{7.55b}$$

식 (7.55b)에서 C_i의 부호를 서로 바꾸어도 무방하다. 여기서 폐루프에 대한 페이저 전압을 사용하여도 키르히호프의 전압법칙이 그대로 적용될 수 있음을 보여주는데, 페이저 전압을 적용한 페이저 회로도가 그림 7.13에 보인다.

예제 7.6

그림 7.14의 페이저 회로도에 키르히호프 전압법칙을 적용하여 식을 세우고, 인가 전압 $\boldsymbol{V}_s$를 구하라. 단 $\boldsymbol{V}_R = 3$ V, $\boldsymbol{V}_L = j6$ V, $\boldsymbol{V}_C = -j2$ V이다.

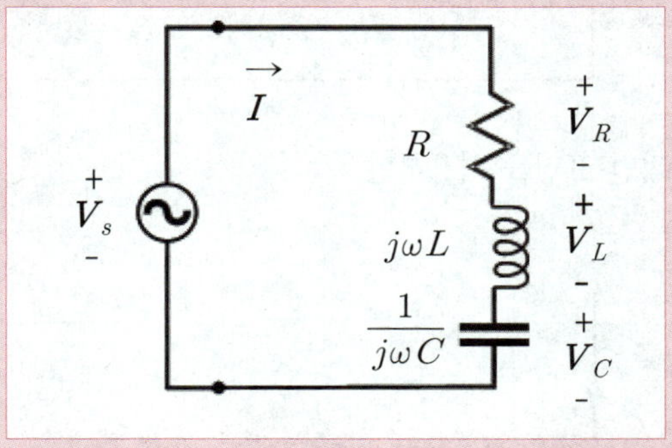

그림 7.14 페이저 회로도의 예

풀이

$\boldsymbol{V}_s = \boldsymbol{V}_R + \boldsymbol{V}_L + \boldsymbol{V}_C$이다. 따라서 $\boldsymbol{V}_s$는 다음과 같다.

$$\boldsymbol{V}_s = \boldsymbol{V}_R + \boldsymbol{V}_L + \boldsymbol{V}_C = 3 + j6 - j2 = 3 + j4 = 5e^{j\phi}\ \text{V},\ \ \phi = \tan^{-1}(4/3)\ \text{rad}$$

키르히호프 전류법칙

그림 7.15와 같이 한 점으로 유출입하는 N개의 정현파 전류가 다음과 같이 주어진다고 가정하자.

$$i_1 = I_1 \cos(\omega t + \theta_1),\ i_2 = I_2 \cos(\omega t + \theta_2),\ ...,\ i_N = I_N \cos(\omega t + \theta_N) \quad (7.56)$$

그림 7.15에서 키르히호프 전류법칙을 적용하면 다음과 같다.

$$I_1 \cos(\omega t + \theta_1) - I_2 \cos(\omega t + \theta_2) + ... + I_N \cos(\omega t + \theta_N) = 0 \quad (7.57)$$

단 정현파 전류가 모두 유입하는 전류를 '+' 로, 유출하는 전류를 '-' 로 선택하였다. 식 (7.57)을 다음과 같이 표현할 수 있다.

$$Re[I_1 e^{j(\omega t + \theta_1)} - I_2 e^{j(\omega t + \theta_2)} + ... + I_N e^{j(\omega t + \theta_N)}] = 0 \quad (7.58)$$

식 (7.58)의 양변을 $e^{j\omega t}$로 나눈 후, 괄호 [,] 안쪽을 고려하여 페이저로 나타내면 다음이 성립한다. 단 식 (7.57)에서 I_i는 전류의 최대치이고, 다음의 식 (7.59a)에서 $\boldsymbol{I}_i$는 페이저를 나타냄.

$$\boldsymbol{I}_1 - \boldsymbol{I}_2 + ... + \boldsymbol{I}_N = 0 \quad (7.59a)$$

좀 더 일반적인 표현을 사용하면

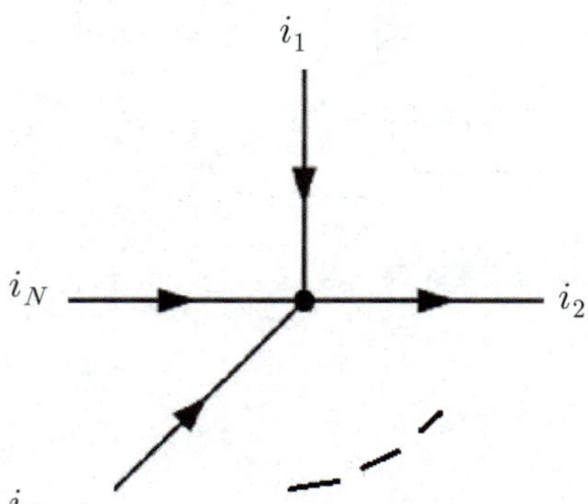

그림 7.15 N개의 정현파 전류와 키르히호프 전류법칙

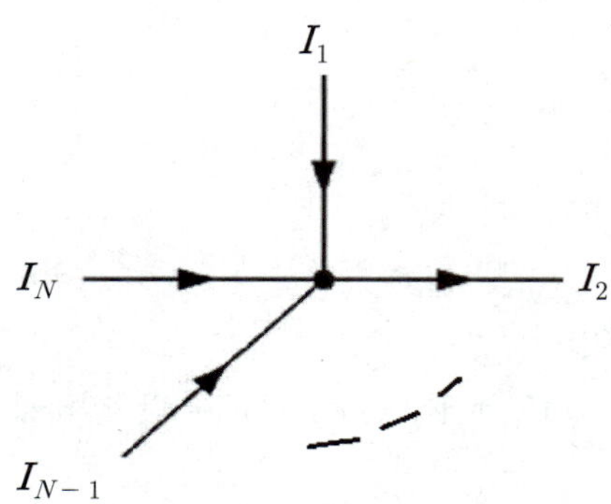

그림 7.16 N개의 페이저 전류와 키르히호프 전류법칙 적용

$$\sum_{i=1}^{N} D_i I_i = 0, \ \ D_i = \begin{cases} 1, \text{유입전류} \\ -1, \text{유출전류} \end{cases} \tag{7.59b}$$

식 (7.59b)에서 유입과 유출 전류의 부호를 서로 바꾸어도 무방하다. 즉 임의의 한 점으로 유출입하는 페이저 전류에 대해서도 키르히호프의 전류법칙이 그대로 적용될 수 있음을 보여주는데, 페이저 회로도에서 키르히호프 법칙을 적용한 것이 그림 7.16에 보인다.

지금까지 전압과 전류를 페이저로 나타내는 경우에도 시간영역에서와 같은 방법으로 키르히호프 법칙을 그대로 적용할 수 있음을 보았다. 종합하여 정리하면, 인덕터와 커패시터의 용량이 실수로 표현되는 시간영역에서 회로해석을 수행하기 위해 키르히호프 법칙을 적용하면 복잡한 미분과 적분 등의 계산을 수행해야 하나, 페이저영역에서 회로해석을 수행하기 위해 키르히호프 법칙을 적용하는 경우 미분과 적분을 수행하지 않고도 가능하여 매우 단순하게 해석할 수 있는 장점이 있다.

2) 페이저 회로도에서 등가회로

지금까지 우리는 각주파수 ω인 정현파 전원이 회로에 인가되는 경우, 전압과 전류의 페이저 표현과 임피던스를 사용하여 키르히호프 법칙을 적용하면 정상상태의 응답을 쉽게 구할 수 있음을 보았다. 이러한 방식을 취하면 인덕터와 커패시터가 포함된 회로도 저항성 회로해석과 동일한 방법으로 수행할 수 있다. 즉 시간영역의 정현파 전원을 페이저로 먼저 바꾸고, 다음으로 각 회로소자 R, L, C를 페이저 영역의 표현(임피던스)으로 바꾼 후, 각 부분의 응답을 구한다. 그런 다음 페이저 회로도의 응답에 시간 의존성 요소 $e^{j\omega t}$를 곱하여 실수부를 취하면 시간영역에서 응답이 된다.

한편 복소신호를 취급하는 과정에서 여러 개의 임피던스가 직렬, 병렬, 직병렬 혼합 연결된 경우를 자주 만나게 되는데, 이러한 연결구조에 대한 등가임피던스를 어떻게 구하는지 여기에서 자세히 살펴보기로 하자.

직렬연결 구조에서 등가임피던스

그림 7.17(a)와 같이 N개의 임피던스가 직렬로 연결된 회로를 고려하자. 그림 7.17(a)의 회로에 키르히호프 전압법칙을 적용하여 다음 식을 얻을 수 있다.

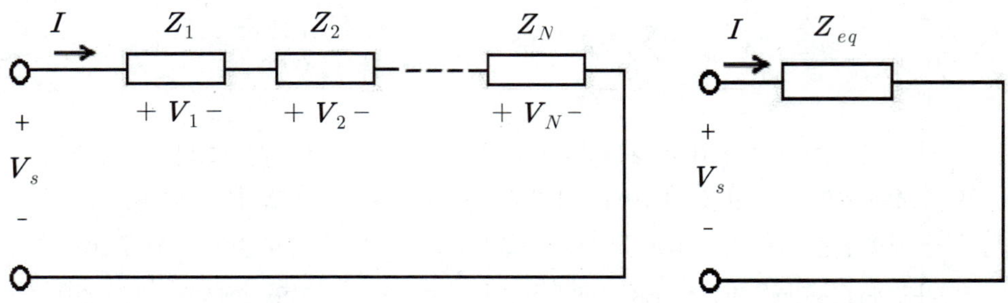

그림 7.17 N개의 임피던스가 직렬연결 된 회로: (a) 직렬로 연결된 회로, (b) (a) 회로의 동가 임피던스

$$V_s = V_1 + V_2 + \dots + V_N = IZ_1 + IZ_2 + \dots + IZ_N$$
$$= I(Z_1 + Z_2 + \dots + Z_N)$$
$$= I Z_{eq},\ Z_{eq} = Z_1 + Z_2 + \dots + Z_N \tag{7.60}$$

식 (7.60)에서 Z_{eq}를 직렬로 연결된 N개 임피던스의 **등가임피던스**(equivalent impedance) 혹은 **합성임피던스**라고 한다. 즉 여러 개의 임피던스가 직렬로 연결된 경우 등가임피던스는 다음과 같다.

$$\boxed{Z_{eq} = Z_1 + Z_2 + \dots + Z_N} \tag{7.61}$$

N개의 직렬 연결된 임피던스에 대한 등가 임피던스 회로도가 그림 7.17(b)에 보인다.

병렬연결 구조에서 등가어드미턴스

이번에는 그림 7.18(a) 같이 N개의 어드미턴스가 병렬로 연결된 회로를 고려하자. 그림 7.18(a)의 회로에 키르히호프 전류법칙을 적용하면 다음 식을 얻을 수 있다.

$$I_s = I_1 + I_2 + \dots + I_N$$
$$= Y_1 V + Y_2 V + \dots + Y_N V,\ Y_i = 1/Z_i\ (i = 1, 2, .., N)$$
$$= Y_{eq} V,\ Y_{eq} = Y_1 + Y_2 + \dots + Y_N \tag{7.62}$$

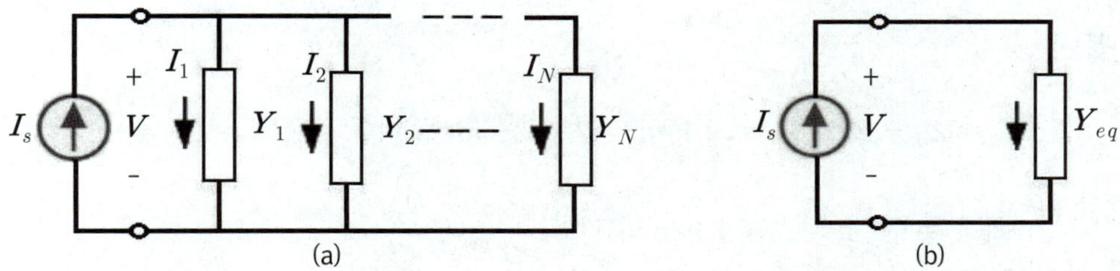

그림 7.18 N개의 어드미턴스가 병렬연결 된 회로: (a) 병렬로 연결된 회로 (b) (a) 회로'의 등가 어드미턴스

식 (7.62)에서 $\boldsymbol{Y}_{eq}$를 병렬로 연결된 N개 어드미턴스에 대한 등가어드미턴스(equivalent admittance) 혹은 합성어드미턴스라 한다. 즉 N 개의 어드미턴스가 병렬로 연결된 경우 합성어드미턴스는

$$\boldsymbol{Y}_{eq} = \boldsymbol{Y}_1 + \boldsymbol{Y}_2 + \ldots + \boldsymbol{Y}_N \tag{7.63}$$

과 같다. 다시 말하면 N개의 어드미턴스가 병렬로 연결된 회로의 등가 어드미턴스는 각 어드미턴스의 대수합과 같으며, 그 등가회로가 그림 7.18(b)에 보인다.

식 (7.63)을 임피던스의 표기로 나타내면 다음과 같다. 193

$$\frac{1}{\boldsymbol{Z}_{eq}} = \frac{1}{\boldsymbol{Z}_1} + \frac{1}{\boldsymbol{Z}_2} + \ldots + \frac{1}{\boldsymbol{Z}_N} \tag{7.64}$$

예제 7.7

그림 7.19(a)와 같이 직렬로 연결된 회로의 등가임피던스 Z_{eq}를 구하라. 단 $\boldsymbol{Z}_R = 2\ \Omega$, $\boldsymbol{Z}_L = j5\,\Omega$, $\boldsymbol{Z}_C = -j2\ \Omega$이다.

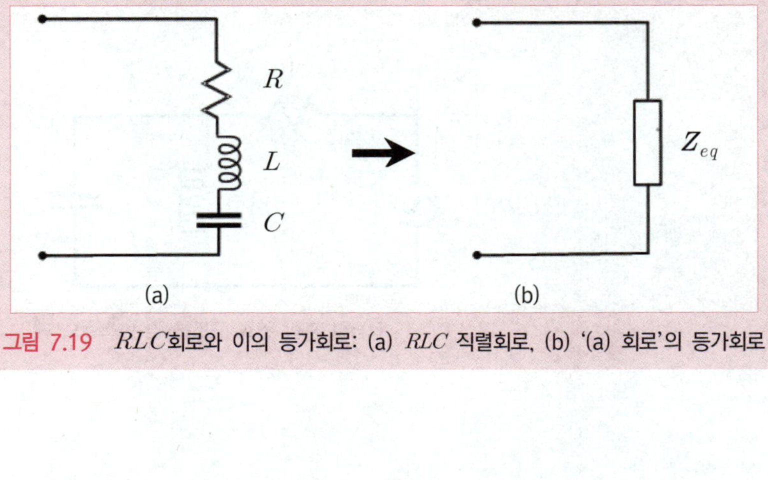

그림 7.19 RLC회로와 이의 등가회로: (a) RLC 직렬회로, (b) '(a) 회로'의 등가회로

풀이

$$Z_{eq} = Z_R + Z_L + Z_C = 2 + j5 - j2 = 2 + j3 \quad \Omega \text{ 이다.}$$

따라서 등가회로는 그림 7.19(b)와 같다.

7.5 페이저 회로도에 의한 회로 해석

앞에서 우리는 시간영역에서 키르히호프 법칙을 적용하여 미분 방정식을 푸는 대신, 페이저 영역의 전압이나 전류로 대체한 페이저 회로도에서 키르히호프 법칙을 적용하고 이를 통해 회로 응답을 구한 후 주파수의존 인자 $e^{j\omega t}$를 곱하여 실수부분을 취하여 시간영역의 응답을 쉽게 구하는 방법을 학습하였다. 이와 같이 전류, 전압의 페이저와 임피던스로 표현되는 페이저 영역에서의 회로도인 페이저 회로도를 사용하면 교류회로를 좀 더 쉽게 해석할 수 있음을 알 수 있었다.

이 절에서는 몇 가지 간단한 교류회로의 예를 들고, 이들에 대해 페이저 회로도를 이용하여 해석하는 연습을 수행하기로 한다.

예제 7.8

그림 7.20의 직병렬 혼합연결 구조를 갖는 회로에 대한 페이저 회로도를 도시하고, 페이저 회로도를 이용하여 페이저 전류를 구한 후, 시간영역의 전류 i를 구하라.

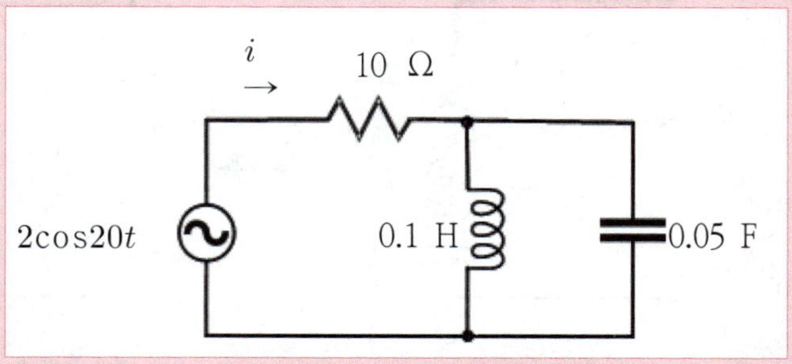

그림 7.20 직병렬 혼합 연결 구조를 갖는 회로의 예

풀이

문제에서 $\omega = 20$ rad/sec이고 인가 전원의 페이저 표현은 $\boldsymbol{V}_s = 2$ V이다. 그리고 저항, 인덕터, 커패시터에 대한 임피던스 표현은 각각 $\boldsymbol{Z}_R = 10\,\Omega$, $\boldsymbol{Z}_L = j\omega L = j2\ \Omega$, $\boldsymbol{Z}_C = 1/j\omega C = -j\,\Omega$ 이므로 페이저 회로도는 그림 7.21과 같다.

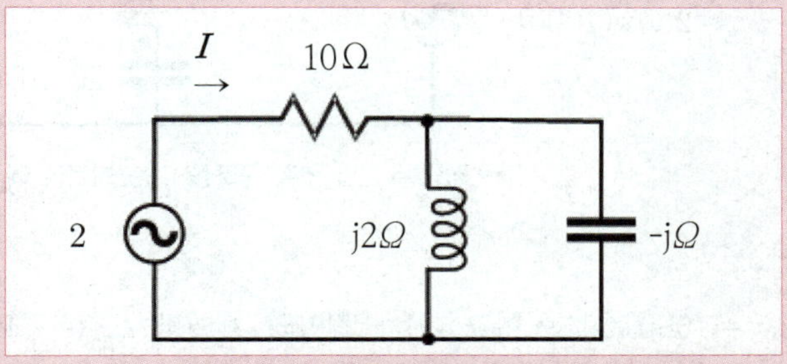

그림 7.21 '그림 7.20'의 페이저 회로도

그림 7.21에서 인덕터와 커패시터의 병렬연결에 대한 등가임피던스는 $(2j)//(-j) = -2j\ \Omega$이므로 전체 등가임피던스 $\boldsymbol{Z}_{eq}$는

$$\boldsymbol{Z}_{eq} = 10 - j2 \cong 10.2e^{j\theta}\ \Omega,\ \theta \simeq -\tan^{-1}(1/5)\,\mathrm{rad}.$$

이 된다. 따라서 페이저 전류는

$$\boldsymbol{I} = \frac{\boldsymbol{V}_s}{\boldsymbol{Z}_{eq}} = \frac{2}{10.2e^{j\theta}} \cong 0.2e^{-j\theta}\ \mathrm{A},\ \theta = -\tan^{-1}(1/5)\,\mathrm{rad}.$$

이 된다. 그리고 시간영역의 전류는 다음과 같이 얻을 수 있다.

$$i = Re[\boldsymbol{I}e^{j\omega t}] = 0.2\cos(20t - \theta)\ \mathrm{A},\ \text{단}\ \theta = -\tan^{-1}(1/5)\,\mathrm{rad}.$$

예제 7.9

그림 7.22의 직병렬 혼합 연결 구조를 갖는 회로에 대한 페이저 회로도를 도시하고, 페이저 회로를 이용하여 각 지로의 페이저 전류를 구하라.

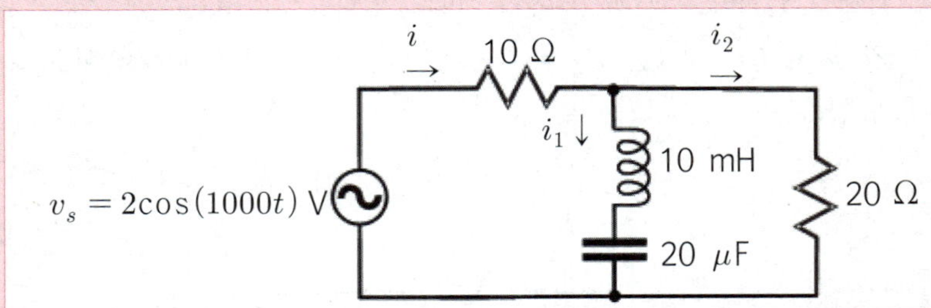

그림 7.22 직병렬 혼합 연결 구조를 갖는 회로의 예

풀이

문제에서 $\omega = 1000$ rad/sec이고, 인가 전압의 페이저 표현은 $\boldsymbol{V}_s = 2$ V이다. 개별 인덕터, 커패시터에 대한 임피던스(리액턴스)는 각각 $Z_L = j\omega L = j10\ \Omega$, $Z_C = 1/j\omega C = -j50\ \Omega$ 이므로 페이저 회로도는 그림 7.23과 같다.

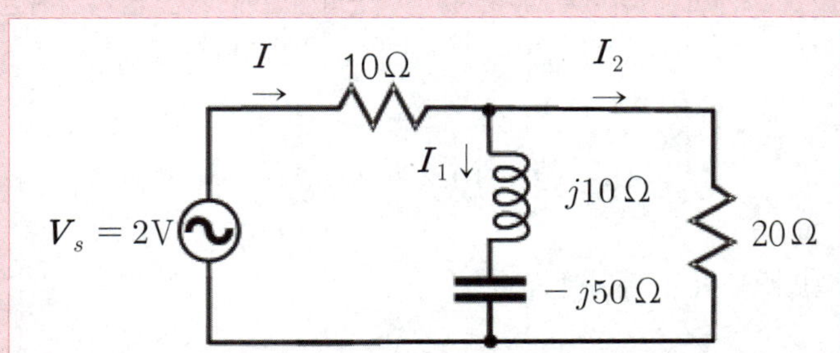

그림 7.23 '그림 7.19'의 회로에 대한 페이저 회로도

그림 7.23에서 $(j10 - j50)\Omega$과 $20\,\Omega$ 의 병렬연결에 대한 등가임피던스 $\boldsymbol{Z}_{eq2}$는

$$\boldsymbol{Z}_{eq2} = 16 - j8\ \ \Omega$$

이므로 전체 등가임피던스 $\boldsymbol{Z}_{eq}$는

$$\boldsymbol{Z}_{eq} = 26 - j8\ \ \Omega$$

가 된다. 따라서 각 지로에 대한 전류는 각각

$$\boldsymbol{I} = \frac{\boldsymbol{V}_s}{\boldsymbol{Z}_{eq}} = \frac{2}{26 - j8} = \frac{13}{185} + j\frac{4}{185} \text{ A},$$

$$\boldsymbol{I}_1 = \frac{20}{\boldsymbol{Z}_{eq2}} \times \boldsymbol{I} = \frac{20}{16 - j8} \times \left(\frac{13}{185} + j\frac{4}{185}\right) \simeq 0.059 + j0.057 \text{ A},$$

$$\boldsymbol{I}_2 = \boldsymbol{I} - \boldsymbol{I}_1 = -0.001 - j0.035 \text{ A}$$

연습문제

7.1 10 $k\Omega$의 저항에 정현파 교류전압 $v_R = 20\cos(\omega t - 30^o)$ V를 인가할 때, 저항을 흐르는 전류를 시간영역과 페이저영역(주파수영역)에서 나타내어라.

7.2 2 mH의 인덕터에 정현파 교류전류 $i_L = 5\cos(1000t + 60^o)$ A를 인가할 때, 인덕터 양단에 유도되는 전압을 시간영역과 페이저영역(주파수영역)에서 나타내어라.

7.3 1 μF의 커패시터 양단에 정현파 교류전압 $v_c = -2\cos(2000t + 45^o)$ V를 인가할 때, 이를 통해 흐르는 전류를 시간영역과 페이저영역(주파수영역)에서 나타내어라.

7.4 임의의 2단자 회로에 인가된 전압과 2단자 사이를 흐르는 전류를 각각 $v = 20\cos(\omega t + 30^o)$ V, $i = -5\sin(\omega t - 15^o)$ mA이라할 때, 2단자 회로의 임피던스를 구하고 임피던스의 크기와 각을 구하라.

7.5 그림 E.7.1(a)의 회로에 대한 등가 임피던스와 그림 E.7.1(b)의 회로에 대한 등가 어드미턴스를 구하라.

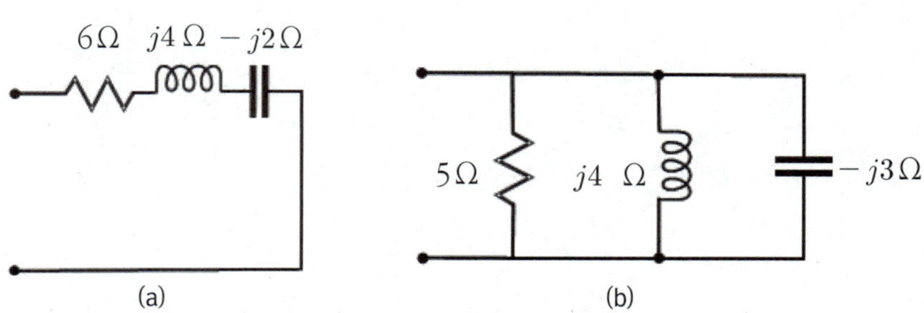

그림 E.7.1 페이저 회로도의 예

7.6 그림 E.7.2의 직병렬 혼합 연결 구조를 갖는 페이저 회로에서 등가 임피던스와 등가 어드미턴스를 구하라.

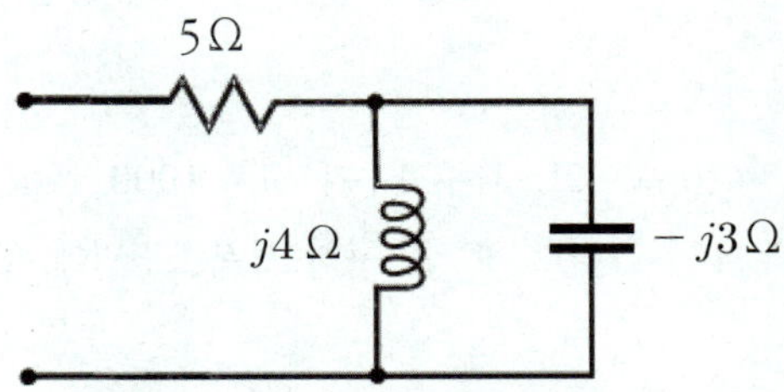

그림 E.7.2 페이저 회로도의 예

7.7 임의의 한 2단자 전기회로 양단에 단자 전압과 양 단자를 흐르는 전류의 순시치가 각각 다음과 같이 관측되었다.

$$v = 100\cos(200\pi t + 45^o)\ \text{V},\ i = 20\cos(200\pi t - 60^o)\ \text{A}$$

(a) 전압과 전류의 페이저도를 그려라.

(b) 이 회로의 임피던스 Z를 구하라.

7.8 그림 E.7.3의 직병렬 혼합 연결 구조를 갖는 회로에 대한 페이저 회로도를 도시하고, 페이저 회로도를 이용하여 20 Ω의 저항을 흐르는 전류의 페이저를 구한 후, 이로부터 시간영역의 전류 i를 구하라.

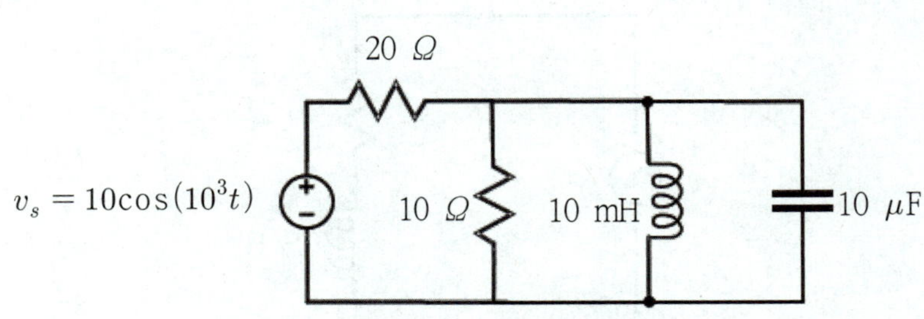

그림 E.7.3 시간영역 회로도의 예

7.9 하나의 수동회로 소자가 사용된 어떤 전기회로에서 $\boldsymbol{V} = 20e^{j30^o}$ V, $\boldsymbol{I} = 5e^{-j60^o}$ mA로 관측되었다. 임피던스 $\boldsymbol{Z}$를 구하고 이 수동회로소자가 유도성 소자인지 용량성 소자인지를 구별하라.

7.10 전압의 페이저가 $\boldsymbol{V_s} = 10$ V이고, 각주파수가 $\omega = 1000$ rad/sec일 때, 다음의 회로에서 페이저 전압 $\boldsymbol{V}_R$과 $\boldsymbol{V}_c$, 그리고 $\boldsymbol{V}_L$을 구하고 복소평면에 도시하라.

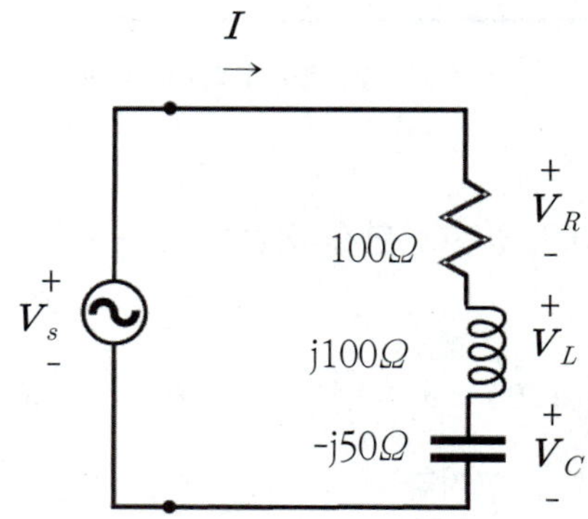

그림 E.7.4 RLC 직렬회로의 예

7.11 페이저 영역 전류가 $\boldsymbol{I} = 0.5e^{j\theta}$ mA, $\theta = \tan^{-1}\frac{3}{4}$ radian이고 전체 임피던스가 $\boldsymbol{Z} = 50e^{j\theta}$ kΩ일 때, 다음의 회로에서 인가된 전압 v의 페이저 영역과 시간영역의 표현을 구하라. 단 각주파수는 $\omega = 100$ rad/sec임

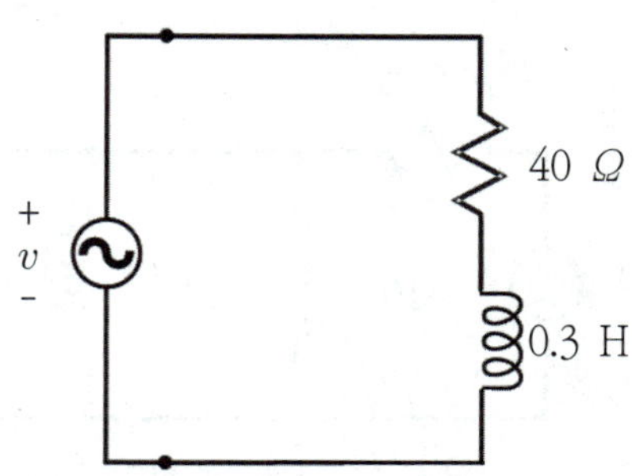

그림 E.7.5 RL 직렬회로의 예

8장 교류회로에서 정상상태 전력

▶학습 목표◀

- 교류회로에서 순시전력과 평균전력의 개념을 학습한다.
- 교류회로에서 피상전력과 역률의 개념을 학습한다.
- 교류회로에서 유효전력과 무효전력, 그리고 복소전력의 개념을 학습한다.
- 교류회로에서 부하측 임피던스와 역률개선 방법을 학습한다.

지금까지 우리는 회로해석에서 많은 부분을 전압과 전류, 그리고 이의 비로 정의되는 임피던스와 관련된 문제를 취급하였다. 그런데 회로해석에서 또 하나의 중요한 문제는 회로에서 소비되는 전력과 에너지이다. 전력과 에너지가 직류에서는 시간에 따른 변화가 없지만 교류에서는 다르다. 따라서 교류는 직류와 또 다른 형태의 몇 가지 전력 용어가 정의되어 사용된다.

본 장에서는 교류회로에서 정상상태일 때 전력과 역률개선 및 최대 전력전달 조건에 대해 자세히 학습하기로 한다.

8.1 교류 전력

1) 순시전력과 평균전력

저항과 직류 전력

우리는 제1장에서 전력을 정의하였다. 그림 8.1(a)와 같은 저항성 회로에 직류전원이 인가되는 경우 시간에 관계없이 그림 8.1(b)와 같이 항상 일정한 전압과 전류 값을 가지기 때문에 이때의 전력 또한 시간에 따라 변하지 않는데, 이러한 전력을 직류전력(DC power) 또는 저항성 전력(resistive power)이라 부른다.

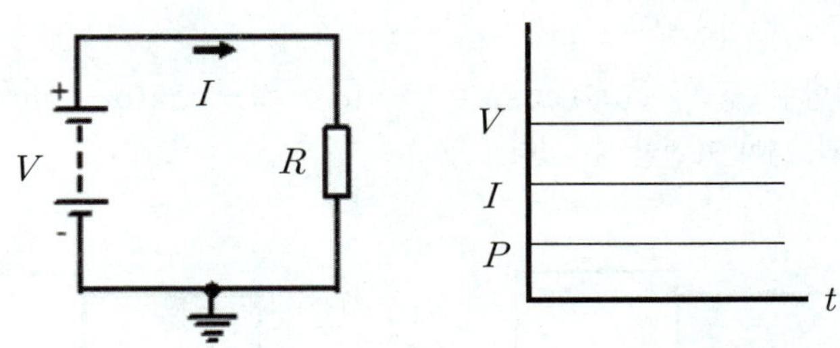

(a) (b)

그림 8.1 저항성 회로와 전력 : (a) 저항성 회로, (b) 직류 전력

순시전력

그림 8.2와 같이 저항성 성분뿐만 아니라 리액턴스 성분까지 포함하는 교류회로에서는 전압과 전류가 시간에 따라 변하므로 매 순간의 전력은 달라진다. 이와 같은 순간의 전력을 순시전력(instantaneous power)이라 부르며 통상적으로 기호 p를 사용하여

$$p = vi \tag{8.1}$$

와 같이 나타낸다.

그림 8.2(a)에서와 같이 부하(load)로 불리는 AC회로(교류회로)에서 전류원으로부터 전력이 공급된다고 가정하자. 또한 일반성을 잃지 않는 범위에서 해석의 단순성을 위해 전류원은 위상이 0인 다음과 같은 정현파 전원이라 가정하자.

$$i(t) = I_m \cos(\omega t) \tag{8.2}$$

이때 정현파 전류원의 인가 결과로 나타난 AC회로의 두 입력 단자 사이의 전압은

$$v(t) = V_m \cos(\omega t + \phi) \tag{8.3}$$

의 형태가 된다. 여기서 ϕ는 전류 $i(t)$에 대한 상대적인 **위상차**(phase difference)이다. 만약 $\phi > 0$이면 전압의 위상이 전류보다 앞서며, 이때 부하(AC회로)는 **유도성 리액턴스**를 타나낸다. 그리고 $\phi < 0$이면 전압의 위상이 전류보다 뒤지며, 이때 부하는 **용량성 리액턴스**를 타나낸다.

식(8.2)와 (8.3)을 식 (8.1)에 대입하면 다음과 같은 순시전력을 얻을 수 있다.

$$p(t) = v(t)i(t) = V_m I_m \cos(\omega t + \phi)\cos\omega t \tag{8.4}$$

여기서 삼각함수 공식 $\cos\alpha\cos\beta = [\cos(\alpha+\beta) + \cos(\alpha-\beta)]/2$을 사용하면 식 (8.4)는 다음과 같이 표현할 수 있다.

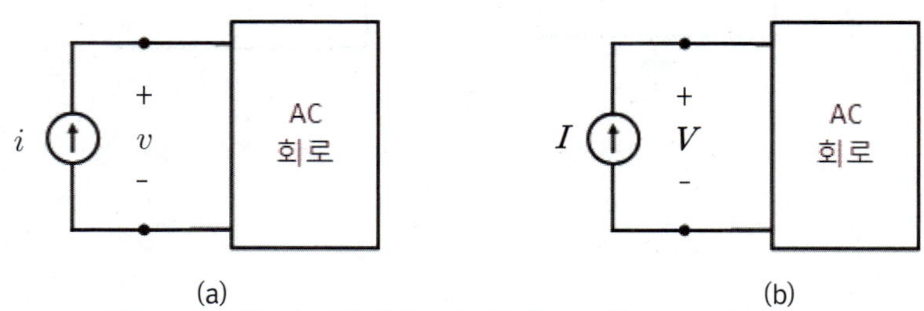

그림 8.2 AC회로와 전력: (a) 시간영역 회로도 (b) 페이저영역 회로도

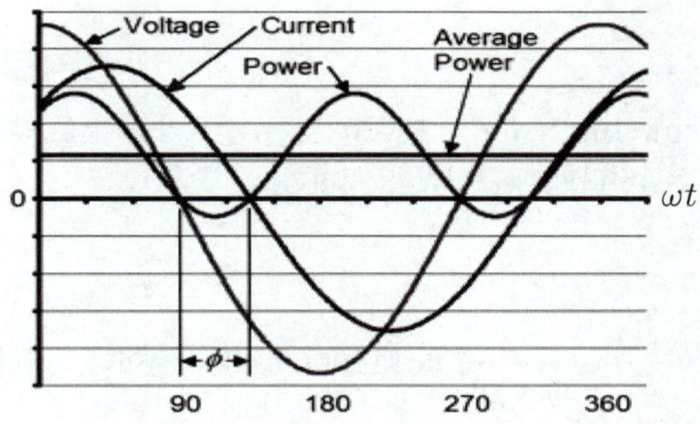

그림 8.3 전압과 전류의 파형에 따른 순시전력에 대한 예

$$p(t) = \frac{1}{2} V_m I_m \cos\phi + \frac{1}{2} V_m I_m \cos(2\omega t + \phi) \tag{8.5}$$

교류 전압과 전류의 파형에 따른 순시전력에 대한 예가 그림 8.3에 보인다.

순시 전력 $p(t)$가 양의 값을 가질 때도 있고 음의 값을 가질 때도 있는데, $p(t) > 0$인 경우 부하로 에너지를 전달하고, $p(t) < 0$인 경우 부하가 에너지를 방출한다는 것을 의미한다.

평균전력

일반적으로 정현파 전원의 진폭과 위상은 임의의 값을 가지더라도 동일한 주파수를 갖는 두 정현파의 곱은 항상 2배의 주파수를 갖는 정현파를 포함한다. 정현파의 평균치는 0이므로 평균전력(average power)은 식 (8.5)로부터

$$P = \frac{1}{2} V_m I_m \cos\phi \quad \text{W} \tag{8.6}$$

가 되는데, 평균전력을 순시전력과 구별하기 위해 통상적으로 대문자 P를 사용하여 나타내며 국제표준 단위로 와트(W)를 사용한다. 전압과 전류의 실효치가 각각
$V_{eff} = V_m / \sqrt{2}$, $I_{eff} = I_m / \sqrt{2}$ 이므로, 식 (8.6)을 실효치로 나타내면

$$P = V_{eff} I_{eff} \cos\phi \quad \text{W} \tag{8.7}$$

가 된다.

예제 8.1

전압 $v(t) = 2\cos(100t + 30^o)$ 볼트를 갖는 신호가 5 kΩ의 부하에 인가되었을 때, 이 신호의 순시전력과 평균전력을 구하라.

풀이

전류는 $i(t) = \frac{v(t)}{R} = \frac{2}{5 \times 10^3}\cos(100t + 30^o)$ A이다. 따라서 전압과 전류의 최대치는 각각 $V_m = 2\text{V},\ I_m = \frac{2}{5}$ mA이며, 위상차는 $\phi = 0^o$이다. 식 (8.5)과 (8.6)에 의해 순시전력과 평균전력은 각각 다음과 같다.

$$p(t) = \frac{1}{2}V_m I_m \cos\phi + \frac{1}{2}V_m I_m \cos(200t + 60^o + \phi)$$

$$= \frac{2}{5} + \frac{2}{5}\cos(200t + 60^o) \text{ mW}$$

$$P = \frac{1}{2}V_m I_m \cos\phi = \frac{2}{5} \text{ mW}$$

2) 피상전력과 역률

앞에서 설명한 교류전력에 대해 우리는 3가지 다른 경우를 생각할 수 있다. 첫 번째는 전압과 전류의 위상차가 $\phi = 0^o$인 경우, 두 번째는 $\phi = \pm 90^o$인 경우, 마지막으로 $\phi \neq 0^o, \pm 90^o$인 일반각을 가지는 경우이다. 이 세 가지 경우에 대해 좀 더 자세히 살펴보기로 하자.

전압과 전류의 위상차가 0^o인 경우

식 (8.5)에서 $\phi = 0^o$인 경우는 저항성 성분만 나타나는 회로이므로 전압과 전류는 위상차가 없는 동상(in phase)이다. 이러한 경우는 전원에서 부하로 전력 전달만 일어난다. 따라서 이 경우 식 (8.5)는

$$p(t) = \frac{1}{2}V_m I_m + \frac{1}{2}V_m I_m \cos 2\omega t = V_{eff} I_{eff} + V_{eff} I_{eff} \cos 2\omega t \qquad (8.8)$$

가 되고, 이때 순시전력은 $V_{eff}I_{eff}$ 값을 중심으로 진동한다. 더군다나 이러한 경우는 $\cos\phi$의 값이 최대가 된다. 여기서 $V_{eff}I_{eff}$를 통상적으로 다음과 같이 S로 정의하며,

$$S \doteq V_{eff} I_{eff}, \quad \text{VA} \qquad (8.9)$$

특별히 이 전력 S를 피상전력(apparent power) 혹은 겉보기전력이라 한다. 그리고 피상전력의 단위로는 볼트와 암페어의 곱 형태인 VA를 사용한다. 만약 전압과 전류가 동상이고 각각의 최대치가 같다면, 식 (8.8)은 그림 8.4(a)와 같은 형태의 순시전력 $p(t)$를 갖는다.

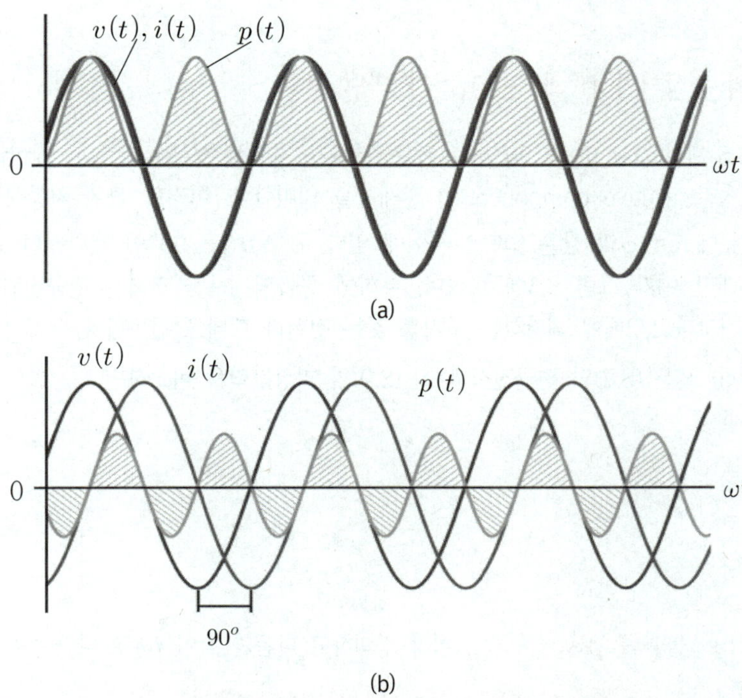

그림 8.4 전압과 전류의 최대치가 같을 때 부하의 순시전력 형태 :
(a) $V_m = I_m = 1$이고 $\phi = 0^o$인 경우, (b) $V_m = I_m = 1$이고 $\phi = 90^o$인 경우

전압과 전류의 위상차가 $\pm 90^o$인 경우

식 (8.5)에서 $\phi = \pm 90^o$인 경우는 리액티브 성분만 나타나는 회로(reactive circuit)에서 일어나는 현상이다. 이 경우 $\cos(\pm 90^o) = 0^o$이므로, 식 (8.5)는

$$p(t) = \frac{1}{2} V_m I_m \cos(2\omega t + \phi) = V_{eff} I_{eff} \cos(2\omega t \pm 90^o) \tag{8.10}$$

이 된다. 따라서 리액티브 회로에서 평균전력은 0이다. 그리고 전압과 전류의 위상차가 90^o이고 $|I_m| = |V_m|$인 경우, 식 (8.10)의 순시전력은 그림 8.4(b)와 같은 형태를 갖는다. 즉 전압과 전류의 최대치가 같고 위상차가 $\pm 90^o$인 경우 부하의 순시전력 $p(t)$는 반주기[원 신호의 1/4 주기에 해당]는 양의 값을, 다른 반주기는 음의 값을 보인다. 순시전력이 $p(t) > 0$이라는 것은 전원에서 부하로 에너지를 공급한다는 것을 의미하며, $p(t) < 0$이라는 것은 부하가 전원 쪽으로 에너지를 내보낸다는 것을 의미한다.

전압과 전류의 위상차가 0^o와 $\pm 90^o$가 아닌 경우

식 (8.5)에서 $\phi \neq 0^o$, $\pm 90^o$라는 것은 부하가 저항성 성분(resistive component)과 리액티브 성분(reactive component)이 혼재함을 의미한다. 이러한 경우 저항성 값은 0보다 크기 때문에 $\cos\phi$의 값은 0과 1 사이에 있다. $\phi \neq 0^o$, $\pm 90^o$인 일반적인 교류회로에서 전력에 대한 예가 그림 8.3에 보이며, 부하에 공급되는 순시전력은 평균전력을 중심으로 전원 주기보다 1/2배에 해당하는 주기를 갖는 정현파 형태로 진동한다.

식 (8.6) 혹은 (8.7)의 평균전력과 식 (8.9)의 피상전력을 비교하면

$$0 \leq P \leq S \tag{8.11}$$

이 된다.

역률

식 (8.5)에서 $\cos\phi$를 역률(power factor)이라 정의하고 다음과 같이 pf로 나타낸다.

$$pf \doteq \cos\phi \tag{8.12}$$

부하의 임피던스에서 리액티브 성분의 크기는 주파수에 의존하므로, 전원이 공급될 때 전류와 전압의 위상차 또한 주파수 의존성이 된다. 따라서 역률도 주파수 의존성이 된다. 그리고 $\cos(-\phi)=\cos\phi$이므로 전압의 위상이 앞서든 전류의 위상이 앞서든 항상 역률은 양의 값을 갖는다. 이러한 모호성 문제를 풀기 위해 우리는 전류가 전압보다 위상이 늦느냐 빠르냐를 구분하는 용어를 사용한다. 즉 $\phi>0$이면 전류가 전압보다 위상이 늦으므로 이때의 역률을 지상역률(lagging power factor: lagging pf)이라 하고, $\phi<0$이면 전류가 전압보다 위상이 빠르므로 이때의 역률을 진상역률(leading power factor: leading pf)이라 한다. 이 두 경우는 다음과 같이 정리할 수 있다.

지상역률 $\Leftrightarrow$ 유도성 부하, $\phi>0$
진상역률 $\Leftrightarrow$ 용량성 부하, $\phi<0$

다시 말하면, 수동회로에서는 평균전력이 $P\geq 0$이므로 $R=Re[\boldsymbol{Z}]\rangle 0$, $G=Re[\boldsymbol{Y}]\rangle 0$이 된다. 따라서 2단자 수동회로에서 부하의 임피던스와 어드미턴스는 복소평면 상에서 제1상한 혹은 제4상한에 존재한다.

예제 8.2

그림 8.5의 교류회로에 전압 $v(t)$가 인가될 때, 1) 두 단자 a, b의 오른쪽에 위치한 부하에 공급되는 평균전력과 피상전력을 구하고, 2) 이 회로의 역률 pf를 구하고 이때 지상역률인지 진상역률인지를 구분하라.

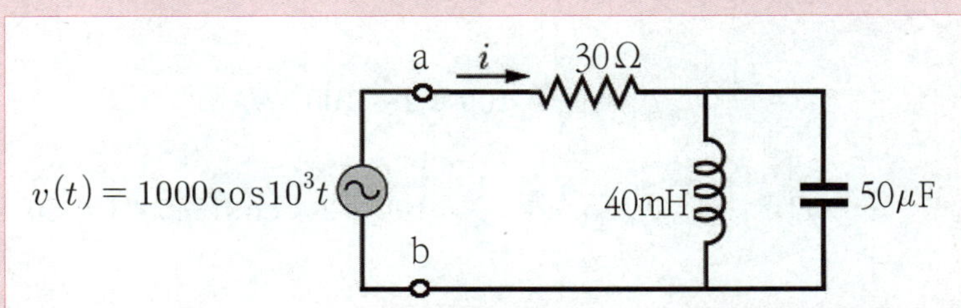

그림 8.5 *RLC* 혼합 회로의 예

풀이

인가된 전압을 페이저로 나타내면

$$V=100 \quad 볼트 \tag{8.13}$$

가 된다. 그리고 $\omega=1000\text{rad/sec}$이므로, 인덕터와 커패시터의 병렬 합성임피던스는

$$Z_{LC}=\frac{j\omega L\times(1/j\omega C)}{j\omega L+1/j\omega C}=\frac{j\omega L}{1-\omega^2 LC}$$

$$=\frac{j10^3\times40\times10^{-3}}{1-10^6\times40\times10^{-3}\times50\times10^{-6}}=-j40\,\Omega \qquad (8.14)$$

이다. 따라서 단자 a, b 오른쪽의 전체 등가 임피던스 $\boldsymbol{Z}$는

$$\boldsymbol{Z}=30-j40$$

$$\simeq 50e^{-j53^o}\quad \Omega \qquad (8.15)$$

이며, $\boldsymbol{Z}$는 용량성 부하이다. 전류 i의 페이저는 다음과 같다.

$$\boldsymbol{I}=\frac{\boldsymbol{V}}{\boldsymbol{Z}}=\frac{100}{50e^{-j53^o}}=2e^{j53^o}\quad \text{A} \qquad (8.16)$$

i) 평균전력 P과 피상전력 S

$$S=\frac{1}{2}V_mI_m=\frac{1}{2}\times100\times2=100\quad \text{VA}$$

$$P=\frac{1}{2}V_mI_m\cos\phi=\frac{1}{2}\times100\times2\times\cos(-53^o)\simeq60\quad \text{W}$$

ii) 역률 pf

$pf=\cos\phi\simeq0.6,\ \phi<0$이므로 진상역률이다.

8.2 복소전력

1) 유효전력과 무효전력

앞서 학습한 평균전력은 전력회사가 소비자에게 실질적으로 공급하는 전력이기 때문에 매우 중요하다. 그런데 발전과 송전 측면에서 보면 시스템의 용량이나 효율 등을 고려하여야 하므로 평균전력 만으로는 충분하지 않다. 그리고 피상전력은 전송선이 감당해야하는 혹은 전력공급자가 전력시스템을 설계할 때 반드시 고려해야 하는 사항이기 때문에 또한 중요한 부분이다. 이러한 두 가지 전력 외에 우리가 부가적으로 고려해야 할 사항이 있다. 이들에 대해 살펴보자.

삼각함수 공식 $\cos(\alpha+\beta)=\cos\alpha\cos\beta-\sin\alpha\sin\beta$를 식 (8.5)에 사용하면

$$p(t)=\frac{1}{2}V_m I_m\cos\phi+\frac{1}{2}V_m I_m[\cos\phi\cos2\omega t-\sin\phi\sin2\omega t] \tag{8.17}$$

을 얻을 수 있다. 식 (8.17)에서 다음과 같이 새로운 양을 도입하여 보자.

$$\boxed{P\doteq\frac{1}{2}V_m I_m\cos\phi} \tag{8.18}$$

$$\boxed{Q\doteq\frac{1}{2}V_m I_m\sin\phi} \tag{8.19}$$

그리고 식 (8.17)은 2개의 다른 성분으로 다음과 같이 분리할 수 있다.

$$p(t)=p_R(t)-p_X(t)\ \text{W} \tag{8.20}$$

단,

$$p_R(t)=P(1+\cos2\omega t)\ \text{W} \tag{8.21}$$

$$p_X(t)=Q\sin2\omega t\ \text{VAR} \tag{8.22}$$

식 (8.21)의 $p_R(t)$는 그림 8.6에서와 같이 평균이 P이면서 0과 $2P$ 사이를 진동하는 순시전력이다.

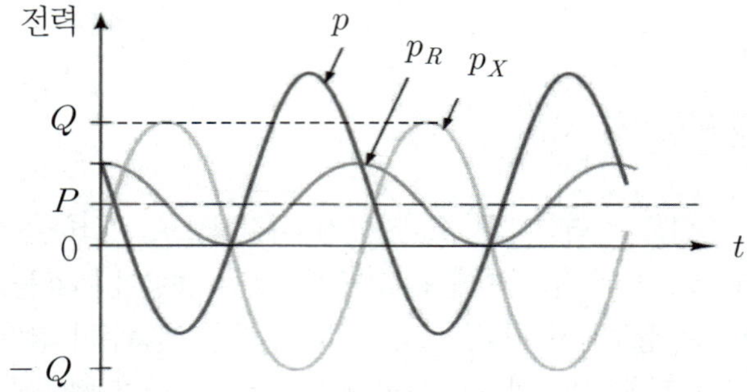

그림 8.6 순시전력, 유효전력, 무효전력(출처: Franco)

여기서 $p_R(t)$는 분명히 부하의 저항성 성분 $R(\omega)$에 의해 흡수되는 순시전력을 나타내므로, P를 다음과 같이 표현할 수 있다.

$$P = R(\omega) I_{eff}^2 \tag{8.23}$$

이러한 이유로 $p_R(t)$를 순시유효전력(instantaneous real power)라 부르며, 특히 평균전력 P를 유효전력(real power)이라고도 부른다. $p_R(t)$의 SI 단위로는 와트(W)를 사용한다. 그리고 $R(\omega)$는 주파수에 의존하는 부하의 저항성 성분이다.

한편 식 (8.22)의 $p_X(t)$는 그림 8.6에서와 같이 평균이 0이면서 $+Q$와 $-Q$ 사이를 진동하여, 결과적으로 전압이나 전류의 $\frac{1}{2}$주기 동안은 부하로 에너지를 전송하고 다른 $\frac{1}{2}$주기 동안은 부하에서 전원으로 에너지를 방출한다. 즉 평균적으로 부하에서 소모되는 전력에 기여하지는 못한다. 이러한 현상은 부하 쪽의 리액티브 성분 $X(\omega)$에 의해 일어나는 것으로, Q를 다음과 같이 다시 표현할 수 있다.

$$Q = X(\omega) I_{eff}^2 \tag{8.24}$$

Q는 부하의 리액티브 성분과 전원 사이의 에너지 교환이 있음을 의미한다. $p_X(t) > 0$인 반주기 동안은 부하의 리액티브 성분에 저장되며, $p_X(t) < 0$인 반주기 동안은 에너지가 전원으로 되돌아간다. 이러한 이유로 Q를 무효전력(reactive power)이라 하며, 단위로는

VAR(volt-amparees reactive)을 사용한다.

유도성 부하일 경우에는 전류의 위상이 전압의 위상보다 늦으므로 $\phi > 0$이고, 용량성 부하인 경우에는 전류의 위상이 전압의 위상보다 빠르므로 $\phi < 0$이 된다. 결과적으로 식 (8.18)과 (8.19)과 같이

$$Q > 0,\ \text{유도성 부하}$$
$$Q < 0,\ \text{용량성 부하}$$

으로 나타낼 수 있다. 이것은 유도성 부하에서는 리액티브 전력을 소모하고, 용량성 부하에서는 리액티브 전력을 생산한다고 해석할 수도 있다.

한편 식 (8.9), (8.18), (8.19)로부터 다음의 관계가 성립함을 알 수 있다.

$$\text{피상전력} = \sqrt{(\text{유효전력})^2 + (\text{무효전력})^2},\quad S = \sqrt{P^2 + Q^2} \tag{8.25}$$

2) 전력과 부하 임피던스

전압과 전류의 페이저 비(ratio)인 임피던스는 $\boldsymbol{Z} = \boldsymbol{V}/\boldsymbol{I}$의 관계가 있으므로, 부하의 저항성 성분 $R(\omega)$와 리액티브 성분 $X(\omega)$을 복소평면에서 나타내면 그림 8.7과 같다.

그림 8.7에 따르면, 식 (8.12)에 의해 정의된 역률 pf는 다음과 같이 나타낼 수 있다.

$$pf = \cos\phi = \frac{R(\omega)}{|\boldsymbol{Z}|} \tag{8.26}$$

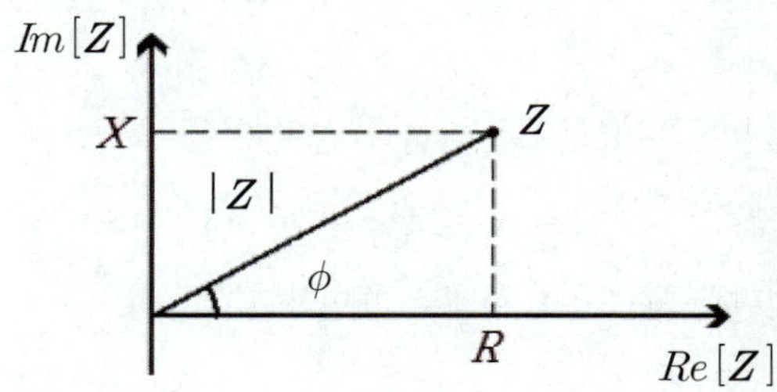

그림 8.7 부하의 임피던스 삼각도 ($\phi > 0$인 경우)

그리고 $\phi = \angle \boldsymbol{Z}$이므로, 식 (8.18)과 (8.26)으로부터 다음 관계를 얻을 수 있다.

$$P = V_{eff} I_{eff} \cos\phi = V_{eff} I_{eff} \cos(\angle \boldsymbol{Z}) = V_{eff} I_{eff} \frac{R(\omega)}{|\boldsymbol{Z}|} \tag{8.27}$$

한편 $V_{eff} = |\boldsymbol{Z}| \times I_{eff}$이므로 식 (8.27)은

$$P = R(\omega) I_{eff}^2 \tag{8.28}$$

와 같이 나타낼 수 있다. 식 (8.28)은 식 (8.23)과 동일하며, 다음과 같은 물리적 해석을 할 수 있다. 즉 $R(\omega)$는 **교류전류에 대해 전력을 소모하는 AC회로의 능력**을 나타낸다.

여기서 우리가 지적하고 넘어가야 하는 부분이 있다. 방금 말하였듯이 $R(\omega)$는 반드시 부하의 저항성분과 일치하는 것은 아니며, 이는 인가 전원의 주파수에 의존하는 저항성 성분으로 해석해야 한다.

한편 식 (8.28)로부터 $I_{eff}^2 = P/R(\omega)$을 얻을 수 있으며, 식 (8.27)의 첫 번째 등호 좌우를 제곱함으로써 $P^2 = (V_{eff} I_{eff} \cos\phi)^2$을 얻을 수 있는데, 이 두 관계식으로부터 다음의 식을 얻을 수 있다.

$$\boxed{P = \frac{(V_{eff} \cos\phi)^2}{R(\omega)}} \tag{8.29}$$

예제 8.3

부하의 임피던스가 $\boldsymbol{Z} = 30 + j40$인 교류회로에서, 1) 실효치가 1 A인 전류를 부하에 흘러 보낼 때 유효전력과 역률을 구하고, 2) 동일 부하에 실효치가 10 V인 전압을 인가할 때 부하에 공급되는 유효전력과 역률을 구하라.

풀이

i) 식 (8.28)에 의해 유효전력은 다음과 같이 얻을 수 있다.

$$P = R(\omega) I_{eff}^2 = 30 \times 1^2 = 30 \ \mathrm{W}$$

그리고 임피던스를 극좌표 형태로 표현하면

$$\boldsymbol{Z} = 30 + j40 = 50 e^{j\phi} \ \Omega, \quad \phi = \tan^{-1}\frac{4}{3} \doteq 53^o$$

이므로, 역률은 다음과 같다.

$$\cos\phi = \cos(53^o) \simeq 0.6$$

ii) 식 (8.29)으로부터 유효전력은

$$P = \frac{(V_{eff}\cos\phi)^2}{R(\omega)} = \frac{(10 \times 0.6)^2}{30} = \frac{6}{5} \text{ W}$$

이 된다. 역률은 앞서 계산한 바와 같이 다음과 같다.

$$\cos\phi = \cos(53^o) \simeq 0.6$$

3) 복소전력

앞서 피상전력을 식 (8.25)와 같이 표현할 수 있음을 보았다. 즉 피타고라스 법칙이 S, P, Q 사이에 적용될 수 있으므로, 만약 피상전력 S를 복소수 $\boldsymbol{S}$로 대체한다면 우리는 $\boldsymbol{S}, P, Q$를 복소평면에서 그림 8.8과 같이 나타낼 수 있다. 이와 같이 피상전력을 다음과 같이 복소수로 정의한 것을 복소전력(complex power)이라 한다. 즉 복소전력을 다음과 같이 정의하고 단위는 피상전력에서와 같은 VA를 사용한다.

$$\boldsymbol{S} \doteq P + jQ = |\boldsymbol{S}| \angle \phi \quad \text{VA} \tag{8.30}$$

복소평면에서 전력 삼각도는 임피던스 삼각도와 비교된다. 여기서 각 전력과 단위를 다시 정리하면 다음과 같다.

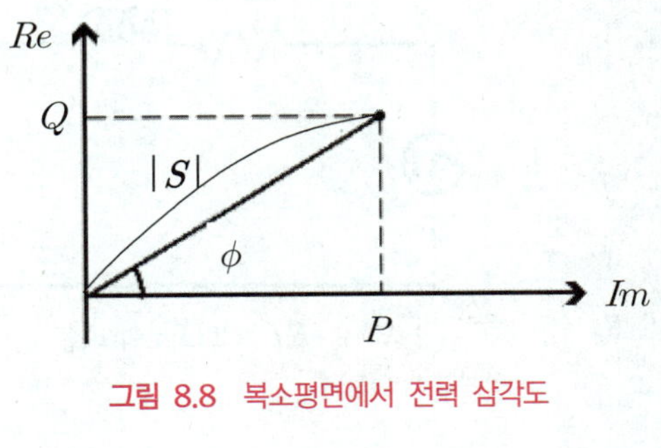

그림 8.8 복소평면에서 전력 삼각도

> S : 복소 전력(피상전력에 해당됨) [VA]
> P : 유효전력(평균전력에 해당됨) [W]
> Q : 무효전력 [VAR]

여기서 부하의 실효 전압과 전류를 각각 복소지수 형으로 다음과 같이 정의하자.

$$\boldsymbol{V}_{eff} \doteq V_{eff}e^{j\theta_v} \tag{8.31}$$

$$\boldsymbol{I}_{eff} \doteq I_{eff}e^{j\theta_i} \tag{8.32}$$

식 (8.31)과 (8.32)를 사용하면 다음의 관계식을 얻을 수 있으며,

$I_{eff}^2 = \boldsymbol{I}_{eff}\boldsymbol{I}_{eff}^*$, 첨자 *는 공액복소수

$$\boldsymbol{S} = \boldsymbol{Z}\,I_{eff}^2 = \boldsymbol{Z}\,\boldsymbol{I}_{eff}\boldsymbol{I}_{eff}^*,$$

$$\boldsymbol{V}_{eff} = \boldsymbol{Z}\,\boldsymbol{I}_{eff}$$

이때 복소전력에 대한 또 하나의 표현식을 다음과 같이 얻을 수 있다.

$$\boldsymbol{S} = \boldsymbol{V}_{eff}\boldsymbol{I}_{eff}^* \quad \text{VA} \tag{8.33}$$

예제 8.4

$R = 4\Omega$의 저항과 $L = 30$ mH의 인덕터가 그림 8.9와 같이 직렬로 연결되어 있는 부하에 교류전원 $v_s = 10\cos 100t$를 인가할 때, 실효전압, 전압의 페이저, 복소전력, 역률을 구하라.

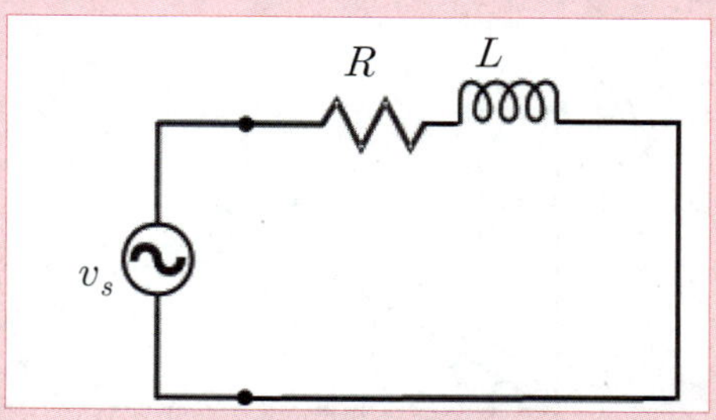

그림 8.9 RL 직렬회로의 예

풀이

전압 v_s의 실효치와 페이저는 각각

$$v_{s,eff} = 10/\sqrt{2} \simeq 7.07 \text{ V},$$
$$\boldsymbol{V} = 10 \text{ V}$$

이며, 각주파수는 $\omega = 100$ rad/s이다. 그리고 부하 임피던스는 다음과 같다.

$$\boldsymbol{Z} = 4 + j100 \times 30 \times 10^{-3} = 4 + j3 = 5e^{j\tan^{-1}(3/4)} \simeq 5e^{j37^o} \ \Omega$$

따라서 전류의 페이저는

$$\boldsymbol{I} = \frac{\boldsymbol{V}}{\boldsymbol{Z}} = 2e^{-j37^o} \text{ A}$$

이며, 역률과 복소전력은 각각 다음과 같다.

$$\cos\phi = \cos(37^o) \simeq 0.8$$

$$\boldsymbol{S} = \boldsymbol{V}_{eff}\boldsymbol{I}_{eff}^* = \frac{10 \times 2e^{j37^o}}{\sqrt{2} \times \sqrt{2}} = 10e^{j37^o} \text{ VA}$$

8.3 역률개선

앞서 학습한 바와 같이 역률이란 피상전력에 대한 유효전력의 비율을 말한다. 이는 **'실제로 전기기기에 인가되는 전압과 전류가 얼마나 유효하게 일을 하는가에 대한 비율'**을 의미한다. 그림 8.6에서 전력 $p_X(t)$는 평균전력에 기여하지 못함에도 불구하고 전력시스템 설계시 전원 측에 추가적인 부담을 주게 된다. 이러한 부담은 산업적인 측면에서 전력의 생산과 분배에 바람직하지 않다. 이러한 문제를 극복하는 방법 중 한 가지가 부하 측에서 역률을 개선하는 것으로, 지금부터 이 부분에 대해 자세히 살펴보기로 한다.

먼저 식 (8.7)로부터 전류의 실효치는 다음과 같이 표현할 수 있다.

$$I_{eff} = \frac{P}{V_{eff} \times pf} \tag{8.34}$$

식 (8.34)를 살펴보면 부하로 흐르는 전류는 역률에 반비례한다는 것을 알 수 있다. 그러므로 더 낮은 역률은 부하로 더 많은 전류를 흘러 보내야 한다는 것을 의미한다. 역률을 1에 가깝게 가져갈수록 전력 시스템은 더욱 바람직하다고 볼 수 있는데, 이 경우 무효전력 Q는 $Q \rightarrow 0$이 되는데 이것은 $p_X(t) \rightarrow 0$이 되는 것을 의미한다. 만약 $'pf = 1'$인 경우 부하로 공급되는 전류와 부하의 전압은 동상이 되어 그림 8.10과 같은 모양이 된다.

역률을 1에 가깝게 만드는 한 가지 방법은 부하의 전선 말단 부분에 적절한 부가적인 리액턴스 성분을 연결함으로써 이룰 수 있다. 이러한 방법은 부하와 전원 사이가 아닌 부하와 부가적인 리액턴스 성분 사이에 전력을 교환함으로써, 발전소나 전력 전송 시 위에 지적한 문제점들을 개선할 수 있다. 이러한 절차를 수행하는 작업을 **역률개선**(power-factor correction)이라 부른다.

부하 측에서 역률개선 전후에 대한 어드미턴스 개념도가 그림 8.11에 보인다.

그림 8.11(a)에서와 같이 역률개선 전의 부하 측 어드미턴스를

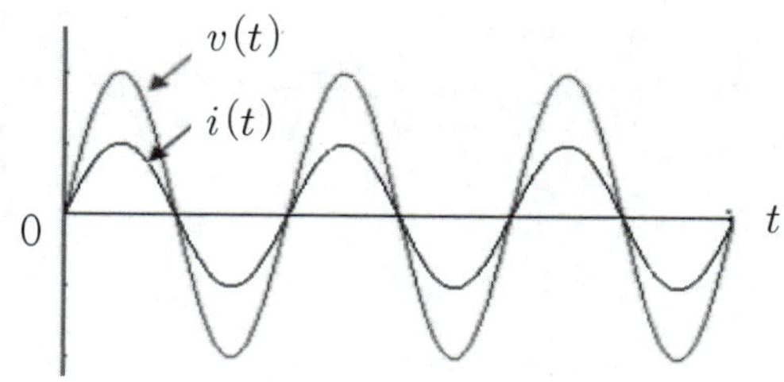

그림 8.10 $'pf = 1'$인 경우 부하로 공급되는 전류와 전압의 위상 관계($V_m > I_m$)

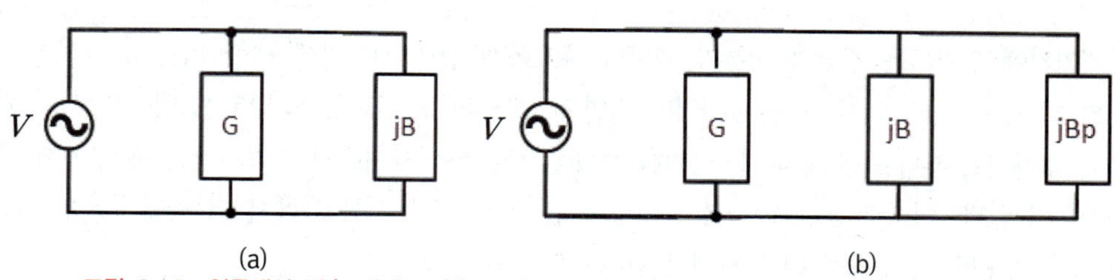

그림 8.11 역률개선 전후 개념도: (a) 역률개선 전 부하와 전원, (b) 역률개선 후 부하와 전원

$$Y = G + jB \ \mho \tag{8.35}$$

으로 나타낼 수 있다. 그리고 그림 8.11(b)에서와 같이 부가적으로 부하 측 말단에 부하와 병렬로 접속한 서셉턴스를 B_p라 한다면, 역률개선 후 부하 측 전체(부가적 회로 포함)의 어드미턴스는

$$Y = G + j(B + B_p) \ \mho \tag{8.36}$$

이 될 것이다. 만약 식 (8.36)에서

$$B_p = -B \ \mho \tag{8.37}$$

의 관계가 성립한다면 역률은 1이 되고 무효전력은 $Q = 0$이 된다.

부하의 설비는 저항성, 유도성, 용량성으로 구분할 수 있는데, 실제 현장에서 사용되는 대부분의 부하는 저항성 또는 유도성 부하로 전력계통에서 지상무효전력이 많이 발생한다. 이러한 지상무효전력을 줄이기 위해서는 이와 위상이 반대인 진상무효전력을 발생시키면 두 무효전력은 서로 상쇄되어 이론적으로는 유효전력만 남아 역률을 100%에 가까운 상태로 만들 수 있다. 그림 8.12는 이러한 지상무효전력에 대한 보상 개념도가 보인다.

송전 측면에서 부하의 역률이 낮을 때 일정의 전력을 부하에 공급해야 하는 경우를 생각해 보자. 이 경우 역률이 낮으면 동일 전압 하에서 큰 전류를 흘려야 한다. 이러한 경우 전송선을 흐르는 전류가 크면 발전기, 송전선, 변압기 등을 포함한 전송계통에서의 손실이 커지고 따라서 여기에 포함되는 기기의 용량도 큰 것이 요구된다. 따라서 역률을 높게 설계하는 것이 유리한데, 역률개선으로 얻을 수 있는 이득을 정리해 보면 다음과 같이 요약할 수 있다.

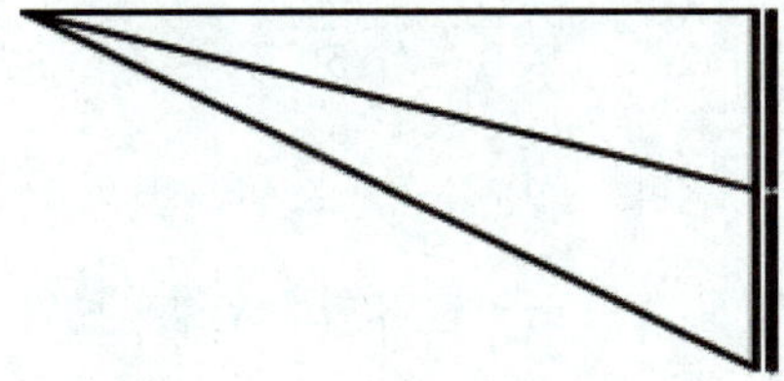

그림 8.12 지상무효전력에 대해 진상무효전력으로 보상하는 개념도 : $|Q_L| = |Q_C|$

정리 8.1 역률개선으로 얻는 이득

역률이 크다는 것은 유효전력이 피상전력에 근접하는 것을 의미한다. 따라서 역률개선으로 다음과 같은 이득을 얻을 수 있다.

i) 수용가 측면

- 역률개선으로 인한 설비용량의 여유증가: 역률이 개선됨으로써 부하로 흐르는 전류가 감소하게 되어 동일 설비로도 설비용량에 여유가 생기게 된다. 즉 설비용량을 늘리지 않고도 부하의 증설이 가능하다.
- 역률을 개선함으로써 전기요금이 절약된다.

ii) 공급자 측면

- 설비의 합리화: 수용가의 부하역률을 개선함으로써 그에 상응하는 전력회사는 설비를 합리화할 수 있다.
- 역률개선에 의한 선로 손실 감소: 역률 개선에 의해 전송선로 전류가 줄어들게 되므로 선로에서 경제적 송신을 할 수 있다.
- 변압기 및 배전선의 용량 및 손실 경감: 배전선 및 변압기 용량의 시설을 최적화시키고, 이로 인해 무효전력이 감소하므로 이 부분에서 전력손실을 경감시킬 수 있다.

예제 8.5

AC 전압을 사용하는 회로의 부하가 $Z = 30 + j40\ \Omega$ 이라고 한다. 역률개선을 위해 이 부하와 병렬로 연결할 적절한 리액턴스를 찾아라.

풀이

부하 측 어드미턴스는

$$Y = \frac{3}{250} - j\frac{4}{250} \quad \mho$$

이다. 따라서 부하에 리액턴스 성분을 0으로 만들면 역률이 1이 된다. 부하 측에 부가적인 어드미턴스 $jB_p = j\frac{4}{250}$ 를 병렬로 연결해 주면 된다.

8.4 최대 전력전달 조건

지금까지의 내용을 바탕으로 부하에 최대의 전력 공급이 어떤 조건에서 일어나는지에 대해 그림 8.13을 참고로 살펴보자.

즉 정현파 교류전원을 포함하는 그림 8.13 회로의 단자 a-b의 오른쪽에 부하 $\boldsymbol{Z}_L$을 연결할 때, 부하 $\boldsymbol{Z}_L$에 최대의 전력이 전달되는 조건을 구해 보자. 그림 8.13의 점선 부분에 속하는 능동회로의 내부 임피던스를 $\boldsymbol{Z}_s = R_s + jX_s$라 하고, 부하 임피던스를 $\boldsymbol{Z}_L = R_L + jX_L$이라 하자. 이 때 부하 $\boldsymbol{Z}_L$에 인가된 전압과 이를 흐르는 전류는 각각

$$\boldsymbol{V}_L = \frac{\boldsymbol{Z}_L}{\boldsymbol{Z}_s + \boldsymbol{Z}_L}\boldsymbol{V}_s \tag{8.38}$$

$$\boldsymbol{I}_L = \frac{\boldsymbol{V}_s}{\boldsymbol{Z}_s + \boldsymbol{Z}_L} \tag{8.39}$$

가 된다. 부하 $\boldsymbol{Z}_L$에 공급되는 시평균(time average) 전력은

$$\begin{aligned} P_L &= \frac{Re\{\boldsymbol{Z}_L\}}{|\boldsymbol{Z}_S + \boldsymbol{Z}_L|^2}|\boldsymbol{V}_s|^2 \\ &= \frac{R_L}{(R_s + R_L)^2 + (X_s + X_L)^2}|\boldsymbol{V}_s|^2 \end{aligned} \tag{8.40}$$

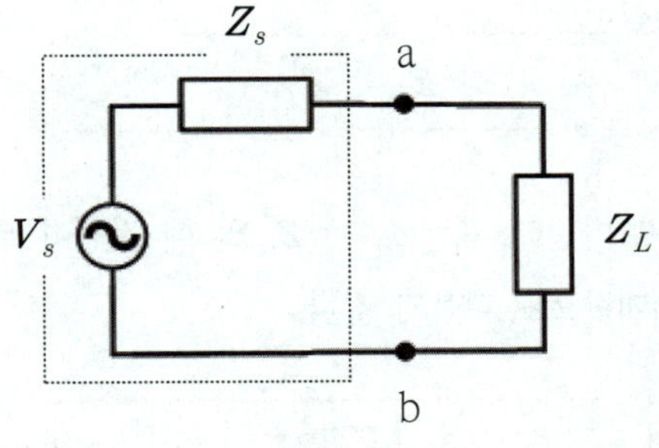

그림 8.13 최대 전력전달이 일어나기 위한 조건을 설명하기 위한 회로도

이 된다. 여기서 교류전원 $\boldsymbol{V}_s$는 진폭과 주파수가 일정하므로 $|\boldsymbol{V}_s|^2$은 상수의 값을 가진다. 그리고 능동회로의 내부 임피던스는 일정하므로 R_s와 X_s는 또한 상수의 값을 갖는다. 이러한 상태에서 P_L이 최대가 되기 위한 Z_L의 조건은

$$\frac{\partial P_L}{\partial R_L}=0 \tag{8.41}$$

$$\frac{\partial P_L}{\partial X_L}=0 \tag{8.42}$$

을 만족할 때이다. 먼저 식 (8.42)의 조건으로부터

$$\frac{\partial P_L}{\partial X_L}=\frac{-2R_L(X_s+X_L)}{[(R_s+R_L)^2+(X_s+X_L)^2]^2}|\boldsymbol{V}_s|^2=0 \tag{8.43}$$

이 성립되어야 한다. 한편 식 (8.41)의 조건으로부터

$$\frac{\partial P_L}{\partial R_L}=\frac{(R_s+R_L)^2+(X_s+X_L)^2-2R_L(R_s+R_L)}{[(R_s+R_L)^2+(X_s+X_L)^2]^2}|\boldsymbol{V}_s|^2=0 \tag{8.44}$$

이 성립되어야 한다. 식 (8.43)로 부터 $X_s=-X_L$이 성립되어야 한다. 이 조건을 식 (8.44)와 함께 사용하면 $R_s=R_L$이 성립되어야 한다. 이 두 가지 조건을 함께 고려하여 다시 정리하면 다음이 성립되어야 한다.

$$\boldsymbol{Z}_s=\boldsymbol{Z}_L^* \tag{8.45}$$

여기서 *는 공액복소수를 나타낸다. 즉 $\boldsymbol{Z}_s=\boldsymbol{Z}_L^*$일 때 전원이 부하에 최대의 전력을 공급할 수 있다. 이 때 전력은 최대값으로 다음과 같다.

$$P_L|_{\max}=\frac{|\boldsymbol{V}_s|^2}{4R_s}=\frac{|\boldsymbol{V}_s|^2}{4R_L} \tag{8.46}$$

능동회로가 부하에 최대의 전력을 전달할 수 있도록 부하 임피던스 Z_L이 설계되었을 때 우리는 전원과 부하 사이에 임피던스 정합(공액접합)이 이루어졌다고 한다.

지금까지의 내용을 정리하면, **'임의의 전원에 연결된 부하 임피던스 Z_L이 전원의 내부 임피던스 Z_s의 공액복소수와 같을 때, 즉 $Z_L = Z_s^*$이 될 때 전원은 부하 Z_L에 최대의 전력을 공급할 수 있으며, 이 때 전원과 부하 Z_L은 임피던스 정합이 이루어졌다'**고 말한다.

예제 8.6

그림 8.14의 회로에서 전원 V_s가 부하 Z_L에 최대의 전력을 전달하려면 Z_L이 어떤 값을 가져야 하는가?

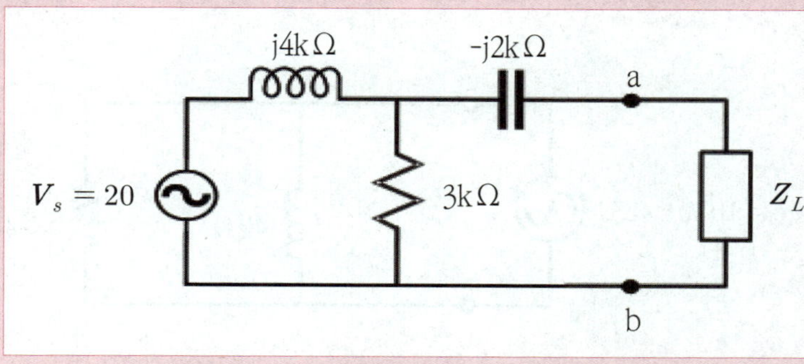

그림 8.14 RLC 회로의 예

풀이

먼저 단자 a-b의 왼쪽에 대한 등가임피던스를 구해보자. a-b의 오른쪽에 대한 등가 임피던스는 다음과 같다.

$$Z_{eq} = -j2 + \frac{12j}{3+j4} = 1.92 - j0.56 \ \ \mathrm{k\Omega}$$

따라서 전원이 부하 Z_L에 최대의 전력을 전달하려면 Z_L은 Z_{eq}의 공액이 되어야 한다. 즉

$$Z_L = 1.92 + j0.56 \ \ \mathrm{k\Omega}$$

이 될 때 전원은 부하에 최대의 전력을 공급한다.

연습문제

8.1 $v(t) = 12\cos(100t - 45^o)$ 볼트를 갖는 전압이 600 Ω의 부하에 인가되었을 때, 이 부하에서 소비되는 순시전력과 평균전력을 구하라.

8.2 그림 E.8.1의 교류회로에서, 1) 두 단자 a, b의 오른쪽 부하에 공급되는 평균전력과 피상전력을 구하고, 2) 이 회로의 역률 pf를 구한 후 이때 지상역률인지 진상역률인지를 구분하라.

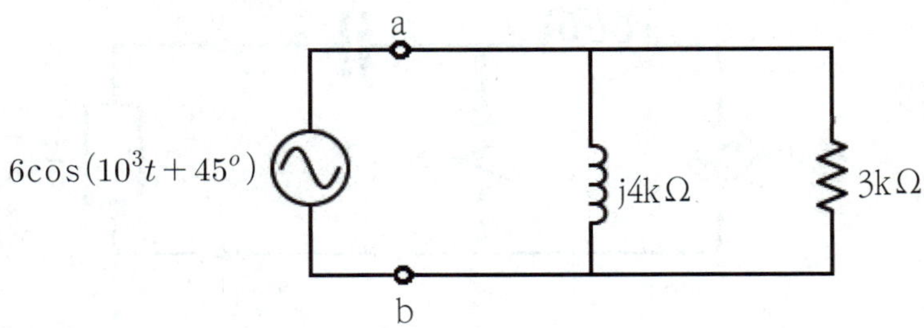

그림 E.8.1 RL 병렬 회로의 예

8.3 인가전원이 $v_s = 10\cos(1000t + 30^o)$볼트이고, 부하 임피던스가 $Z_L = 10 + j20$ Ω인 교류회로에서, 1) 부하를 흐르는 전류를 구하고, 2) 역률과 유효전력 및 무효전력을 구하라.

8.4 부하의 임피던스가 $Z = 30 + j20$ Ω인 교류회로에서, 1) 최대값이 $\sqrt{2}$ A인 전류를 부하에 흘러 보낼 때 부하에 공급되는 유효전력과 역률을 구하고, 2) 동일 부하에 실효치가 5 V인 전압을 인가할 때 부하에 공급되는 유효전력과 역률을 구하라.

8.5 교류전압 $v_s = 100\cos(120\pi t)$ 볼트를 $\boldsymbol{Z} = 30 + j10\ \Omega$의 부하에 인가할 때

1) 복소전력 $\boldsymbol{S}$와 P, Q를 구하고,

2) $p(t), p_R(t), p_X(t)$를 구하라.

8.6 $R = 5\ \Omega$의 저항과 $L = 5$ mH의 인덕터가 그림 E.8.2와 같이 직렬로 연결되어 있는 부하에 교류전원 $v_s = 3\cos(3000\ t)$ 볼트를 인가할 때, 인가 전압의 페이저, $R-L$ 직렬회로에 공급되는 복소전력, 역률을 구하라.

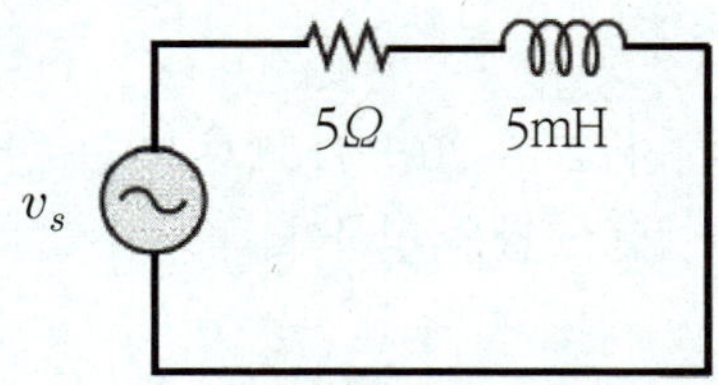

그림 E.8.2 $R-L$ 직렬회로의 예

8.7 $v_s(t) = 200\cos(120\ \pi t)$ V의 전원이 어떤 부하에 인가되어 부하의 전류 위상이 전원보다 30° 앞서고, 평균전력소모가 500 W로 관측되었다. 이때 부하에서 관측되는 전류의 최대치와 부하 임피던스를 구하라.

8.8 RC 직렬회로의 부하를 갖는 회로에서, 인가전원의 주파수가 60 Hz이고, 부하에서 공급되는 유효전력과 무효전력이 각각 40 W와 30 Var이었다. 부하의 저항 R이 100 Ω인 경우 커패시터의 용량은 얼마인가?

8.9 다음 회로에 대해 페이저 회로도를 도시하고, 전원에 의해 공급되는 평균전력을 구하라.

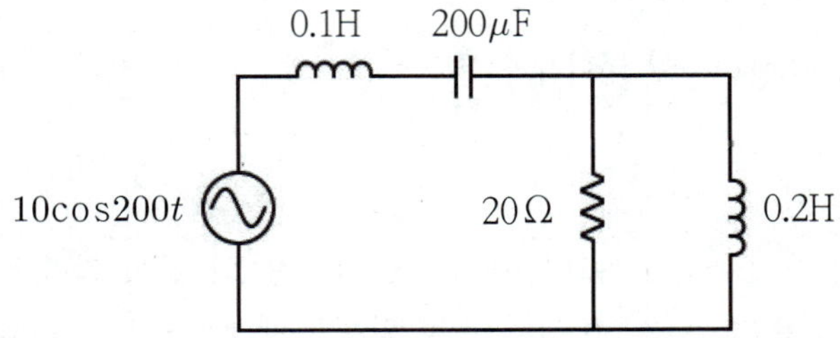

그림 E.8.3 RLC 혼합 연결회로의 예

8.10 AC 전압을 사용하는 부하가 $\boldsymbol{Z} = 20 + j10\,\Omega$ 이라고 한다. 역률개선을 위해 이 부하와 병렬로 연결할 적절한 리액턴스 값을 찾아라.

8.11 그림 E.8.4의 회로에서 인가 전압의 페이저를 $\boldsymbol{V}_s = 10\angle 0^o$ V라 할 때, 부하 $\boldsymbol{Z}_L$에 최대의 전력을 전달하려면 $\boldsymbol{Z}_L$이 어떤 값을 가져야 하는가?

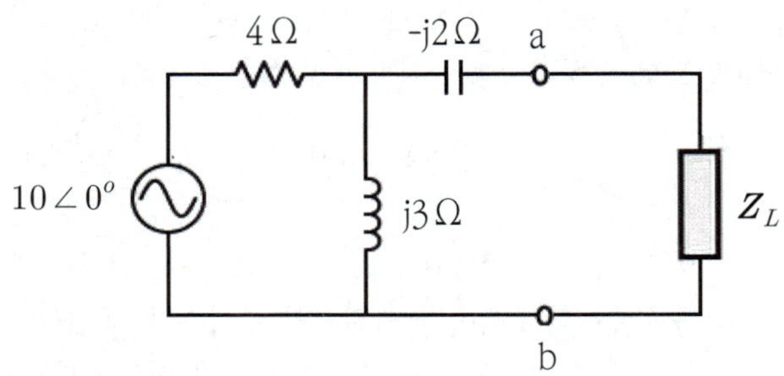

그림 E.8.4 RLC 회로의 예1

8.12 다음 회로에서 전원이 부하에 최대의 전력을 공급하려면 Z_L을 얼마로 하여야 하는가?

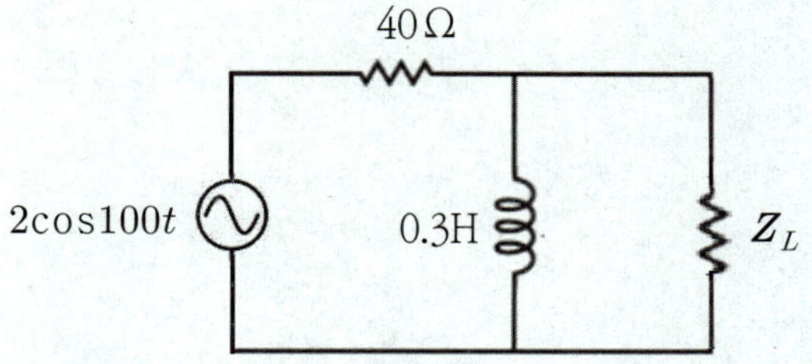

그림 E.8.5 RLC 회로의 예2

9장 유도결합회로와 변압기

▶학습 목표◀

- 인접한 두 코일 간의 상호유도작용 원리를 학습한다.
- 상호유도작용에서 유도전압의 극성과 상호인덕턴스의 부호 선택에 대한 방법을 학습한다.
- 이상적 변압기의 조건을 이해한다.
- 페이저 회로도를 이용한 변압기 해석법을 학습한다.

9.1 개요

지금까지 우리가 학습한 회로 해석법으로는 회로의 두 단자 사이의 전압이나 지로 전류를 다른 부분으로 전달하려면 도선으로 연결하여야 했다. 그런데 직접 도선으로 연결하지 않고도 두 단자 사이의 전압이나 지로 전류를 다른 부분으로 전달하는 방법이 있는데, 이 방법을 본 장에서 학습하고자 한다.

인덕터(코일) 회로소자를 사용하는 경우, 직접 연결되지 않은 두 회로가 서로 인접하고 있을 때 한쪽 회로의 전류에 의해 형성된 자속이 인접한 다른 회로와 쇄교할 때 전원을 갖지 않는 인접회로로 에너지 전달이 일어날 수 있다. 이러한 원리를 이용한 회로를 유도결합회로(inductively coupled circuit)라 한다. 즉 2단자 회로망에서 인덕터 소자를 이용하면 인접한 다른 2단자 회로망으로 에너지의 전달을 일으킬 수 있는데, 이러한 에너지 전달을 일으키는 유도결합회로의 응용에 대한 예가 변압기와 유도전동기이다.

인접한 한 쌍의 코일로 만들어진 에너지 전달 회로가 변압기(transformer)이다. 변압기는 전원과 연결된 쪽의 코일을 1차 코일라 하며, 전원과 연결되지 않은 인접한 코일을 2차 코일라 한다.

본 장에서는 인접한 2개의 코일에 의한 상호유도현상이 일어나는 원리와 이를 이용한 변압기의 전기적 특성, 이상적인 변압기의 조건, 페이저 회로도를 이용한 변압기 회로 해석에 대해 학습하기로 한다.

9.2 상호유도작용과 상호인덕턴스

1) 기본 용어와 개념

자석과 자극

자성은 자기를 띈 물체가 갖는 성질을 말하며, 이러한 자성을 지닌 물체를 자석이라 한다. 자성을 띤 물체는 철과 같은 금속 종류의 물질을 끌어당기는 힘을 발휘한다. 또한 자성이 가장 강한 물체의 끝부분을 자극이라 하며, 자극에는 N극과 S극이 있다.

자기력과 자기장

자석에서 같은 극성끼리는 서로 밀어내는 척력이 작용하고 다른 극성끼리는 서로 끌어당기는 인력이 작용한다. 이와 같이 자석 사이에서 작용하는 인력과 척력을 자기력이라고 한다. 좀 더 일반적으로 말하면, 자석이나 움직이는 전하 사이에 힘이 작용하는 힘을 자기력이라 한다.

자기력이 미치는 범위(혹은 공간)를 포함하여 자기장(magnetic field)이라고 하며, 자기력을 나타내는 선의 방향은 N극에서 나와 S극으로 향한다. 한편 전류에 의해서도 자기장이 만들어지는데, 그림 9.1(b)와 같이 도선에 전류를 흐르게 하면 도선 주위에 자기장이 형성된다. 즉 자석이나 전류, 변화하는 전기장 등의 주위에 생기는 자기력과 자기력이 미치는 공간까지 포함하여 자기장(자장) 또는 자계라고 한다.

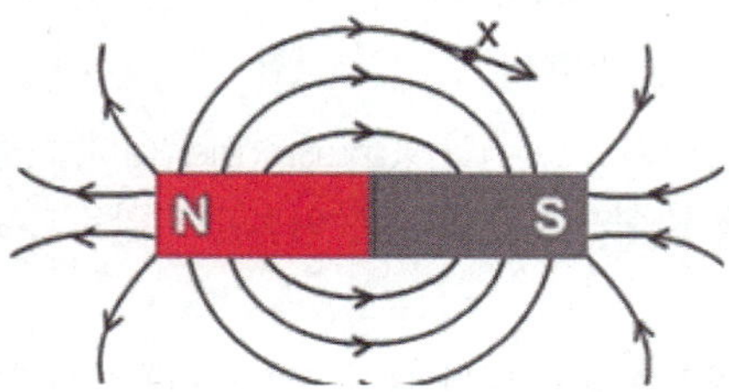

(a)

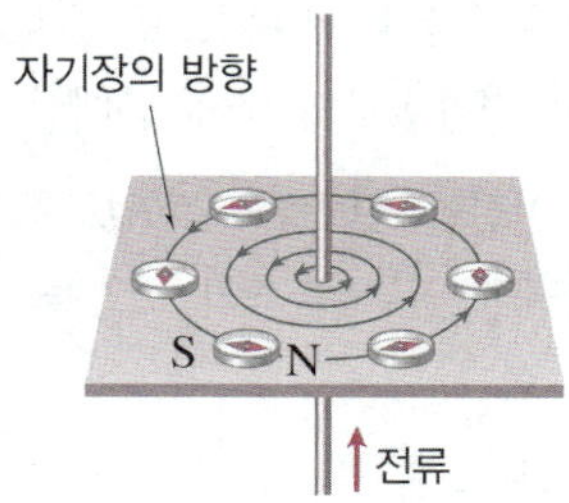

(b)

그림 9.1 자기장 형성 : (a) 자석에 의한 자기장 형성, (b) 전류에 의한 자기장 형성

자속과 자속밀도

자기장(자계)의 성질을 명확히 하기 위해 자기력을 시각적으로 나타내는 선을 자기력선이라고 한다. 임의의 한 점에서 자기장의 방향은 그 점에서 자기력선의 접선 방향으로 정의된다. 이러한 자기력선의 모양은 그림 9.2와 같이 자석 주위에 작은 쇳가루를 뿌려 놓으면 쉽게 관찰할 수 있다.

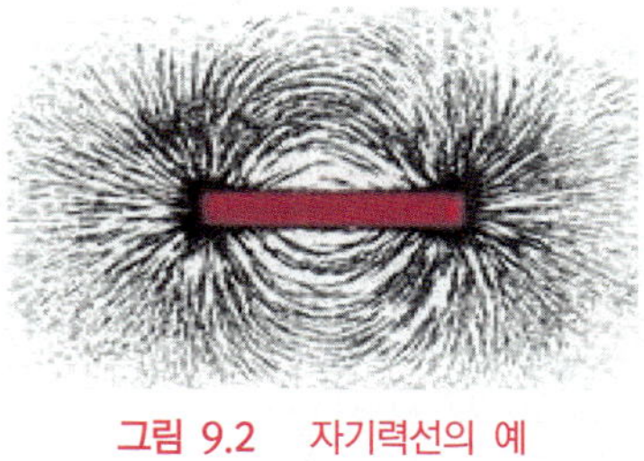

그림 9.2 자기력선의 예

자기력선은 매우 많이 나오기 때문에 하나씩 세지 않고 한 다발로 묶어서(이를 '속'이라 함) 나타낸다. 이 묶음을 자기력선속 또는 자속(magnetic flux)이라 한다. 자속의 MKS 단위는 웨버이고 전자 단위인 맥스웰의 108배에 해당한다.

그리고 어떤 면을 수직으로 지나는 자속을 단위면적 값으로 환산한 것을 자속밀도라 한다.

자속

전류가 흐르는 도선 주위에 생기는 자속 ϕ는 이 도선을 흐르는 전류 I에 비례하므로, 즉 다음의 관계가 있다.

$$\phi \propto I \tag{9.1}$$

2) 상호유도작용

그림 9.3의 회로에서 코일1(Coil 1)을 흐르는 전류에 의해 그 주변에 자속 ϕ가 생긴다. 이때 N회 감긴 코일과 쇄교하는 총 자속은

$$\lambda = N\phi \quad \text{weber-turn} \tag{9.2a}$$

이 됨을 앞에서 학습하였다.

선형 인덕터의 경우 총 자속쇄교수 λ는

$$\lambda = LI \tag{9.2b}$$

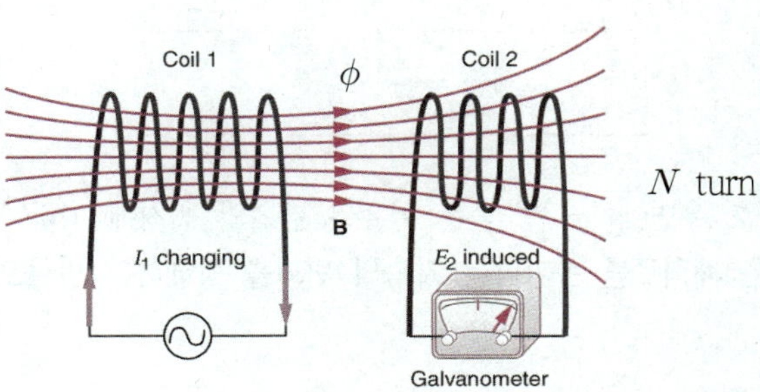

그림 9.3 상호유도작용의 원리

가 된다. 여기서 L은 상수로서 인덕턴스라 한다.

임의의 코일과 쇄교하는 자속이 자신을 흐르는 전류에 의해서만 만들어진 경우, 그 코일을 단순코일(simple coil) 혹은 비결합코일(uncoupled coil)이라 한다. 반면에 특정 코일과 쇄교하는 자속이 다른 제2, 제3, ...의 코일에 의해 발생되는 자속과 쇄교하는 경우 그 특정 코일을 결합코일(coupled coil)이라 한다.

상호유도작용

영국의 물리학자 마이클 패러데이(M. Faraday)가 1831년에 전자기유도 법칙을 발견하였다. 이 법칙은 그림 9.3과 같은 회로에서 "**coil 1에 교류 전류를 인가하면 coil 2의 양 단자 사이에 유도 기전력(혹은 유도 전압)이 발생하며, 이 유도 기전력의 크기는 그 코일과 쇄교하는 자속 수의 시간적 변화율과 같다**'는 것을 실험을 통해 발견하였다. 이와 같이 한 쪽의 코일을 통해 흐르는 전류에 의해 인접해 있는 다른 쪽의 코일에 유도 기전력이 형성되는 현상을 상호유도작용이라 한다.

패러데이 실험을 수식으로 나타내면 다음과 같다.

$$v = \frac{d\lambda}{dt} = L\frac{di}{dt} \tag{9.3}$$

즉 식 (9.3)은 전기장(electric field)과 자기장(magnetic field)의 상호유도작용을 설명하는 것으로, 이를 패러데이 법칙(Faraday's Law)이라 한다. 다시 말하면 이 법칙은 '**임의의 폐회로에서 발생하는 유도 기전력의 크기는 그 폐회로를 관통하는 자속의 시간적 변화율과 같다**'는 것을 의미한다.

렌쯔법칙(Lenz's Law)을 고려하면 이는 전압의 극성까지를 언급하는 것으로 식 (9.3)에 음의 부호를 붙인 것으로 다음과 같다.

$$\boxed{v = -\frac{d\lambda}{dt}} \tag{9.4}$$

식 (9.4)의 등호 우변에 '−'가 붙은 이유는 렌츠의 법칙에 따라 '**전기회로에서 발생하는 유도 기전력은 폐회로를 통과하는 자속의 변화를 방해하는 방향으로 발생한다**'는 것이기 때문이다.

3) 유도 기전력과 상호인덕턴스

지금부터 그림 9.4를 참고로 결합코일에 대해 좀 더 자세히 알아보기로 하자. 그림 9.4에서 코일1에 의해 생성된 자속은 코일2와 쇄교하는 부분과 그렇지 않는 부분의 합으로 다음과 같이 표현할 수 있다.

$$\phi_{11} = \phi_{L1} + \phi_{21} \tag{9.5}$$

여기서 ϕ_{21}은 코일1에 의해 생성된 자속 중 코일2와 쇄교하는 자속을 나타내며, 나머지 ϕ_{L1}을 코일1의 누설자속(leakage flux)이라 한다.

그리고 코일2에 의해 생성된 자속은 코일1과 쇄교하는 부분과 그 나머지의 합으로 다음과 같이 표현할 수 있다.

$$\phi_{22} = \phi_{L2} + \phi_{12} \tag{9.6}$$

여기서 ϕ_{12}은 코일2에 의해 생성된 자속 중 코일1과 쇄교하는 자속을 나타내고, 나머지 ϕ_{L2}를 코일2의 누설자속이라 부른다.

코일1을 관통하는 전체 자속의 합은 전류 i_1과 i_2에 의해 발생된 성분의 합으로 다음과 같다.

$$\phi_1 = \phi_{11} + \phi_{12} \tag{9.7}$$

식 (9.2a)에 의해 코일1과 쇄교하는 순자속쇄교수(net flux linkage)는

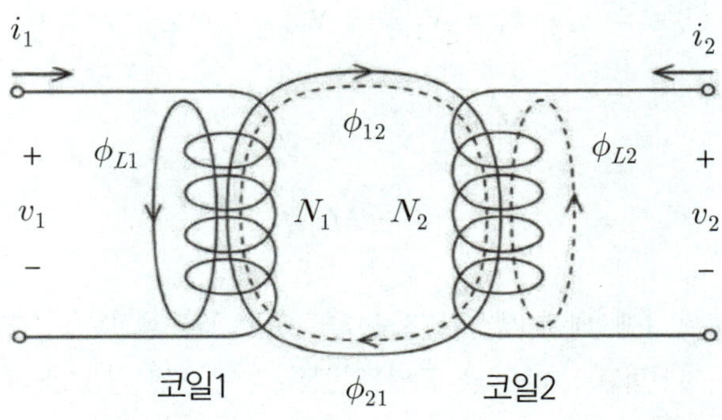

그림 9.4 한 쌍의 유도결합 코일: 코일1과 코일2 사이의 실선은 코일1의 전류에 의해 생성된 자속을, 파선은 코일2의 전류에 의해 생성된 자속을 나타냄

$$\lambda_1 = N_1\phi_1 = N_1\phi_{11} + N_1\phi_{12} \tag{9.8}$$

이다. 식 (9.8)의 두 번째 등호 오른쪽 각 항은 각 전류에 의해 생성된 자속에 의한 1차 코일과의 쇄교 자속을 나타낸 것으로 중첩성이 성립한다. 그리고 식 (9.8)의 두 번째 등호 오른쪽의 첫 번째 항은 자신의 코일1의 전류에 의해 생성된 자속에 기인한 것으로

$$N_1\phi_{11} = L_1 i_1 \tag{9.9}$$

으로 나타낼 수 있다. 앞서 언급한 바와 같이, 여기서 비례상수 L_1을 코일1의 자기인덕턴스(self- inductance)라 부르고 단위는 헨리(H)를 사용한다. 그리고 식 (9.8)의 두 번째 등호 오른쪽의 두 번째 항은 다른 코일2의 전류에 의해 생성된 자속에 기인한 것으로

$$N_1\phi_{12} = \pm M_{12} i_2 \tag{9.10}$$

와 같이 나타낼 수 있다. 여기서 양의 상수 M_{12}를 코일2의 전류와 관련된 상호인덕턴스(mutual inductance)라 부르고 단위는 자기인덕턴스와 같은 헨리를 사용한다. 식 (9.10)에서 부호 ±는 코일2에 의해 생성된 자속이 코일1에 의해 생성된 자속과 동일한 방향일 경우 +를, 반대 방향일 경우에는 –를 붙인다.

한편 코일2와 쇄교하는 자속도 코일1의 경우와 마찬가지로 식 (9.7) ~ (9.10)에 대응되는 항들은 각각 다음과 같이 나타낼 수 있다.

$$\phi_2 = \phi_{22} + \phi_{21} \tag{9.11}$$

$$\lambda_2 = N_2\phi_2 = N_2\phi_{22} + N_2\phi_{21} \tag{9.12}$$

$$N_2\phi_{22} = L_2 i_2 \tag{9.13}$$

$$N_2\phi_{21} = \pm M_{21} i_1 \tag{9.14}$$

여기서 ϕ_{21}은 코일 1에 의해 생성된 자속 중 코일 2와 쇄교하는 자속을 나타낸다. 그리고 L_2를 코일2의 자기인덕턴스, M_{21}을 코일1의 전류와 관련된 상호인덕턴스라 한다.

유도 기전력은 $v = d\lambda/dt$이므로, 식 (9.9)와 (9.10)을 (9.8)에 대입한 후 양변을 시간에 대해 미분하면

$$v_1 = L_1 \frac{di_1}{dt} \pm M_{12} \frac{di_2}{dt} \tag{9.15}$$

을 얻을 수 있다.

같은 방법으로 식 (9.12) ~ (9.14)를 사용하고 양변을 시간에 대해 미분하면 다음의 식을 얻을 수 있다.

$$v_2 = L_2 \frac{di_2}{dt} \pm M_{21} \frac{di_1}{dt} \tag{9.16}$$

앞에 언급한 바와 같이 식 (9.15)와 (9.16)에서 ±의 극성 선택은 두 전류에 의해 생기는 자속이 동일한 방향이면 +, 반대 방향이면 −가 되는데, 뒷부분에 상세히 다루기로 한다.

위에서 정의된 2가지의 상호인덕턴스(M_{12}, M_{21})는 매질의 투자율이 일정할 때는 동일한 값을 갖는 것으로 여러 연구에 의해 입증되었다. 이러한 조건에서 상호인덕턴스는

$$M = M_{12} = M_{21} \tag{9.17}$$

이다. 그리고 두 코일간의 상호인덕턴스의 크기는 두 코일의 크기, 권선수, 양측 코일의 거리, 코일축의 상대적 위치 등에 의해 결정된다.

4) 결합계수

유도결합회로에서 결합계수(coefficient of coupling)는 두 코일간의 유도결합정도를 나타내는 양으로, 한 코일에 의해 발생된 자속이 다른 코일과 쇄교하는 정도를 나타내는 계수이다. 결합계수의 기호는 통상적으로 k를 많이 사용한다. 그리고 두 코일간의 결합계수를 다음과 같이 정의한다.

$$k \doteq \frac{M}{\sqrt{L_1 L_2}} \tag{9.18}$$

만약 결합성(커플링)이 전혀 없다면 $k=0$이며, 각 코일에 의해 발생된 자속이 다른 코일과 100% 쇄교하면 $k=1$이 되며 이 경우 완전결합되었다고 한다. 따라서 k는 다음의 범위를 갖는다.

$$0 \le k \le 1 \tag{9.19}$$

혹은 이와 등가적인 개념으로 식 (9.18)과 (9.19)를 고려할 때 상호인덕턴스는

$$0 \le M \le \sqrt{L_1 L_2} \tag{9.20}$$

와 같이 값이 제한된다.

예제 9.1

코일1과 코일2의 자기인덕턴스가 각각 20 μH, 80 μH이고, 상호인덕턴스가 20μH일 때 두 코일간의 결합계수는 얼마인가?

풀이

식 (9.18)에 의해 다음과 같다.

$$k = \frac{M}{\sqrt{L_1 L_2}} = \frac{20 \times 10^{-6}}{\sqrt{20 \times 10^{-6} \times 80 \times 10^{-6}}} = 0.5$$

9.3 유도결합회로의 극성과 상호인덕턴스 부호

1) 유도결합회로의 극성표기

유도결합이 이루어진 두 코일(1차 코일과 2차 코일)의 상대적인 권선 방향과 극성을 표시하기 위해 그림 9.5를 고려하자.

유도결합회로에서 극성은 통상적으로 점으로 나타낸다. 그림 9.5를 참고로 유도코일에서 어느 부분에 점을 찍을 것인가는 다음과 같은 방법에 따른다.

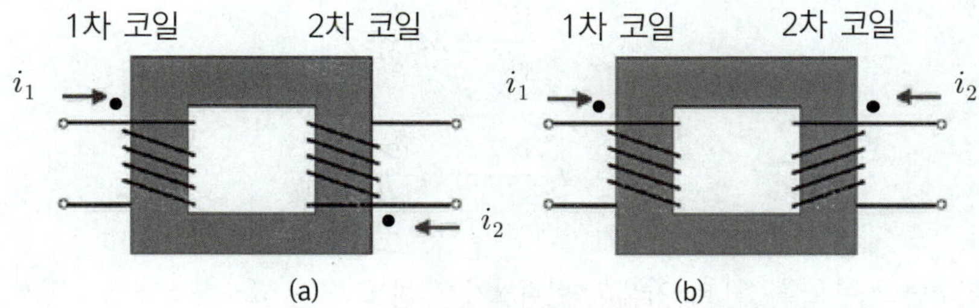

그림 9.5 철심코어를 갖는 유도결합회로의 예

1) 먼저 어느 한쪽 코일의 임의의 한 단자에 점을 찍는다.
2) 점을 찍은 단자로 전류를 유입시켜 자속이 형성되는 방향을 오른손 나사법칙(그림 9.1(b) 참조)에 따라 정한다.
3) 점이 찍히지 않은 나머지 한쪽 코일의 한 단자로 전류를 유입시키고 오른손 나사법칙에 따라 자속의 방향을 정한다.
4) 두 자속의 방향이 동일하면 두 번째 코일에서는 전류를 유입시킨 쪽에 나머지 한 점을 찍는다.
5) 위의 3)번 과정에서 만약 두 쪽 코일의 전류에 의해 자속이 다른 방향으로 형성되면 4)번을 무시하고 2번째 코일에서 전류가 흘러나오는 쪽(다른 한 쪽)에 점을 찍는다.

이를 다시 정리해 보자. 두 코일에 전류가 유입되면 이로 인해 생기는 자속이 서로 같은 방향이 되도록 나머지 한 쪽 코일의 두 부분 중 한 부분에 점을 찍는다. 그림 9.5(a)와 그림 9.5(b) 모두에서는 1차와 2차 측의 점이 찍힌 방향으로 전류가 유입되면 자속은 시계방향으로 철심 속에 생기게 된다. 이와 같은 표기를 유도결합 코일의 극성표기라 한다. 그리고 전류와 자속의 방향은 앞에 언급한 바와 같이 오른손 나사법칙을 따른다. 즉 만약 직선 선로를 고려할 때, 오른손 나사가 진행하는 방향으로 전류를 흘리면 오른손 나사가 감기는 방향으로 자속이 형성되며, 오른손 나사가 감기는 방향으로 전류를 흘리면 자속은 오른손 나사가 진행하는 방향으로 자속이 형성된다.

2) 상호인덕턴스의 부호

식 (9.15)와 (9.16)에서 상호 인덕턴스를 식 (9.17)과 같이 M으로 통일하고 이들의 극성을 어떻게 선택하는지에 대해 좀 더 자세히 살펴보기로 하자.

$$v_1 = L_1 \frac{di_1}{dt} \pm M \frac{di_2}{dt} \tag{9.21}$$

$$v_2 = L_2 \frac{di_2}{dt} \pm M \frac{di_1}{dt} \tag{9.22}$$

상호인덕턴스 부호를 좀 더 자세히 살펴보기 위해 그림 9.6을 참조하자. 먼저 그림 9.6(a) 및 그림 9.6(b)와 같이 1차 측과 2차 측의 코일 모두에서 점이 찍힌 방향으로 전류를 흘러 보내면 상호인덕턴스의 부호는 +가 된다. 따라서 그림 9.6(a) 및 그림 9.6(b)의 회로에서 전압은 각각

$$v_1 = \frac{d\lambda_1}{dt} = L_1 \frac{di_1}{dt} + M \frac{di_2}{dt} \tag{9.23}$$

$$v_2 = \frac{d\lambda_2}{dt} = L_2 \frac{di_2}{dt} + M \frac{di_1}{dt} \tag{9.24}$$

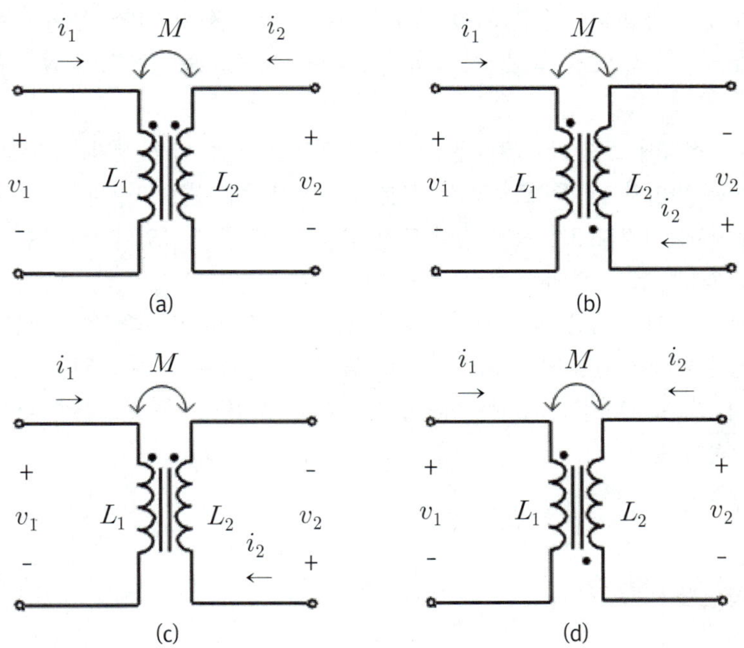

그림 9.6 유도결합 코일의 전압-전류 관계 및 상호인덕턴스의 부호
(a) $+M$, (b) $+M$, (c) $-M$, (d) $-M$

이 된다. 한편 그림 9.6(c) 및 그림 9.6(d)와 같이 1차 측에서는 점이 찍힌 방향으로 전류가 흘러 들어가고, 2차 측에서는 점이 없는 방향으로 전류가 흘러 들어가므로 상호인덕턴스 부호는 -가 되어 두 회로의 전압은 각각 다음과 같다.

$$v_1 = \frac{d\lambda_1}{dt} = L_1\frac{di_1}{dt} - M\frac{di_2}{dt} \tag{9.25}$$

$$v_2 = \frac{d\lambda_2}{dt} = L_2\frac{di_2}{dt} - M\frac{di_1}{dt} \tag{9.26}$$

예제 9.2

그림 9.7에서 $L_1 = 20$ mH, $L_2 = 30$ mH, $M = 20$ mH일 때 전압 v_1과 v_2를 i_1과 i_2에 의해 나타내어라.

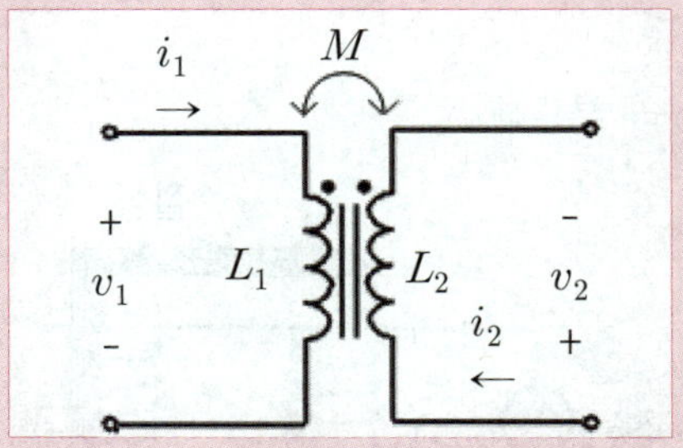

그림 9.7 상호결합회로의 전압과 전류 예

풀이

그림 9.7에서 2차 측에서 점이 찍힌 반대 방향으로 전류가 유입되므로 상호인덕턴스의 부호는 -가 된다. 따라서 식 (9.25)와 (9.26)을 적용하면 양측의 전압은 다음과 같다.

$$v_1 = L_1\frac{di_1}{dt} - M\frac{di_2}{dt} = 20\times10^{-3}\times\frac{di_1}{dt} - 20\times10^{-3}\times\frac{di_2}{dt}$$

$$v_2 = L_2\frac{di_2}{dt} - M\frac{di_1}{dt} = 30\times10^{-3}\times\frac{di_2}{dt} - 20\times10^{-3}\times\frac{di_1}{dt}$$

9.4 변압기

변압기(transformer)는 인덕터의 성질을 바탕으로 상호유도결합 원리를 이용하여 만든 것으로, 교류 전압을 높이거나 낮추는 데 주로 사용되는 전기 소자이다. 즉 그림 9.8은 변압기의 기본 구조를 보여준다.

통상적으로 변압기에서 전원에 연결된 쪽의 코일을 1차 코일, 부하에 연결된 쪽의 코일을 2차 코일이라 한다. 변압기의 1차 코일에 교류전압을 인가하여 2차 코일에 유도되는 전압은 권선비에 따라 승압 또는 감압 현상을 나타낸다. 1차 측과 2차 측 두 쪽의 코일이 그림 9.8과 같이 철심(연철) 주위에 감겨 있다고 가정하자.

1차 측과 2차 측의 코일의 권선수를 각각 N_1과 N_2라 할 때, 양측의 비

$$n \doteq \frac{N_1}{N_2} \tag{9.27}$$

를 권선비(turns ratio)라 부른다.

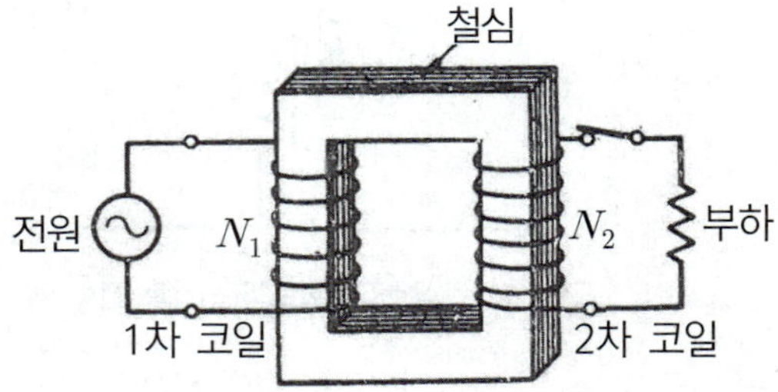

그림 9.8 변압기 형태

1) 이상적 변압기

조건

이상적 변압기의 회로 기호(심벌)는 그림 9.9와 같다. 이에 대해 자세히 살펴보기로 하자.

먼저 변압기의 전압과 전류의 기준 극성에 대해 살펴보자. 만약 v_1과 v_2가 점이 찍힌 단자에서 양의 극성으로 선택하면 두 전압은 동상(in phase)이 된다. 그렇지 않고 한쪽은 점이 찍힌 단자를 양의 극성으로 선택하고 다른 한쪽은 점이 없는 단자를 양의 극

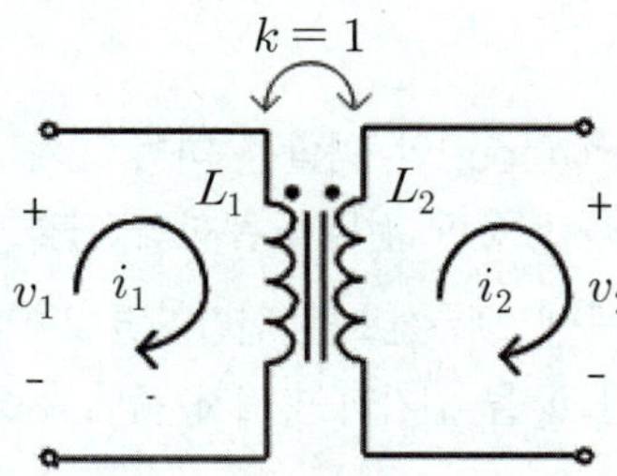

그림 9.9 이상적 변압기의 회로심벌

성으로 선택한다면 v_1과 v_2는 이상(out of phase)이 된다. 달리 표현하면 입력 측의 점이 찍힌 방향으로 전압의 양(+)의 극성으로 정하면, 2차 측의 유도전압 양(+)의 극성도 점이 찍힌 방향으로 정해진다. 만약 극성이 중요하지 않는 경우 생략하게 된다.

다음과 같은 조건을 가진 변압기를 **이상적인 변압기**(ideal transformer)라 한다.

i) 결합계수가 $1(k=1)$이다.

ii) 1차 측과 2차 측의 코일 모두 무손실 코일이다.

iii) 코어의 투자율은 무한대이다.

iv) 에너지 전달효율이 100%(히스테리 손실 또한 0)이다.

이상적인 변압기에서는 1차 코일의 전류에 의해 생긴 자속 모두가 2차 코일과 쇄교한다. 1차 측의 코일에 교류 전압을 인가하면 이로 인해 교류 전류가 흘러 자속의 변화가 나타나고, 이것은 다시 2차 측의 코일에 유도 기전력을 일으킨다. 그리고 결합계수가 1이다.

그리고 약간의 유도과정을 거치면 이상적 변압기에서 1차 측과 1차 측의 전압비와 전류비는 각각

$$\frac{v_1}{v_2}=\frac{N_1}{N_2}=n \tag{9.28a}$$

$$\frac{i_2}{i_1}=\frac{N_1}{N_2}=n \tag{9.28b}$$

와 같이 나타난다.

이상적 변압기의 전압과 전류

변압기에서 1차 측은 입력(input)의 역할을 하며, 2차 측은 출력(output)의 역할을 한다. 즉 그림 9.10은 변압기를 이용한 전원과 부하의 연결 구조를 보여준다.

이상적인 변압기의 1차 측에 교류신호를 인가하면 2차 측에서는 같은 교류신호가 유도된다. 즉 1차 측에 교류전원 v_1을 인가하면, 2차 측에 유도되는 전압 v_2는

$$v_2 = v_1/n \tag{9.29a}$$

이 된다. 여기서 명심해야 할 것은 변압기의 동작은 '입력 측의 교류 전원의 인가 결과로 나타나는 출력 측의 자속쇄교수 변화에 의한 유도전압이므로 반드시 교류가 인가되어야만 한다'는 사실이다. 즉 교류가 인가될 때만 변압기의 역할을 수행하게 된다.

이상적인 변압기에서는 양측의 코일에서 전력손실이 없으므로, 1차 측에서 유입되는 전력이 모두 2차 측의 부하 쪽으로 전달하게 되는 전력 보존 특성을 갖게 된다. 그리고 1차 측과 2차 측의 전류를 각각 i_1과 i_2라 하면, 이상적인 변압기는 무손실 특성을 가지므로 전력 보존의 특성에 의해 $v_1 i_1 = v_2 i_2$로 표현된다. 따라서 이 관계를 식 (9.29a)에 대입하면 다음의 관계를 얻을 수 있다.

$$i_1 = i_2/n \tag{9.29b}$$

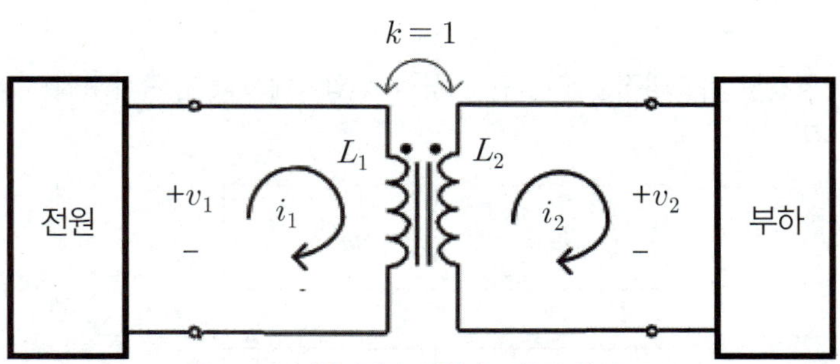

그림 9.10 변압기에서 전원과 부하의 연결 구조

2) 이상적 변압기의 회로모델

그림 9.10은 변압기를 사용하여 구동 전원과 부하가 어떻게 연결되는지에 대한 구조도를 보였다. 그리고 그림 9.10에서 사용된 변압기가 이상적인 변압기인 경우 이 변압기를 등가회로로 모델화한 것이 그림 9.11의 점선 부분이다.

구동 전원 v_1이 이상적인 변압기의 1차 측에 인가되면, 변압기의 2차 측 전압 v_2는 이 변압기의 권선 수에 의해 결정된다. 여기서 n은 앞에 언급한 바와 같이 1차 측과 2차 측의 권선비를 나타낸다.

그리고 2차 측의 전류 i_2는 부하의 크기에 의해 결정된다. 이 2차 측의 전류에 의해 1차 측 전류 i_1은 i_2/n으로 결정된다. 우리가 그림 9.11의 모델을 사용할 때는 극성에 유의하여야 하는데, 그림 10에서 보는 바와 같이 1차 측에서 점이 찍힌 방향으로 전류가 유입하면 2차 측에서는 점이 찍힌 방향으로 전류가 흘러나온다는 것이다.

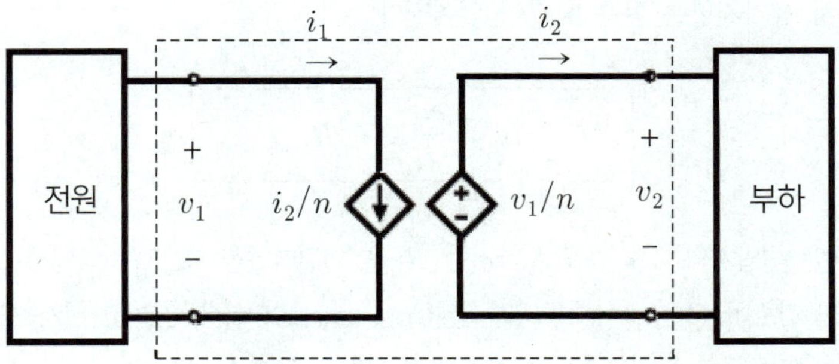

그림 9.11 이상적인 변압기의 등가회로 모델

저항의 변환

그림 9.12(a)는 전원을 전압원 v_s로 가정하고 2차 측에 연결된 부하를 저항 R_L이라 가정한 회로이다. 이때 부하 저항이 전원 측에서 느껴지는 등가 저항의 크기는 어느 정도인지 알아보자.

그림 9.12(a)의 회로에서 인가 전압을 v_s라 할 때, 변압기의 1차 측 전류 i_1을 구하고 그 다음 변압기 1차 측에서 R_L 때문에 나타나는 등가 저항 R_1을 구해보자. 2차 측 전류가 $i_2 = v_2/R_L$이므로, 변압기의 동작원리에 의해 1차 측의 전류는 식 (9.29b)에 의해 다음이 성립한다.

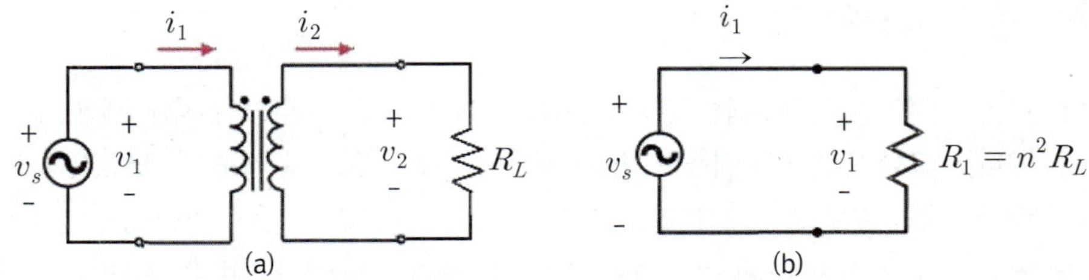

그림 9.12 이상적인 변압기의 전원과 부하저항과 연결 : (a) 전압원과 부하저항의 연결 회로, (b) 변압기 1차 측의 등가모델.

$$i_1 = i_2/n = \frac{v_2}{nR_L} = \frac{v_1}{n^2 R_L} \tag{9.30}$$

따라서 변압기의 1차 측에서 흐르는 전류와 전압의 비는 오옴의 법칙에 의해 $R_1 = v_s/i_1$의 관계가 성립한다. 식 (9.30)을 $R_1 = v_s/i_1$에 대입하면, 부하저항으로 인한 1차 측에서 등가저항은 다음과 같이 얻어진다.

$$\boxed{R_1 = \frac{v_1}{i_1} = n^2 R_L} \tag{9.31}$$

즉 이상적인 변압기의 2차 측에 부하저항 R_L을 연결하였을 때, 1차 측에서 느껴지는 저항은 식 (9.31)과 같으며 이를 **반사저항**(reflected resistance)라 한다. 그리고 반사저항을 고려한 1차 측에 대한 등가회로를 도시하면 그림 9.12(b)와 같다.

예제 9.3

이상적 변압기를 사용하여 실효전압 220 V를 실효전압 10 V로 감압하여 100Ω의 부하저항에 연결하고자 한다. 이때 변압기의 권선비 n과 1차와 2차 측의 전류에 대한 최대치를 구하라.

풀이

식 (9.28)에 의해 권선비는

$$n = \frac{220}{10} = 22$$

이다. 그리고 2차 측의 실효치 전류는 오옴의 법칙에 의해

이다. 그리고 2차 측의 실효치 전류는 오옴의 법칙에 의해

$$I_{2,eff} = \frac{10}{100} = 0.1\ \text{A} = 100\ \text{mA}$$

이다. 따라서 1차 측 전류의 실효치는 다음과 같다.

$$I_{1,eff} = \frac{I_{2,eff}}{n} = \frac{1}{22} \cong 0.0045\ \text{A} = 4.5\ \text{mA}$$

한편 1차 측과 2차 측 전류의 최대치는 각각 다음과 같다.

$$I_{1,\max} = \sqrt{2}\, I_{1,eff} = 4.5\sqrt{2}\ \text{mA},$$
$$I_{2,\max} = \sqrt{2}\, I_{2,eff} = 100\sqrt{2}\ \text{mA}$$

3) 변압기의 종류

승압기와 감압기

변압기에서 1차 측과 2차 측의 전압비를 나타내는 식 (9.29a)에서, $n < 1$인 경우 2차(출력) 측의 전압이 1차(입력) 측의 전압보다 높게 된다. 이러한 목적으로 사용되는 변압기를 **승압기**(step-up transformer)라 한다. 한편 식 (9.29a)에서, $n > 1$인 경우 2차(출력) 측의 전압이 1차(입력) 측의 전압보다 낮게 된다. 이러한 목적으로 사용되는 변압기를 **감압기**(step-down transformer)라 한다. 개별 장비의 사용 목적에 따라 승압기 혹은 감압기로 사용될 수 있다.

절연변압기

입력단자와 출력단자가 자기적으로 서로 배타적으로 결합되어 있으므로, 이 경우 변압기는 전기적으로 입출력 측을 절연시키기 위해 사용되어질 수도 있다. 즉 입력 측과 출력 측 사이에 전기 도체가 없이 한 쪽 회로에서 다른 쪽으로 전력 혹은 정보를 전달할 수 있다. 이러한 목적으로 권선비를 $n = 1$로 설계하여 사용하는 변압기를 **절연변압기**(isolation transformer)라 한다.

4) 변압기와 전력전송시스템

변압기 등가회로

변압기를 해석할 때는 일반적으로 실제의 변압기를 이상적인 변압기라 가정하고 해석을 한다. 그렇지 않을 경우 해석이 복잡해 질 수 있다. 현재 기술의 발달로 인해, 실제의 변압기를 이상적인 변압기라 가정하여도 실제와 크게 오차가 나지 않는다. 따라서 여기서부터는 특별한 언급이 없는 한 실제 변압기를 이상적인 변압기라 가정하고 해석하기로 한다.

변압기의 주요 활용 분야 중의 하나가 전력의 송배전 시스템 부분이다. 송배전 시스템에서 변압기의 사용은 전력을 전송하는 전송선에서의 손실을 줄이기 위해 설계된다. 이상적인 무손실 전송선에서는 전력의 손실이 없지만 실제 전송선에서는 어느 정도의 손실이 일어난다. 따라서 전송선과 부하의 실제 저항을 각각 R_T와 R_L이라 한다면, 전송선 시스템을 그림 6.13과 같이 모델링할 수 있다.

그림 9.13(a)는 실제 전력 전송시스템에서 변압기의 1차 측 권선수 N_1과 2차 측의 권선 N_2를 고려한 회로모델이며, 그림 6.13(b)는 $N_2 = 1$로 하였을 때 상대적인 N_1의 양 $n(= N_1/N_2)$으로 표현한 것으로 이를 그림 6.13(a)의 등가모델로 간주할 수 있다. 즉 두 모델은 서로 전기적으로 등가회로라 할 수 있다.

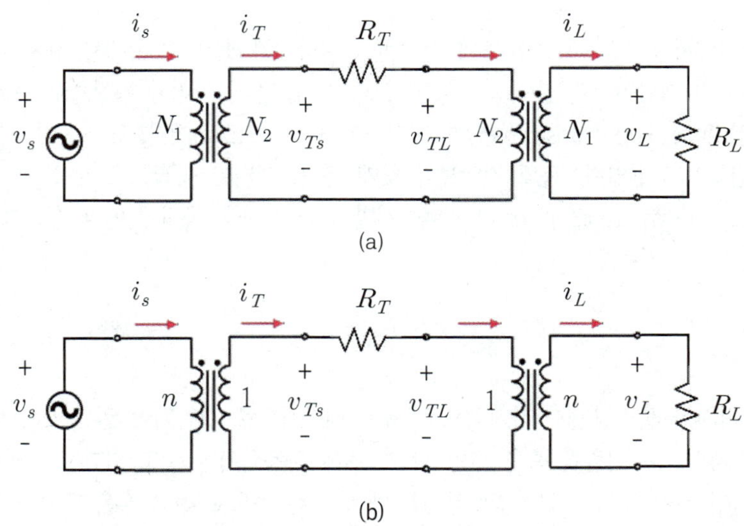

그림 9.13 이상적인 변압기를 갖는 전력 전송시스템의 회로 모델 : (a) 실제 권선비를 갖는 회로 모델, (b) '(a)'의 등가회로

전원부하전압이득과 전력전송효율

부하전압과 전원 전압의 비, 즉 전원부하전압이득(source-to-load voltage gain)을 다음과 같이 정의한다.

$$g_v \doteq \frac{v_L}{v_s} \tag{9.32}$$

여기서 v_s와 v_L은 각각 전원이 공급하는 전압과 부하에 나타나는 전압을 말한다.

그리고 부하에서 소비되는 전력과 전원에서 공급할 수 있는 최대 전력의 비, 즉 전력전송효율(power transmission efficiency)을 다음과 같이 정의한다.

$$\eta \doteq \frac{P_L}{P_s} \tag{9.33}$$

여기서 P_s와 P_L를 각각 전원에서 공급할 수 있는 최대 전력과 부하에서 소비하는 전력을 나타낸다.

전송선과 직접 연결한 경우

만약 변압기가 없는 경우, 즉 '전원-전송선-부하'를 직접 연결하는 경우에 대해 전원 v_s에 의해 부하 R_L에 공급되는 전압은

$$v_L = \frac{R_L}{R_T + R_L} v_s \tag{9.34}$$

이 된다.

그리고 전원에 의해 공급되는 유효전력을 P_s라 하고, 부하가 소비하는 유효전력을 P_L이라 하자. 즉 그림 6.13의 전력 전송시스템에서 만약 **변압기 없이 전송선에 직접 연결하는 경우**, 전원이 공급하는 유효전력과 부하가소비하는 유효전력은 각각

$$P_s = (R_T + R_L) I_{\text{eff}}^2 \tag{9.35a}$$

$$P_L = R_L I_{\text{eff}}^2 \tag{9.35b}$$

이 된다. 이 경우 식 (9.32)로 정의되는 전원부하전압비는 식 (9.34)로부터

$$g_v = \frac{R_L}{R_T + R_L} \tag{9.36}$$

이 된다. 그리고 식 (9.33)으로 정의되는 전력전송효율 또한 (9.35a)와 (9.35b)로부터

$$\eta = \frac{R_L}{R_T + R_L} \tag{9.37}$$

이 된다.

변압기를 통한 전송선에 연결한 경우

여기서 다시 그림 6.13(b)의 **전력 전송시스템 회로모델**로 돌아가서 이 부분에 대해 좀 더 자세히 해석하자. 이를 위해 먼저 식 (9.29a)과 (9.29b)를 사용하자. 따라서 전송선을 흐르는 전류는 식 (9.29b)에 의해

$$i_T = n i_L \tag{9.38}$$

이 된다. 여기서 전송선과 부하 사이의 변압기 권선비가 $1:n$임에 주의하기 바란다. 그리고 전원과 연결된 변압기의 2차 측의 전송선 부분 전압 v_{Ts}는

$$v_{Ts} = \frac{v_s}{n} \tag{9.39a}$$

가 되며, 전송선과 부하측을 연결한 변압기의 1차 측 전압 v_{TL}은

$$v_{TL} = \frac{v_L}{n} \tag{9.39b}$$

이다. 전송선 부분을 '오옴의 법칙'을 적용하면 저항 R_T에서 강하되는 전압 v_T는

$$v_T = \frac{v_s}{n} - \frac{v_L}{n} = R_T i_T = R_T n i_L = n R_T \frac{v_L}{R_L} \tag{9.40}$$

이 된다. 즉 식 (9.40)으로부터 $v_s/n - v_L/n = nR_T(v_L/R_L)$의 관계를 이용하여 정리하면 부하 전압은 다음과 같이 얻어진다.

$$v_L = \frac{R_L}{R_L + n^2 R_T} v_s \tag{9.41}$$

따라서 식 (9.41)에 의해 전력 전송시스템에서 전원부하전압이득은

$$g_v = \frac{R_L}{R_L + n^2 R_T} \tag{9.42}$$

이 된다. 여기서 식 (9.42)를 식 (9.36)과 비교하면, 전송선을 사용하는 효과는 전송선 저항 R_T를 $n^2 R_T$로 대체시킨 것으로 나타난다.

그리고 같은 방식으로 유도하면(과정 생략) 전력전송효율은 식 (9.37)에서 R_T 대신 $n^2 R_T$를 대체한 결과를 얻을 수 있는데, 즉 변압기를 사용하는 전력 전송시스템에서 전력전송효율은

$$\eta = \frac{R_L}{R_L + n^2 R_T} \tag{9.43}$$

을 얻을 수 있다. 일반적으로 전송선에서 $n \ll 1$이므로, 식 (9.43)에서 $R_L \gg n^2 R_T$이라면 $P_L \cong P_s$로, 부하에서 흡수되는 유효전력은 전원에서 공급하는 유효전력과 비슷하게 될 것이다.

예제 9.4

주파수가 60 Hz이고 실효치가 100 V인 전원 v_s가 그림 9.14의 구조를 갖는 전송선 시스템을 통해 10 kΩ을 갖는 부하 R_L에 전력을 공급한다. 이때 전송선의 길이는 200 km, 전송선의 저항은 km당 75 Ω, 전원의 내부저항은 0 Ω, 전원과 전송선을 결합하는 변압기 2차 측의 실효치 전압을 10 kV라 가정한다.

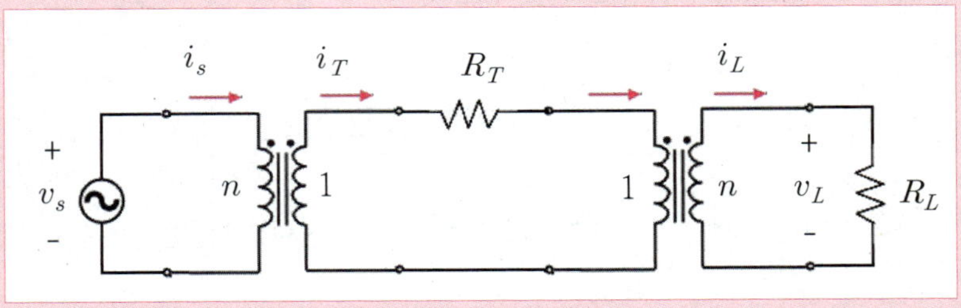

그림 9.14 전원과 부하 및 전송선이 연결된 전력 전송시스템 구조의 예

1) 전송선의 전체 저항 R_T와 권선비 n을 구하라.
2) 변압기가 없이 '전원-전송선-부하'로 직접 전력을 공급하는 경우와 위와 같이 변압기를 연결한 전송선을 통하는 경우에 대해 전력 전송효율 η를 비교하라.

풀이

1) 전송선의 전체 저항은 $R_T = 75 \times 200 = 15000\ \Omega$이다. 그리고 권선비는 다음과 같다.

$$n = \frac{v_1}{v_2} = \frac{100}{10 \times 10^3} = 10^{-2} \tag{9.44}$$

2) a) 변압기 없이 전송선을 통해 전력을 직접 부하에 공급하는 경우

식 (9.37)에 의해 전력전송 효율을 구하면 다음과 같다.

$$\eta = \frac{R_L}{R_L + R_T} = \frac{10000}{10000 + 15000} = 0.4$$

b) 변압기가 연결된 전송선을 통해 전원을 직접 부하에 공급하는 경우

식 (9.43)과 (9.44)에 의해 전력전송 효율을 구하면 다음과 같다.

$$\eta = \frac{R_L}{R_L + n^2 R_T} = \frac{10000}{10000 + 10^{-4} \times 15000} \cong 1$$

두 결과를 보면 변압기를 통해 승합한 후 전송선을 통해 보낸 다음 부하 부근에서 다시 같은 비율로 감압하여 부하에 전력을 공급하는 경우 전송효율이 거의 100%에 가까우나, 변압기 없이 전송선에 직접 연결하여 부하까지 전공하는 경우 전송효율이 약 40%가 됨을 알 수 있다.

5) 실제 변압기

실제 변압기와 이상적 변압기의 차이

이상적인 변압기 모델과는 달리 실제 변압기는 다음과 같은 기본 특성을 갖는다.

i) 코어 손실, 자화전류 손실 존재

- 변압기 코어에 인가된 전압에 의한 비선형 특성에 기인한 히스테리시스 에너지 손실이 존재
- 변압기의 인가전압의 제곱에 비례하는 열손실에 기인한 에지전류에 의한 에너지 손실이 존재

ii) 실제 변압기의 권선은 다음과 관련하여 0이 아닌 저항 및 유도성 인덕턴스가 존재

- 변압기의 1차와 2차 측의 저항성분에 의한 줄 손실(joule loss) 존재
- 1차 측이나 2차 측의 어느 한 쪽만 관통하고 나머지 한 쪽의 코어로부터 이탈하는 누설 자속 존재

iii) 인덕터와 유사하게 전계분포에 기인한 기생커패시턴스(parasitic capacitance)와 자기 공명현상 존재

- 어느 한 측에서 인접 권선과 사이에 발생하는 커패시턴스 존재
- 1차 측과 2차 측 사이의 커패시턴스 존재
- 철심과 각 측 코일 사이의 커패시턴스 존재

실제 커패시턴스까지 고려한 변압기 모델은 매우 복잡하기 때문에 거의 시도를 하지 않는다. 심지어는 실제 변압기의 등가모델에서 조차 기생커패시턴스는 포함시키지 않는다. 그러나 위에 지적한 실제 변압기의 요인들을 고려하지 않더라도 대체로 전체 시스템 설계에는 큰 문제를 일으키지 않는데, 이는 다른 방법으로 예측 혹은 고려할 수 있기 때문이다. 이에 대한 상세한 설명은 생략하기로 한다.

누설자속을 고려한 변압기 모델

이상적인 변압기 모델은 1차 측의 권선에 의해 생성된 모든 자속이 자체를 포함한 모든 권선과 쇄교한다고 가정한다. 그러나 실제 변압기에서는 일부 자속은 권선의 외부로 나가는데 이것을 누설자속이라고 부르며, 이로 인한 현상은 변압기의 누설인덕턴스(leakage inductance)로 표현되며 상호인덕턴스와 직렬로 연결한 형태로 모델링된다. 통상적으로 누설자속을 고려한 실제 인덕턴스는 그림 9.15와 같이 모델링된다. 즉 누설자속이 있는 경우, 이상적인 변압기의 1차 측과 2차 측 인덕턴스 각각에 직렬로 누설인덕턴스를 연결한 모델을 사용한다.

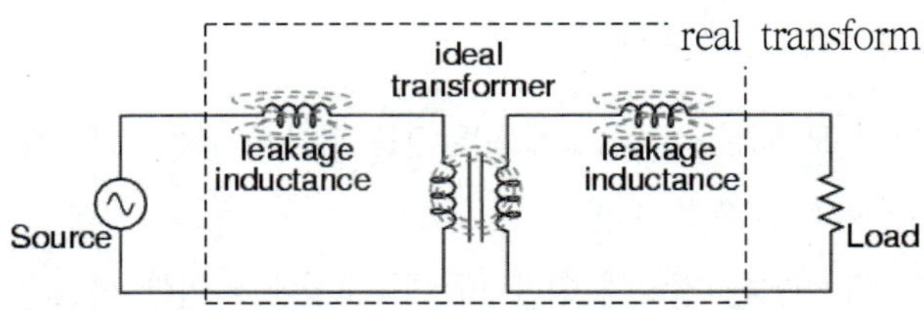

그림 9.15 누설자속을 고려한 변압기의 모델링

9.5 페이저 회로도에 의한 변압기 해석

먼저 그림 9.16과 같은 변압기의 1차 측 임피던스 Z_a를 고려한 유도결합회로의 등가 페이저 회로도를 생각하자.

교류시스템에서 페이저회로 해석에서는 $d/dt \rightarrow j\omega$로 대체된다. 그림 9.16의 변압기 회로도의 1차 측과 2차 측의 전압-전류에 대한 2개의 방정식을 페이저회로도에서는 다음과 같이 나타낸다.

$$V_1 = j\omega L_1 I_1 \pm j\omega M I_2 \tag{9.45}$$

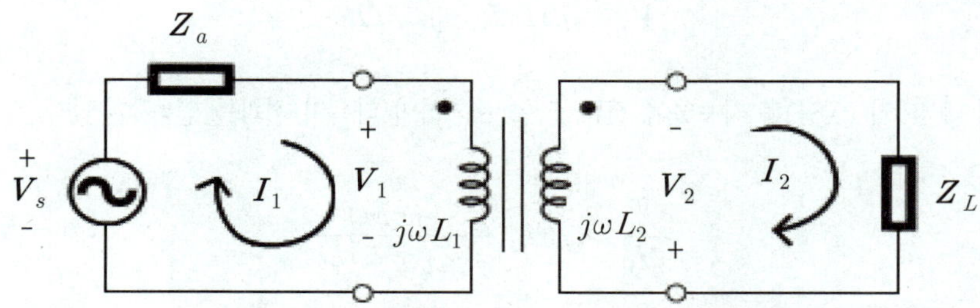

그림 9.16 전원과 부하가 이상적인 변압기를 통해 연결된 회로의 페이저 회로도

$$V_2 = j\omega L_2 I_2 \pm j\omega M I_1 \tag{9.46}$$

한편 그림 9.16의 변압기가 포함된 회로의 1차 측에서는 점이 찍힌 방향으로 전류가 유입되고 2차 측에서는 점이 찍힌 방향으로 전류가 유출되므로 식 (9.45)와 (9.46)에서 상호인덕턴스의 부호는 모두 −가 된다.

한편 1차 측과 2차 측의 폐회로망에 대해 키르히호프 전압법칙을 적용하면, 다음과 같은 2개의 폐회로 방정식을 얻을 수 있다.

$$(Z_a + j\omega L_1)I_1 - j\omega M I_2 = V_s \tag{9.47}$$

$$-j\omega M I_1 + (Z_L + j\omega L_2)I_2 = 0 \tag{9.48}$$

식 (9.47)과 (9.48)에서 $Z_{11} = Z_a + j\omega L_1$, $Z_{12} = -j\omega M$, $Z_{21} = -j\omega M$, $Z_{22} = Z_L + j\omega L_2$ 라 놓으면 각 폐회로망 전류는

$$I_1 = \frac{Z_{22}}{Z_{11}Z_{22} - Z_{12}Z_{21}} V_s \tag{9.49}$$

$$I_2 = \frac{Z_{21}}{-Z_{11}Z_{22} + Z_{12}Z_{21}} V_s \tag{9.50}$$

이 된다.

여기서 우리는 식 (9.47)과 (9.48)을 직접 사용하는 대신, 다른 방법을 생각해 볼 필요성이 있다. 즉 식 (9.47)을 대신하는 다음의 수식을 고려하자.

$$\boldsymbol{V}_1 = j\omega L_1 \boldsymbol{I}_1 - j\omega M \boldsymbol{I}_2 \tag{9.51}$$

식 (9.48)과 (9.51)을 사용하여 전류 $\boldsymbol{I}_2$를 소거하면 다음의 결과를 얻을 수 있다.

$$\frac{\boldsymbol{V}_1}{\boldsymbol{I}_1} = j\omega L_1 + \frac{(j\omega M)^2}{\boldsymbol{Z}_L + j\omega L_2} \tag{9.52}$$

식 (9.52)의 두 번째 항은 유도결합회로(혹은 변압기)의 2차 측의 회로가 유도결합으로 인해 1차 측의 회로에 추가시키는 임피던스로, 이를 반사임피던스(reflected impedance)라 정의한다. 즉 2차 측에 의한 1차 측의 반사임피던스를 다음과 같이 정의한다.

$$\boldsymbol{Z}_r \doteq \frac{(j\omega M)^2}{\boldsymbol{Z}_L + j\omega L_2} \tag{9.53}$$

2차 측에 의한 반사임피던스의 표기를 사용하면 1차 측의 전원단자 양쪽에서 본 1차 측 전체 임피던스 $\boldsymbol{Z}_i$를

$$\boldsymbol{Z}_i = \boldsymbol{Z}_a + j\omega L_1 + \boldsymbol{Z}_r \tag{9.54}$$

으로 나타낼 수 있는데, 이를 구동임피던스라고도 한다. 식 (9.54)로부터 1차 측의 전류는

$$\boldsymbol{I}_1 = \frac{\boldsymbol{V}_s}{\boldsymbol{Z}_i} \tag{9.55}$$

가 된다. 식 (9.55)를 (9.48)에 대입하면 2차 측의 전류는 다음과 같다.

$$\boldsymbol{I}_2 = \frac{j\omega M}{\boldsymbol{Z}_L + j\omega L_2}\boldsymbol{I}_1 = \frac{j\omega M}{\boldsymbol{Z}_i(\boldsymbol{Z}_L + j\omega L_2)}\boldsymbol{V}_s \tag{9.56}$$

예제 9.5

그림 9.17의 회로에서 $v_s = 10\cos(2000t)$, $R_a = 15\ \Omega$, $L_1 = 10$ mH, $M = 5$ mH, $L_2 = 20$ mH, $R_L = 10\ \Omega$, $C_L = 50\ \mu$F이다. 회로의 동작은 정상상태라 가정하고 다음의 문제를 풀어라.

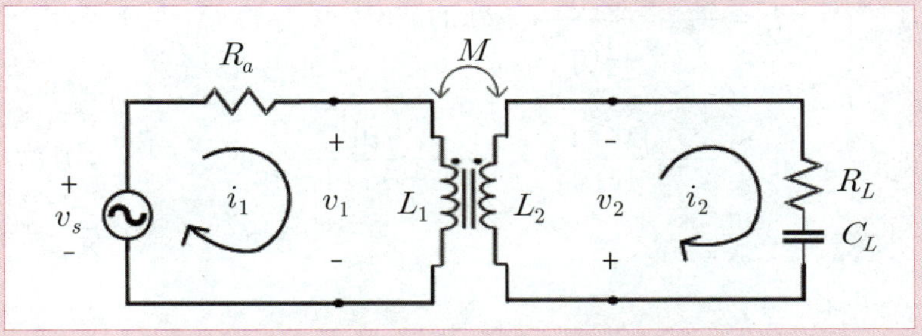

그림 9.17 유도결합회로의 응용 예

1) 2차 측에 의한 1차 측에서 반사임피던스와 1차 측의 구동임피던스를 구하라.
2) 1차 측과 2차 측의 폐회로망 전류를 구하라.

풀이

1) 2차 측에 의한 1차 측에서 반사임피던스와 1차 측의 구동임피던스

먼저 주어진 문제에서 각 주파수는 $\omega = 2000$ rad/sec이므로, 식 (9.53)에 의해 반사임피던스는 다음과 같이 구해진다.

$$Z_r = \frac{(j\omega M)^2}{Z_L + j\omega L_2} = \frac{-100}{(10 - j10) + j40} = -1 + j3\ \Omega \tag{9.57}$$

한편 식 (9.54)에 의해 구동임피던스는 다음과 같이 계산된다.

$$Z_i = Z_a + j\omega L_1 + Z_r = 15 + j20 - 1 + j3 = 14 + j23$$

$$\cong 27e^{j\theta}\ \Omega,\ \text{단}\ \theta = \tan^{-1}\frac{23}{14} \cong 59^o \tag{9.58}$$

2) 1차 측과 2차 측의 폐회로망 전류 계산

식 (9.55)와 (9.56)에 의해 1차 측과 2차 측의 폐회로망 전류는 각각 다음과 같이 구해진다.

$$I_1 = \frac{V_s}{Z_i} = \frac{10}{27e^{j59^o}} \cong 0.37e^{-j59^o} \tag{9.59}$$

$$I_2 = \frac{j\omega M}{Z_L + j\omega L_2} I_1 = \frac{j10}{(10-j10)+j40} 0.37e^{-j59^o} \cong 0.37e^{-j41^o} \tag{9.60}$$

연습문제

9.1 코일1과 코일2의 자기인덕턴스가 각각 20 μH, 5 μH이고 상호인덕턴스가 7 μH일 때 두 코일간의 결합계수는 얼마인가?

9.2 그림 E.9.1에서 $L_1 = 2$ mH, $L_2 = 4$ mH, $M = 1$ mH이고, $i_1 = 5\cos(2000t)$, $i_2 = 10\cos(2000t)$일 때 정상상태 전압 v_1과 v_2를 구하라.

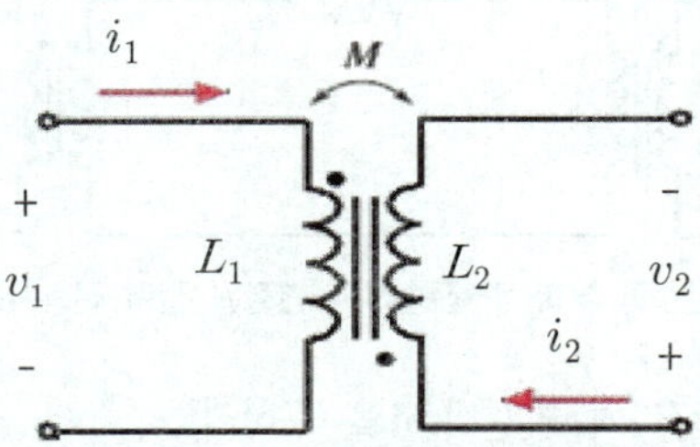

그림 E.9.1 상호유도결합회로의 응용 예1

9.3 그림 E.9.2에서 $L_1 = 30$ mH, $L_2 = 40$ mH, $M = 20$ mH이고, $i_1 = 10\cos(1000t)$, $i_2 = 2\cos(1000t)$일 때 정상상태 전압 v_1과 v_2를 구하라.

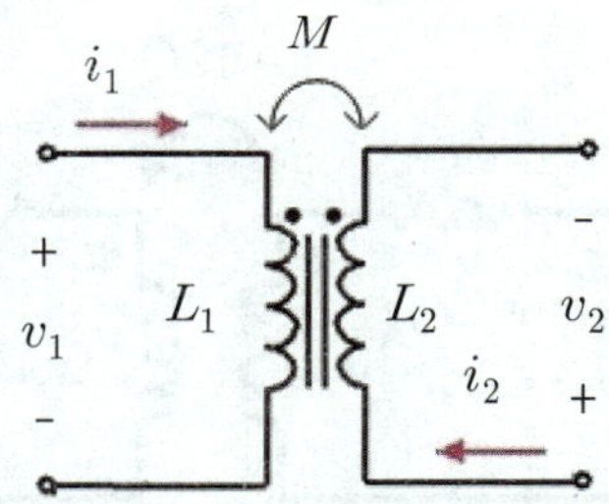

그림 E.9.2 상호유도결합회로의 응용 예2

9.4 이상적 변압기를 사용하여 실효전압 100 V를 실효전압 10 V로 감압하여 10 kΩ의 저항에 전력을 공급하고자 한다. 이때 변압기의 권선비 n과 1차와 2차 측의 전류에 대한 최대치를 구하라.

9.5 주파수가 60 Hz이고 실효치가 220 V인 전원 v_s가 그림 E.9.3의 구조를 갖는 전송선 시스템을 통해 R_L(20 kΩ)의 부하에 전력을 공급한다. 이때 전송선의 길이는 200 km, 전송선의 저항은 km당 70 Ω, 전원의 내부저항은 0 Ω, 전원과 연결된 전송선 부분의 변압기 2차 측의 실효치 전압이 22kV로 측정되었다.

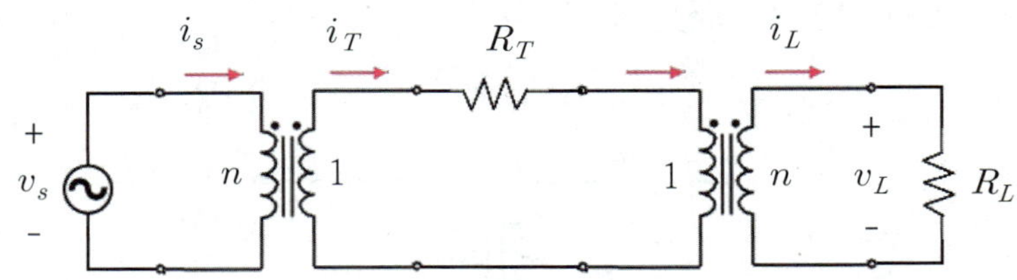

그림 E.9.3 전원과 부하 및 전송선이 연결된 전력 전송시스템 구조의 예

1) 전송선의 전체 저항 R_T와 권선비 n을 구하라.

2) 변압기가 없는 전송선을 통해 부하에 직접 전력을 공급하는 경우와 그림 E.9.3의 전송선 시스템을 통하는 경우에 대해 전력 전송효율 η를 비교하라.

9.6 다음의 회로에서 정상상태 출력전압 V_o를 구하라.

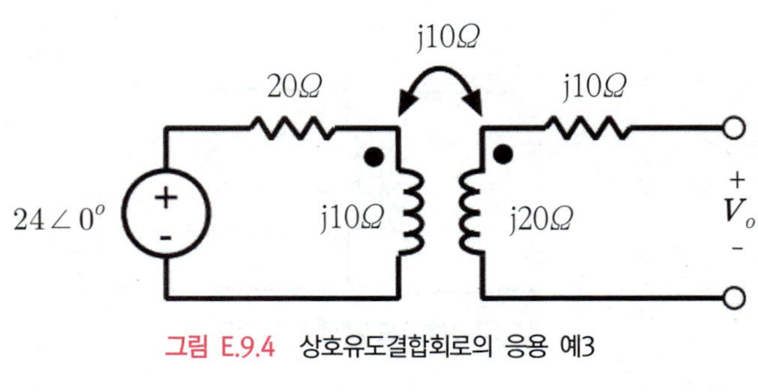

그림 E.9.4 상호유도결합회로의 응용 예3

9.7 다음의 회로에서 2차 측 커패시터에 나타나는 정상상태 전압을 구하라.

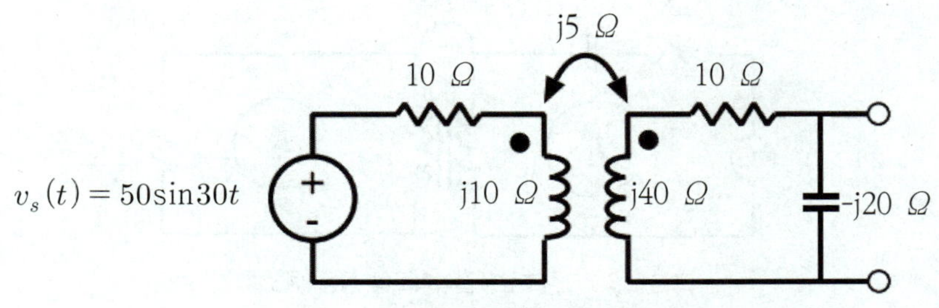

그림 E.9.5 상호유도결합회로의 응용 예4

9.8 그림 E.9.6의 회로에서 $v_s = 10\cos(2000t)$, $R_a = 15\ \Omega$, $L_1 = 10$ mH, $M = 10$ mH, $L_2 = 20$ mH, $R_L = 10\ \Omega$, $C_L = 50\ \mu$F이다. 회로의 동작은 정상상태라 가정하고 다음의 문제를 풀어라.

1) 2차 측에 의한 1차 측에서 반사임피던스와 1차 측의 구동임피던스를 구하라.

2) 1차 측과 2차 측의 폐회로 망 전류를 구하라.

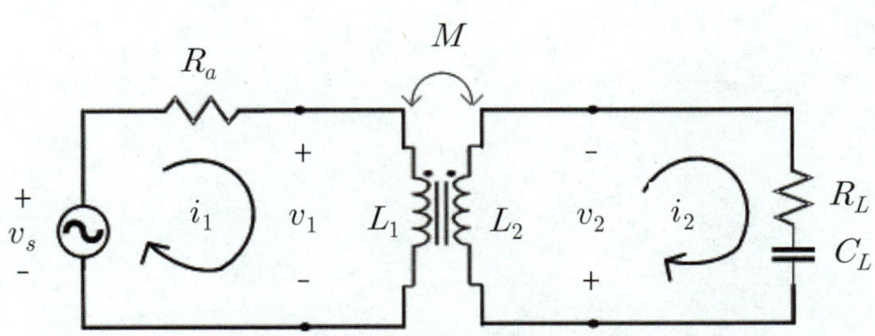

그림 E.9.6 상호유도결합회로의 응용 예5

9.9 다음 회로에서 정상상태의 망전류 I_1과 I_2를 구하라.

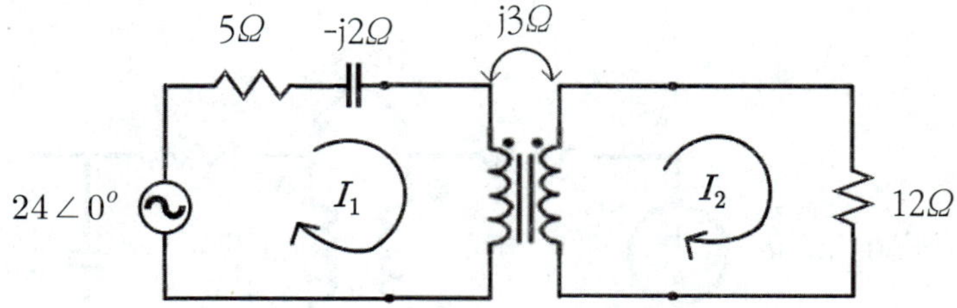

그림 E.9.7 상호유도결합회로의 응용 예6

9.10 이상적인 변압기와 실제변압기의 차이를 설명하라.

10장 RLC 회로응답과 공진

▶학습 목표◀

- RLC 직렬회로 주파수 응답을 학습한다.
- RLC 직렬회로의 공진 현상을 이해한다.
- RLC 병렬회로 주파수 응답을 학습한다.
- RLC 병렬회로의 공진 현상을 이해한다.
- RLC 직렬회로 및 RLC 병렬회로로 구성된 필터의 주파수응답을 학습한다.

10.1 개요

RLC 회로는 저항, 인덕터(코일), 커패시터로 이루어진 회로를 말한다. RLC 회로에서 전압과 전류의 페이저 비로 나타내어지는 회로 전체의 저항 효과를 임피던스라고 하며, 저항성 회로에서 합성저항과 유사한 개념으로 사용되고 있다.

RLC 직렬회로의 임피던스는 커패시터의 리액턴스와 코일의 리액턴스가 같아질 때 전체 임피던스는 최소가 되고 전류는 최대가 된다. 이때를 직렬공진이라 하며 이때의 주파수를 회로의 공진주파수 또는 고유진동수라고 한다.

전기회로에서 저항이 포함되어 있지 않더라도 실제 회로에서는 약간의 저항이 존재한다. 이상적인 순수 LC 회로는 이론적으로만 존재하는 추상적 개념이다. RLC 회로는 발진 회로와 같은 많은 응용 분야가 있다. 라디오 수신기 및 텔레비전 수신기 설정으로 주변의 좁은 주파수 범위를 선택하기 위해 RLC 회로를 사용한다. 이 회로는 종종 동조회로라고도 불리어진다. RLC 회로는 대역필터, 대역저지필터, 저역필터, 또는 고역필터에 사용될 수 있다. RLC 필터는 2차 회로로도 설명되는데, 이는 회로의 임의의 전압 또는 전류가 회로 분석에서 2차 미분방정식으로 설명 될 수 있음을 의미한다.

본 장에서는 저항(R), 인덕터(L), 커패시터(C)로 구성된 직렬 혹은 병렬회로의 주파수 응답을 학습하고, 어떠한 조건에서 공진이 일어나는지를 학습하고, 아울러 응용회로인 간단한 필터의 주파수 응답 특성을 학습하기로 한다.

10.2 RLC 직렬회로 응답과 공진

1) RLC 직렬회로 임피던스

직렬로 연결된 RLC 회로는 인덕터와 커패시터가 모두 포함되어 있는데, 유도성 리랙턴스와 용량성 리액턴스는 회로 임피던스의 각에는 상호 반대의 영향을 미친다. 따라서 이 둘의 직렬연결에 의한 전체 임피던스는 어느 하나만 존재할 때보다 작아진다. 이 부분을 앞의 장들에서 언급하였지만 한 번 더 살펴보기로 하자.

먼저 그림 10.1의 RLC 직렬회로를 고려하자. 그림 10.1의 RLC 직렬회로에서 유도성 리액턴스 X_L과 용량성 리액턴스 X_C는 각각 다음과 같다.

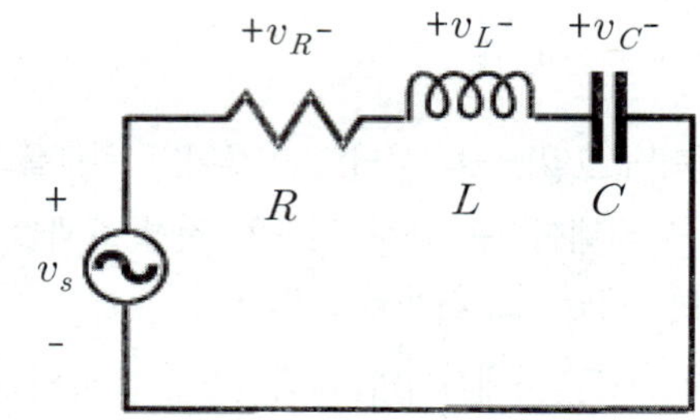

그림 10.1 RLC 직렬회로

$$X_L = 2\pi f L \ \ \Omega, \quad X_C = -\frac{1}{2\pi f C} \ \ \Omega \tag{10.1}$$

따라서 RLC 직렬회로의 합성 리액턴스는 다음과 같다.

$$X_T = X_L + X_C = 2\pi f L - \frac{1}{2\pi f C} \ \ \Omega \tag{10.2}$$

여기서 먼저 RLC 직렬회로에 인가된 전원의 주파수에 따라 리액턴스가 어떻게 변화하는지에 대해 살펴보기로 하자. 각 리액턴스 성분은 주파수에 따라 변한다. 리액턴스 성분 중에서 **유도성 리액턴스** 성분의 크기 $|X_L|$은 주파수가 높아짐에 따라 커지게 되며, **용량성 리액턴스** 성분의 크기 $|X_C|$는 주파수가 높아짐에 따라 작아지게 된다. 그러나 두 소자의 직렬연결에 의한 합성 리액턴스의 크기 $|X_T|$는 주파수에 따라 또 다른 특성을 지닌다.

주파수에 따른 직렬 LC 회로의 합성 리액턴스 성분 X_T를 자세히 살펴보기 위해 그림 10.2의 리액턴스 특성 그래프를 살펴보자. 실선 윗부분의 점선은 유도성 리액턴스 X_L을, 실선 아래 부분의 점선은 용량성 리액턴스 X_C를, 실선은 합성 리액턴스 X_T를 나타낸다.

유도성 리액턴스 X_L는 식 (10.1)에 보인 바와 같이 주파수 f가 0 Hz에서 0 Ω(단락 상태)이나 주파수가 증가함에 따라 비례하여 커지며 f가 한 없이 증가하면 $\infty\,\Omega$이 된다. 반면 용량성 리액턴스 X_C는 주파수에 반비례하는 것으로 주파수 f가 0Hz에서 $-\infty\,\Omega$이 되는 개방현상을 보인다. 그러나 주파수가 증가함에 따라 X_C는 f에 반비례하여 f가 한 없이 증가하면 0 Ω(단락상태)이 된다. 한편 합성 리액턴스 X_T는 주파수 f가 0 Hz에서는 용량성 리액턴스에 의해 $-\infty\,\Omega$이나 주파수 f가 증가함에 따라 용량성 리액턴스 성분과 유도성 리액턴스의 성분이 서로 상쇄 작용을 일으켜 특정 주파수 f_0에 이르면 전체 리액턴스 성분X_T가 0이 된다.

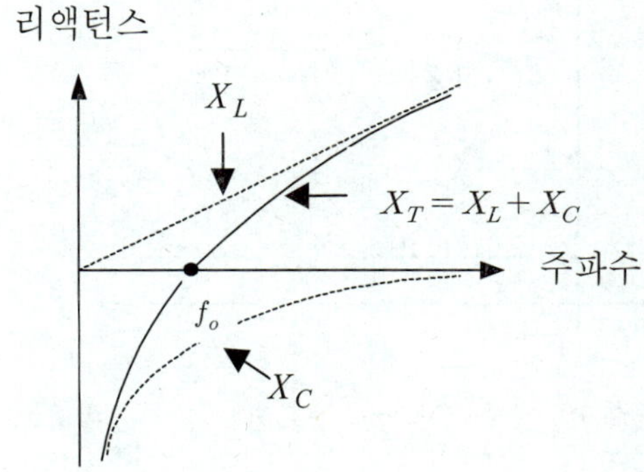

그림 10.2 RLC 직렬연결 회로의 리액턴스 특성 곡선: f_o에서 X_L과 X_C 리액턴스의 크기가 같음.

주파수가 f_0에서 더 증가하면 여기서부터는 유도성 리액턴스 성분이 합성 리액턴스에 주도적 역할을 하여 다시 $\infty\,\Omega$으로 증가하는 현상을 보인다.

$$\boldsymbol{Z} = R + jX_T = R + j(\omega L - \frac{1}{\omega C})\quad \Omega \tag{10.3}$$

이 된다. 그러므로 RLC 직렬회로 전체 임피던스의 크기와 각은 각각 다음과 같다.

$$|\boldsymbol{Z}| = \sqrt{R^2 + X_T^2}\ \ \Omega,\ \ \theta = \tan^{-1}\frac{X_T}{R}\ \ \text{radian} \tag{10.4a}$$

혹은

$$|\boldsymbol{Z}| = \sqrt{R^2 + (\omega L - \frac{1}{\omega C})^2}\ \ \Omega,\ \ \theta = \tan^{-1}\frac{\omega L - 1/\omega C}{R}\ \ \text{radian} \tag{10.4b}$$

이 된다. 그림 10.3은 주파수에 따른 RLC 직렬회로의 전체 임피던스 크기를 도시한 것이다.

RLC 직렬회로의 전체 임피던스 크기 $|\boldsymbol{Z}|$는 주파수 f가 0 Hz일 때는 커패시터에 의한 용량성 리액턴스가 전체 임피던스에 주도적 역할을 하여 $\infty\,\Omega$으로 증가한다. 즉 RLC 직렬회로에서는 주파수가 0 Hz에서 커패시터에 의해 회로가 개방 상태를 보인다.

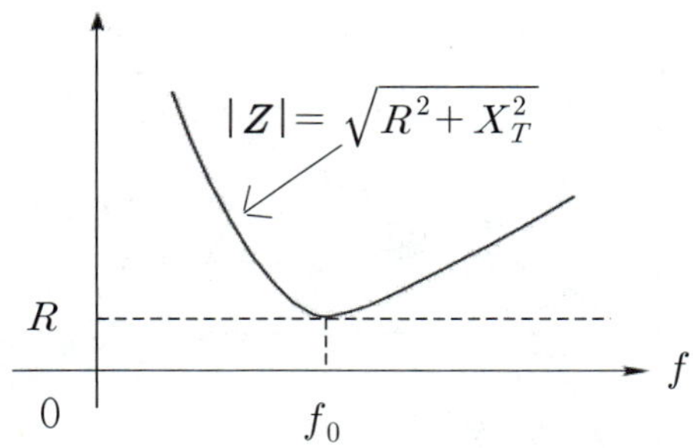

그림 10.3 주파수에 따른 임피던스의 크기 변화

한편 주파수 f가 0 Hz에서 출발하여 증가함에 따라 용량성 리액턴스 성분과 유도성 리액턴스의 성분이 서로 상쇄 작용을 일으켜 특정 주파수 f_0에 이르면 합성 리액턴스 성분이 0이 되어 전체 임피던스는 $R\Omega$이 된다. 주파수가 f_0에서 더 증가하면 여기서부터는 유도성 리액턴스 성분이 전체 임피던스에 주도적 역할을 하여 다시 $\infty\,\Omega$로 증가하여 다시 개방상태 현상을 보인다.

예제 10.1

그림 10.4의 회로에서 전원 양단에서 본 전체 임피던스의 크기와 각은 얼마인가?

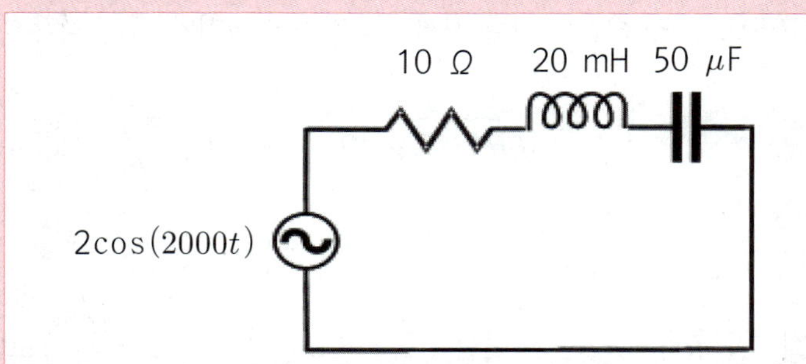

그림 10.4 RLC 직렬회로의 예

풀이

주어진 회로에서 각 주파수는 $\omega = 2000$ rad/sec이므로, 식 (10.3)으로부터 임피던스는 다음과 같다.

$$Z = R + X_T = R + j(\omega L - \frac{1}{\omega C})$$
$$= 10 + j(2000 \times 20 \times 10^{-3} - \frac{1}{2000 \times 50 \times 10^{-6}})$$
$$= 10 + j30 \ \Omega$$

따라서 임피던스의 크기와 각은 각각 식 (10.4a)로부터 다음과 같다.

$$|Z| = \sqrt{R^2 + X_T^2} = 10\sqrt{10} \ \Omega, \ \theta = \tan^{-1}(3) \text{ radian}$$

2) RLC 직렬회로 주파수 응답

한편 그림 10.1의 RLC 직렬연결 회로를 페이저 회로도로 나타내면 그림 10.5와 같다. 그림 10.5에서 $\boldsymbol{V}_R, \boldsymbol{V}_L, \boldsymbol{V}_C$는 각각 그림 10.1의 RLC 직렬회로에서 각 소자 양단의 전압 v_R, v_L, v_C를 페이저로 표기한 것이다. 따라서 이들 전압은 각각

$$\boldsymbol{V}_R = \frac{R}{\boldsymbol{Z}}\boldsymbol{V}_s, \boldsymbol{V}_L = \frac{jX_L}{\boldsymbol{Z}}\boldsymbol{V}_s, \boldsymbol{V}_C = \frac{jX_C}{\boldsymbol{Z}}\boldsymbol{V}_s \quad (10.5)$$

의 관계를 갖는다. 여기서 $\boldsymbol{V}_s$는 전원 v_s의 페이저이다.

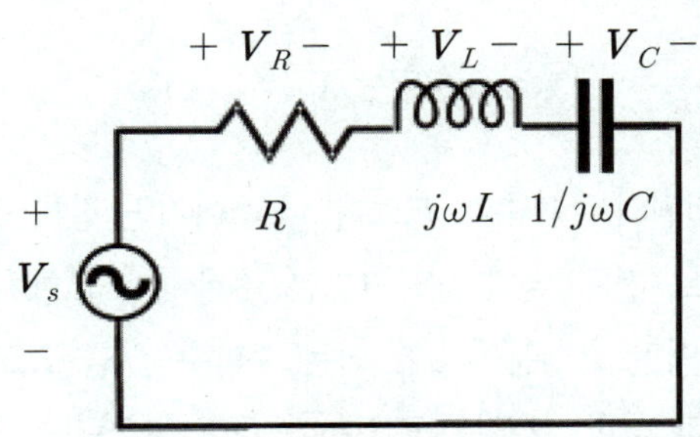

그림 10.5 RLC 직렬회로의 페이저 회로도의 예

V_s의 진폭은 다음의 관계를 갖는다.

$$|V_s| = \sqrt{|V_R|^2 + |V_L + V_C|^2} \tag{10.6}$$

여기서 $|.|$는 복소수의 진폭을 나타낸다. 그리고 RLC 직렬회로를 흐르는 전류 I는 다음의 관계를 갖는다.

$$I = \frac{V_R}{R} = \frac{V_L}{jX_L} = \frac{V_C}{jX_C} = \frac{V_S}{Z} \quad \text{A} \tag{10.7}$$

3) RLC 직렬회로 공진

임의의 물체에 외부에서 주기적인 힘을 가해 주는 경우 그 힘의 주기를 물체가 진동하는 주기에 일치시키면 더 큰 진동을 일으킬 수 있는데, 이와 같은 현상을 공진(resonance)이라 한다. 이와 비슷하게 전기전자회로에 인가되는 전원의 주파수가 회로 자체의 고유주파수(혹은 자연주파수: natural frequency)와 일치시키면 그 회로에도 전기적으로 큰 진동이 일어나는데 이를 전기적 공진이라 한다. 전기적 공진현상이 일어나기 위해서는 코일 L과 콘덴서 C의 공존이 필요하다. 공진회로는 R과 L 및 C의 연결 상태에 따라 직렬공진회로, 병렬공진회로, 직병렬혼합공진회로 등으로 나누어진다.

그림 10.2의 그래프에서 전체 리액턴스는 실선으로 나타낸 것으로 X_T가 된다. 따라서 인가 전원의 주파수가 어떤 특정 주파수 f_0보다 낮은 쪽에서 f_0로 높아짐에 따라 합성리액턴스의 크기 $|X_T|$는 점점 작아지면서 f_0에 이르면 0이 된다. 즉 $f = f_0$에서

$$X_T = 0 \text{ 혹은 } X_L = -X_C \tag{10.8}$$

이 된다. 그리고 인가 전원의 주파수가 f_0보다 더 높아지면 전체 리액턴스 크기 $|X_T|$는 다시 증가하게 된다. 그러므로 전체 임피던스 크기는 주파수가 f_0에서 최소가 된다. 이와 같이 RLC 직렬회로에서 리액턴스 성분이 0이 되는 주파수 f_0를 RLC 직렬회로의 공진주파수(resonance frequency)라 하며, 때로는 고유주파수라고도 불린다. 공진 시 각주파수 w_0와 공진 주파수 f_0는 $w_0 = 2\pi f_o$의 관계가 있으므로, 식 (10.8)로부터 공진주파수 f_0와 w_0는

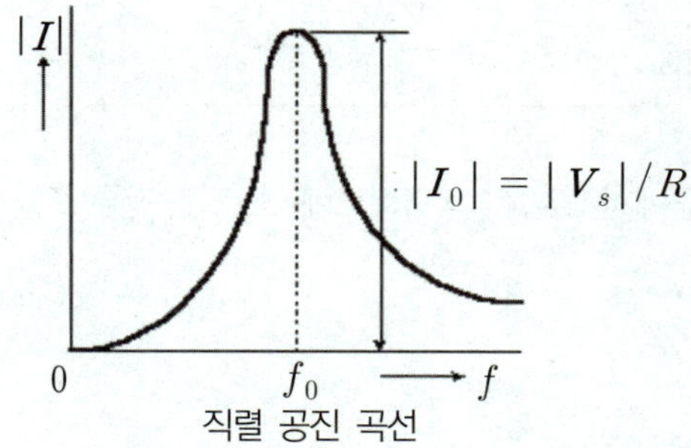

그림 10.6 RLC 직렬회로의 주파수 응답곡선

다음과 같이 얻을 수 있다.

$$f_0 = \frac{1}{2\pi\sqrt{LC}} \text{ Hz 혹은 } \omega_0 = \frac{1}{\sqrt{LC}} \text{ rad/sec} \tag{10.9}$$

공진이 일어날 때 RLC 직렬회로의 전체 임피던스를 $\boldsymbol{Z}_o$라 하면 이는 식 (10.3)과 (10.8)로부터

$$\boldsymbol{Z}_o = R \quad \Omega \tag{10.10}$$

이 된다. 즉 직렬공진이 일어날 때 회로 전체의 임피던스 크기는 R로서 최소가 된다.

그리고 공진이 일어날 때 직렬회로의 각 소자 양단의 전압을 살펴보자. 그림 10.3에서 공진주파수 f_0에 이르면 L 양단의 전압 $\boldsymbol{V}_L$의 크기와 C 양단의 전압 $\boldsymbol{V}_C$의 크기는 인가 전압 $\boldsymbol{V}_s$의 크기보다 크게 된다. 그런데 공진주파수에서 $\boldsymbol{V}_L$과 $\boldsymbol{V}_C$의 크기는 같고 위상이 반대이므로 두 성분에 의한 합성 전압은 0이 된다. 따라서 공진 주파수에서 전체 리액턴스에 인가되는 전압은 0 V가 되므로 전체 임피던스에 인가되는 전압은 모두 저항성분에서 강하된다. 즉 공진 시에 저항 R의 양단에서 측정되는 전압은 다음과 같다.

$$\boldsymbol{V}_s = \boldsymbol{V}_R, \; f = f_o \tag{10.11}$$

그리고 공진주파수에서 RLC 직렬회로를 흐르는 전류의 크기는 최대이며 이때 전류 I_0는

$$I_o = \frac{V_s}{R},\ f = f_o \tag{10.12}$$

와 같다. 공진주파수 부근에서 RLC 직렬회로에 흐르는 전류 I를 도시하면 그림 10.6과 같은 특성을 보인다.

예제 10.2

그림 10.4의 회로에 대해 다음 문제를 풀어라.

1) 그림 10.4의 회로를 페이저 회로도로 나타내어라.

2) 공진이 일어나려면 전원의 주파수(공진주파수) f_0를 얼마로 하여야 하는지, 그리고 공진시 회로의 전류 I_0를 구하라.

풀이

1) 그림 10.4의 회로를 페이저 회로도

$$jX_L = j\omega L = j2000 \times 20 \times 10^{-3} = j40,$$

$$jX_C = -j\frac{1}{\omega C} = -j\frac{1}{2000 \times 50 \times 10^{-6}} = -j10\ \Omega$$

따라서 페이저 회로도는 다음과 같다.

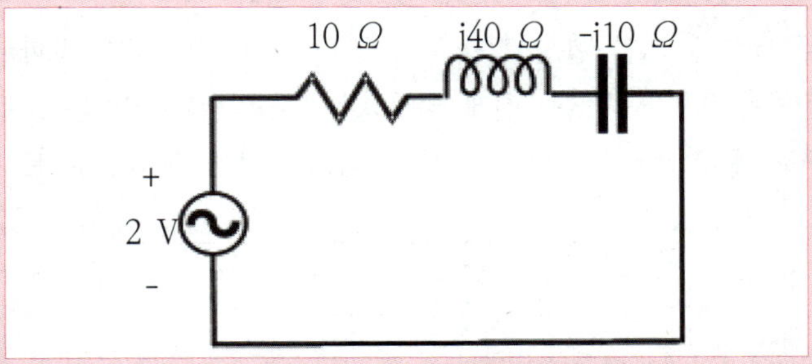

그림 10.7 그림 10.4의 회로에 대한 페이저 회로도

2) 공진주파수 f_0, 공진시 회로의 전류 I_0

공진주파수는 식 (10.9)로부터

$$f_0 = \frac{1}{2\pi\sqrt{LC}} = \frac{1}{2\pi\sqrt{20\times10^{-3}\times50\times10^{-6}}} \cong 160 \quad \text{Hz}$$

이 된다. 그리고 공진시 전류는 식 (10.12)로부터 다음과 같다.

$$I_o = \frac{V_s}{R} = \frac{2}{10} = 0.2 \quad \text{A}$$

4) 직렬공진 필터

직렬공진 필터 전달함수와 대역폭

RLC 직렬회로를 응용하는 분야 중 하나가 필터이다. RLC 직렬회로를 그림 10.8과 같이 대역필터(band-pass filter)에 활용하는 경우를 고려하자.

대역필터(band-pass filter)는 특정 두 주파수, 즉 차단 주파수 ω_L과 ω_H 사이에 있는 주파수 대역의 신호 성분은 감쇠를 거의 없이 통과시키지만 그 이외의 모든 주파수 대역의 신호 성분에 대해서는 큰 감쇠를 주는 특성을 갖는 필터를 말한다. 필터링(filtering)은 필터에 의해 특정 차단 주파수 ω_L과 ω_H 범위 밖의 신호를 감쇄 혹은 제거시키는 동작을 말한다.

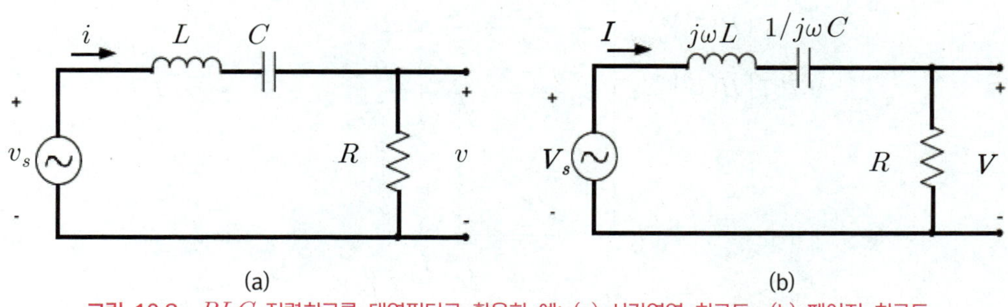

그림 10.8 RLC 직렬회로를 대역필터로 활용한 예: (a) 시간영역 회로도 (b) 페이저 회로도

그림 10.8 (b)의 회로에서 전류 I는

$$I = \frac{V_s}{Z}, \quad 단\ Z = R + j(\omega L - \frac{1}{\omega C})$$

과 같다. 여기서 전달함수로 정의되는 인가 신호에 대한 출력 응답의 비를 $H(f)$로 나타내면, 전달함수는 다음과 같이 선택할 수 있다.

$$H(\omega) \doteq \frac{I}{V_s} = \frac{1}{Z} \tag{10.13}$$

따라서 전달함수의 주파수 응답 곡선은 그림 10.9와 같다. 대역필터의 주파수응답에서 최대치의 $1/\sqrt{2}(\cong 0.707)$이 되는 값을 주는 두 주파수 ω_L과 ω_H를 대역필터의 **차단주파수**(cutoff frequencies)라 한다. 그리고 두 주파수 ω_L과 ω_H 사이의 주파수 간격을 **대역폭**(Band Width: BW)이라 하며 다음과 같이 정의하고, 이를 B 혹은 BW로 나타내기도 한다.

$$B \doteq f_H - f_L \quad \text{Hz} \tag{10.14}$$

여기서 f_H와 f_L을 각각 **상한반전력주파수**(upper half-power frequency)와 **하한반전력주파수**(lower half-power frequency)라 부른다.

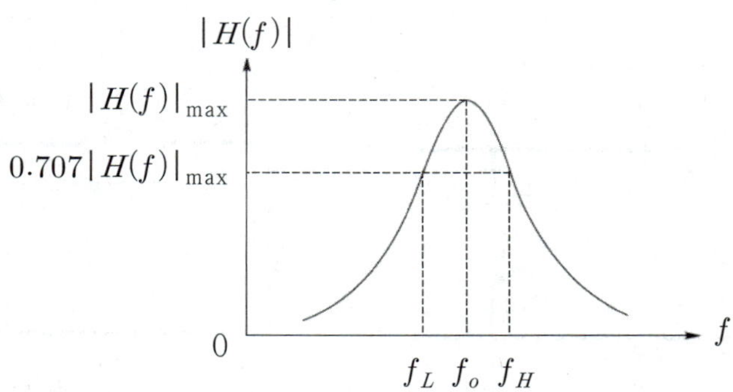

그림 10.9 RLC 직렬회로로 구성된 대역필터의 주파수 응답 곡선

$H(f) = 1/Z$이므로, 공진주파수에서는 $1/R$이 된다. 그리고 두 차단주파수에서는 최대치 $1/R$의 $1/\sqrt{2}$ 배이므로, 즉 f_H와 f_L에서는

$$|H(f_H)| = |H(f_L)| = \frac{|H(f_o)|}{\sqrt{2}} \tag{10.15}$$

이 된다.

Q 인자와 전달함수

RLC 직렬회로에서 Q인자(Quality factor)를 다음과 같이 정의한다.

$$Q \doteq \frac{1}{R}\sqrt{\frac{L}{C}} \tag{10.16}$$

Q인자의 단위는 무차원이다. 식 (10.16)은 다음과 같이 나타낼 수 있다.

$$Q = \frac{1}{R}\sqrt{\frac{L}{C}} = \frac{\omega_o L}{R} \tag{10.17}$$

우리는 자주 Q인자를 사용하여 RLC 직렬회로 전체의 임피던스를

$$Z = R + j(\omega L - \frac{1}{\omega C}) = R[1 + jQ(\frac{\omega}{\omega_0} - \frac{\omega_0}{\omega})] \quad \Omega \tag{10.18}$$

과 같이 나타내어 사용하기도 한다. 따라서 식 (10.13)을 Q를 사용하여 나타내면

$$H(f) = \frac{1}{R[1 + jQ(\frac{\omega}{\omega_0} - \frac{\omega_0}{\omega})]} \tag{10.19}$$

과 같다. 식 (10.19)에서 전달함수 $H(f)$의 크기와 위상(phase)은 각각

$$|H(f)| = \frac{1}{R}\frac{1}{\sqrt{1+Q^2(\frac{\omega}{\omega_0}-\frac{\omega_0}{\omega})^2}} \tag{10.20a}$$

$$\theta = -\tan^{-1}Q(\frac{\omega}{\omega_o}-\frac{\omega_o}{\omega}) \quad \text{radian} \tag{10.20b}$$

이 된다. 전력의 관점에서 차단주파수 f_L과 f_H을 살펴보면, RLC 직렬회로로 구성되는 대역필터에서는 공진주파수에서 최대 전력이 소비되며, 주파수 f_L과 f_H에서는 최대 전력의 1/2배가 소비된다. 따라서 f_L과 f_H의 차단주파수를 반전력 주파수(half-power frequencies)라고도 하며, 식 (10.14)에 의해 정의되는 대역폭을 반전력 대역폭(half-power bandwidth)이라고도 한다. Q인자를 사용한 대역필터의 주파수응답(전달함수) 특성곡선은 그림 10.10과 같다.

한편 $|H(f)|_{\max} = |H(f_o)| = 1/R$이고, $|H(f_H)| = |H(f_L)| = \frac{1}{\sqrt{2}R}$이므로, 이 관계를 식 (10.20a)에 대입하면 f_L과 f_H에서 다음과 같은 관계가 만족하여야 한다.

$$1+Q^2(\frac{\omega}{\omega_0}-\frac{\omega_0}{\omega})^2 = 2, \text{ 단 } \omega=\omega_L \text{ 혹은 } \omega=\omega_H$$

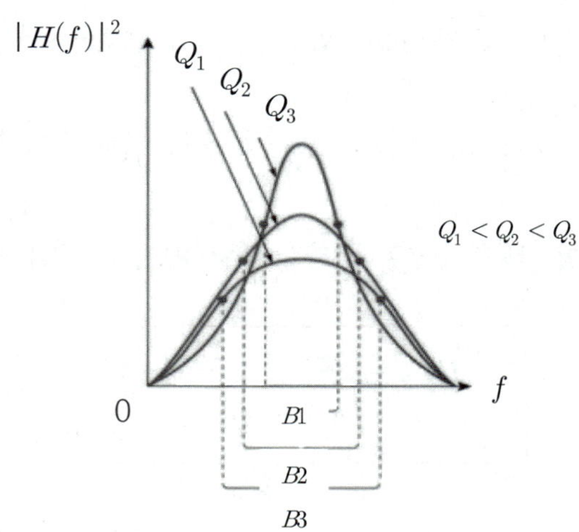

그림 10.10 Q인자에 의한 대역필터의 전달함수 표현

여기서 $\omega_L/\omega_0 < 1$과 $\omega_H/\omega_0 > 1$을 고려하여 위식을 ω_L과 ω_H에 대해 이차 방정식을 풀면 다음의 관계를 얻을 수 있다.

$$\frac{\omega_L}{\omega_o} = \sqrt{1+\frac{1}{4Q^2}} - \frac{1}{2Q} \tag{10.21a}$$

$$\frac{\omega_H}{\omega_o} = \sqrt{1+\frac{1}{4Q^2}} + \frac{1}{2Q} \tag{10.21b}$$

식 (10.21a)와 (10.21b)을 곱면 다음의 결과를 얻을 수 있다.

$$\omega_o^2 = \omega_H \omega_L \tag{10.22}$$

식 (10.21b)로부터 (10.21a)를 빼면 다음의 결과를 얻을 수 있다.

$$B = \frac{f_o}{Q} \tag{10.23a}$$

식 (10.17)을 식 (10.23a)에 대입하면

$$B = \frac{R}{2\pi L} \tag{10.23b}$$

예제 10.3

RLC 직렬회로에서 저항은 100 Ω, $f_o = 5$ kHz, 그리고 대역폭은 $B = 2$ kHz이다. 이때 인덕턴스 L과 커패시턴스 C를 찾아라.

풀이

식 (10.23a)로부터 다음 관계식을 얻을 수 있다.

$$B = \frac{f_o}{Q} = \frac{5000}{Q} = 2000 \quad \Rightarrow \quad Q = 2.5$$

이 결과를 식 (10.23b)에 적용하면

$$\frac{R}{2\pi L} = \frac{100}{2\pi L} = 1000 \quad \Rightarrow L \simeq 16 \text{ mH}$$

을 얻을 수 있다. 그리고 공진주파수는 $f_o = 1/(2\pi\sqrt{LC})$이므로 다음 결과를 얻는다.

$$C = \frac{1}{\omega_o^2 L} = \frac{1}{5000^2 \times 16 \times 10^{-3}} \simeq 2.5 \times 10^{-6} \text{ F} = 2.5 \ \mu\text{F}$$

10.3 RLC 병렬회로 응답과 공진

1) RLC 병렬회로 어드미턴스

병렬로 연결된 RLC 회로의 임피던스를 살펴보기 위해 그림 10.11을 고려하자. 그림 10.11의 RLC 병렬회로에서 컨덕턴스, 유도성 서셉턴스, 그리고 용량성 서셉턴스는 각각

$$G = \frac{1}{R}, \ B_C = \omega C, \ B_L = -\frac{1}{\omega L} \quad ℧ \tag{10.24a}$$

이다. 그러므로 RLC 병렬회로의 합성 서셉턴스는 다음과 같다.

$$B_T = B_C + B_L = \omega C - \frac{1}{\omega L} \ ℧ \tag{10.24b}$$

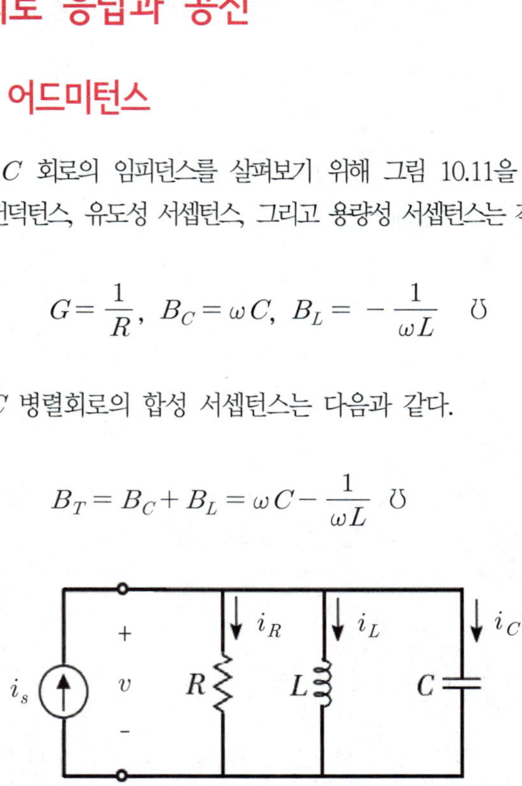

그림 10.11 RLC 병렬회로

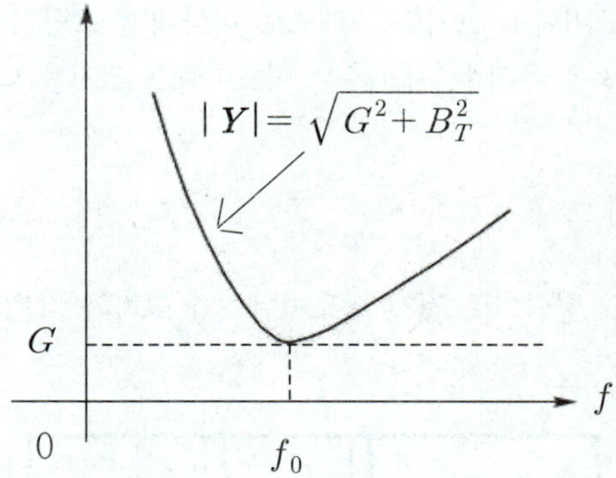

그림 10.12 파수에 따른 RLC 병렬회로 전체 어드미턴스의 크기와 각(편각)

서셉턴스와 리액턴스의 관계를 살펴보면, 식 (10.1)과 (10.24b)로부터

$$B_C = -\frac{1}{X_C}\ \mho,\ B_L = -\frac{1}{X_L}\ \mho \tag{10.24c}$$

의 관계를 갖는다. 한편 RLC 병렬회로 전체 어드미턴스는

$$\boxed{Y = G + jB_T = \frac{1}{R} + j(\omega C - \frac{1}{\omega L})\ \mho} \tag{10.25}$$

이 된다. 따라서 RLC 병렬회로 전체 어드미턴스의 크기와 각은 각각

$$|Y| = \sqrt{G^2 + B_T^2}\ \mho,\ \theta = \tan^{-1}\frac{R(\omega^2 LC - 1)}{\omega L}\ \text{radian} \tag{10.26}$$

과 같다. 전체 어드미턴스의 크기를 그래프로 나타내면 그림 10.12와 같은 모양을 갖는다.

RLC 병렬회로 전체의 어드미턴스는 임피던스의 역수이므로, $Y = 1/Z$이다. 식 (10.26)에서 컨덕턴스 성분 G는 주파수에 관계없이 일정하나, 서셉턴스 크기는 주파수에 따라 변한다. 그리고 유도성 서셉턴스의 크기 $|B_L|$은 주파수가 높아짐에 따라 작아지게 되며, 용량성 서셉턴스의 크기 $|B_C|$는 주파수가 높아짐에 따라 커지게 된다. 그런데 두 소자 L, C의 병렬합성에 의한 서셉턴스 크기 $|B_T|$는 주파수에 따라 다른 특성을 보인다. 따라서 주파수의 변화에 의해 RLC 병렬회로의 서셉턴스가 변화하므로, 회로 전체 어드미턴스는 변하게 된다.

즉 RLC 병렬회로의 어드미턴스 크기를 그래프로 나타내면 그림 10.12와 같은 모양을 가지며, 그림 10.12에서 가로축은 주파수, 세로축은 어드미턴스 크기를 나타낸다.

예제 10.4

그림 10.13 RLC 병렬회로 전체 어드미턴스의 크기와 각은 얼마인가?

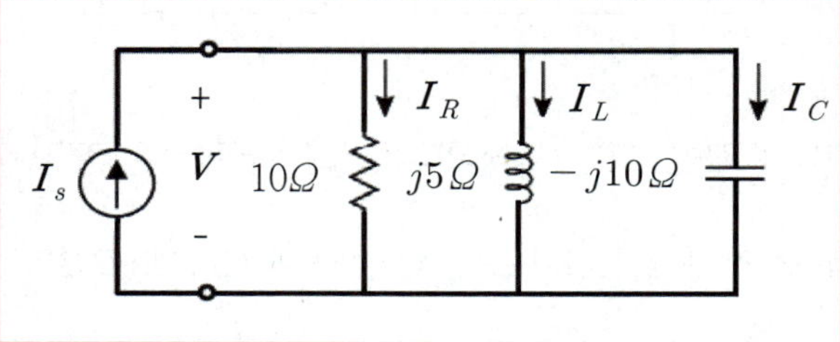

그림 10.13 병렬회로의 예

풀이

$G=\dfrac{1}{R}=0.1℧$, $B_c=-\dfrac{1}{X_C}=0.1℧$, $B_L=-\dfrac{1}{X_L}=-0.2$ ℧이다. 따라서

전체 합성 어드미턴스는 식 (10.23)과 (10.24)로부터

$$Y=G+B_T=0.1-j0.1\quad ℧$$

이 된다. 따라서 RLC 병렬회로 전체 어드미턴스의 크기와 각은 각각

$$|Y|=\sqrt{G^2+B_T^2}=\frac{\sqrt{2}}{10}\ ℧,$$

$$\theta=\tan^{-1}\frac{B_T}{G}=-\frac{\pi}{4}$$

을 얻을 수 있다.

2) RLC 병렬회로 주파수 응답

그림 10.11의 RLC 병렬연결 회로를 페이저 회로도로 나타내면 그림 10.14와 같다.

그림 10.14에서 $\boldsymbol{I}_R, \boldsymbol{I}_L, \boldsymbol{I}_C$는 각각 그림 10.11의 RLC 병렬회로에서 각 소자를 통해 흐르는 전류 i_R, i_L, i_C의 페이저 표현이다. RLC 병렬회로의 전체 어드미턴스는 식 (10.25)와 같으므로 전압 $\boldsymbol{V}$는

$$\boldsymbol{V} = \frac{\boldsymbol{I}_s}{\boldsymbol{Y}} = \frac{\boldsymbol{I}_s}{G + j(B_C + B_L)} \quad \text{V} \tag{10.27}$$

이다. 여기서 $\boldsymbol{I}_s$는 전원 i_s의 페이저 표현이다. 따라서 RLC 병렬회로의 전압에 대한 주파수 응답 특성은 그림 10.15와 같다.

그림 10.14의 RLC 병렬회로 양단의 전압은 주파수가 0 Hz일 때는 정상상태에서 인덕터는 단락 상태가 되어 모든 전류는 이를 통해 흐르므로 양단 전압은 0 V가 된다. 주파수

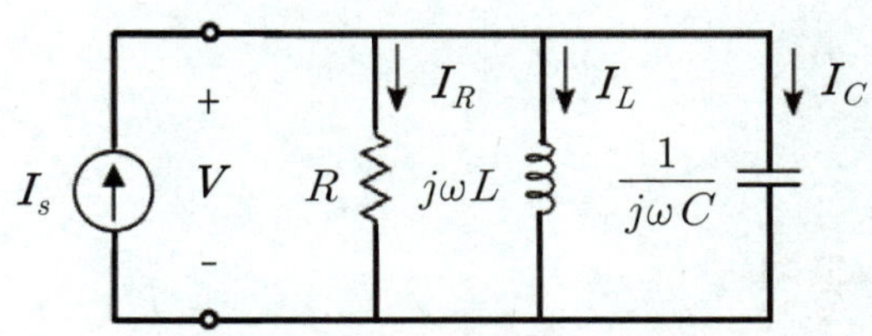

그림 10.14 '그림 10.11'의 병렬회로에 대한 페이저 회로도

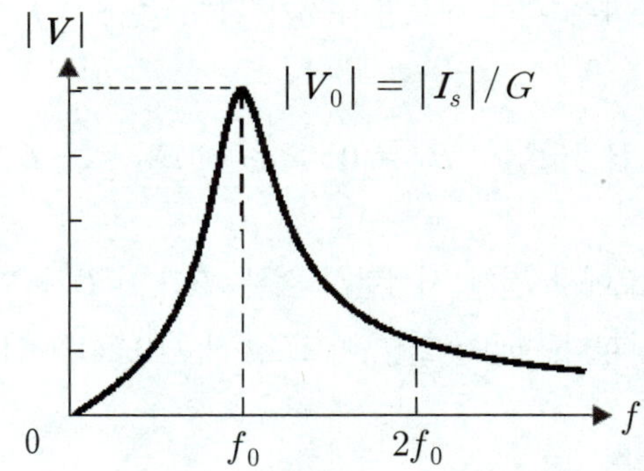

그림 10.15 RLC 병렬회로의 주파수 응답곡선

가 높아짐에 따라 특정 주파수 f_0에서는 전체 서셉턴스가 0 ℧가 되어 모든 전류는 컨덕턴스 G를 통해 흐르고 이때 양단의 전압의 크기는 $|I_s|/G$가 되어 최대가 된다. 여기서 주파수를 점점 더 높여 아주 큰 값에 이르면 커패시터가 단락현상을 보이고 이쪽으로 모든 전류가 흐르며, 따라서 양단의 전압은 또한 0 V가 된다. 이에 대해 좀 더 자세히 살펴보자.

먼저 *RLC* 병렬회로의 지로 전류를 살펴보면 각각 다음과 같다.

$$I_R = \frac{G}{\boldsymbol{Y}} I_s,\ I_C = \frac{jB_C}{\boldsymbol{Y}} I_s,\ I_L = \frac{jB_L}{\boldsymbol{Y}} I_s \tag{10.28}$$

또한 전체 전류 I_s는

$$I_s = I_R + j(I_C + I_L) \quad \text{A} \tag{10.29}$$

이다. 따라서 전체 전류 I_s의 크기는

$$|I_s|^2 = \sqrt{|I_R|^2 + |I_C + I_L|^2} \quad \text{A} \tag{10.30}$$

과 같다.

3) *RLC* 병렬회로 공진

RLC 병렬회로에서 합성 서셉턴스의 크기 $|B_T|$는 인가 전류 I_s의 주파수가 0 Hz에서 점점 높아져 어떤 특정 주파수 f_0에 이르면 0 ℧가 된다. 즉 $f = f_0$에서 다음의 관계가 성립한다.

$$B = B_C + B_L = 0 \quad \text{혹은} \quad B_C = -B_L \tag{10.31}$$

이와 같이 *RLC* 병렬회로에서 전체 서셉턴스 성분 B가 0 ℧가 되는 주파수 f_0를 *RLC* 병렬회로의 공진주파수라 한다. $w_0 = 2\pi f_0$이므로, 식 (10.24)와 (10.31)로부터 공진주파수 f_0는

$$f_0 = \frac{1}{2\pi\sqrt{LC}} \text{ Hz 혹은 } \omega_0 = \frac{1}{2\pi\sqrt{LC}} \text{ rad/sec} \tag{10.32}$$

이 된다. 병렬 공진이 일어날 때 RLC 병렬회로의 전체 어드미턴스는

$$\boldsymbol{Y} = G \ \ \mho \tag{10.33}$$

가 되어 최소의 크기를 갖는다. 즉 RLC 병렬회로에서 인가 전원의 주파수가 공진주파수와 같을 때 전체 어드미턴스는 최소가 된다.

인가 전류원의 주파수가 공진주파수보다 클 때는 $|B_C| > |B_L|$가 되어 커패시터를 흐르는 전류는 인덕터를 흐르는 전류보다 더 커지게 된다. 반면에 인가 전류의 주파수가 공진주파수보다 작을 때는 $|B_C| < |B_L|$가 되어 커패시터를 흐르는 전류는 인덕터를 흐르는 전류보다 작아지게 된다. 이와 같이 인가 전류의 주파수가 증가하여 공진주파수 f_0에 이르면 L로 흐르는 전류 $\boldsymbol{I}_L$과 C로 흐르는 전류 $\boldsymbol{I}_C$는 크기가 같아지고 위상이 반대가 되어 서로 상쇄된다. 그러므로 공진주파수 f_o에서 RLC 병렬회로의 컨덕턴스 G을 흐르는 전류 I_G는

$$\boldsymbol{I}_G = \boldsymbol{I}_s \ \ \text{A} \tag{10.34}$$

가 되어 최대의 크기를 갖는다. RLC 병렬회로에 공진이 일어날 때, 병렬회로 양단의 전압은

$$\boldsymbol{V}_0 = \frac{\boldsymbol{I}_s}{G} \ \ \text{V} \tag{10.35}$$

이 된다.

예제 10.5

그림 10.16의 RLC 병렬회로에서 $I_s = 500$ mA, $G = 1/20$ ℧, $L = 10$ mH, $C = 25.3$ nF일 때 공진주파수와 공진주파수에서 병렬 합성어드미턴스, 병렬회로 양단의 전압을 구하라.

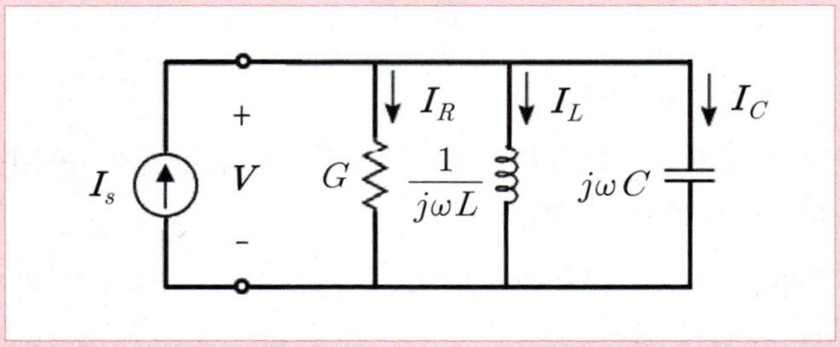

그림 10.16 RLC 병렬회로의 예

풀이

먼저 공진주파수는 다음과 같다.

$$f_o = \frac{1}{2\pi\sqrt{LC}} = \frac{1}{2\pi\sqrt{10\times10^{-3}\times25.3\times10^{-9}}} \cong 10000 \text{ Hz} = 10 \text{ kHz}$$

공진주파수에서 어드미턴스는

$$Y = G = \frac{1}{20} = 0.05 \ ℧$$

이며, 이때 병렬회로 양단의 전압은

$$V_0 = \frac{I_s}{G} = \frac{500\times10^{-3}}{0.05} = 10 \text{ V}$$

이다.

4) 병렬공진 필터

병렬공진 필터 전달함수와 대역폭

RLC 병렬회로의 공진 현상을 활용한 대역필터(band-pass filter)의 예를 살펴보기 위해 먼저 그림 10.17을 고려하자.

그림 10.17의 RLC 병렬회로에서 어드미턴스는 다음과 같다.

$$Y = \frac{1}{R} + j\left(\omega C - \frac{1}{\omega L}\right)$$

따라서 전류 I_R와 I_s의 관계식은 식 (10.28)로부터

$$I_R = \frac{G}{Y} I_s \quad \text{A} \tag{10.36}$$

가 된다. 그리고 병렬회로 양단의 전압은

$$V = \frac{I_s}{Y} \quad \text{V} \tag{10.37}$$

이 된다. 그리고 전달함수(transfer function) $H(\omega)$를 다음과 같이 출력과 입력의 비로 정의할 수 있으며, 전달함수(주파수 응답) 곡선은 그림 10.18과 같다.

$$H(\omega) \doteq \frac{V}{I_s} = \frac{1}{G + j(B_c + B_L)} \tag{10.38}$$

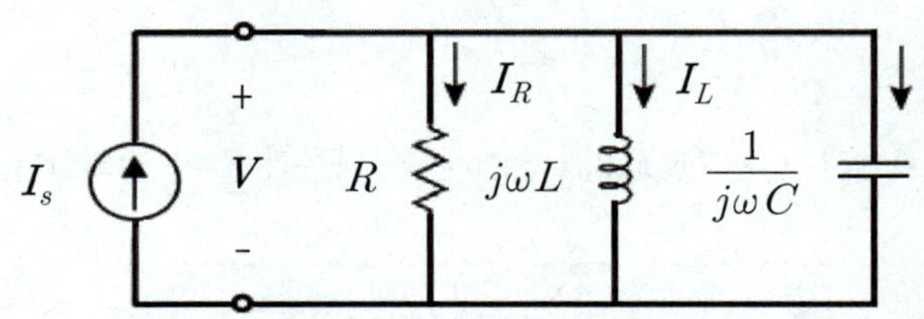

그림 10.17 RLC 병렬회로를 활용한 대역필터(band-pass filter)의 예

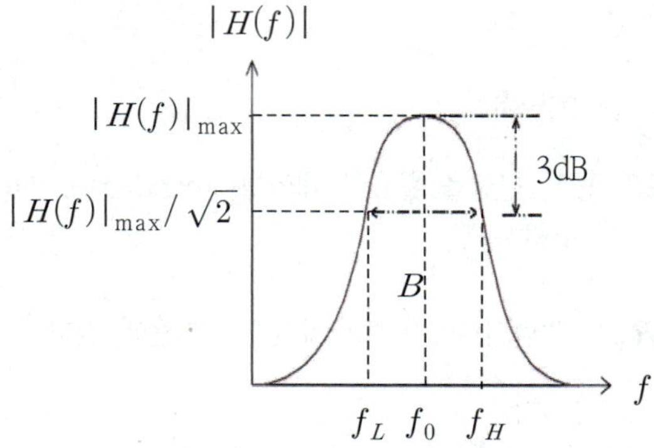

그림 10.18 대역필터의 전달함수

그림 10.18의 전달함수 특성을 갖는 대역필터의 주파수응답에서 최대 크기 $|H(f)|_{max}$의 $1/\sqrt{2}(\cong 0.707)$이 되는 값을 주는 두 주파수 f_L과 f_H를 RLC 병렬회로를 활용한 대역필터의 **차단주파수**(cutoff frequencies)라 한다. 그리고 대역필터의 **대역폭**(bandwidth)은 공진이 일어날 때 $|H(f_o)|_{max}$의 $1/\sqrt{2}(\cong 0.707)$이 되는 값을 주는 두 주파수 f_L과 f_H 사이의 주파수 폭으로

$$B \doteq f_H - f_L \quad \text{Hz} \tag{10.39}$$

와 같이 정의한다.

$H(f) = 1/\boldsymbol{Y}$이므로, 공진주파수에서는 $1/G$이 된다. 그리고 두 차단주파수에서는 최대치 $1/G$의 $1/\sqrt{2}$ 배이므로, 즉 f_H와 f_L에서는 다음의 값을 갖는다.

$$|H(f)| = \frac{1}{\sqrt{2}\,G},\ f = f_L \text{ 또는 } f = f_H \tag{10.40}$$

Q 인자와 전달함수

RLC 병렬회로에서 **Q 인자**(Quality factor)를 다음과 같이 정의한다.

$$Q \doteq R\sqrt{\frac{C}{L}} \tag{10.41}$$

여기에서도 직렬회로와 같은 풀이 과정을 통하면 다음의 결과를 얻을 수 있다.

$$Q = R\sqrt{\frac{C}{L}} = \frac{R}{\omega_o L} \tag{10.42}$$

Q인자를 사용하여 RLC 병렬회로 전체의 어드미턴스를 나타내면

$$\boldsymbol{Y} = G + j(\omega C - \frac{1}{\omega L}) = G[1 + jQ(\frac{\omega}{\omega_o} - \frac{\omega_o}{\omega})] \ \mho \tag{10.43}$$

과 같다. 따라서 전달함수를 다음과 같이 정의하면

$$H(f) \doteq \frac{\boldsymbol{V}}{\boldsymbol{I}_s} \tag{10.44a}$$

식 (10.44a)와 식 (10.38)로부터 전달함수 $H(f)$는

$$H(f) = \frac{1}{G + j(\omega C - \frac{1}{\omega L})} \tag{10.44b}$$

과 같다. $H(f)$의 진폭과 위상(phase)을 Q로 나타내면 각각 다음과 같다.

$$|H(\omega)| = \frac{1/G}{\sqrt{1 + Q^2(\frac{\omega}{\omega_0} - \frac{\omega_0}{\omega})^2}} \tag{10.45a}$$

$$\theta = \tan^{-1} Q(\frac{\omega}{\omega_o} - \frac{\omega_o}{\omega}) \quad \text{radian} \tag{10.45b}$$

한편 RLC 병렬회로의 대역폭 또한 직렬공진회로에서와 같은 유도과정을 거치면 Q인자로 다음과 같이 나타낼 수 있다.

$$B = \frac{f_o}{Q} \tag{10.46}$$

예제 10.6

그림 10.19의 RLC 병렬회로에 대해 다음 문제를 풀어라. 단 i_s의 최대치는 2 mA이고 위상은 0 radian이다.

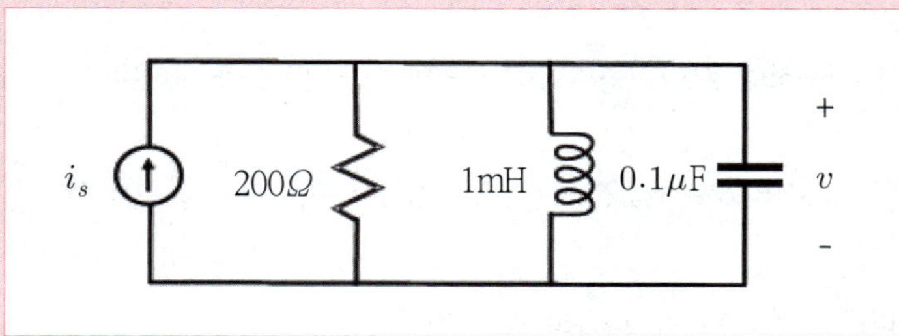

그림 10.19 RLC 병렬회로의 예

1) 공진주파수 f_o, Q를 구하라.

2) 공진시 전압 v의 최대치 V_m을 구하라.

풀이

1) 공진주파수 f_o, Q는 다음과 같다.

$$f_o = \frac{1}{2\pi\sqrt{LC}} = \frac{1}{2\pi\sqrt{10^{-3}\times 10^{-7}}} = 10^5/2\pi \text{ Hz}$$

$$Q = R\sqrt{\frac{C}{L}} = 200 \times \sqrt{\frac{10^{-7}}{10^{-3}}} = 2$$

2) 공진시 전압의 최대치 V_m은

$$V_m = RI_{s,m} = 200 \times 2 \times 10^{-3} = 0.4 \text{ V}$$

와 같다. 여기서 $I_{s,m}$은 인가 전류의 최대치임.

연습문제

10.1 그림 E.10.1의 회로에서 1) $i_s = 2\cos(1000\,t)$일 때 단자 a-b의 오른쪽 회로에 대한 등가 임피던스의 크기와 각을 구하고, 2) 공진주파수와 공진시 임피던스를 구하라.

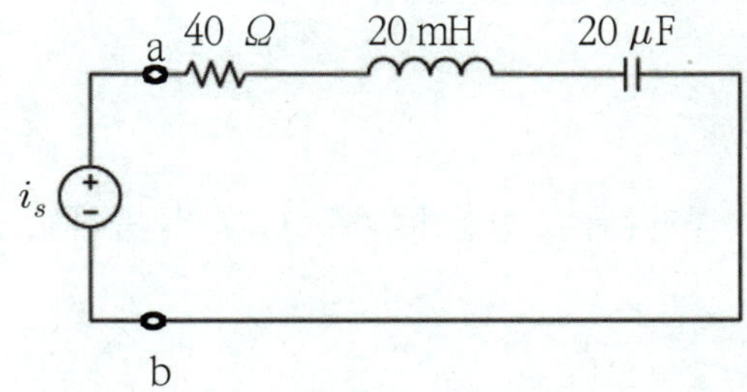

그림 E.10.1 RLC 직렬회로의 예1

10.2 그림 E.10.2의 회로에서 대해 다음 문제를 풀어라.

1) $v_s = 5\cos(2000\,t)$ 볼트일 때 그림 E.10.2의 회로를 페이저 회로도로 나타내어라. 단 $\omega = 2000$ rad/sec임.

2) 공진주파수 f_0, 공진 시 회로의 전류 I_0를 구하라.

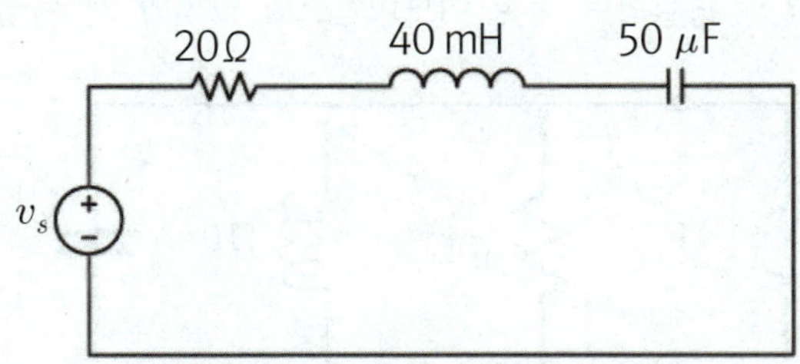

그림 E.10.2 RLC 직렬회로의 예2

10.3 RLC 직렬회로에서 저항은 50Ω, $Q=5$, 그리고 대역폭은 $B=1000$ Hz이다. 이때 각주파수 ω_o, 인덕턴스 L과 커패시턴스 C 값을 찾아라.

10.4 RLC 직렬회로에서 공진주파수가 1000 Hz이고, 대역폭 B가 200 Hz이다. 이때 R, L은 얼마인가?

10.5 다음의 회로에서 1) 공진주파수, 반전력주파수 f_L, f_H를 구하고, 2) 각 R, L, C 양단의 전압을 구하라.

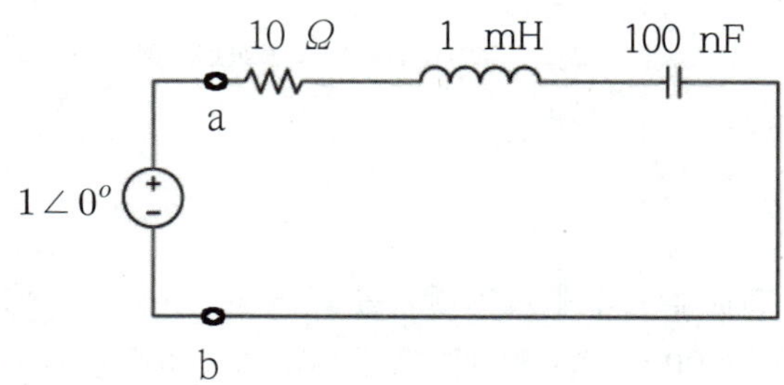

그림 E.10.3 RLC 직렬회로의 예3

10.6 그림 E.10.4의 RLC 병렬회로 전체 어드미턴스의 크기와 각은 얼마인가?

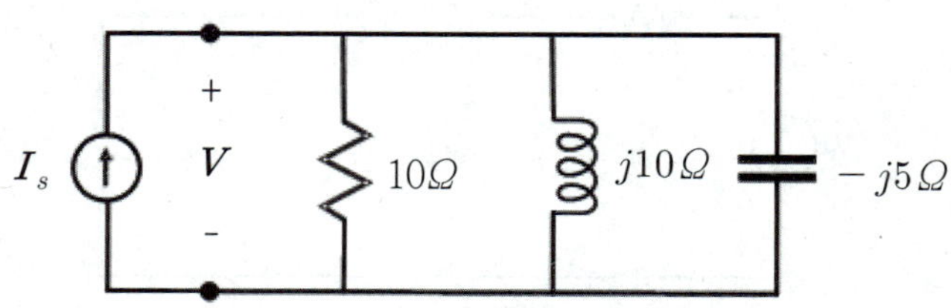

그림 E.10.4 RLC 병렬회로의 예1

10.7 그림 E.10.5의 RLC 병렬회로에서 $I_s = 1e^{j45^o}$A, $G = 1/20$ ℧, $L = 0.1$ mH, $C = 0.25$ μF일 때 공진주파수와 공진주파수에서 어드미턴스 및 병렬회로 양단의 전압을 구하라.

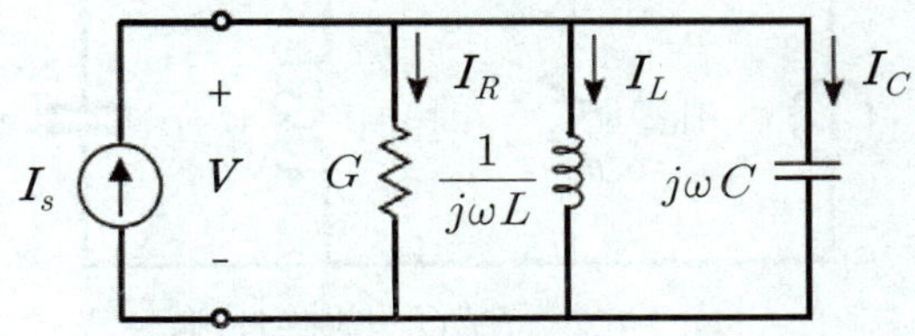

그림 E.10.5 RLC 병렬회로의 예2

10.8 그림 E.10.6의 RLC 병렬회로에 대해 다음을 풀어라. 단 $Q = 5$이다.

1) 공진주파수 f_o와 대역폭 B를 구하라.

2) 인가 전류가 i_s의 최대치가 2 mA이고 위상이 0^o일 때 공진 주파수에서 병렬회로의 전압 V_{eff}를 구하라.

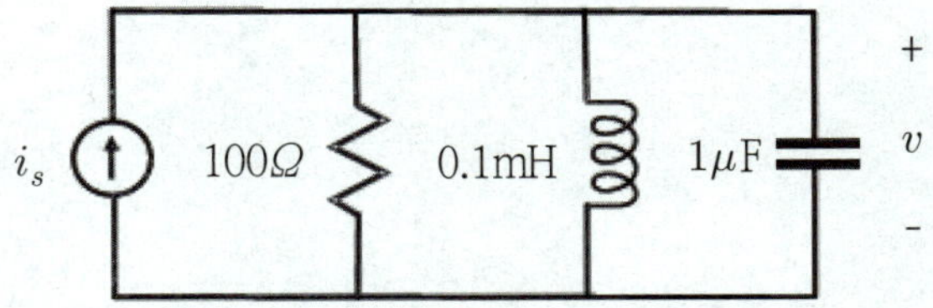

그림 E.10.6 RLC 병렬회로의 예3

10.9 다음의 회로에서 공진주파수, 공진시 임피던스, 공진시 병렬회로 양단의 전압을 구하라. 단 i_s의 최대치는 2 mA이고, 위상은 0^o이다.

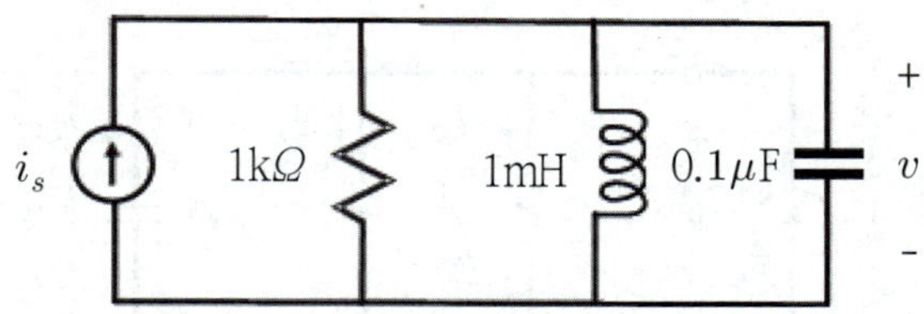

그림 E.10.7 RLC 병렬회로의 예4

10.10 RLC 병렬회로에서 공진주파수가 2πMHz이고, 대역폭이 πMHz이고, 공진시 임피던스가 5 kHz인 회로이고, $R = 1$ kΩ이다. 이 회로의 L, C의 값을 구하라.

11장 RL과 RC회로 과도응답

▶학습 목표◀

- RC 직렬회로에서 과도응답을 이해한다.
- RC 병렬회로에서 과도응답을 이해한다.
- RL 직렬회로에서 과도응답을 이해한다.
- RL 병렬회로에서 과도응답을 이해한다.

11.1 개요

우리는 지금까지 교류회로에서 정현파 전원이 인가되는 경우 회로의 정상상태 응답에 대해 학습하였다. 그러나 전기전자회로에서 전원의 스위칭이나 혹은 기타 회로소자가 갑자기 연결 혹은 제거되는 경우 일정 시간 동안 교란을 겪으면서 서서히 정상상태까지 도달한다. 이와 같이 갑작스런 회로의 변환순간부터 정상상태에 도달하기까지의 시간을 **과도기**(transient period)라 하고, 과도기에서 보이는 회로의 응답을 **과도응답**(transient response)이라 한다. 즉 과도응답이란 일반적으로 전기전자회로에서 입력의 임의의 시간적 변화에 대하여 출력이 정상상태에 도달할 때까지 시간적 반응을 말한다. 자동제어 이론에서는 입력의 단위 계단상 변화에 대한 출력의 시간적 경과(스텝 응답이라 함)를 가지고 그 계의 과도 응답을 대표하게 하는 경우도 있다.

회로해석에서는 과도응답을 구하는 것도 하나의 중요한 과제이다. 예로써 전기전자공학에서 많이 사용되는 디지털회로에서는 신호가 갑작스럽게 변화하는 경우 과도기의 회로응답도 소자나 시스템에 많은 영향을 미치는 경우가 일어나기 때문이다.

본 장에서는 에너지 저장 소자인 인덕터와 커패시터 중 하나가 저항과 연결되는 경우에 대해 회로의 과도응답을 살펴보고자 한다. 이때 과도응답을 구하기 위해서는 1차 미분방정식을 풀어야 하며, 이러한 1차 미분방정식의 해를 통해 회로의 과도응답을 이해하고자 한다.

11.2 RC 직렬회로 과도응답

여기에서는 그림 11.1과 같이 직류전원을 갖는 RC 직렬회로에 대한 시간 응답을 살펴보기로 한다. RC 직렬회로의 시간 응답에 대한 이해를 쉽게 하려면 인가 전원이 직류라 가정하는 편이 더 편리하다.

그림 11.1의 회로에서 스위치 S가 열려 있다가 닫히는 순간의 시각을 $'t=0'$이라 하고, 그리고 스위치가 닫히기 직전 커패시터 양단의 초기전압을 V_0라 하고, 왼쪽의 인가 직류전압을 V_s라 하자. 스위치 S가 닫힌 이후 커패시터 양단에서 관측되는 전압을 $v_C(t)$라 할 때, 이 커패시터를 통해 흐르는 전류 $i(t)$는 다음과 같이 표현된다.

$$i(t) = C\frac{dv_C(t)}{dt} \tag{11.1}$$

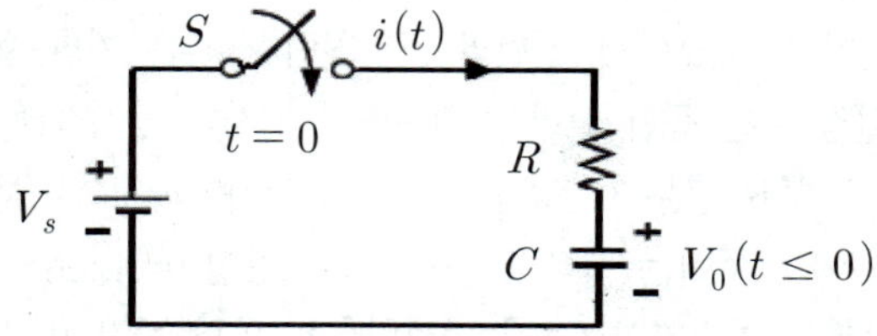

그림 11.1 직류전원이 인가된 RC 직렬회로

식 (11.1)을 사용하여 그림 11.1의 폐회로에 대해 키르히호프 전압법칙을 적용하면, 폐회로 내부의 전압관계는 다음과 같다.

$$V_s = Ri(t) + v_C(t) = RC\frac{dv_C(t)}{dt} + v_C(t)$$

이 식을 다시 정리하면 다음과 같이 나타낼 수 있다.

$$\frac{dv_C(t)}{dt} + \frac{1}{RC}v_C(t) = \frac{V_s}{RC} \quad \text{혹은}$$

$$\frac{dv_C(t)}{dt} + \frac{1}{\tau}v_C(t) = \frac{V_s}{\tau} \tag{11.2}$$

여기서 $\tau = RC$를 나타내며, 이 τ를 RC 직렬회로의 시정수(time constant)라 부르고 단위는 sec(초)를 사용한다. 식 (11.2)는 시간에 대한 미분방정식이므로, 이 방정식의 해를 구해야 RC 직렬회로의 시간응답을 구할 수 있다.

1) 자연응답

식 (11.2)의 미분 방정식에 대한 일반해를 구하려면 우선 $V_s = 0$일 때의 해, 즉 제차미분 방정식의 해를 먼저 구해야 한다. 즉 $V_s = 0$일 때 식 (11.2)을 만족하는 $v_C(t)$를 $v_{C0}(t)$라 하자. 그러면 다음과 같은

$$\frac{dv_{C0}(t)}{dt} + \frac{1}{\tau} v_{C0}(t) = 0$$

제차미분방정식으로 나타낼 수 있으며, 이 제차미분방정식 해 $v_{C0}(t)$는 다음과 같은 형태를 가진다.

$$v_{C0}(t) = K_0 e^{-t/\tau} \tag{11.3}$$

단 K_0는 초기조건을 만족하는 적분상수이다. 즉 $t=0$에서 커패시터 양단의 초기 전압 V_0가 있는 경우 식 (11.3)에서 상수는 $K_o = V_o$가 된다. 따라서 식 (11.3)은

$$v_{C0}(t) = V_0 e^{-t/\tau} \tag{11.4}$$

가 된다.

한편 인가전압이 0 V인 상태에서 커패시터의 초기 전압에 의한 전류 $i(t)$를 특별히 $i_0(t)$라 하면, 식 (11.4)를 (11.1)에 대입하여 다음의 결과를 얻을 수 있다.

$$i_0(t) = -\frac{V_0}{R} e^{-t/\tau} \tag{11.5}$$

식 (11.15)는 구동전원이 없고 커패시터의 초기 전압이 V_0일 때 RC 직렬회로의 지로를 흐르는 전류로 커패시터 +쪽에서 바로 위의 저항을 통해 전류가 흐르기 때문에 - 부호가 붙는다. 즉 초기 전류의 기준 방향을 오른쪽으로 +가 되도록 택하였기 때문이다. 여기서 $x_{C0}(t)$와 $i_0(t)$는 각각 회로 내에 구동 전원이 없는 경우($V_s = 0$) RC 직렬회로에서 커패시터 양단의 전압과 커패시터를 통해 흐르는 전류의 시간응답이며, 이를 RC 직렬회로의 자연응답(Natural Response)이라 한다.

2) 완전응답

즉 식 (11.4)와 (11.5)는 각각 구동 전원이 없고 커패시터의 초기 전압이 V_0인 경우 RC 직렬회로에서 커패시터 양단에 나타나는 전압과 이를 통해 흐르는 전류의 시간응답이다. 그런

데 $V_s \neq 0$인 경우의 응답을 찾기 위해서는 식 (11.3)에서 K_0를 함수 $f(t)$라 놓고 미분방정식의 해를 구하면 된다(해를 구하는 자세한 방법은 공학수학 관련 서적 참조). 즉 K_0를 함수 $f(t)$라 놓을 때 시간응답을 $v_C(t)$라 하면, 이는

$$v_C(t) = f(t)e^{-t/\tau} \tag{11.6}$$

의 형태가 된다. 이 식을 원 미분방정식 (11.2)에 대입하여 정리하면

$$v_C(t) = V_s + K_1 e^{-t/\tau} \tag{11.7}$$

가 된다. 여기서 K_1은 초기조건을 만족하는 적분상수이다. 즉 $V_s \neq 0$이고 $t=0$에서 커패시터 양단의 전압이 V_0라는 초기조건을 식 (11.7)에 사용하면

$$K_1 = V_0 - V_s \tag{11.8}$$

가 된다. 식 (11.8)을 식 (11.7)에 대입하여 $t>0$에서 커패시터 양단의 전압 $v_C(t)$를 구하면

$$\boxed{v_C(t) = V_s + (V_0 - V_s)e^{-t/\tau},\ t \geq 0} \tag{11.9}$$

가 된다.

한편 $V_s \neq 0$이고 $t=0$에서 커패시터 양단의 전압이 V_0라는 가정에서 $t=0$ 이후의 RC 직렬회로의 지로전류 $i(t)$를 구해 보자. 식 (11.9)를 (11.1)에 대입하면 RC 직렬회로의 지로전류 $i(t)$는 다음과 같이 구해진다.

$$\boxed{i(t) = \frac{1}{R}(V_s - V_0)e^{-t/\tau},\ t \geq 0} \tag{11.10}$$

식 (11.9)와 (11.10)을 RC 직렬회로의 완전응답(Complete Response)이라 한다. 특히 시간이 충분히 흐른 것을 고려하여 $t \to \infty$일 때는, 식 (11.9)로 표현되는 커패시터 양단의 전압은 V_s로 나타나며, 지로전류 $i(t=\infty)=0$으로 나타난다. 또한 $V_s \neq 0$일 때의 응답, 즉 완전응답을 RC 직렬회로의 강제응답(Forced Response)이라고도 부른다.

RC 직렬회로에서 자연응답 성분은 스위치를 닫는 $t=0$에서 초기조건을 만족시키고, 시간이 경과함에 따라 커패시터 양단의 전압은 증가하면서 $t \to \infty$에서 정상상태에 도달하게 되는데, 이와 같이 초기상태에서 정상상태로 도달하는 과정의 응답을 과도응답(Transient Response)이라 한다.

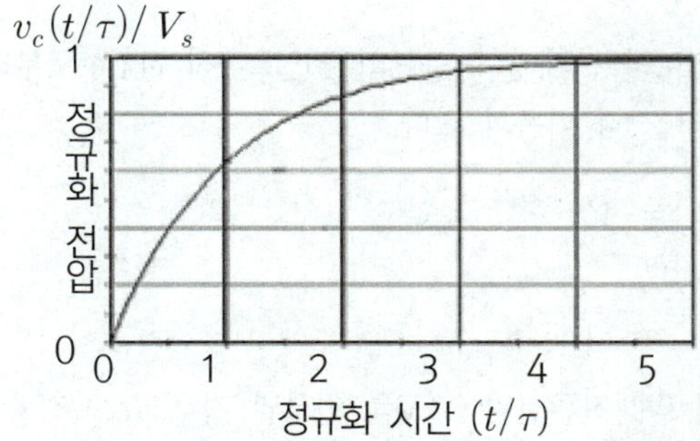

그림 11.2 커패시터의 초기 전압이 $V_0=0$일 때 RC 직렬회로의 과도응답 $v_c(t/\tau)$
(자료출처: 정동규, 기초전기전자회로실험, 4판)

그러나 실제에서는 충분한 시간이 흐른 기간까지의 응답을 과도응답으로 취급하기도 한다.

RC직렬회로에서 커패시터의 초기상태를 $V_0=0$ V라 할 때, 이 경우 '$t \geq 0$'에 대한 과도응답을 살펴보면 그림 11.5와 같다.

즉 커패시터의 초기 전압이 없는 경우 그림 11.4에서 열린 스위치가 닫히는 순간은 커패시터는 단락 현상을 보이다가 점점 시간이 지남에 따라 커패시터 양단의 전압은 V_s 값으로 근접해 간다.

예제 11.1

$R=1$ kΩ, $C=20\,\mu$F인 RC 직렬회로에 대해 다음 문제를 풀어라.

1) 전원이 $V_s=0$ V이고 커패시터 초기 전압$(t=0)$이 5 V일 때 RC 직렬회로에 있는 커패시터 양단의 전압과 이를 통하는 전류에 대한 자연응답을 구하라.

2) RC 직렬회로에서 직류전원 $V_s=10$ V를 인가하고 커패시터 양단의 초기 전압이 $V_0=0$ V일 때 커패시터 양단의 전압과 이를 통하는 전류에 대한 완전응답을 구하라.

풀이

시정수는 $\tau=RC=10^3\times 20\times 10^{-6}=0.02$이다.

1) RC 직렬회로의 커패시터 양단의 전압은 식 (11.4)로부터, 그리고 전류는 식 (11.5)로부터 각각 다음과 같다.

$$v_{C0}(t) = V_0 e^{-t/\tau} = 5e^{-50t} \text{ V}$$

$$i_0(t) = -\frac{5}{10^3} e^{-50t} \text{ A}$$

2) RC 직렬회로에 직류전원 10 V를 인가된 경우 RC 직렬회로에 있는 커패시터 양단의 전압은 식 (11.9)로부터, 그리고 전류는 식 (11.10)으로부터 각각 다음과 같이 얻어진다.

$$v_C(t) = V_s + (V_0 - V_s)e^{-t/\tau} = 10(1 - e^{-50t})$$

$$i(t) = \frac{1}{10^2} e^{-50t}$$

11.3 RC 병렬회로 과도응답

먼저 RC 병렬회로에 직류 전원이 인가된 그림 11.3의 회로를 고려하자.

그리고 그림 11.3의 회로에서 $t < 0$에서는 스위치가 개방되어 있다고 가정하고, 또한 $t = 0$로 되는 순간 스위치가 닫힌다고 가정하자. 일단 $t \geq 0$에서 절점 a에서 키르히호프 전류법칙을 적용하여 절점 방정식을 세우면 다음과 같다.

$$C\frac{dv(t)}{dt} + \frac{v(t)}{R} = I_s \quad \text{혹은}$$

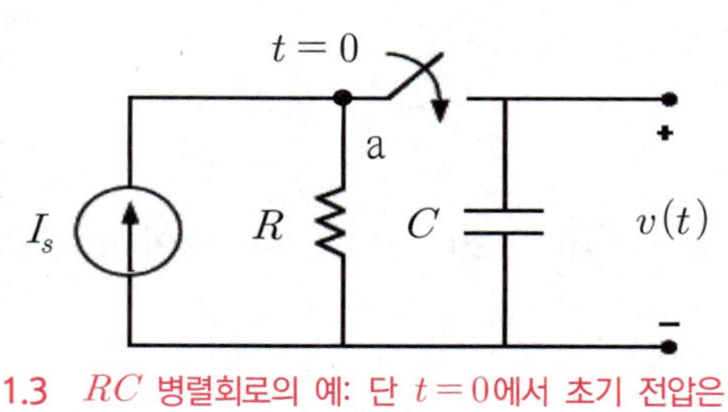

그림 11.3 RC 병렬회로의 예: 단 $t = 0$에서 초기 전압은 V_0임.

$$\frac{dv(t)}{dt}+\frac{v(t)}{\tau}=\frac{I_s}{C} \tag{11.11}$$

식 (11.11)에서 $\tau = RC$를 나타내고 단위는 sec이며, 이때 τ를 RC병렬회로의 시정수라 한다.

1) 자연응답

식 (11.11)은 식 (11.2)와 같은 유형의 1차 미분방정식이다. 그리고 구동전원이 없는 경우, 즉 $I_s = 0$인 경우 식 (11.11)의 미분방정식 해를 $v_0(t)$라 하면 이는

$$v_0(t) = K_0 e^{-t/\tau}, \tau = RC,\ K_0:\ \text{적분상수}$$

가 된다. 그리고 $t=0$에서 초기 전압이 V_0이므로 이를 위식에 대입하면 상수는 $K_0 = 10$이므로, 이때 커패시터 양단의 전압은

$$v_0(t) = V_0\, e^{-t/\tau} \tag{11.12}$$

가 된다. 아울러 이때 커패시터를 통해 흐르는 전류를 $i_{C0}(t)$라 하면, 이는 $i_{C0}(t) = C\frac{dv_0(t)}{dt}$의 관계로부터

$$i_{C0}(t) = -\frac{V_0}{R}e^{-t/\tau} \tag{11.13}$$

을 얻을 수 있다. 식 (11.12)과 (11.13)을 RC 병렬회로 양단의 전압과 커패시터를 흐르는 전류에 대한 자연응답이라 한다.

2) 완전응답

$I_s \neq 0$인 경우 미분 방정식 (11.11)의 완전해를 구하여 보자. 미분 방정식 (11.11)의 완전해는 제차방정식의 형태인 $v_0(t) = K_0 e^{-t/\tau}$에서 상수 K_0를 t의 함수 $f(t)$로 다음과 같이

대체하고 이때 미분방정식 (11.11)을 만족하는 해 $v(t)$를 구해보자. 즉

$$v(t) = f(t)e^{-t/\tau} \tag{11.14}$$

라 두자. 식 (11.14)를 원 미분방정식 식 (11.11)에 대입하여 정리하면 다음과 같이 얻어진다.

$$v(t) = I_s R + K_1 e^{-t/\tau},\ \ K_1 \text{ : 상수} \tag{11.15}$$

그림 11.3에서 스위치를 닫는 순간 '$t=0$'에서 커패시터 양단의 초기 전압이 V_0이므로, 이 초기 전압을 식 (11.15)에 적용하면 다음을 얻을 수 있다.

$$V_0 = I_s R + K_1 \tag{11.16}$$

즉

$$K_1 = V_0 - I_s R \tag{11.17}$$

을 얻을 수 있다. 따라서 미분방정식 (11.11)을 만족하는 완전해는 식 (11.17)를 식 (11.15)에 대입하여

$$\boxed{v(t) = I_s R + (V_0 - I_s R)e^{-t/\tau}} \tag{11.18}$$

과 같이 얻을 수 있다. 아울러 $I_s \neq 0$인 경우 커패시터를 흐르는 전류 $i_C(t)$를 구한다면 이는 식 (11.18)을 t에 대해 미분하여, 즉 $i_C(t) = C\dfrac{dv(t)}{dt}$의 관계를 사용하여 다음과 같이 얻을 수 있다.

$$\boxed{i_C(t) = (I_s - \frac{V_0}{R})e^{-t/\tau}} \tag{11.19}$$

식 (11.18)과 (11.19)를 그림 11.3의 RC 병렬회로 양단의 전압과 커패시터를 흐르는 전류에 대한 완전응답이라 한다.

예제 11.2

그림 11.3의 RC 병렬회로에서 $R = 5\ \mathrm{k}\Omega$, $C = 20\ \mu\mathrm{F}$이다. 이때 $t = 0$에서 스위치가 닫힌다고 할 때, $t \geq 0$에서 다음을 풀어라.

1) 인가전류 $I_s = 0$ A이고 커패시터 양단의 초기 전압이 $V_0(t=0) = 5$ V일 때, RC 병렬회로 양단의 전압과 커패시터를 통해 흐르는 전류를 구하라.
2) 인가전류 $I_s = 2$ mA이고 커패시터 양단의 초기 전압 $V_0(t=0) = 5$ V일 때, RC 병렬회로 양단의 전압과 커패시터를 통해 흐르는 전류를 구하라.

풀이

시정수는

$$\tau = RC = 5 \times 10^3 \times 20 \times 10^{-6} = 0.1 \qquad (11.20)$$

이다. 식 (11.20)의 시정수를 사용하여 자연응답과 강제응답을 구해보자.

1) 인가전류 $I_s = 0$ A이고 커패시터 양단의 초기 전압 $V_0(t=0) = 5$ V일 때, RC 병렬회로의 자연응답은 식 (11.12)와 (11.13)을 사용하면 다음과 같이 구해진다.

$$v_0(t) = V_0 e^{-t/\tau} = 5e^{-10t} \quad \mathrm{V}$$

$$i_{C0}(t) = -\frac{V_0}{R} e^{-t/\tau} = -10^{-3} e^{-10t} \quad \mathrm{A}$$

2) 인가전류 $I_s = 2$ mA이고 커패시터 양단의 초기 전압 $V_0(t=0) = 5$ V일 때, RC 병렬회로의 강제응답은 식 (11.18)과 (11.19)로부터 다음과 같이 구해진다.

$$v(t) = I_s R + (V_0 - I_s R) e^{-t/\tau} = 10 - 5e^{-10t} \quad \mathrm{V}$$

$$i_C(t) = (I_s - \frac{V_0}{R}) e^{-t/\tau} = (2 \times 10^{-3} - \frac{5}{5 \times 10^3}) e^{-10t} = 10^{-3} e^{-10t} \quad \mathrm{A}$$

11.4 RL 직렬회로 과도응답

여기에서는 직류전원을 갖는 RL 직렬회로에 대한 과도 응답을 살펴보기로 한다. RL 직렬회로의 시간 응답에 대한 이해를 쉽게 하려면 인가 전원이 직류라 가정하는 것이 더 편리하다. 따라서 먼저 그림 11.4의 회로를 고려하자.

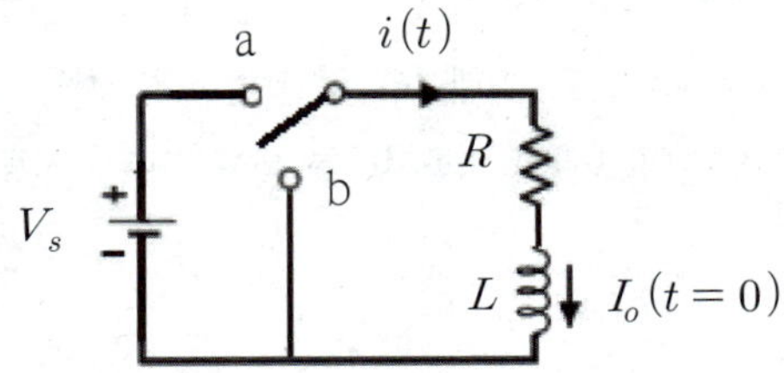

그림 11.4 직류전원이 인가된 RL 직렬회로

그림 11.4의 RL 직렬회로를 흐르는 전류를 $i(t)$라 하자. 이때 코일 L의 양단에서 측정되는 전압 $v(t)$는

$$v(t) = L\frac{di(t)}{dt} \tag{11.21}$$

가 된다.

1) 자연응답

우선 그림 11.4의 회로에서 스위치 S가 $t<0$에서 단자 a에 연결되어 충분한 시간이 지난 후 $t=0$에서 스위치가 b로 옮겨진다고 가정하자. 이때 $t=0$에서 코일 L을 통해 흐르는 전류를 $I_0(=V_s/R)$이다. 한편 $t=0$에서 스위치가 a에서 b로 스위칭이 일어난 상태에서 코일 L 양단의 전압과 이를 통해 흐르는 전류를 각각 v_{L0}, i_{L0}라 하자.

한편 RL로 구성되는 폐회로에 대해 키르히호프 전압법칙을 적용하면 다음의 1차 미분 방정식을 얻는다.

$$Ri_{L0}(t) + L\frac{di_{L0}(t)}{dt} = 0$$

혹은

$$\frac{di_{L0}(t)}{dt}+\frac{1}{\tau}i_{L0}(t)=0 \tag{11.22}$$

식 (11.22)에서 $\tau=L/R$이며, τ를 RL 직렬회로의 시정수(time constant)라 부르고 단위로는 sec를 사용한다.

먼저 $t=0$일 때 초기전류 I_0가 흐른다. 이때 전류 $i_{L0}(t)$의 시간적 응답을 살펴보려면 식 (11.22)의 미분방정식에 대한 해를 구해야 한다. 즉 식 (11.22)의 해는

$$i_{L0}(t)=K_0e^{-t/\tau} \tag{11.23}$$

가 되며, K_0는 적분상수이다. 한편 전류는 한 순간에 jump할 수 없으므로, 초기조건 $'t=0'$에서 초기 전류는 $'i_{L0}(0)=I_o'$이므로 이를 식 (11.23)에 대입하면 $K_0=I_0$를 얻을 수 있다.". 이를 식 (11.23)에 대입하여 정리하면 다음과 같이 제차방정식의 해를 $i_{L0}(t)$를 얻을 수 있다.

$$i_{L0}(t)=I_o\,e^{-t/\tau},\ I_o=V_s/R \tag{11.24}$$

그리고 이때 L 양단의 전압을 $v_{L0}(t)$라 하면, 이는 $v_{L0}(t)=L(di_{L0}(t)/dt)$로부터

$$v_{L0}(t)=-V_se^{-t/\tau} \tag{11.25}$$

을 얻을 수 있다. 회로 내에서 구동전원이 없는 경우의 RL 직렬회로의 시간응답인 식 (11.24)와 (11.25)를 RL 직렬회로의 자연응답(Natural Response)이라 부른다.

식 (11.24)와 (11.25)를 살펴보면, 스위치를 a에서 b로 옮기는 순간 RL 직렬회로를 흐르는 전류는 지수함수적으로 감소한다. 이는 저항 R을 통해 인덕터에 저장된 전하가 방전이 되기 때문이다. 그리고 저항과 인덕터 각각의 양단에 걸리는 전압은 극성이 반대가 되고 크기는 같은 값을 갖는다. 즉 저항 양단의 전압은 저항 위쪽이 +, 저항 아래쪽이 - 극을 갖는 형태이며, 그 값은 식 (11.24)로부터 $t=t'$에서 '$Ri_{L0}(t')=RI_oe^{-t'/\tau}$이다. 아울러 인덕터 양단의 전압은 인덕터 위쪽이 -, 인덕터 아래쪽이 +극을 갖는 형태이며, 그 값은 식 (11.25)로부터

$t = t'$에서 '$v_{L0}(t') = -V_s e^{-t'/\tau} = -RI_o e^{-t'/\tau}$이다. 따라서 $t > 0$에서 저항과 인덕터 각각의 양단에서 나타나는 전압은 크기가 같고 방향이 반대이다.

2) 완전응답

여기에서는 자연응답의 경우와 달리, 그림 11.4에서 $t < 0$ 동안 조건이 다르다고 가정하자. 즉 $t < 0$에서 스위치가 단자 b에 연결되어 있으며, $t = 0$가 되는 순간 스위치가 a로 옮겨지며 이때 인덕터를 흐르는 초기 전류는 I_o라 가정하자.

그림 11.4에서 $t = 0$가 되는 순간 스위치가 a로 옮겨진 이후 폐회로망에 대한 키르히호프 전압법칙을 적용하면 다음과 같다.

$$Ri(t) + L\frac{di(t)}{dt} = V_s \qquad (11.26)$$

식 (11.26) 미분방정식의 보조해는 제차미분방정식의 해($V_s = 0$인 경우의 해)이므로 식 (11.23)과 같은 형태로서

$$i(t) = Ke^{-t/\tau},\ K\text{: 상수} \qquad (11.27a)$$

과 같다. 그리고 (11.26) 미분방정식의 일반해는 보조해에서 상수 K를 t의 함수 $f(t)$로 두고 풀어야 한다. 즉 $K = f(t)$라 두고 풀면

$$i(t) = f(t)e^{-t/\tau} \qquad (11.27b)$$

와 같이 놓고 풀면 일반해가 얻어진다. 식 (11.27b)를 원 미분방정식 (11.26)에 대입하여 $f(t)$를 구하면 다음과 같다.

$$f(t) = \frac{V_s}{R}e^{t/\tau} + K_1 \qquad (11.28)$$

여기서 K_1는 적분 상수이다. 식 (11.28)을 식 (11.27b)에 대입하면

$$i(t) = \frac{V_s}{R} + K_1 e^{-t/\tau} \tag{11.29}$$

을 얻을 수 있다. 식 (11.29)에서 '$t=0$일 때 초기 전류 $i(0)=I_0$'의 초기 조건을 대입하면 $K_1 = I_0 - V_s/R$을 얻을 수 있다. 따라서 $t \geq 0$에서 그림 11.4의 *RL* 직렬회로의 응답은 다음과 같이 구해진다.

$$i(t) = \frac{V_s}{R} + \left(I_0 - \frac{V_s}{R}\right) e^{-t/\tau} \tag{11.30}$$

한편 $t \geq 0$에서 그림 11.4의 인덕터 양단에 유도되는 전압은 $v_L(t) = L(di/dt)$이므로

$$v_L(t) = (V_s - RI_0) e^{-t/\tau} \tag{11.31}$$

가 된다. 식 (11.30)과 (11.31)을 그림 11.4의 *RL* 직렬회로의 완전응답(Complete Response)이라 한다. 식 (11.30)에서 등호 왼쪽 첫 번째 항 V_s/R은 시간이 충분히 흐른 후 회로를 흐르는 전류의 정상상태응답을 타나낸다. 그리고 그림 11.5는 $I_0 = 0$일 때 '$t \geq 0$'에서 그림 11.4의 *RL* 직렬회로에서 지로전류에 대한 과도응답을 나타낸다.

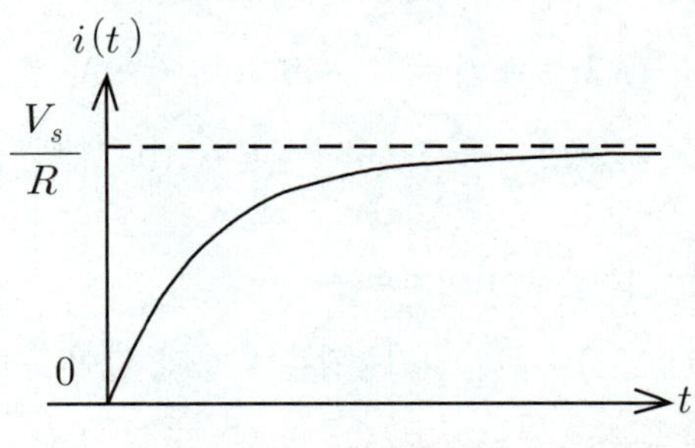

그림 11.5 $I_0 = 0$일 때 *RL* 직렬회로의 지로전류에 대한 과도응답

예제 11.3

그림 11.4의 RL직렬회로에서 $V_s = 10$ V, $R = 50$ Ω, $L = 10$ mH일 때 다음 문제를 풀어라.

1) $t < 0$에서 충분히 오랫동안 스위치가 a로 연결되어 있었다. 그런 후 $t = 0$에서 스위치가 b로 옮겨진다고 가정할 때, $t \geq 0$에서 RL 직렬회로의 자연응답을 구하라.

2) $t = 0$에서 $I_o = 100$ mA이고 또한 $t = 0$에서 스위치 S가 b에서 a로 스위칭이 일어나는 경우 $t \geq 0$에서 RL 직렬회로의 완전응답을 구하라.

풀이

주어진 문제에서 시정수 τ는 다음과 같다.

$$\tau = \frac{L}{R} = \frac{10 \times 10^{-3}}{50} = 2 \times 10^{-4} \text{ sec} \tag{11.32}$$

1) RL 직렬회로의 자연응답

$t < 0$에서 충분히 오랫동안 스위치가 a로 연결되어 있었으므로, 초기전류 I_0는 다음과 같다.

$$I_0 = \frac{V_s}{R} = \frac{10}{50} = 0.2 \text{ A}$$

그리고 자연응답은 각각 식 (11.24)와 (11.25)로부터 다음과 같이 얻을 수 있다.

$$i_{L0}(t) = I_o e^{-t/\tau} = 0.2e^{-5000t} \text{ A}$$

$$v_{L0}(t) = -RI_0 e^{-t/\tau} = -10e^{-5000t} \text{ V}$$

2) $t \geq 0$에서 RL 직렬회로의 완전응답

식 (11.30)과 (11.31)로부터 완전응답은 다음과 같이 구해진다.

$$i(t) = \frac{V_s}{R} + \left(I_0 - \frac{V_s}{R}\right)e^{-t/\tau} = 0.1(2 - e^{-5000t}) \text{ A}$$

$$v_L(t) = (V_s - RI_0)e^{-t/\tau} = 5e^{-5000t} \text{ V}$$

11.5 *RL* 병렬회로 과도응답

먼저 *RL* 병렬회로에 직류 전원이 인가된 그림 11.6의 회로를 고려하자. 그림 11.6의 회로에서 $t<0$에서는 스위치가 개방되어 있다가 $t=0$에서 스위치가 닫힌다고 가정하자.

"$t \geq 0$에서 저항을 흐르는 전류 $i_R(t)$는 다음과 같다.

$$i_R(t) = \frac{v(t)}{R} \tag{11.33}$$

그리고 인덕터를 흐르는 전류를 $i_L(t)$라 하면, 병렬회로 양단의 전압은 다음과 같다.

$$v(t) = L\frac{di_L(t)}{dt} \tag{11.34}$$

식 (11.34)을 (11.33)에 대입하면

$$i_R(t) = \frac{L}{R}\frac{di_L(t)}{dt} \tag{11.35}$$

을 얻을 수 있다.

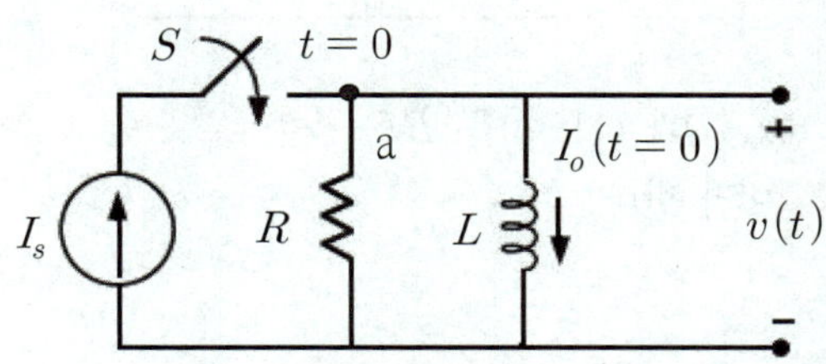

그림 11.6 *RL* 병렬회로의 예

$t \geq 0$에서 그림 11.6 회로의 절점 a에서 키르히호프 전류법칙을 적용하여 절점 방정식을 세우면

$$\frac{L}{R}\frac{di_L(t)}{dt} + i_L(t) = I_s \quad \text{혹은} \quad \frac{di_L(t)}{dt} + \frac{1}{\tau}i_L(t) = \frac{1}{\tau}I_s \tag{11.36}$$

의 1차 미분방정식을 얻을 수 있다. 여기서 τ는 $\tau = L/R$을 나타내며, 이를 **RL 병렬회로의 시정수**라 부르고, 단위는 sec를 사용한다.

1) 자연응답

식 (11.36)은 시각 t에 대한 1차 미분방정식이다. 그리고 구동전원이 없는 경우, 즉 $I_s = 0$인 경우(이 경우는 스위치가 열린 것과 같은 현상임) 식 (11.36)의 미분방정식 해를 $i_{L0}(t)$라 하자. 그리고 $t=0$에서 인덕터의 초기 전류를 I_0라 가정하면, 식 (11.36)은 제차미분방정식이 되고 이 방정식의 해는

$$i_{L0}(t) = K_0 e^{-t/\tau},\ K_0\text{: 상수}$$

의 형태를 갖는다. 한편 초기 조건이 $i_{L0}(0) = I_0$이므로, 이를 윗식에 대입하면 $K_0 = I_0$을 얻는다. 따라서

$$i_{L0}(t) = I_0 e^{-t/\tau},\ \tau = L/R \tag{11.37}$$

을 얻을 수 있다. 그리고 이때 병렬회로 양단의 전압을 $v_0(t)$라 하면, 이는 $v_0(t) = L(di_{L0}/dt)$의 관계로부터

$$v_0(t) = -RI_0 e^{-t/\tau} \tag{11.38}$$

와 같이 얻어진다. 식 (11.37)과 (11.38)을 RL 병렬회로 양단의 전압과 인덕터를 통해 흐르는 전류에 대한 자연응답이라 한다.

2) 완전응답

$I_s \neq 0$인 경우 미분 방정식 (11.36)의 완전해를 구하여 보자. 미분방정식 (11.36)에서 $i_L(t)$는 제차미분방정식의 해의 형태인 $K_0 e^{-t/\tau}$에서 K_0를 함수 $f(t)$로 대체한 $i_L(t) = f(t)e^{-t/\tau}$을 원 미분방정식인 식 (11.36)에 대입하여 정리하면, 완전해는 다음과 같은 형태를 갖는다.

$$i_L(t) = I_s + K_1 e^{-t/\tau} \tag{11.39}$$

여기서 K_1은 적분 상수이다. 식 (11.39)에서 초기조건 $i_L(t=0)=I_0$을 대입하면 적분상수 K_1은

$$K_1 = I_0 - I_s \tag{11.40}$$

가 된다. 따라서 식 (11.40)을 (11.39)에 대입하면, 구동전원이 있는 경우($I_s \neq 0$) 식 (11.36)의 완전해 $i_L(t)$는

$$\boxed{i_L(t) = I_s + (I_0 - I_s)e^{-t/\tau}} \tag{11.41}$$

와 같이 얻을 수 있다. 이때 병렬회로 양단의 전압 $v(t)$는 식 (11.41)을 이용하여 $v(t)=L(di_L(t)/dt)$으로부터

$$\boxed{v(t) = R(I_s - I_0)e^{-t/\tau}} \tag{11.42}$$

를 얻을 수 있다. 식 (11.41)과 (11.42)를 그림 11.6과 같은 RL **병렬회로 양단의 전압과 인덕터를 통해 흐르는 전류에 대한 완전응답**이라 한다.

그림 11.6의 RL 병렬회로에서는 $t\rightarrow\infty$에서 인덕터는 단락 상태를 보여 $i_L(t=\infty)=I_s$가 되고, 병렬회로 양단의 전압은 0 V가 된다. 그런데 전류원이 이상적일 때는 큰 문제가 되지 않으나, 실제의 경우에는 이와 같은 회로는 잘 사용되지 않는다. 안전성을 위해 RL 병렬회로의 좌측이나 L의 직렬 선로에 일정 크기의 저항을 연결하여 사용하기도 한다.

예제 11.4

그림 11.6의 회로에서 $R=100\ \Omega$, $L=20$ mH, $I_0=200$ mA이다. $t<0$에서 스위치 S가 열려 있다가 $t=0$에서 스위치가 닫힌다고 할 때 다음 문제를 풀어라.

1) $I_s=0$ mA일 때, $t>0$에서 RL 병렬회로의 자연응답을 구하라.

2) $I_s=500$ mA일 때 $t>0$에서 RL 병렬회로의 완전응답을 구하라.

풀이

주어진 문제에서 시정수는 $\tau = L/R = 20 \times 10^{-3}/100 = 2 \times 10^{-4}$이다.

1) $I_o = 200$ mA일 때 RL 병렬회로의 자연응답

식 (11.37)과 (11.38)로부터 RL 병렬회로의 자연응답은 다음과 같다.

$$i_{L0}(t) = I_0 e^{-t/\tau} = 200e^{-5000t} \text{ mA}$$

$$v_o(t) = -RI_o e^{-t/\tau} = -20e^{-5000t} \text{ V}$$

2) $I_s = 0.5$ A일 때 $t > 0$에서 RL 병렬회로의 완전응답

식 (11.41)과 (11.42)로부터 RL 병렬회로의 완전응답은 다음과 같다.

$$i_L(t) = I_s + (I_0 - I_s)e^{-t/\tau} = 0.5 - 0.3e^{-5000t} \text{ mA}$$

$$v(t) = R(I_s - I_o)e^{-t/\tau} = 100(0.5 - 0.2)e^{-5000t} = 30e^{-5000t} \text{ V}$$

연습문제

11.1 그림 E.11.1의 RC 직렬회로에서 $R = 5\ \text{k}\Omega$, $C = 20\ \mu\text{F}$인 RC 직렬회로에 대해 다음 문제를 풀어라. 단 $t = 0$에서 스위치가 닫힘.

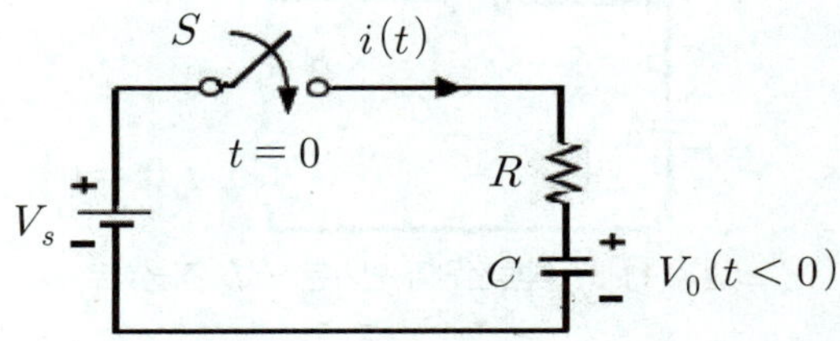

그림 E.11.1 직류전원이 인가된 RC 직렬회로의 예

1) 전원이 $V_s = 0$ V이고 커패시터 초기 전압이 $V_0 = 10$ V일 때 커패시터 양단의 전압과 이를 통하는 전류에 대한 자연응답을 구하라.

2) $V_s = 20$ V를 인가하고 커패시터 초기 전압이 $V_0 = 10$ V일 때 커패시터 양단의 전압과 이를 통하는 전류에 대한 강제응답을 구하라.

11.2 그림 E.11.2 RC 병렬회로에서 $R = 5\ \text{k}\Omega$, $C = 20\ \mu\text{F}$이다. 다음의 문제를 풀어라. 단 $t < 0$에서 스위치는 열려 있다가 $t = 0$에서 닫힌다.

1) 인가전류 $I_0 = 0$ A이고 커패시터 양단의 초기 전압 $V_0(t = 0) = 5$ V일 때, RC 병렬회로 양단의 전압과 커패시터를 통해 흐르는 전류를 구하라.

2) 인가전류 $I_0 = 2$ mA이고 커패시터 양단의 초기 전압 $V_0(t = 0) = 5$ V일 때, RC 병렬회로 양단의 전압 $v(t)$와 커패시터를 통해 흐르는 전류를 구하라.

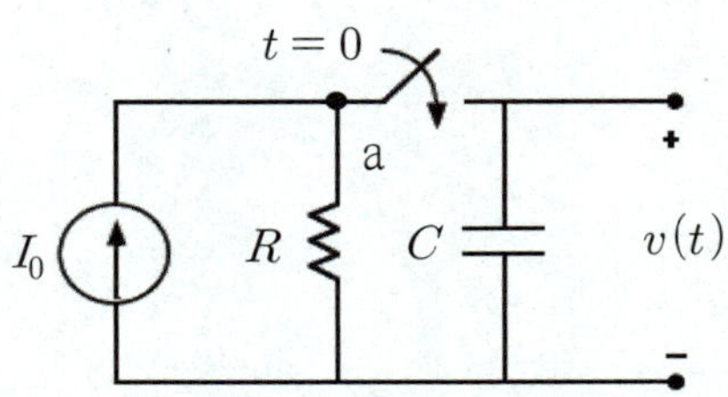

그림 E.11.2 RC 병렬회로의 예

11.3 그림 E.11.3의 회로에서 $r=5\ \text{k}\Omega$, $R=15\ \text{k}\Omega$, $L=10\ \text{mH}$, $t<0$에서 스위치 S가 충분히 오랜 시간 동안 열려 있다가 $t=0$에서 닫힌다. $V_s=5\ \text{V}$일 때 RL 직렬회로를 흐르는 전류의 완전응답을 구하라.

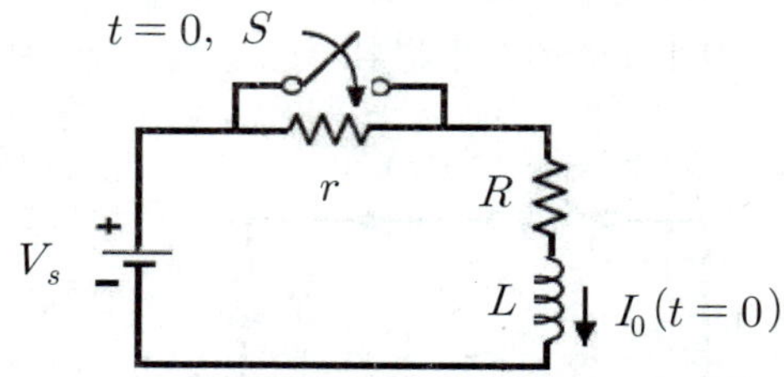

그림 E.11.3 직류전원이 인가된 RL 직렬회로

11.4 그림 E.11.4의 회로에서 $L=100\ \text{mH}$, $R=100\ \Omega$, $I_0=100\ \text{mA}$이고, $t<0$에서 스위치 S가 열려 있다가, $t=0$에서 스위치 S를 닫힌다고 가정할 때 다음 문제를 풀어라.

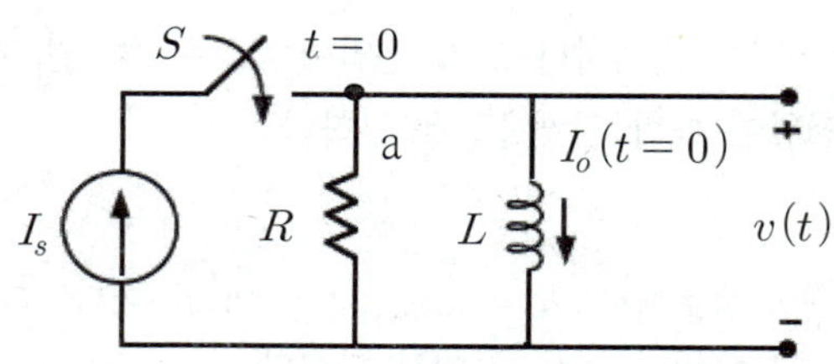

그림 E.11.4 RL 병렬회로의 예

1) $I_s=0\ \text{mA}$일 때 $t>0$에서 인덕터 양단의 전압과 이를 흐르는 전류를 구하라.

2) $I_s=200\ \text{mA}$일 때 $t>0$에서 인덕터 양단의 전압과 이를 흐르는 전류를 구하라.

11.5 그림 E.11.5의 회로에서 $L = 100$ mH, $r = 10$ Ω, $R = 10$ Ω, $I_0 = 100$ mA이고, $t = 0$에서 스위치 S를 닫는다고 가정할 때 다음 문제를 풀어라.

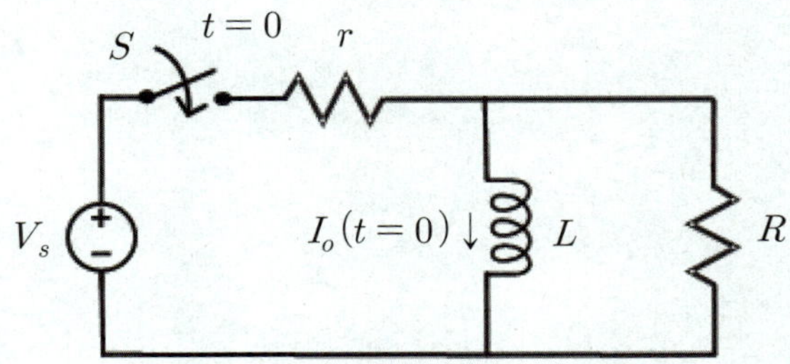

그림 E.11.5 RL 직병렬 혼합회로

1) $V_s = 0$ V일 때 $t > 0$에서 인덕터 양단의 전압과 이를 흐르는 전류를 구하라.

2) $V_s = 5$ V일 때 $t > 0$에서 인덕터 양단의 전압과 이를 흐르는 전류를 구하라.

12장 3상 전력 시스템

▶학습 목표◀

- 다상전력시스템을 이해한다.
- 3상 전원의 구조를 학습한다.
- 3상 부하의 구조를 학습한다.
- 3상 전원과 3상 부하의 연결 구조를 학습한다.
- 3상 전력시스템에서 전력을 계산하는 방법을 학습한다.

12.1 개요

지금까지 우리는 단상 전력시스템에 대해 학습하였다. 3상 전력이란 3상 교류에 의해 공급되거나 소비되는 전력을 말한다. 3상 전력시스템에 대해 자세한 설명을 하기 전에 단상에 비해 3상 전력 시스템이 갖는 장점을 살펴보자.

최근 3상 전력시스템은 대부분의 전기, 기계 시스템에 동력용으로 사용된다. 예로써 3상은 모터의 구동시 단상에 비해 안정성을 가진다고 말할 수 있다. 즉 모터의 회전기기가 일정한 토크로 동작한다면 효율성과 안정성 등에 매우 유익할 것이다. 60 Hz 단상 시스템을 모터에 사용하는 경우 1초 동안에 120번의 저크(jerk) 현상이 일어난다. 여기서 저크란 모터의 가속도의 변화를 말한다. 다음으로 3상은 모터의 기동토크를 특별한 부가적인 장치 없이도 원하는 방향으로 움직일 수 있게 해 준다는 점이다. 단상의 경우 기동토크가 없으므로 원하는 방향으로 기동하기 위해서는 추가적으로 캐패시터나 인버터를 사용해야 한다. 그리고 단상에 비해 3상은 송배전이 경제적으로 이루어진다는 장점이 있다. 멀리 떨어져 있는 발전소에서부터 일반 공장이나 가정 등의 수요처로 전력이 전송되는 동안 손실과 시설비를 줄일 수 있다. 이러한 단상의 단점들을 보완하기 위한 방법으로 다상전력시스템을 사용한다.

다상 전력시스템은 교류 전력을 분배하는 한 가지 수단이다. 다상 전력시스템에는 2개 이상의 교류 전력이 공급되는 도체가 필요하며, 각 도체의 전압 파형 사이에는 정의된 위상각을 갖는다. 즉 동일한 주파수를 가지면서 위상을 달리하는 다수의 기전력이 동시에 존재하는 교류전력 시스템을 **다상 전력시스템**(polyphase power system)이라 한다. 이와 같이 다상 전력을 공급하는 전원이 포함된 회로를 **다상회로**라 한다. 다상 전력시스템 중에 실제로 많이 사용되는 것이 3상 전력시스템(three phase power system)이다. 오늘날 우리나라를 포함한 선진국의 많은 나라에서는 3상 전력 시스템을 채택하고 있다.

다상 전력을 이용할 수 있게 되면 변압기를 적절하게 배열한 원하는 수의 위상으로 변환할 수 있다. 따라서 4개 이상의 위상 단계가 필요한 경우는 드물지만, 4개 이상의 위상 단계 번호가 사용되어온 전례는 있다. 1992년과 1995년 사이에 '뉴욕주전기가스(New York State Electric & Gas)'는 다상 전력시스템을 운영하였다. 이는 93 kV의 6상 전송선을 사용하여 115 kV의 이중-3상-회로(double-circuit 3-phase)로 전력을 공급하는 시스템이었다. 주요 결과는 23-28마일 이상의 거리에 대해서는 6상 라인으로 기존의 115 kV 이중-3상-회로를 운영하는 것이 경제적인 것으로 나타났다.

12.2 3상 전원

3상 전압의 경우에는 120°의 위상 각도 차이가 각 도체의 전압 파형 사이에 정의되어 있다. 3상 전력시스템의 가장 일반적인 예는 산업용 애플리케이션으로 사용되는 전력시스템이다. 3상 전력전송의 주요 장점은 도체 2개를 사용하는 단상 전력송신과 달리, 나머지 한 도체가 두 도체에서 공급하는 전력(혹은 전류)의 궤환 경로로 작용할 수 있다는 점이다. 따라서 뒤에 설명될 평형 3상 시스템을 사용하는 경우, 평형 3상 전송전력시스템은 3상에서 하나의 여분의 전력선을 더 사용함으로써 단상 전력 전송시스템에 비해 3배의 전력을 전송할 수 있는 장점을 지니고 있다.

즉 3상 전력시스템(three phase power system)은 위상이 120°씩 다른 세 교류 기전력에 의해 전력이 공급되는 시스템을 말한다. 3상 전력시스템의 회로는 3선 혹은 4선의 도체로 전력 전송선이 구성되고, 전원과 부하는 모두 원칙적으로 성형 또는 △형 결선 구조로 접속된다. 3상 전력시스템 중 4선식인 경우는 하나의 전력선은 전원의 중성점에 접속한 다음 접지를 한다. 이 3상 4선식은 중성선과 다른 3개의 전송선 중 어느 한 선 사이에서 단상 부하를 취할 수 있는 구조이다.

1) 기본 개념

3상 전력시스템의 기본 개념을 학습하기 위해 먼저 그림 12.1을 참고로 하자. 즉 그림 12.1(a)는 3상 전력시스템에서 발전기의 기본 구조도를, 그림 12.1(b)는 그림 12.1(a)의 발전기가 반시계 방향으로 회전할 때 발생되는 3상 전압의 순시값과 위상 관계를 보여준다.

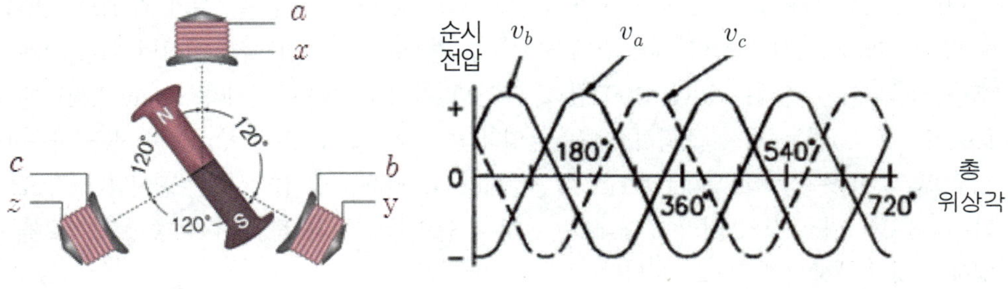

(a) (b)

그림 12.1 3상 발전기: (a) 3상 발전기의 기본 구조도, (b) 3상 발전기에서 전압의 위상 관계

3상 발전기의 기본 구조에서는 동일한 구조를 갖는 3개의 코일 권선이 공간적으로 120°의 각으로 전기자에 감겨져 있다. 이러한 구조에서 균일한 자계가 코일 권선을 포함하는 공간에 가해지고 동일한 구조를 갖는 3개의 코일 권선이 한 쪽 방향으로 일정한 속도로 회전하여 전력을 발생시킨다. 이것이 3상 발전기의 전기발생 기본원리이다.

각 권선의 단자 간에 유도되는 전압을 살펴보면, 단자 $a-$x 간의 유도전압 v_a, 단자 b-y 간의 유도전압 v_b, 단자 c-z 간의 유도전압 v_c는 진폭과 주파수가 동일한 정현파이다. 권선이 반시계 방향으로 회전하면 세 전압의 위상은 v_b가 v_a보다 120° 늦고, v_c가 v_a보다 120° 빠르다. 즉 세 전압은 v_c, v_a, v_b, v_c, v_a, v_b, ... 의 순서로 순시 값이 최대치에 도달한다. 이러한 상의 순서를 상순(phase sequence)이라 한다. 여기서 v_a의 위상각을 0^o라 가정하면 세 전압은 각각

$$v_a = V_m \cos(\omega t + 0^o) \tag{12.1a}$$

$$v_b = V_m \cos(\omega t - 120^o) \tag{12.1b}$$

$$v_c = V_m \cos(\omega t + 120^o) \tag{12.1c}$$

와 같이 나타낼 수 있다. 이들을 페이저로 나타내면

$$\boldsymbol{V}_a = V_m e^{j0^o} \tag{12.2a}$$

$$\boldsymbol{V}_b = V_m e^{-j120^o} \tag{12.2b}$$

$$\boldsymbol{V}_c = V_m e^{j120^o} \tag{12.2c}$$

와 같으며, V_m은 전압의 최대치를 나타낸다. 여기서 전압 $v_a(\boldsymbol{V}_a)$, $v_b(\boldsymbol{V}_b)$, $v_c(\boldsymbol{V}_c)$를 각각 상 a(phase a), 상 b(phase b), 상 c(phase c)라 한다. 그림 12.1(a)에 보인 발전기의 각 권선 양단에 유기되는 전압은 단자 외부에서 볼 때는 하나의 단상(single phase) 전원으로 취급될 수 있지만 세 전원을 통괄하여 3상 전원(three phase source)이라 부른다.

3상 전원의 등가 회로도가 그림 12.2에 보인다. 여기서 $\boldsymbol{Z}_a, \boldsymbol{Z}_b, \boldsymbol{Z}_c$는 각 상의 전원의 내부 임피던스를 나타낸다.

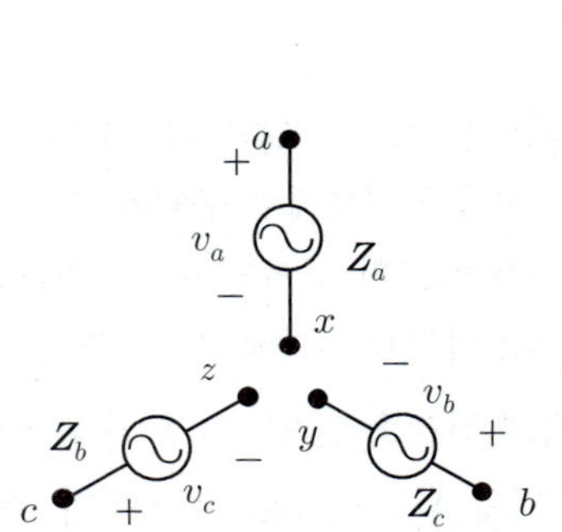

그림 12.2 3상 전원의 전기회로 표기

즉 그림 12.2는 3상 전원의 회로적 표기이다. 이상적인 3상 전원은 그림 12.2에서 세 전원의 내부 임피던스가 모두 0 Ω, 즉 $\boldsymbol{Z}_a = \boldsymbol{Z}_b = \boldsymbol{Z}_c = 0$ Ω일 때이다.

2) 3상 전원 구조

3상 전력시스템에서 발생되는 전압을 이용할 때에는 각 단자쌍 a-x, b-y, c-z에서 각 쌍의 단자를 연결하여 독립된 3개의 단상전압으로 사용하는 것도 생각할 수 있으나, 실제에서는 그렇게 하지 않는다. 가장 많이 사용되는 결선 방식으로는 크게 Y형과 △이 있으나, Y형은 다시 3상 3선식과 3상 4선식으로 구분된다. 이 결선 방식들에 대해 자세히 살펴보기로 하자.

Y형 결선

3상 전력시스템에서 전원의 첫 번째 결선 방식은 그림 12.2에서 x, y, z를 함께 묶어 접속하고 각 권선의 다른 단자 a, b, c를 빼내어 사용하는 방식이다. 3상 전력시스템에서 그림 12.3과 같이 연결하는 방식을 Y형 결선(Y connection) 방식 혹은 성형 결선(star connection) 방식이라 한다.

Y형 결선에서는 그림 12.2에서 x, y, z를 함께 묶어 그림 12.3(a)와 같이 접속된 부분을 점 n이라 하고, 이 점과 각 단자 사이의 전압을 상전압(phase voltage)이라 정의한다. 각 상전압의 주파수와 진폭이 같고 인접 상과의 위상차가 120°이며, 또한 각 상전압의 내부 임피던스가 동일한 경우 이를 평형 3상 전압원(balanced three phase voltage source)이라 한다. 그림 12.3(b)는 그림 12.3(a)에 대한 회로적 표현이다.

그림 12.3(a)에서 발전기를 반시계 방향(왼쪽)으로 회전시킨다고 가정하자. 이때 점 n을 기준으로 상전압 $\boldsymbol{V}_a$의 위상각을 0^o라 가정하면, 점 n에 대한 각각의 상전압은 다음과 같이 표현할 수 있다.

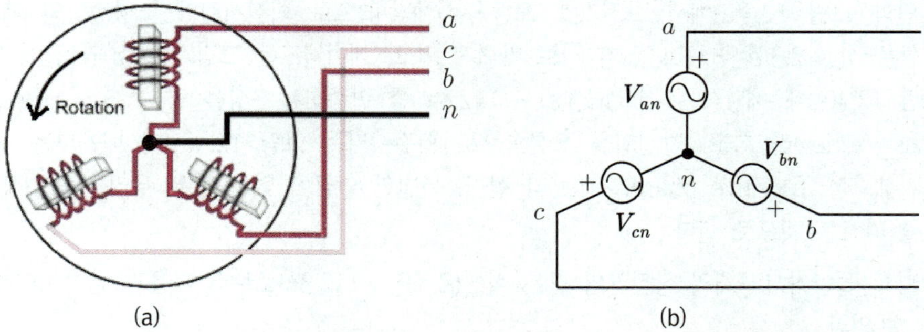

그림 12.3 3상 전력시스템에서 Y형(성형) 결선 방식을 갖는 전원의 연결 구조 : (a) Y형(성형) 결선 구조를 갖는 발전기의 기본 구조, (b) 등가회로 모델

$$V_{an} = V_m e^{j0^o} \quad \text{V} \tag{12.3a}$$

$$V_{bn} = V_m e^{-j120^o} \quad \text{V} \tag{12.3b}$$

$$V_{cn} = V_m e^{j120^o} \quad \text{V} \tag{12.3c}$$

즉 V_{an}, V_{bn}, V_{cn}은 각각 단자 $a-n$, $b-n$, $c-n$ 사이의 전압을 말한다. 이들 상전압을 페이저도(phase diagram)로 나타내면 그림 12.4(a)와 같다.

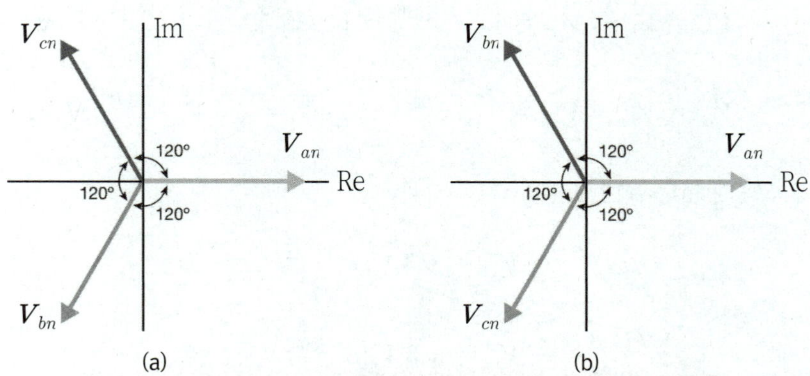

그림 12.4 Y형 3상 전력 시스템에서 상전압에 대한 페이저도 : (a) 양위상시리즈의 페이저도, (b) 음위상시리즈의 페이저도

만약 그림 12.3(a)에서 발전기를 오른쪽(시계방향)으로 회전시킨다면 상전압의 페이저 표현은 식 (12.3 b)와 (12.3 c)가 서로 바뀌게 되고, 페이저도는 그림 12.4(b)와 같이 된다. 그림 12.4(a)에 해당하는 식 (12.3 a) ~ (12.3 c)를 만족하는 3상을 양위상시리즈(positive phase series)라 하고, 발전기를 오른쪽으로 회전시키는 그림 12.4(b)에 대응하는 3상을 음위상시리즈(positive phase series)라 한다. 특별한 언급이 없는 경우 우리는 양위상시리즈를 따르는 것으로 한다.

다시 돌아가서 3개의 상전압의 합은 식 (12.3a) ~ (12.3c)로부터 다음과 같이 0이 됨을 알 수 있다.

$$\boldsymbol{V}_{an} + \boldsymbol{V}_{bn} + \boldsymbol{V}_{cn} = 0 \quad \text{V} \tag{12.4a}$$

혹은 시간영역 표현으로 다음과 같이 나타낼 수 있다.

$$v_{an} + v_{bn} + v_{cn} = 0 \quad \text{V} \tag{12.4b}$$

한편 Y형 결선 방식에서 $a-b$, $b-c$, $c-a$ 사이의 전압을 선간전압(line voltage)으로 정의하며, 식 (12.3a) ~ (12.3c)로부터 다음과 같이 얻어진다.

$$\boldsymbol{V}_{ab} = \boldsymbol{V}_{an} - \boldsymbol{V}_{bn} = V_m e^{j0^o} - V_m e^{-j120^o} = \sqrt{3}\, V_m e^{j30^o} \quad \text{V} \tag{12.5a}$$

$$\boldsymbol{V}_{bc} = \boldsymbol{V}_{bn} - \boldsymbol{V}_{cn} = V_m e^{-j120^o} - V_m e^{j120^o} = \sqrt{3}\, V_m e^{-j90^o} \quad \text{V} \tag{12.5b}$$

$$\boldsymbol{V}_{ca} = \boldsymbol{V}_{cn} - \boldsymbol{V}_{an} = V_m e^{j120^o} - V_m e^{j0^o} = \sqrt{3}\, V_m e^{j150^o} \quad \text{V} \tag{12.5c}$$

즉 식 (12.5a) ~ (12.5c)는

$$\boldsymbol{V}_{ab} = \sqrt{3}\, V_m e^{j30^o} \quad \text{V} \tag{12.6a}$$

$$\boldsymbol{V}_{bc} = \sqrt{3}\, V_m e^{-j90^o} \quad \text{V} \tag{12.6b}$$

$$\boldsymbol{V}_{ca} = \sqrt{3}\, V_m e^{j150^o} \quad \text{V} \tag{12.6c}$$

이며, 선간전압과 상전압과의 관계는 (12.3a) ~ (12.3c)와 (12.6a) ~ (12.6c)로부터 다음과 같이 얻어진다.

$$\boldsymbol{V}_{ab} = \sqrt{3}\, e^{j30^o} \boldsymbol{V}_{an} \quad \mathrm{V} \tag{12.7a}$$

$$\boldsymbol{V}_{bc} = \sqrt{3}\, e^{j30^o} \boldsymbol{V}_{bn} \quad \mathrm{V} \tag{12.7b}$$

$$\boldsymbol{V}_{ca} = \sqrt{3}\, e^{j30^o} \boldsymbol{V}_{cn} \quad \mathrm{V} \tag{12.7c}$$

선간전압과 상전압 사이의 관계를 페이저도로 나타낸 것이 그림 12.5이다.

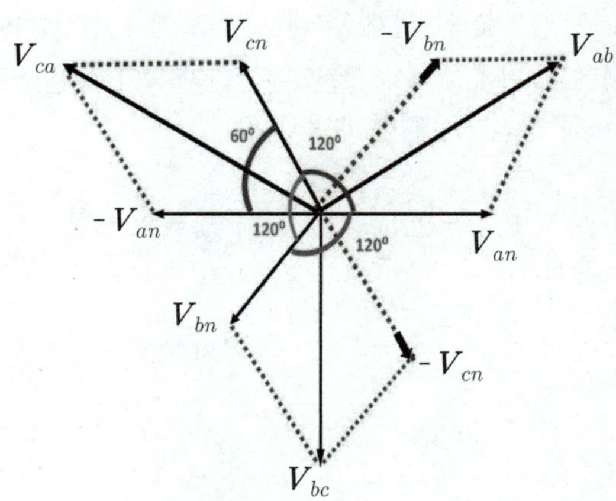

그림 12.5 Y형 3상 전력 시스템에서 선간전압과 상전압 사이의 관계에 대한 페이저도

그림 12.5의 Y형 3상 전력시스템에서 3개의 선간전압의 합 또한 식 (12.6a) ~ (12.6c)로부터 다음과 같이 0이 됨을 알 수 있다.

$$\boldsymbol{V}_{ab} + \boldsymbol{V}_{bc} + \boldsymbol{V}_{ca} = 0 \quad \mathrm{V} \tag{12.8}$$

Y형 전원 연결방식을 갖는 3상 전력시스템에서 상전압과 선간전압 사이의 관계를 정리하면 다음과 같다.

정리 12.1 **Y형 결선 방식을 갖는 3상 전원 시스템에서 전압 관계**

- 선간전압의 진폭은 상전압 진폭의 $\sqrt{3}$ 배이다.
- 선간전압은 평형 구조(balanced set)를 갖는다.
- 선간전압 세트는 상전압 세트에 비해 30^o의 위상이 빠르다.

예제 12.1

상순이 $c, a, b, \ldots$인 평형 3상 Y형 전원에서 단자 b의 상전압이 $\boldsymbol{V}_{bn} = 220e^{j60^o}$ 볼트일 때, 나머지 2 단자의 상전압을 구하라.

풀이

식 (12.3a) ~ (12.3c)의 관계로부터 단자 a에서 상전압은 단자 b의 상전압보다 120^o가 빠르고, 단자 c에서 상전압은 단자 a의 상전압보다 120^o가 빠르다. 따라서 a와 c의 상전압은 각각 다음과 같다.

$$\boldsymbol{V}_{an} = 220e^{j180^o}\ \mathrm{V},\ \boldsymbol{V}_{cn} = 220e^{j300^o}\ \mathrm{V}$$

3상 4선식 결선

Y형 3상 전원에서는 3개 전원이 묶여 있는 접점에서 1개의 선을 더 연결하여 사용할 수도 있다. 즉 그림 12.6과 같이 절점 n으로부터 하나의 선을 빼내어 사용하는 경우도 있는데, 이 선을 중성선(neutral wire)이라 하며, Y결선 방식에서 중성선을 사용하는 방식을 3상 4선식 결선방식이라 한다. 그림 12.6에서 각 상의 전압의 크기가 같고, 상전압의 위상차가 120°이며, 각 상전압의 내부 임피던스가 동일할 때 이 전력시스템을 평형 3상 4선식 결선 방식이라 한다.

전력시스템에서 평형 전류 혹은 불평형 전류가 전원 시스템에 미치는 영향을 살펴볼 필요가 있다. 3개의 상에 의해 흐르는 전류가 위상만 120° 차를 갖고 동일한 크기로 흐를 때 이 전류를 평형전류(balanced current)라 하고, 그렇지 않는 경우 전류를 불평형전류(unbalanced current)라 한다.

평형전류 조건이 만족되는 동안에는 중성선을 통해 전류가 흐르지 않으므로 중성선을 사용하지 않아도 된다. 그러나 각 상의 전류 중 어느 하나가 평평 조건에 만족하지 않을 때는 중성선이 중요한 역할을 한다.

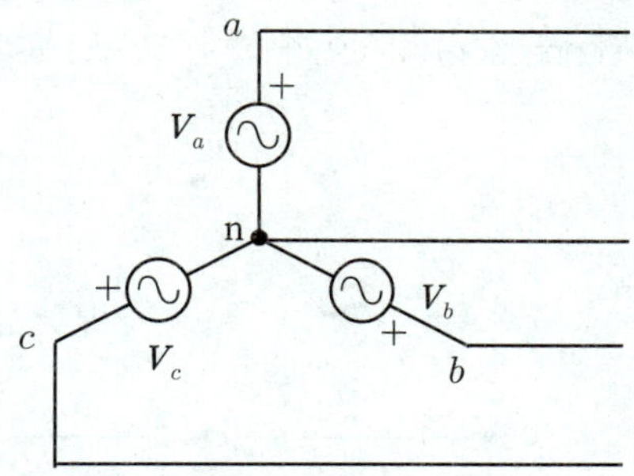

그림 12.6 Y형 3상 4선식 전력시스템 구조도

중성선을 접지한다고 하자. 그러면 불평형 조건인 경우에 불평형 전류는 접지로 흐르게 되어 변압기를 보호하게 된다. 즉 불평형 전류가 흐르는 경우 변압기에 손상을 줄 수도 있으므로 유의해야 한다. 따라서 3상 4선식 Y형 결선 방식은 중선선을 가지기 때문에 장거리 전력전송에 더 적합하다.

예제 12.2

상순이 $c, a, b, \dots$인 평형 3상 Y형 결선 전원에서 단자 a의 상전압이 $\boldsymbol{V}_{an} = 220e^{j45^o}$볼트일 때, 각 단자 사이의 선간전압을 구하라.

풀이

식 (12.3a) ~ (12.3c)로부터 나머지 2 단자의 상전압을 구하면

$$\boldsymbol{V}_{bn} = 220e^{-j75^o} \text{ V}, \quad \boldsymbol{V}_{cn} = 220e^{j165^o} \text{ V}$$

가 된다. 이 결과를 식 (12.7a) ~ (12.7c)에 대입하면 다음과 같이 어들 수 있다.

$$\boldsymbol{V}_{ab} = \sqrt{3}\,e^{j30^o}\boldsymbol{V}_{an} = 220\sqrt{3}\,e^{j75^o} \text{ V}$$

$$\boldsymbol{V}_{bc} = \sqrt{3}\,e^{j30^o}\boldsymbol{V}_{bn} = 220\sqrt{3}\,e^{-j45^o} \text{ V}$$

$$\boldsymbol{V}_{ca} = \sqrt{3}\,e^{j30^o}\boldsymbol{V}_{cn} = 220\sqrt{3}\,e^{j195^o} \text{ V}$$

△ 형 결선

3상 전력시스템에서 사용되는 두 번째 전원 결선 방식이 △ 형 결선 방식이다. 즉 그림 12.2에서 단자 x와 b, y와 c, z와 a를 각각 접속하고 각 접속점에서 하나의 단자를 빼내어 사용하는 방식을 △ 형 결선(△ -connection) 방식이라 하며, 그 구조도가 그림 12.7에 보인다.

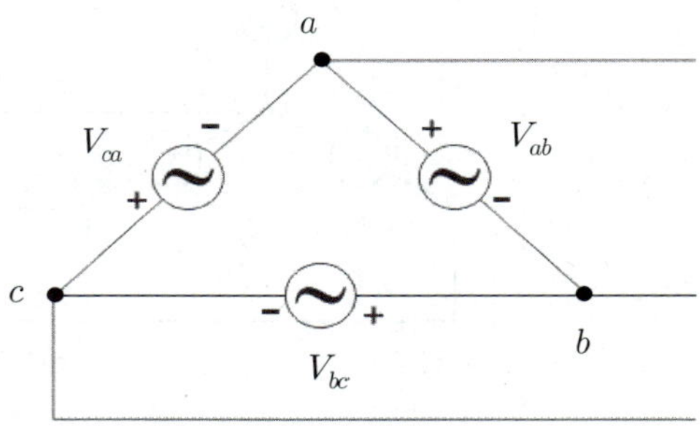

그림 12.7 3상 전력시스템에서 전원의 △ 형 결선 방식의 구조도

전원의 △ 형 결선 방식에서는 중성선이 없는 3개의 전송선만 존재한다. △ 형 구조는 회로에 흐르는 전류에서 불평형 전류 문제가 있기 때문에 단거리 전력전송에 더 선호되는 시스템이다. 부하의 상태에 따라 필요하다면 중성선을 사용할 수도 있다. △ 형 방식에서 선간전압 V_{ab}, V_{bc}, V_{ca}의 페이저도는 그림 12.8과 같다.

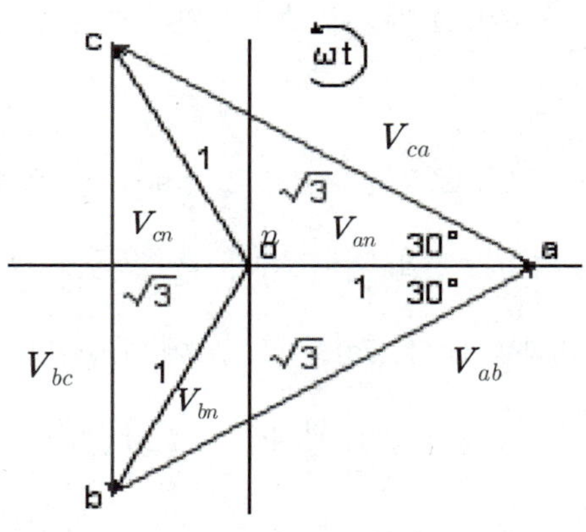

그림 12.8 △ 형 결선 방식에서 선간전압 V_{ab}, V_{bc}, V_{ca}의 페이저도

그림 12.8에서 각 전압 사이의 위상 차이를 상대적으로 알 수 있다. 그림 12.8에서 $\boldsymbol{V}_{ab}$를 위상 0^o로 취하면, Δ 형 방식에서 선간전압 $\boldsymbol{V}_{ab}$, $\boldsymbol{V}_{bc}$, $\boldsymbol{V}_{ca}$는

$$\boldsymbol{V}_{ab} = V_m e^{j0^o} \quad \text{V} \tag{12.9a}$$

$$\boldsymbol{V}_{bc} = V_m e^{-j120^o} \quad \text{V} \tag{12.9b}$$

$$\boldsymbol{V}_{ca} = V_m e^{j120^o} \quad \text{V} \tag{12.9c}$$

와 같이 표현할 수 있다. 그리고 Δ 형 결선방식에서 선간전압과 상전압은 같으며, 표기도 일반적으로 동일하게 사용한다. 즉 Δ 형 3상에서

$$\boldsymbol{V}_{\text{상}} = \boldsymbol{V}_{\text{선간}} \tag{12.10}$$

의 관계를 갖는다. 즉 Δ 형 결선 방식에서 선간전압과 상전압은 같으며, 3개의 상전압의 합은 식 (12.9a) ~ (12.9c)로부터

$$\boldsymbol{V}_{ab} + \boldsymbol{V}_{bc} + \boldsymbol{V}_{ca} = 0 \quad \text{V} \tag{12.11}$$

와 같이 0 V가 됨을 알 수 있다.

예제 12.3

상순이 $c, a, b, \ldots$인 평형 3상 Δ 형 결선 전원시스템에서 단자 $a-b$ 사이의 선간전압이 $\boldsymbol{V}_{ab} = 100e^{j10^o}$볼트일 때, 나머지 각 단자 사이의 선간전압을 구하라.

풀이

식 (12.9a) ~ (12.10)으로부터 나머지 2 단자 사이의 선간전압을 구하면 다음과 같다.

$$\boldsymbol{V}_{bc} = 100e^{-j110^o} \quad \text{V}, \quad \boldsymbol{V}_{ca} = 100e^{j130^o} \quad \text{V}$$

12.3 3상 부하

1) 3상 부하 구조

3상 전력시스템에서 부하는 그림 12.9와 같은 2가지의 결선 형태를 갖는다. 3상 부하는 3개의 임피던스를 가지며, 각각은 2개의 다리를 갖고 있다. 이 3개의 임피던스 다리를 어떻게 묶이느냐에 따라 Y형 부하 결선과 △형 부하 결선으로 나누어진다.

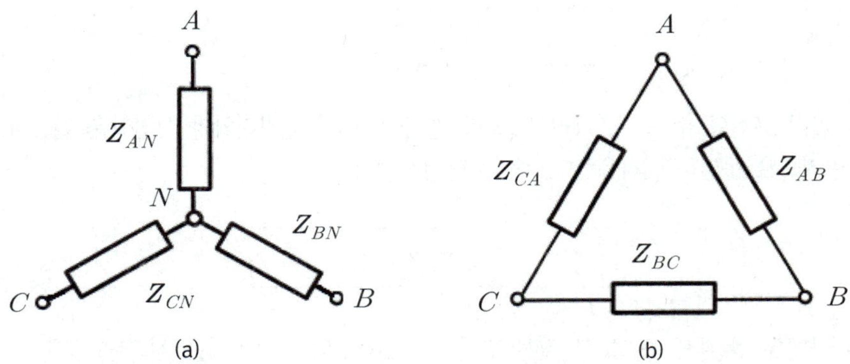

그림 12.9 3상 부하 결선도: (a) Y형 부하 결선도, (b) △형 부하 결선도

Y형 부하 결선에서 상전압은 세 부하가 만나는 점 N에 대한 상대적 전위를 나타내는 V_{AN}, V_{BN}, V_{CN}이고, 대응하는 상전류는 I_{AN}, I_{BN}, I_{CN}이다. 그리고 △형 부하 결선에서 상전압은 V_{AB}, V_{BC}, V_{CA}이고, 대응하는 상전류는 I_{AB}, I_{BC}, I_{CA}이다.

만약 3개의 부하가 다음과 같이 Y형과 △형 각각에 대해

$$Z_{AN} = Z_{BN} = Z_{CN} = Z_Y \quad \Omega \tag{12.12}$$

$$Z_{AB} = Z_{BC} = Z_{CA} = Z_\triangle \quad \Omega \tag{12.13}$$

이면 '3상 부하는 평형을 이룬다'고 말하고 이런 구조를 평형3상부하라 말한다.

2) 3상 부하 구조의 등가 변환

3상 전력시스템에서 부하의 형태는 Y결선과 △결선 방식으로 나누어짐을 살펴보았다. 그런데 이들 2가지의 형태에 대해 전기적으로 등가적 변환이 가능하다. 앞서 4장에서는 부하가 저항인 경우에 대해 등가변환 방법을 학습한 바 있다. 일반적으로 부하가 임피던스 형태로 되어 있어도 4장의 변환방법과 동일하게 해석되고 적용될 수 있다. 따라서 여기에서 Y결선과 △결선 부하의 상호 등가적 변환에 대해 결과를 중심으로 살펴보기로 한다.

먼저 그림 12.9(a)와 그림 12.9(b)가 등가가 되기 위해서는 두 결선 방식에서 동일한 조건으로, 단자 C를 개방하고 단자 $A-B$에서 본 합성임피던스는 서로 같아야 하고, 단자 A를 개방한 상태에서 단자 $B-C$에서 본 합성임피던스는 서로 같아야 하고, 단자 B를 개방한 상태에서 단자 $C-A$에서 본 합성임피던스는 서로 같아야 한다. 따라서 다음과 같이 정리할 수 있다.

$$Z_{AN}+Z_{BN}=Z_{AB}//(Z_{BC}+Z_{CA})=\frac{Z_{AB}(Z_{BC}+Z_{CA})}{Z_{AB}+Z_{BC}+Z_{CA}} \tag{12.14}$$

$$Z_{BN}+Z_{CN}=Z_{BC}//(Z_{CA}+Z_{AB})=\frac{Z_{BC}(Z_{CA}+Z_{AB})}{Z_{AB}+Z_{BC}+Z_{CA}} \tag{12.15}$$

$$Z_{CN}+Z_{AN}=Z_{CA}//(Z_{AB}+Z_{BC})=\frac{Z_{CA}(Z_{AB}+Z_{BC})}{Z_{AB}+Z_{BC}+Z_{CA}} \tag{12.16}$$

식 (12.14) ~ (12.16)으로부터 △형 결선을 등가의 Y형 결선으로 바꾸는 공식은

$$\boxed{Z_{AN}=\frac{Z_{CA}Z_{AB}}{Z_{AB}+Z_{BC}+Z_{CA}}\quad \Omega} \tag{12.17}$$

$$\boxed{Z_{BN}=\frac{Z_{AB}Z_{BC}}{Z_{AB}+Z_{BC}+Z_{CA}}\quad \Omega} \tag{12.18}$$

$$\boxed{Z_{CN}=\frac{Z_{BC}Z_{CA}}{Z_{AB}+Z_{BC}+Z_{CA}}\quad \Omega} \tag{12.19}$$

과 같다. 그리고 식 (12.14) ~ (12.16)으로부터 Y형 결선을 등가의 △형 결선으로 바꾸는 공식을 유도하면 다음과 같다.

$$Z_{AB} = \frac{Z_{AN}Z_{BN} + Z_{BN}Z_{CN} + Z_{CN}Z_{AN}}{Z_{CN}} \quad \Omega \tag{12.20}$$

$$Z_{BC} = \frac{Z_{AN}Z_{BN} + Z_{BN}Z_{CN} + Z_{CN}Z_{AN}}{Z_{AN}} \quad \Omega \tag{12.21}$$

$$Z_{CA} = \frac{Z_{AN}Z_{BN} + Z_{BN}Z_{CN} + Z_{CN}Z_{AN}}{Z_{BN}} \quad \Omega \tag{12.22}$$

만약 부하가 평형이 이루어진 경우라면, 즉

$$Z_{AN} = Z_{BN} = Z_{CN} = Z_Y \quad \Omega \tag{12.23}$$

이라면, 식 (12.20) ~ (12.22)로부터

$$Z_{AB} = Z_{BC} = Z_{CA} = Z_{\triangle} = 3Z_Y \quad \Omega \tag{12.24}$$

가 된다.

예제 12.4

평형 3상 Y형 부하에서 $Z_Y = 10 + j40/3$일 때, 등가 △형 결선으로 변환하는 경우 부하 임피던스를 구하라.

풀이

식 (12.24)로부터 △형 결선의 부하 임피던스 $Z_{\triangle}$는 다음과 같다.

$$Z_{\triangle} = 3Z_Y = 30 + j40 = 50e^{j\theta} \ \Omega, \ \theta = \tan^{-1}\frac{4}{3} \ \text{rad.}$$

12.4 3상 전원과 부하의 결선 방식

3상 전력시스템에서 전원과 부하의 연결 형태는 크게 1) Y-Y형, 2) Y-△형, 3) △-Y형, 4) △-△형으로 나눌 수 있다. 그러나 실제에서는 대부분 Y-Y형과 Y-△형이 사용되는데, 여기에서는 이들 2가지 형에 대해 자세히 살펴보기로 한다. 그리고 실제 3상 전력시스템에서 전원은 대체로 평형 3상 전원으로 설계되며, 이렇게 하여도 구현하는데 크게 문제되지 않는다. 따라서 여기에서 전원은 평형 3상 전원이라 가정한다.

1) Y-Y 결선 시스템

먼저 그림 12.10의 Y-Y결선 평형 3상 전원시스템의 회로 모델을 고려하자. 그림 12.10은 평형 3상 전원시스템으로, V_{an}, V_{bn}, V_{cn}은 각각 n점을 기준으로 a, b, c 점의 상전압을 나타내고 세 전압 모두 진폭과 주파수는 동일하고 위상만 양위상시리즈로 120^o씩 순서대로 차이가 난다고 가정한다. 그리고 , Z_s는 전원의 내부 임피던스를, 그리고 Z_{aA}, Z_{bB}, Z_{cC}, Z_{nN}은 각각 첨자가 나타내는 두 지점 사이의 전송선 임피던스를, Z_{AN}, Z_{BN}, Z_{CN}는 각각 세 부하가 만나는 절점 N과 각 점 A, B, C 사이의 부하임피던스를 나타낸다.

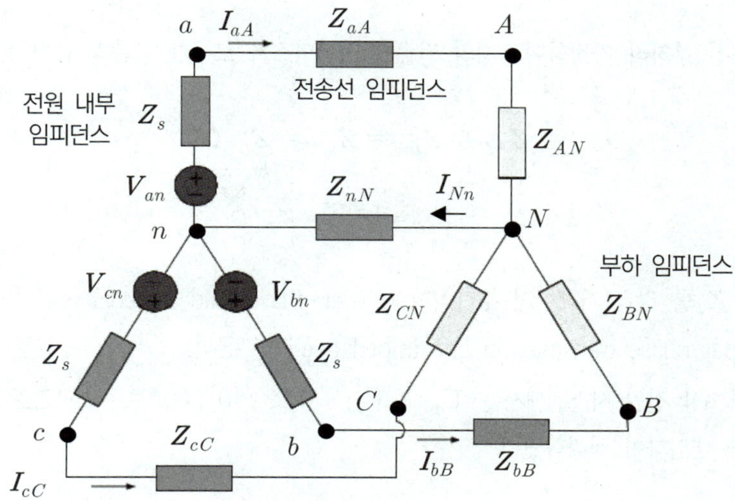

그림 12.10 Y-Y결선 평형 3상 전원 시스템의 회로 모델

그림 12.10의 3상 Y-Y결선 시스템을 해석하기 위해 회로 전체 전위에 대한 기준점(reference node)으로서 n을 중성점(neutral)으로 다음과 같이 전위를 0V로 나타내는 것이 해석상 편리하다.

$$V_n = 0 \quad \text{V} \tag{12.25}$$

필요에 따라 이 점 n을 접지로 사용할 수도 있다. 그리고 세 부하의 중심 N에서 전위는 V_N으로 나타낼 수 있다.

그림 12.10의 평형 3상 전원의 Y-Y결선 시스템에서 절점 N에서 키르히호프 전류법칙을 적용하면

$$I_{Nn} = I_{aA} + I_{bB} + I_{cC} \tag{12.26}$$

의 관계를 얻을 수 있다. 여기서 $I_{\alpha\beta}$는 α점에서 β점으로 흐르는 전류를 나타낸다. 식 (12.26)을 다시 나타내면

$$\frac{V_N}{Z_{Nn}} = \frac{V_{an} - V_N}{Z_s + Z_{aA} + Z_{AN}} + \frac{V_{bn} - V_N}{Z_s + Z_{bB} + Z_{BN}} + \frac{V_{cn} - V_N}{Z_s + Z_{cC} + Z_{CN}} \tag{12.27}$$

만약 평형 3상 부하라 가정하여 3개의 전송선 임피던스가 모두가 다음과 같이 동일하다고 가정하자.

$$Z_{AN} = Z_{BN} = Z_{CN} = Z_L \;\; \Omega \tag{12.28}$$

$$Z_{aA} = Z_{bB} = Z_{cC} = Z_T \;\; \Omega \tag{12.29}$$

이때 Z_L과 Z_T를 각각 퍼페이저 부하임피던스(per-phase load impedance)와 퍼페이저 전송선임피던스(per-phase transmission line impedance)라 부른다.

한편 평형 3상 전원 시스템에서는 $V_{an} + V_{bn} + V_{cn} = 0$ V이므로, 식 (12.28)과 (12.29)를 식 (12.27)에 대입하여 정리하면

$$\frac{V_N}{Z_{Nn}} = \frac{V_{an} + V_{bn} + V_{cn}}{Z_s + Z_T + Z_L} - \frac{3V_N}{Z_s + Z_T + Z_L} = -\frac{3V_N}{Z_s + Z_T + Z_L} \tag{12.30}$$

을 얻을 수 있다. 여기서 **퍼페이즈 임피던스**(per-phase impedance)를 다음과 같이 정의하자.

$$Z_\phi \doteq Z_s + Z_L + Z_T \quad \Omega \tag{12.31}$$

퍼페이즈 임피던스를 식 (12.30)에 대입하여 정리하면 다음의 결과를 얻을 수 있다.

$$\frac{V_N}{Z_{Nn}} = -\frac{3V_N}{Z_\phi} \quad 혹은 \quad V_N\left(\frac{1}{Z_{Nn}} + \frac{3}{Z_\phi}\right) = 0 \tag{12.32}$$

식 (12.32)의 두 번째 식에서 등호 왼쪽의 괄호 안쪽은 일반적으로 0이 될 수 없으므로 Z_{nN}과 Z_ϕ에 관계없이 다음이 성립하여야 한다.

$$V_N = 0 \tag{12.33}$$

따라서 중성선을 흐르는 전류도 다음과 같이 0이 되어야 한다.

$$I_{Nn} = 0 \tag{12.34}$$

지금까지의 결과를 바탕으로 정리를 하면 다음과 같다.

정리 12.2 평형 3상 Y-Y 결선 시스템에서 중성선 전류

평형 3상 전원의 Y-Y결선 시스템에서 퍼페이저 임피던스를 갖는 경우 전원과 부하의 중성점 $N-n$ 사이에는 전류가 흐르지 않는다.

이러한 결과를 바탕으로 다시 살펴보면, 퍼페이저 임피던스를 갖는다면 평형 3상 전력시스템에서 중성선 없이도 가동시킬 수 있다. 이것은 매우 중요한 의미를 가질 수 있다.

Y-Y결선 평형 3상 전력 시스템에서 각 전송선을 흐르는 전류, 즉 부하의 상전류는 각각

$$I_{aA} = \frac{V_{an}}{Z_s + Z_{aA} + Z_{AN}} = \frac{V_{an}}{Z_\phi} \quad \mathrm{A} \tag{12.35a}$$

$$I_{bB} = \frac{V_{bn}}{Z_s + Z_{aA} + Z_{AN}} = \frac{V_{bn}}{Z_\phi} \quad \text{A} \tag{12.35b}$$

$$I_{cC} = \frac{V_{cn}}{Z_s + Z_{aA} + Z_{AN}} = \frac{V_{cn}}{Z_\phi} \quad \text{A} \tag{12.35c}$$

이 된다. 여기서 평형 3상 전원이므로 $V_{an} + V_{bn} + V_{cn} = 0$이다. 이 관계를 식 (12.35a) ~ (12.35c)에 대입하면, 다음의 평형 3상 선전류 세트에 대한 다음의 관계를 얻을 수 있다.

$$I_{aA} + I_{bB} + I_{cC} = 0 \tag{12.36}$$

그리고 부하에서 중성선을 기준으로 각 상전압 V_{AN}, V_{BN}, V_{CN} 은 다음의 관계를 갖는다.

$$V_{AN} = I_{aA} Z_{AN} \quad \text{V} \tag{12.37a}$$

$$V_{BN} = I_{bB} Z_{BN} \quad \text{V} \tag{12.37b}$$

$$V_{CN} = I_{cC} Z_{CN} \quad \text{V} \tag{12.37c}$$

우리는 전원과 부하의 평형에 대한 성질을 이용함으로써 3상 Y-Y 시스템의 해석을 매우 간단하게 수행할 수 있었다. 이러한 시스템에서는 3상 전원을 그림 12.11과 같은 등가 단상 전원 회로(circuit for equivalent single phase source)의 해석에 의해 나머지 2개의 상에 대한 시스템 해석이 가능하다.

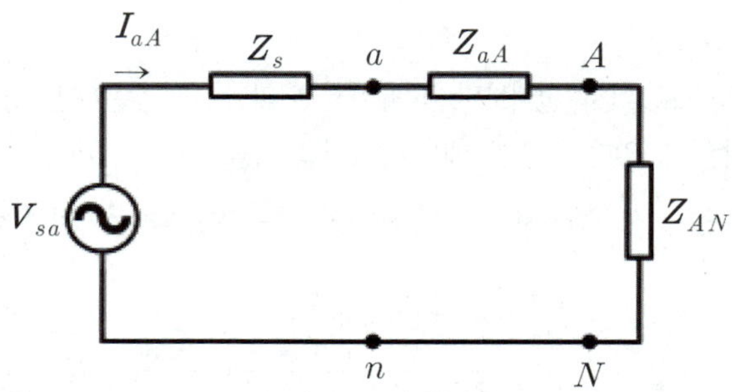

그림 12.11 평형 3상 Y-Y 결선 전력시스템의 해석을 위한 단상 등가회로

즉 평형 3상 Y-Y 결선 전력시스템에서 등가 단상전원 회로를 해석함으로써 나머지 2개의 상에 대한 회로 해석은 상 a의 위상(phase)에 시계방향으로 120^o를 이동시킴으로 상 b전압과 전류를 얻을 수 있으며, 반시계방향으로 120^o를 이동시킴으로 상 c전압과 전류를 얻을 수 있다. 즉 다음과 같이 정리할 수 있다.

정리 12.3 평형 3상 Y-Y 결선 전력시스템에서 위상 관계

- 양위상시리즈를 갖는 평형 3상 전력시스템의 부하에서 상 a의 전류, 전압에 각각 위상을 120° 빼면 상 b의 전류, 전압을 얻을 수 있고, 상 a의 전류, 전압에 각각 위상을 120° 더하여 상 c의 전류, 전압을 얻을 수 있다.
- 음위상시리즈를 갖는 평형 3상 전력시스템의 부하에서 상 a의 전류, 전압에 각각 위상을 120° 더하여 상 b의 전류, 전압을 얻을 수 있고, 상 a의 전류, 전압에 각각 위상을 120° 빼면 상 c의 전류, 전압을 얻을 수 있다.

정리 12.3은 '전원과 부하, 전송선이 평형이 이루어졌다고 가정할 때, 전원의 중성점 n과 부하의 중성점 N 사이의 전위차(전압)는 0V가 된다.'는 논리를 근거로 성립하는 관계이다. 이 경우 단상 전류 I_{aA}는 중성선을 통해 돌아오며, 나머지 2개의 단상 전류 I_{bB}와 I_{cC}도 마찬가지로 중성선을 통해 돌아오나, 이들 세 전류를 합하면 0이 되어 실제 진 전류(net current)는 0 A가 된다.

예제 12.5

상순이 $c, a, b, \ldots$인 평형 3상 Y-Y 결선 시스템에서 전원 단자 a에서 실효 상전압 V_{eff}가 $220/\sqrt{2}$ V이며 위상은 0^o이고, 전원의 임피던스가 $1+j2$ kΩ이고, 퍼페이저 부하임피던스가 37+j25 kΩ이고, 퍼페이저 전송선임피던스가 2+j3 kΩ이다. 다음의 페이저들을 구하라.

1) 전원의 상전압 $\boldsymbol{V}_{an}$, $\boldsymbol{V}_{bn}$, $\boldsymbol{V}_{cn}$을 구하라.

2) 부하에서 상전류 $\boldsymbol{I}_{aA}$, $\boldsymbol{I}_{bB}$, $\boldsymbol{I}_{cC}$와 상전압 $\boldsymbol{V}_{AN}$, $\boldsymbol{V}_{BN}$, $\boldsymbol{V}_{CN}$을 구하라.

풀이

$$\boldsymbol{Z}_\phi = \boldsymbol{Z}_s + \boldsymbol{Z}_Y + \boldsymbol{Z}_T = (1+j2)+(37+j25)+(2+j3) = 40+j30 \text{ k}\Omega$$

1) 전원의 상전압 V_{an}, V_{bn}, V_{cn}

a, b, c의 상전압은 각각

$$V_{an} = 220\ \text{V},\ V_{bn} = 220e^{-j120^o}\ \text{V},\ V_{cn} = 220e^{j120^o}\ \text{V}$$

이다.

2) 부하에서 상전류 I_{aA}, I_{bB}, I_{cC}와 상전압 V_{AN}, V_{BN}, V_{CN}

식 (12.35a) ~ (12.35c)로부터 페이저 전류는 다음과 같이 얻어진다.

$$I_{aA} = \frac{V_{an}}{Z_\phi} = \frac{220}{40+j30} = 4.4e^{-j\theta}\ \text{mA},\ \theta = \tan^{-1}(3/4) \simeq 37^o$$

$$I_{bB} = \frac{V_{bn}}{Z_\phi} = \frac{220e^{-j120^o}}{40+j30} \cong 4.4e^{-j157^o}\ \text{mA}$$

$$I_{cC} = \frac{V_{an}}{Z_\phi} = \frac{220e^{j120^o}}{40+j30} \cong 4.4e^{j83^o}\ \text{mA}$$

그리고 부하임피던스는 $Z_L = 37 + j25 \cong 45e^{j34^o}\text{k}\Omega$이고,
$Z_L = Z_{AN} = Z_{BN} = Z_{CN}$이므로, 각 상의 페이저 전압 V_{AN}, V_{BN}, V_{CN}은 (12.37a) ~ (12.37c)로부터 다음과 같이 구해진다.

$$V_{AN} = I_{aA}Z_{AN} = 4.4e^{-j37^o} \times 45e^{34^o} = 198e^{-j3^o}\ \text{V}$$

$$V_{BN} = I_{bB}Z_{BN} = 4.4e^{-j157^o} \times 45e^{34^o} = 198e^{-j123^o}\ \text{V}$$

$$V_{CN} = I_{cC}Z_{CN} = 4.4e^{j83^o} \times 45e^{34^o} = 198e^{j117^o}\ \text{V}$$

2) Y-△ 결선 시스템

먼저 그림 12.12와 같이 평형 3상 전원을 갖는 Y-△ 결선 전력시스템을 고려하자.

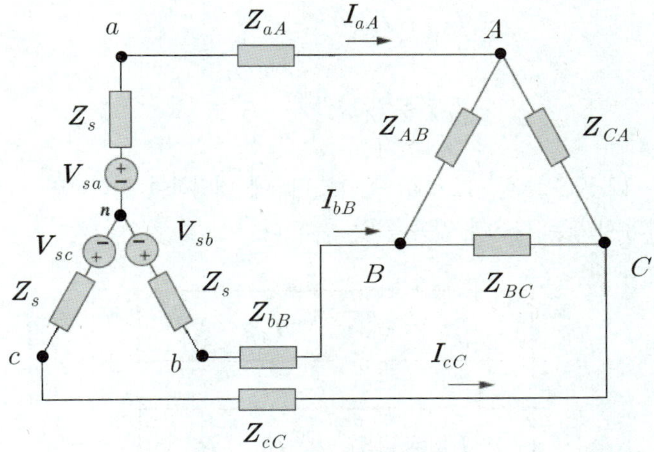

그림 12.12 평형 3상 Y-△ 결선 전력 시스템 구성도

실제의 3상 전력시스템에서는 부하의 불평형 문제가 있기 때문에, Y형 결선 부하보다는 △결선 부하가 더 선호될 수 있다. 그림 12.12에 보인 바와 같이 전송선이 이상적인 도체에 가깝다면 3상 Y결선 전원의 선간전압은 대응하는 △결선 부하의 상전압이 될 것이다. 그러나 전원의 선전류(I_{aA}, I_{bB}, I_{cC})는 부하의 상전류와 일치하지 않는다. △결선 부하의 각 절점 A, B, C에서 키르히호프 전류법칙을 적용하면, △형 부하의 전원의 선전류와 상전류 사이에서 다음의 관계식을 얻을 수 있다.

$$I_{aA} = I_{AB} - I_{CA} \tag{12.38a}$$

$$I_{bB} = I_{BC} - I_{AB} \tag{12.38b}$$

$$I_{cC} = I_{CA} - I_{BC} \tag{12.38c}$$

여기서 전류 I_{ij}는 절점 i에서 절점 j 방향으로 흐르는 전류를 의미한다.

만약 평형 3상 시스템이라면, 즉 전원과 부하 및 전송선이 평형 시스템이라면 Y-△ 결선의 부하에서 상전류는 다음과 같이 페이저 표현이 가능하다.

$$I_{AB} = I_{BC} e^{j120^o} \quad \text{A} \tag{12.39a}$$

$$I_{BC} = I_{CA} e^{j120^o} \quad \text{A} \tag{12.39b}$$

$$I_{CA} = I_{AB} e^{j120^o} \quad \text{A} \tag{12.39c}$$

식 (12.39a) ~ (12.39c)를 식 (12.38a) ~ (12.38c)에 대입하여 정리하면 △형 부하의 선전류와 상전류 사이의 관계는 다음과 같음을 알 수 있다.

$$I_{aA} = \sqrt{3} e^{-j30^o} I_{AB} \quad \text{A} \tag{12.40a}$$

$$I_{bB} = \sqrt{3} e^{-j30^o} I_{BC} \quad \text{A} \tag{12.40b}$$

$$I_{cC} = \sqrt{3} e^{-j30^o} I_{CA} \quad \text{A} \tag{12.40c}$$

그림 12.13은 평형 3상 Y-△결선 시스템에서 퍼페이저 부하임피던스와 퍼페이저 전송선 임피던스를 갖는 경우, 부하의 상전류와 선전류 사이의 페이저 관계를 나타낸다.

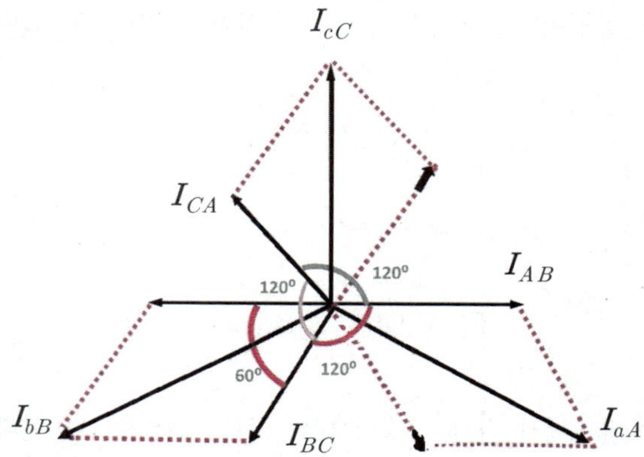

그림 12.13 평형 3상 Y-△ 결선 시스템에서 부하의 상전류와 선전류의 페이저 관계

위의 결과를 정리하면 다음과 같다.

정리 12.4 평형 3상 Y-△ 결선 전력시스템에서 전류 관계

- 평형 3상 Y-△ 결선 시스템에서 선전류의 크기는 상전류의 $\sqrt{3}$ 배이다.
- 양위상시리즈에서는 각 선전류 위상은 상전류 위상보다 30° 늦으며, 음위상시리즈에서는 각 선전류 위상은 상전류 위상보다 30° 앞선다.

예제 12.6

상순이 $c, a, b, \ldots$인 평형 3상 Y-△ 결선 시스템에서 b단자의 선전류가 $I_{bB} = 3e^{j80^o}$ A라면 부하의 상전류 I_{AB}, I_{BC}, I_{CA}를 구하라.

풀이

식 (12.40b)로부터 상전류 I_{BC}는 다음과 같다.

$$I_{BC} = \frac{I_{bB}}{\sqrt{3}} e^{j30^o} = \sqrt{3}\, e^{j110^o} \quad \text{A}$$

이 식을 식 (12.39a)와 (12.39c)에 대입하여 정리하면

$$I_{AB} = I_{BC} e^{j120^o} = \sqrt{3}\, e^{j110^o} e^{j120^o} = \sqrt{3}\, e^{j230^o} \quad \text{A}$$

$$I_{CA} = I_{AB} e^{j120^o} = \sqrt{3}\, e^{230^o} e^{j120^o} = \sqrt{3}\, e^{j350^o} \quad \text{A}$$

의 결과를 얻을 수 있다.

12.5 3상 시스템에서 전력

실제 시스템에서는 설계와 경제성 등의 이유로 3상 전력시스템을 퍼페이저 시스템에 가깝게 설계, 운용하고 있다. 여기에서도 3상 전력시스템이 퍼페이저 시스템, 즉 평형 3상 전원과 평형 3상 부하를 갖는 3상 전력시스템이라 가정하고 이때 전력 관계에 대해 자세히 살펴보기로 한다.

1) 상전압과 상전류

먼저 평형 3상 전력시스템에서 부하의 상전압과 상전류의 최대치를 각각 V_{mp}와 I_{mp}라 하자. 이때 Y결선 부하와 △ 결선 부하에서 각각 상전압과 상전류의 최대치는 다음과 같이 나타낼 수 있다.

i) Y결선 부하에서 상전압과 상전류의 최대치

$$V_{mp} = |\boldsymbol{V}_{AN}| = |\boldsymbol{V}_{BN}| = |\boldsymbol{V}_{CN}| \tag{12.41a}$$

$$I_{mp} = |\boldsymbol{I}_{AN}| = |\boldsymbol{I}_{BN}| = |\boldsymbol{I}_{CN}| \tag{12.41b}$$

ii) △ 결선 부하에서 상전압과 상전류의 최대치

$$V_{mp} = |\boldsymbol{V}_{AB}| = |\boldsymbol{V}_{BC}| = |\boldsymbol{V}_{CA}| \tag{12.42a}$$

$$I_{mp} = |\boldsymbol{I}_{AB}| = |\boldsymbol{I}_{BC}| = |\boldsymbol{I}_{CA}| \tag{12.42b}$$

2) 선간전압과 선전류

그리고 3상 전력시스템에서 부하의 선간전압과 선전류의 최대치를 각각 V_{mL}와 I_{mL}이라 하자.

그러면 지금까지 설명한 내용을 바탕으로 각 부하 형태에 따라 상전압과 상전류는 다음과 같이 표현할 수 있다.

i) Y결선 부하에서 선간전압과 선전류

$$V_{mL} = |\boldsymbol{V}_{AB}| = |\boldsymbol{V}_{BC}| = |\boldsymbol{V}_{CA}| = \sqrt{3}\, V_{mp} \tag{12.43a}$$

$$I_{mL} = |\boldsymbol{I}_{AN}| = |\boldsymbol{I}_{BN}| = |\boldsymbol{I}_{CN}| = I_{mp} \tag{12.43b}$$

ii) △결선 부하에서 선간전압(상전압)과 선전류

$$V_{mL} = |\boldsymbol{V}_{AB}| = |\boldsymbol{V}_{BC}| = |\boldsymbol{V}_{CA}| = V_{mp} \tag{12.44a}$$

$$I_{mL} = \sqrt{3}\,|\boldsymbol{I}_{AB}| = \sqrt{3}\,|\boldsymbol{I}_{BC}| = \sqrt{3}\,|\boldsymbol{I}_{CA}| = \sqrt{3}\, I_{mp} \tag{12.44b}$$

3) 3상 시스템에서 전력

순시전력과 평균전력

여기서는 △결선 부하를 갖는 3상 전력시스템에 대한 순시전력과 평균전력을 살펴보기로 한다. Y 결선에서도 동일한 방법으로 해석이 가능하기 때문에 이 부분은 생략하기로 한다.

먼저 △결선 부하에 공급되는 총 순시전력을 살펴보면

$$p_T = v_{AB}i_{AB} + v_{BC}i_{BC} + v_{CA}i_{CA} \tag{12.45}$$

과 같다. 여기서 v_{AB}, v_{BC}, v_{CA}는 상전압을, i_{AB}, i_{BC}, i_{CA}는 상전류를 나타낸다.

양위상시리즈를 갖는 평형 3상 시스템에서 △결선 부하에서 상전류 i_{AB}를 기준위상(위상 0°)으로 취하면 각 부하의 상전류는 다음과 같이 나타낼 수 있다.

$$i_{AB} = I_{mp}\cos\omega t \tag{12.46a}$$

$$i_{BC} = I_{mp}\cos(\omega t - 120^o) \tag{12.46b}$$

$$i_{CA} = I_{mp}\cos(\omega t + 120^o) \tag{12.46c}$$

한편 상전전압은 다음과 같이 나타낼 수 있다.

$$v_{AB} = V_{mp}\cos(\omega t + \phi) \tag{12.47a}$$

$$v_{BC} = V_{mp}\cos(\omega t + \phi - 120^o) \tag{12.47b}$$

$$v_{CA} = V_{mp}\cos(\omega t + \phi + 120^o) \tag{12.47c}$$

여기서 ϕ는 각 상전류에 대한 상전압 사이의 위상차를 나타낸다. 이러한 3개의 상전압은

$$v_{AB} + v_{BC} + v_{CA} = 0 \tag{12.48}$$

의 관계가 또한 성립한다. 따라서 식 (12.47a) ~ (12.47c)로부터 각 부하에서의 순시전력은 다음과 같다.

$$p_{AB} = v_{AB} i_{AB} = V_{mp} I_{mp} \cos\omega t \cos(\omega t + \phi)$$

$$p_{BC} = v_{BC} i_{BC} = V_{mp} I_{mp} \cos(\omega t - 120^o)\cos(\omega t + \phi - 120^o)$$

$$p_{CA} = v_{CA} i_{CA} = V_{mp} I_{mp} \cos(\omega t + 120^o)\cos(\omega t + \phi + 120^o)$$

그런데 세 부하의 순시 전력의 단순 합의 표현으로 전체 순시전력을 나타낼 수 없다. 왜냐하면 셋을 합하면 평균전력만 나온다. 이것은 동일 부하에서 소모되는 것처럼 나타나기 때문이다. 그러므로 단일 부하에서 소모되는 전력을 구하고 여기에 3배를 하여 얻어야 실제 전체 부하에서 소모되는 전력을 얻을 수 있다. 이러한 논리에 의해 전력을 구해야 한다.

한 부하에서 소모되는 평균전력은 $V_m I_m \cos\phi/2$이므로, 전체 평균전력은 이것의 3배로 다음과 같다.

$$P_T = \frac{3}{2} V_{mp} I_{mp} \cos\phi \quad \text{W} \tag{12.49}$$

복소전력

여기서 3상 전원, 부하, 전송선이 페페이저 조건을 만족할 때, 부하에서 각 상(부하)의 평균전력을 바탕으로 **단상에 대한** 퍼페이저 유효전력(per-phase real power), 퍼페에저 무효전력(per-phase reactive power)을 각각 P_p와 Q_p로 표기하고 다음과 같이 정의한다.

$$P_p \doteq \frac{V_{mp} I_{mp}}{2} \cos\phi \tag{12.50a}$$

$$Q_p \doteq \frac{V_{mp} I_{mp}}{2} \sin\phi \tag{12.50b}$$

한편 퍼페이저 유효전력과 퍼페이저 무효전력을 바탕으로 다음과 같이 퍼페이저 복소전력(per-phase complex power)을 정의한다.

$$\boldsymbol{S}_p \doteq P_p + jQ_p \tag{12.51}$$

단상 전력에서 정의한 방법으로 3상에서 한 개의 부하에 대해 퍼페이저 유효전력과 퍼페이저 무효전력을 위와 같이 정의하여 사용할 때, **각 상의** 퍼페이저 피상전력(per-phase apparent power)을 다음과 같이 정의할 수 있으며, 여기서 $S_p = |\boldsymbol{S}_p|$를 나타낸다.

$$S_p \doteq \frac{V_{mp} I_{mp}}{2} \tag{12.52}$$

위와 같이 3상 부하에서는 각 상에서 퍼페이저 유효전력, 퍼페이저 무효전력, 퍼페이저 피상전력을 정의하여 사용하고, 이를 바탕으로 평형 3상 Δ결선 시스템에서 흡수되는 전체 퍼페이저 복소전력 $\boldsymbol{S}_T$는

$$S_T = 3S_p = P_T + jQ_T \tag{12.53}$$

와 같이 3개의 퍼페이저 성분의 합으로 나타낸다. 따라서 3상 전체 유효전력과 무효전력은 단상의 3배가 되므로, 이들은 각각

$$P_T = \frac{3V_{mp}I_{mp}}{2}\cos\phi \tag{12.54a}$$

$$Q_T = \frac{3V_{mp}I_{mp}}{2}\sin\phi \tag{12.54b}$$

와 같이 되며, 전체 피상전력은 다음과 같다.

$$S_T = |S_T| = \frac{3}{2}V_{mp}I_{mp} \tag{12.55}$$

예제 12.7

그림 12.14에서 선간전압의 최대치가 모두 200 V이고 평형 3상 부하의 각 임피던스가 30+j40 Ω이다. 이 시스템 전체의 퍼페이저 유효전력, 퍼페이저 무효전력, 그리고 퍼페이저 복소전력을 구하라.

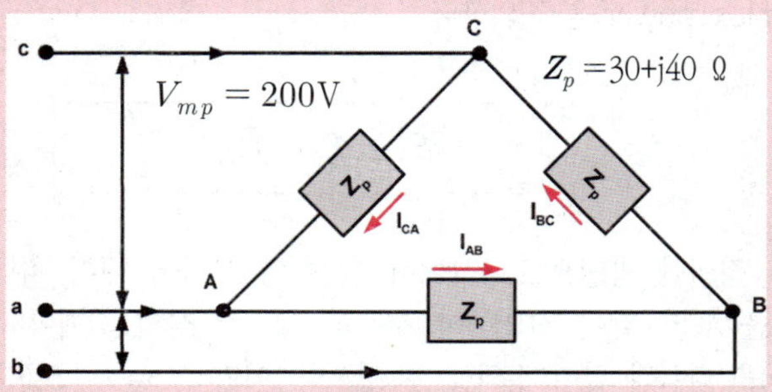

그림 12.14 평형 3상 △ 결선 시스템의 예

풀이

$V_{mp} = 200$ V이고, $Z_p = 30 + j40 = 50e^{j\theta}$, $\theta = \tan^{-1}(4/3) \simeq 53^o$이다. 따라서 선전류의 최대치는

$$I_{mp} = \frac{V_{mp}}{|Z_p|} = \frac{200}{50} = 4 \text{ A}$$

이다. 따라서 각 부하에서의 퍼페이저 유효전력, 퍼페이저 무효전력, 퍼페이저 복소전력은 각각 다음과 같다.

$$P_p = \frac{V_{mp} I_{mp}}{2} \cos\theta = \frac{200 \times 4}{2} \cos 53^o \simeq 241 \text{ W}$$

$$Q_p = \frac{V_{mp} I_{mp}}{2} \sin\theta = \frac{200 \times 4}{2} \sin 53^o \simeq 319 \text{ Var}$$

$$\boldsymbol{S_p} = P_p + jQ_p = 241 + j319 \text{ VA}$$

따라서 3상 전체의 퍼페이저 유효전력, 퍼페이저 무효전력, 그리고 퍼페이저 복소전력은 다음과 같다.

$$P_T = 723 \text{ W}, \ Q_T = 957 \text{ Var}$$

$$\boldsymbol{S}_T = 3P_p + j3Q_p = 723 + j957 \text{ VA}$$

연습문제

12.1 평형 3상 Y형 전원에서 상순이 $c, a, b, \ldots$이고 단자 c에서 상전압이 $\boldsymbol{V}_{cn} = 220e^{j80^o}$볼트인 경우, 양위상시리즈에서 나머지 2 단자에서의 상전압을 구하라.

12.2 평형 3상 Y형 전원에서 상순이 $c, a, b, \ldots$이고 단자 b의 상전압이 $\boldsymbol{V}_{bn} = 220e^{j60^o}$볼트인 경우, 양위상시리즈에서 각 단자 사이의 선간전압을 구하라. 단 위상은 -180^o와 $+180^o$의 범위에서 표현하라.

12.3 평형 3상 Y형 부하에서 $\boldsymbol{Z}_Y = 10 + j20$일 때, 대응하는 등가 Δ형 결선의 부하 임피던스를 구하라.

12.4 평형 3상 Δ형 결선에서 상순이 $c, a, b, \ldots$이고 상전압 $\boldsymbol{V}_{bc} = 100e^{j20^o}$볼트일 때, 양위상시리즈를 따르는 시스템에서 나머지 상전압을 구하라.

12.5 다음의 평형 3상 시스템에서 전송선 임피던스가 $\boldsymbol{Z}_{aA} = \boldsymbol{Z}_{bB} = \boldsymbol{Z}_{cC} = 30 + j40 \ \Omega$이고, 부하의 퍼페이저 임피던스가 $\boldsymbol{Z}_{AN} = \boldsymbol{Z}_{BN} = \boldsymbol{Z}_{CN} = 400 + j300 \ \Omega$이며, 평형3상 전원의 a단자 상전압은 $\boldsymbol{V}_{an} = 100\angle 0^o$이다. 이때 선전류 $\boldsymbol{I}_{aA}$, $\boldsymbol{I}_{bB}$, $\boldsymbol{I}_{cC}$를 구하라.

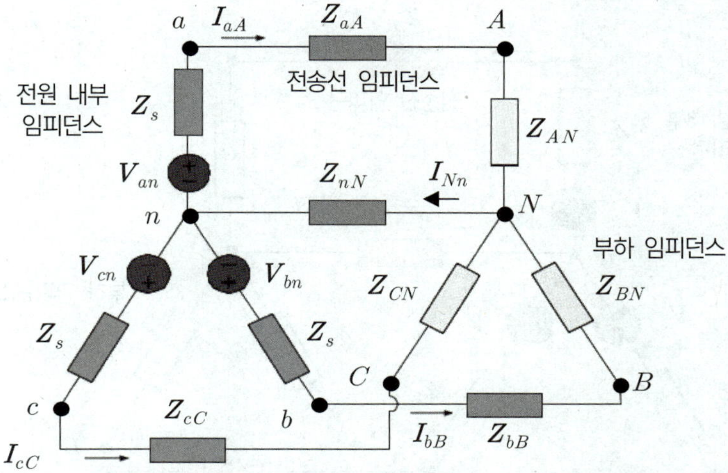

그림 E.12.1 Y-Y결선 평형 3상 전력 시스템의 예

12.6 상순이 $c, a, b, \ldots$인 양위상시리즈를 따르는 그림 12.12의 평형 3상 Y-△결선 시스템에서 $a-A$ 선로의 선전류가 $I_{aA} = 2e^{j30^o}$A라할 때 부하에서 상전류 I_{AB}, I_{BC}, I_{CA}를 구하라.

12.7 양위상시리즈를 따르는 그림 E.12.2의 평형 3상 Y-Y 결선 시스템에서 전원 부분 단자 a에서 상전압 실효치 V_{eff}가 220 V이며 위상은 0^o이고, 전원의 임피던스 Z_s가 $0.5+j1$ kΩ이고, 부하의 퍼페이저 부하임피던스 Z_L이 30+j40 kΩ이고, 퍼페이저 전송선임피던스 Z_T가 1+j2 kΩ이다. 다음의 페이저들을 구하라.

1) 전원의 상전압 V_{sa}, V_{sb}, V_{sc}를 구하라.

2) 각 전송선의 전류 I_{aA}, I_{bB}, I_{cC}와 부하에서 각 상의 전압 V_{AN}, V_{BN}, V_{CN}을 구하라.

3) 부하에서 각 선간전압 V_{AB}, V_{BC}, V_{CA}를 구하라.

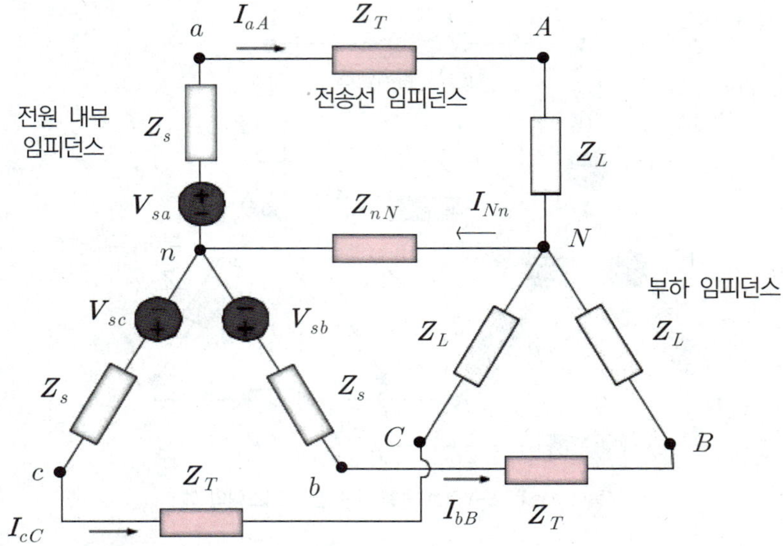

그림 E.12.2 평형 3상 Y-Y 결선 전력시스템

12.8 상순이 $c, a, b, \ldots$ 인 평형 3상 Y-△결선 시스템에서 $b-B$ 선로의 선전류 실효치가 $I_{bB}=3e^{j110^o}$ A라면 나머지 2개 선로의 선전류와 부하를 흐르는 상전류 $\boldsymbol{I}_{AB}$, $\boldsymbol{I}_{BC}$, $\boldsymbol{I}_{CA}$를 구하라. 단 위상은 -180^o에서 180^o의 범위에서 표현하라.

12.9 12.9 상순이 $c, a, b, \ldots$ 인 평형 3상 Y-Y 결선 시스템에서 퍼페이저 전원 임피던스가 0.3+j0.4 kΩ이고, 전송선 임피던스가 1+j2 kΩ이고, 부하가 30+j40 kΩ이고, 부하 A의 상전압이 $\boldsymbol{V}_{AN}=240e^{j0^o}$ V이다. 부하에서 흡수되는 전체 복소전력 $\boldsymbol{S}_T$를 구하라.

12.10 아래의 평형 3상 시스템에서 평형 부하가 $\boldsymbol{Z}_1=\boldsymbol{Z}_2=\boldsymbol{Z}_3=40+j30$ kΩ이고, 단자 $c-a$부하의 상전압이 $\boldsymbol{V}_{ca}=200\angle 160^o$ V일 때, 1) 상전류 $\boldsymbol{I}_{ab}$, $\boldsymbol{I}_{bc}$, $\boldsymbol{I}_{ca}$를 구하고, 2) 부하에서 소모되는 총전력을 구하라.

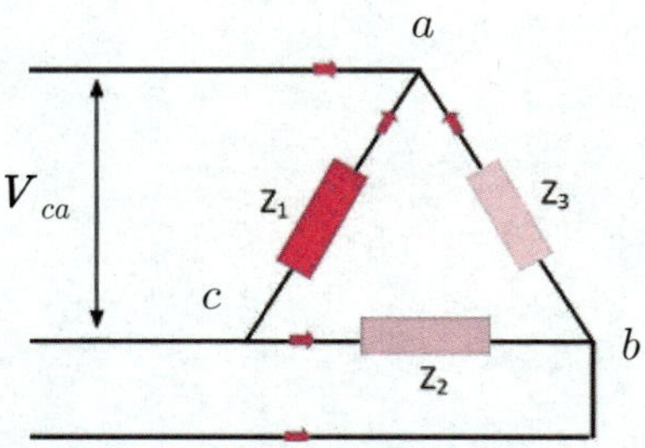

그림 E.12.3 평형 3상 부하의 예

12.11 그림 E.12.3의 평형 3상 부하를 갖는 전력시스템에서 $Z_1 = Z_2 = Z_3 = R + j\omega L$ Ω을 고려하자. 이때 $R = 400$ Ω, $L = 30$ mH, $\omega = 10^4$ rad/sec, 상전압의 최대치가 100 V 일 때, 각 부하의 역률과 상전류의 크기를 구하라.

12.12 그림 E.12.4의 평형 3상 전력시스템에서 $Z_{AB} = Z_{BC} = Z_{CA} = 60 + j30$ kΩ이고, 부하의 내부 임피던스는 $Z_s = 0$ Ω이고, 전송선 임피던스는 Z_{aA}=Z_{bB}=Z_{cC}=10 kΩ이다. 이때 부하의 상전압 V_{AB}, V_{BC}, V_{CA}를 구하라. 351

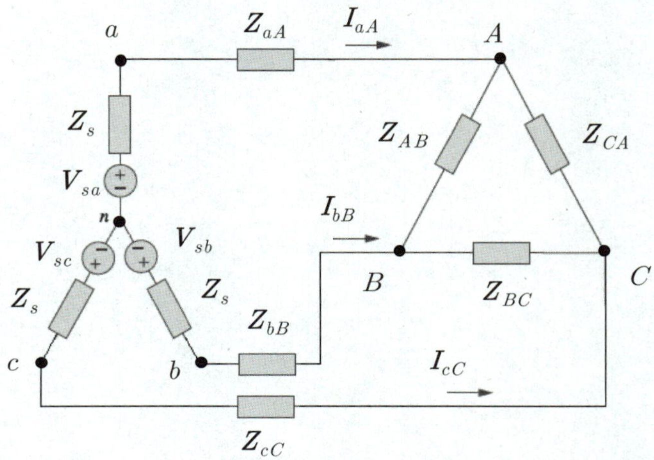

그림 E.12.4 Y-△ 결선 3상 전력시스템의 예

13장 라플라스 변환과 회로 해석

▶학습 목표◀

- 라플라스 변환의 정의를 이해한다.
- 라플라스 변환 방법을 학습한다.
- 라플라스 역변환 방법을 학습한다.
- 라플라스 변환을 이용한 미분방정식의 풀이 방법을 학습한다.
- 라플라스 변환을 이용한 회로해석 절차를 학습한다.

13.1 개요

많은 미분방정식을 쉽게 풀 수 있는 방법 중 하나가 라플라스 변환을 이용하는 것이다. 즉 라플라스 변환은 미분방정식을 대수 방정식으로 변환시켜주므로 미분방정식의 완전해를 쉽게 구할 수 있게 해 준다.

미분방정식을 라플라스 변환을 통해 풀이하는 방법은 다음의 절차를 거친다. 1) 상수 계수를 갖는 선형 상미분방정식을 라플라스변환에 의해 변수 s로 구성되는 대수방정식으로 변환하고, 2) 변환된 대수방정식의 해를 대수적으로 구하고, 3) 그 해를 다시 역변환하면 미분방정식 해를 얻을 수 있다.

라플라스 변환을 미분방정식에 활용할 때의 장점은 '초기값 문제에 대해 어떤 특별한 과정 없이도 그 초기값이 포함된 해를 구할 수 있게 하며, 미분방정식이 다루기 쉬운 대수방정식 형태로 변환되어 풀이 및 해석을 용이하게 하며, 지수함수와 초월함수 등의 결합을 간단한 대수적인 형태로 변환하여 취급할 수 있게 하며, 비제차미분방정식의 해를 일반해와 특수해로 구별하지 않고도 풀이가 가능하게 한다'는 점이다.

저항, 콘덴서, 코일이 혼재하는 회로에서 정현파 신호를 취급할 때는 페이저 변환을 통해 쉽게 해석하였다. 그러나 일반적인 신호를 취급할 때는 라플라스변환을 이용하면 회로해석을 쉽게 할 수 있다. 본 장에서는 라플라스 변환의 정의 및 성질, 대표적 함수들의 라플라스 변환 방법을 익히고, 역라플라스 변환법과 이를 활용하여 회로해석을 수행하는 절차에 대해 학습하도록 한다.

13.2 라플라스 변환

1) 정의

앞에 언급한 바와 같이 라플라스 변환을 이용하면, 미분방정식에서 초기값을 갖는 문제의 경우에는 일차적으로 일반해를 구하는 단계가 필요 없게 되고, 비제차미분방정식의 경우에는 대응하는 제차미분방정식을 먼저 풀 필요가 없게 된다.

$t \geq 0$인 모든 실수 t에 대해 임의의 함수 $f(t)$가 정의된다고 가정할 때, 함수 $f(t)$의 라플라스 변환을 다음과 같이 정의한다.

$$F(s) = \mathcal{L}[f(t)] \doteq \int_0^{\infty} f(t)e^{-st}dt, s > 0 \tag{13.1}$$

라플라스 변환의 기호는 $\mathcal{L}[f(t)]$를 사용하며, 변환된 함수를 원 함수 $f(t)$의 영어 대문자를 사용하여 $F(s)$으로 나타내기도 한다.

만약 식 (13.1)의 적분이 특정 값으로 수렴한다면 위의 적분을 함수 $f(t)$의 라플라스 변환이라 부른다. 즉 원 함수 $f(t)$를 소문자 f로 표기한 반면 라플라스 변환된 함수는 대문자 F로 표기하거나 Laplace의 첫 글자 L의 필기체 대문자인 $\mathcal{L}$로 표기하기도 한다.

라플라스 변환은 원 함수에 e^{-st}를 곱한 다음 0에서 무한대(∞)까지 t에 대해 적분한 것을 말한다. 여기서 $s > 0$이면 e^{-st}는 $t \to \infty$일 때 0에 접근하는 특성을 갖는다. 즉 이 변환은 t의 함수를 s의 함수로 변환시킨 것이다.

2) 존재성과 유일성

존재성

라플라스 변환은 적분을 통해 변환되는 것이므로, 함수 $f(t)$의 부분연속(piecewise continuous)이 적분의 일반적인 조건이므로, 부분연속 함수의 변환도 적분조건으로 충분하다. 따라서 라플라스 변환의 존재성은 다음과 같이 정리할 수 있다.

정리 13.1 라플라스 변환의 존재성

$t \geq 0$인 유한구간에서 $f(t)$가 부분연속이고 상수인 M과 γ가 다음의 조건을 만족한다면, 즉 다음과 같이

$$|f(t)| \leq Me^{\gamma t} \tag{13.2}$$

을 만족하는 M과 γ가 존재한다면, 모든 $s > \gamma$에 대하여 함수 $f(t)$의 라플라스 변환이 존재한다.

유일성

증명

정리 13.1의 조건에 의해 함수 $f(t)$는 적분이 가능하고, $s > \gamma$인 경우에 대해 다음이 성립한다.

$$|\mathcal{L}[f(t)]| = \left|\int_0^\infty f(t)e^{-st}dt\right| \le \int_0^\infty |f(t)|e^{-st}dt \le \int_0^\infty Me^{\gamma t}e^{-st}dt = \frac{M}{s-\gamma} \tag{13.3}$$

식 (13.3)의 두 번째 부등식은 식 (13.2)의 조건에 의해 성립한다. 따라서 $s > \gamma$에 대하여 식 (13.1)의 적분은 유한한 값으로 존재하므로 식 (13.1)로 정의되는 라플라스 변환이 존재한다.

다음으로 "임의의 함수 $f(t)$의 라플라스 변환이 유일하게 존재하는가?"라는 물음에 대한 정리가 다음에 보인다.

정리 13.2 라플라스 변환의 유일성

독립변수 t의 구간 $[0\ \infty)$에서 각각 지수적 차수 α, β를 갖는 두 연속함수 $f(t), g(t)$를 고려하자. 만약 $\mathcal{L}[f(t)] = \mathcal{L}[g(t)]$이면 연속함수가 되는 모든 점 t에서 $f(t) = g(t)$가 성립한다.

정리 13.2는 연속인 각 함수의 라플라스 변환은 유일하게 존재한다는 것을 의미한다. 즉 구간 $[0\ \infty)$에서 부분 연속함수 $f(t), g(t)$가 $\mathcal{L}[f(t)] = \mathcal{L}[g(t)]$이면 불연속인 점들을 제외하고는 $f(t) = g(t)$가 성립한다. 이에 대한 상세한 설명은 다른 참고문헌(수학)을 이용하기 바란다.

부분 연속함수의 라플라스 변환

유한의 구간 $[a\ b]$에서 정의된 함수 $f(t)$가 유한 개의 불연속점에서 좌극한과 우극한이 존재할 때 함수 $f(t)$를 부분 연속함수(piecewise continuous function)라 부른다. 즉 함수 $f(t)$가 유한개의 도약(jump) 점을 가질 때 우리는 이 함수를 부분 연속함수라 한다.

정리 13.1과 정리 13.2는 유한개의 불연속점을 갖는 함수인 경우 그 불연속점들을 제외한 모든 점에서 라플라스 변환은 유일하게 정의됨을 의미한다. 이와 반대로 각 라플라스 변환에 대한 역라플라스 변환이 유일하게 존재하기 위해서는 연속함수로 제한하여야 한다.

3) 대표적 함수들의 라플라스 변환

여기에서는 우리가 많이 사용하는 대표적인 함수들에 대한 라플라스 변환을 구해 보기로 한다.

단위임펄스(혹은 Dirac 델타함수) $\delta(t)$

단위임펄스(unit impulse)는 이상화된 충격파로서 단위 면적을 가지며, Dirac 델타함수(Dirac delta function)라고도 하며, 수학적 기호로 $\delta(t)$를 사용한다. 단위임펄스를 정의하는 방법은 여러 가지가 있으나 여기에서는 그림 13.1(a)의 사각형펄스(구형파)로부터 정의하는 방법을 사용하고자 한다.

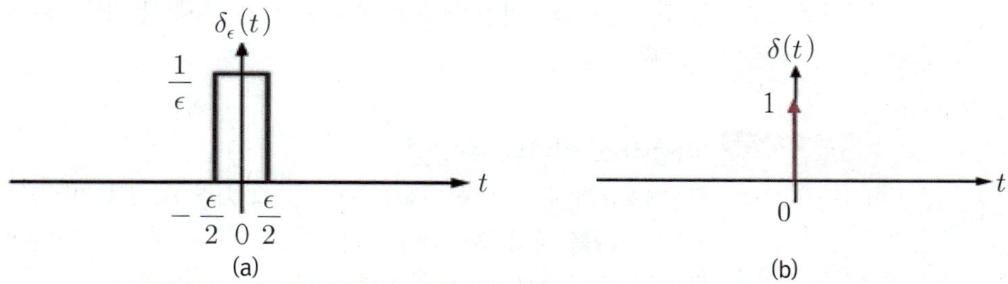

그림 13.1 단위임펄스(Dirac 델타 함수) 정의 : (a) 사각형 펄스, (b) 단위 임펄스

그림 13.1의 구형파 $\delta_\epsilon(t)$를 다음과 같이 정의하자.

$$\delta_\epsilon(t) \doteq \begin{cases} \frac{1}{\epsilon}, & |t| < \frac{\epsilon}{2} \\ 0, & otherwise \end{cases}$$

여기서 폭 ϵ을 한 없이 작은 극한값으로 취하여 단위임펄스 $\delta(t)$를 다음과 같이 정의한다.

$$\delta(t) \doteq \lim_{\epsilon \to 0} \delta_\epsilon(t) \tag{13.4}$$

단위임펄스 $\delta(t)$의 라플라스 변환은 다음과 같다.

$$\mathcal{L}[\delta(t)] = 1 \tag{13.5}$$

증명

$$\mathcal{L}\left[\delta(t)\right] = \int_0^\infty \delta(t) e^{-st} dt = 1$$

상수

$t \geq 0$에서 상수 1을 갖는 단위계단함수 $u(t)$를 다음의 그림 13.2와 같이 정의한다.

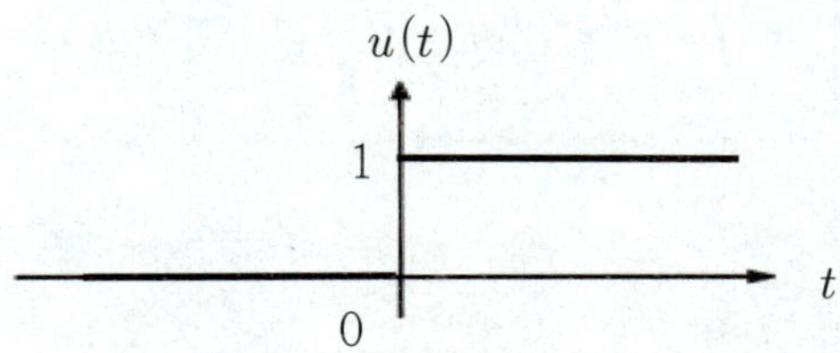

그림 13.2 단위계단함수

즉 위 단위계단 함수 $u(t)$를 다음과 같이 정의한다.

$$u(t) \doteq \begin{cases} 1, & t > 0 \\ 0, & t < 0 \end{cases} \tag{13.6}$$

단위계단함수 $u(t)$ 혹은 $t > 0$에서 상수 1의 라플라스 변환은 다음과 같다.

$$\mathcal{L}\left[u(t)\right] = \frac{1}{s} \tag{13.7}$$

증명

$$\mathcal{L}\left[u(t)\right] = \int_0^\infty 1e^{-st} dt = \lim_{b \to \infty} \int_0^b 1e^{-st} dt = \lim_{b \to \infty} \frac{-e^{-st}}{s} \Big|_0^b = \frac{1}{s}$$

지수함수

상수 a를 갖는 지수함수 e^{at}의 라플라스 변환은 다음과 같다.

$$\mathcal{L}[e^{at}] = \frac{1}{s-a}, \quad s > a \tag{13.8}$$

증명

$$\mathcal{L}[e^{at}] = \int_0^\infty e^{at}e^{-st}dt = \int_0^\infty e^{-(s-a)t}dt = \frac{1}{s-a}$$

예제 13.1

다음 함수 $f(t) = e^{2t} - 3e^{-t}, t \geq 0$의 라플라스 변환을 구하시오.

풀이

$$\mathcal{L}[f(t)] = \int_0^\infty (e^{2t} - 3e^{-t})e^{-st}dt = \int_0^\infty e^{2t}e^{-st}dt - 3\int_0^\infty e^{-t}e^{-st}dt$$
$$= \frac{1}{s-2} - \frac{3}{s+1}$$

n승 함수

$f(t) = t^n$을 라플라스 변환하면 다음과 같다.

$$\mathcal{L}[t^n] = \frac{n!}{s^{n+1}}, \quad n: \text{양의 정수} \tag{13.9a}$$

$$\mathcal{L}[t^a] = \frac{\Gamma(a+1)}{s^{a+1}}, \quad a > -1, \text{ 단 } \Gamma(.) : \text{감마함수} \tag{13.9b}$$

증명

먼저 부분적분 공식 $\int f(t)g'(t)dt = f(t)g(t) - \int f'(t)g(t)dt$을 이용하여 식 (13.9a)을 증명을 하여보자.

$$\mathcal{L}[t] = \int_0^\infty te^{-st}dt = -\frac{t}{s}e^{-st}|_0^\infty - \frac{1}{s^2}e^{-st}|_0^\infty = \frac{1}{s^2} \tag{13.10a}$$

$$\mathcal{L}[t^2] = \int_0^\infty t^2e^{-st}dt = -\frac{t^2}{s}e^{-st}|_0^\infty + \frac{2}{s}\int_0^\infty te^{-st}dt = \frac{2}{s^3} \tag{13.10b}$$

$$\vdots$$

$$\mathcal{L}[t^n] = \frac{2\times 3\times \ldots \times n}{s^{n+1}} = \frac{n!}{s^{n+1}} \tag{13.10c}$$

한편 $a > -1$일 때 t^a를 라플라스 변환을 구해보자. 즉 감마함수는

$\Gamma(a+1) \doteq \int_0^\infty e^{-x}x^a dx$ 으로 정의되므로, 다음의 식이 유도된다.

$$\mathcal{L}[t^a] = \int_0^\infty t^a e^{-st}dt = \int_0^\infty (\frac{x}{s})^a e^{-x}\frac{1}{s}dx = \frac{1}{s^{a+1}}\int_0^\infty e^{-x}x^a dx = \frac{\Gamma(a+1)}{s^{a+1}} \tag{13.11}$$

식 (13.11)의 중간에 $x \doteq st$로 치환하여 적분하였으며, $\Gamma(.)$은 감마(gamma)함수를 나타낸다. 그런데 수학적으로 $a > -1$일 때 성립한다고 하는데, 여기서 설명은 생략하기로 한다. 그리고 a가 양의 정수일 때는 $\Gamma(a+1) = a!$이다.

삼각함수

삼각함수인 사인함수와 코사인 함수의 라플라스 변환은 다음과 같다.

$$\mathcal{L}[\cos\omega t] = \frac{s}{s^2+\omega^2},\ \omega : \text{실수} \tag{13.12a}$$

$$\mathcal{L}[\sin\omega t] = \frac{\omega}{s^2+\omega^2},\ \omega : \text{실수} \tag{13.12b}$$

증명

i) $\mathcal{L}[\cos\omega t] = \frac{s}{s^2+\omega^2}$, ω : 실수

먼저 라플라스 변환의 정의식과 오일러 공식($e^{j\theta} = \cos\theta + j\sin\theta$, $j = \sqrt{-1}$)을 이용하여 식 (13.12a)을 증명하여보자.

$$\mathcal{L}[\cos\omega t] = \int_0^\infty \frac{1}{2}[e^{j\omega t} + e^{-j\omega t}]e^{-st}dt = \frac{1}{2}\int_0^\infty [e^{-(s-j\omega)t} + e^{-(s+j\omega)t}]dt$$

$$= \frac{1}{2}(\frac{1}{s-j\omega} + \frac{1}{s+j\omega}) = \frac{s}{s^2+\omega^2}$$

ii) $\mathcal{L}[\sin\omega t] = \frac{\omega}{s^2+\omega^2}$, ω : 실수

$$\mathcal{L}[\sin\omega t] = \mathcal{L}[\frac{1}{2j}(e^{j\omega t} - e^{-j\omega t})] = \frac{1}{2j}[\int_0^\infty (e^{-(s-j\omega)t} - e^{-(s+j\omega)t})dt]$$

$$= \frac{1}{2j}(\frac{1}{s-j\omega} - \frac{1}{s+j\omega}) = \frac{\omega}{s^2+\omega^2}$$

예제 13.2

다음 함수 $f(t) = \cos 2\omega t$, $t \geq 0$의 라플라스 변환을 구하시오.

풀이

식 (13.12a)을 사용하면 다음을 얻을 수 있다.

$$\mathcal{L}[f(t)] = \mathcal{L}[\cos 2\omega t] = \frac{s}{s^2+(2\omega)^2}$$

하이퍼블릭함수

하이퍼블릭함수(hyperbolic functions) $\cosh at$, $\sinh at$의 라플라스변환은 다음과 같다.

$$\mathcal{L}[\cosh \omega t] = \frac{s}{s^2 - \omega^2} \tag{13.13a}$$

$$\mathcal{L}[\sinh \omega t] = \frac{\omega}{s^2 - \omega^2} \tag{13.13b}$$

증명

$\cosh \omega t$, $\sinh \omega t$는 다음과 같이 정의된다.

$$\cosh \omega t \doteq \frac{1}{2}(e^{\omega t} + e^{-\omega t}) \tag{13.14a}$$

$$\sinh \omega t \doteq \frac{1}{2}(e^{\omega t} - e^{-\omega t}) \tag{13.14b}$$

식 (13.14a)과 (13.14b)를 사용하여 하이퍼블릭함수의 라플라스 변환을 구해 보자.

$$\mathcal{L}[\cosh \omega t] = \mathcal{L}[\frac{1}{2}(e^{\omega t} + e^{-\omega t})] = \frac{1}{2}\int_0^\infty [e^{-(s-\omega)t} + e^{-(s+\omega)t})]dt$$

$$= \frac{1}{2}(\frac{1}{s-\omega} + \frac{1}{s+\omega}) = \frac{s}{s^2 - \omega^2}$$

$$\mathcal{L}[\sinh \omega t] = \mathcal{L}[\frac{1}{2}(e^{\omega t} - e^{-\omega t})] = \frac{1}{2}\int_0^\infty [e^{-(s-\omega)t} - e^{-(s+\omega)t})]dt$$

$$= \frac{1}{2}(\frac{1}{s-\omega} - \frac{1}{s+\omega}) = \frac{\omega}{s^2 - \omega^2}$$

임의의 함수를 라플라스 변환하고자 할 때, 우리는 일일이 식 (13.1)의 정의식을 사용하지 않는다. 정의식을 사용하는 경우 대부분 많은 시간이 소요되기 때문이다. 대부분의 경우 라플라스 변환을 수행하고자할 때는 앞에 보인 여러 가지 형태의 함수에 대한 라플라스변환 결과 식을 이용한다. 이러한 여러 가지 형태의 함수에 대한 라플라스변환 결과식을 요약한 것이 라플라스 변환 표 13.1이다.

표 13.1 대표적 함수의 라플라스 변환(단, $t \geq 0$)

일련번호	함수 $f(t)$	$\mathcal{L}[f(t)]$	일련번호	함수 $f(t)$	$\mathcal{L}[f(t)]$
1	$\delta(t)$	1	7	e^{at}	$\frac{1}{s-a}$
2	$u(t)$	$\frac{1}{s}$	8	$\cos\omega t$	$\frac{s}{s^2+\omega^2}$
3	t	$\frac{1}{s^2}$	9	$\sin\omega t$	$\frac{\omega}{s^2+\omega^2}$
4	t^2	$\frac{2}{s^3}$	10	$\cosh\omega t$	$\frac{s}{s^2-\omega^2}$
5	t^n $(n=0,1,2,\ldots)$	$\frac{n!}{s^{n+1}}$	11	$\sinh\omega t$	$\frac{\omega}{s^2-\omega^2}$
6	t^a $(a>-1)$	$\frac{\Gamma(a+1)}{s^{a+1}}$			

4) 라플라스 변환 성질

이 절에서는 라플라스 변환의 여러 가지 성질에 대해 알아보기로 한다. 이러한 성질들을 이해하고 나면 여러 가지 함수들에 대한 복잡한 라플라스 변환을 쉽게 구할 수 있다. 여기부터는 특별한 언급이 없는 한 $t \geq 0$이라 가정한다.

성질 1. 선형성(Linearity)

상수 a, b에 대해 두 함수 $f(t)$와 $g(t)$의 선형결합으로 표시된 경우 이의 라플라스 변환은 다음과 같다.

$$\mathcal{L}[af(t)+bg(t)] = aF(s)+bG(s),\ \text{단}\ \mathcal{L}[f(t)] = F(s),\ \mathcal{L}[g(t)] = G(s) \tag{13.15}$$

증명

식 (13.15)는 다음과 같이 쉽게 증명된다.

$$\begin{aligned}\mathcal{L}[af(t)+bg(t)] &= \int_0^\infty [af(t)+bg(t)]e^{-st}dt \\ &= a\int_0^\infty f(t)e^{-st}dt + b\int_0^\infty g(t)e^{-st}dt \\ &= aF(s)+bG(s),\ \text{단 } a, b\text{는 상수임.}\end{aligned}$$

예제 13.3

다음 함수 $f(t) = 2t + \cos^2 \alpha t$의 라플라스 변환을 구하시오. 단 $t \geq 0$임.

풀이

$\cos^2 \alpha t = (1+\cos 2\alpha t)/2$이므로,

$$\mathcal{L}[f(t)] = 2\mathcal{L}[t] + \frac{1}{2}(\mathcal{L}[1] + \mathcal{L}[\cos 2\alpha t]) = \frac{2}{s^2} + \frac{1}{2}(\frac{1}{s} + \frac{s}{s^2+4\alpha^2})$$

성질 2. t축 변위(이동: Shift)

함수 $f(t)$에서 시간 t에 지연 $a(>0)$가 있는 경우 라플라스 변환은 다음과 같다.

$$\mathcal{L}[f(t-a)u(t-a)] = e^{-as}F(s), \tag{13.16}$$

증명

라플라스 변환의 정의식을 사용하면 $e^{-as}F(s)$를 다음과 같이 변형할 수 있다.

$$e^{-as}F(s) = e^{-as}\int_0^\infty f(\lambda)e^{-s\lambda}d\lambda = \int_0^\infty f(\lambda)e^{-s(a+\lambda)}d\lambda \tag{13.17a}$$

식 (13.17a)에서 $t = a + \lambda$로 치환하면 다음과 같다.

$$e^{-as}F(s) = \int_0^\infty f(t-a)u(t-a)e^{-st}dt = \mathcal{L}\,[f(t-a)u(t-a)] \quad (13.17b)$$

식 (13.17b)에서 적분의 하한이 0이 아닌 a가 되어야 하나, 함수 $f(t-a)$에 $u(t-a)$를 곱해주었기 때문에 하한을 0으로 하여도 무방하다. 식 (13.16)을 다른 표현으로 말하면 $t-a<0$일 때 함수 $f(t-a)=0$인 경우 다음과 같음을 의미한다.

$$\mathcal{L}\,[f(t-a)] = e^{-as}F(s)$$

예제 13.4

함수 $f(t)$가 다음 그림 13.3과 같이 주어질 때, 이 함수의 라플라스 변환을 구하라.

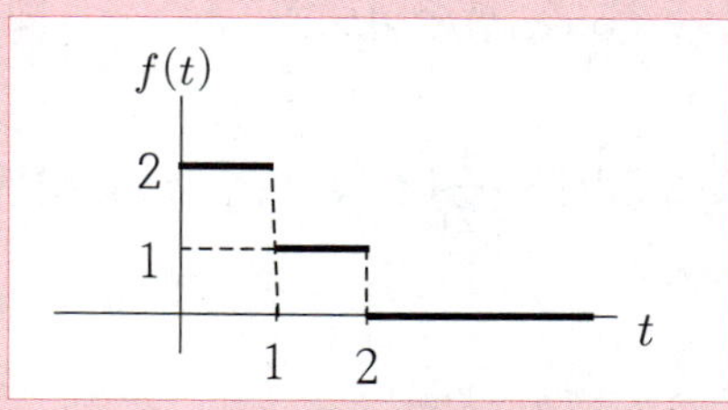

그림 13.3 계단형 함수의 예

풀이

그림 13.3을 수식으로 나타내면 $f(t)=2u(t)-u(t-1)-u(t-2)$이다. 따라서 다음의 라플라스 변환을 얻을 수 있다.

$$\mathcal{L}\,[f(t)] = 2\mathcal{L}\,[u(t)] - \mathcal{L}\,[u(t-1)] - \mathcal{L}\,[u(t-2)] = \frac{2}{s} - \frac{e^{-s}}{s} - \frac{e^{-2s}}{s}$$

성질 3. s축 변위(이동)

함수 $f(t)$에 지수함수가 곱해진 $e^{at}f(t)$의 라플라스 변환은 다음과 같다.

$$\mathcal{L}\,[e^{at}f(t)] = F(s-a),\; s>a \quad (13.18)$$

증명

라플라스 변환의 정의식을 이용하자.

$$\mathcal{L}\left[e^{at}f(t)\right] = \int_0^\infty e^{at}f(t)e^{-st}dt = \int_0^\infty f(t)e^{-(s-a)t}dt = F(s-a),\ s > a$$

예제 13.5

다음 함수 $v(t) = e^{-2t}t$를 라플라스 변환을 구하시오. 단 $t \geq 0$임.

풀이

$\mathcal{L}[t] = \frac{1}{s^2}$이므로, 식 (13.18)을 사용하면 다음의 결과를 얻을 수 있다.

$$\mathcal{L}[v(t)] = \frac{1}{(s+2)^2}$$

성질 4. 시간(t) 축 척도(Scaling)

시간축 척도에 대한 다음의 라플라스 변환이 성립한다.

$$\mathcal{L}[f(at)] = \frac{1}{a}F\left(\frac{s}{a}\right),\ a: \text{상수} \tag{13.19}$$

증명

라플라스 변환 정의식 (13.1)에서 $\lambda \doteq at$로 치환하면, $d\lambda = adt$가 되므로 다음의 식이 성립한다.

$$\mathcal{L}[f(at)] = \int_0^\infty f(at)e^{-st}dt = \frac{1}{a}\int_0^\infty f(\lambda)e^{-(s/a)\lambda}d\lambda = \frac{1}{a}F\left(\frac{s}{a}\right)$$

예제 13.6

다음 함수 $\cos 2t$의 라플라스 변환을 구하시오. 단 $t \geq 0$임.

풀이

2 가지 방법으로 라플라스 변환을 할 수 있다. 먼저 식 (13.12a)를 사용하여 변환하면 다음과 같다.

$$\mathcal{L}[\cos 2t] = \frac{s}{s^2 + 2^2}$$

다음으로 식 (13.19)를 사용하여 보자. 즉 $f(t) \doteq \cos t$라 놓으면, $a = 2$가 된다. 따라서 $\cos 2t$의 라플라스 변환은

$$\mathcal{L}[\cos 2t] = \frac{1}{2}\frac{s/2}{(s/2)^2 + 1} = \frac{s}{s^2 + 4}$$

가 된다.

성질 5. 미분정리

앞에서 표기한 바와 같이 $F(s) = \mathcal{L}[f(t)]$이고 n이 양의 정수이면, 함수 $f(t)$와 이의 라플라스 변환 $F(s)$는 각각 t와 s에 대해 n번 미분 가능한 경우 다음의 공식이 성립한다.

$$\mathcal{L}\left[\frac{d^n}{dt^n}f(t)\right] = s^n F(s) - s^{n-1}f(0) - s^{n-2}f^{(1)}(0) \ldots - f^{(n-1)}(0) \quad (13.20a)$$

$$\mathcal{L}[t^n f(t)] = (-1)^n \frac{d^n}{ds^n}F(s) \quad (13.20b)$$

단 $f^{(n)}$은 함수 f의 n계 도함수를 나타낸다.

증명

i) $\mathcal{L}\left[\frac{d^n}{dt^n}f(t)\right] = s^n F(s) - s^{n-1}f(0) - \ldots - f^{(n-1)}(0)$

먼저 부분적분을 사용하여 $f'(t)$를 라플라스 변환해 보자.

$$\mathcal{L}[f'(t)] = \int_0^\infty f'(t)e^{-st}dt = f(t)e^{-st}|_0^\infty + s\int_0^\infty f(t)e^{-st}dt$$
$$= -f(0) + sF(s)$$

다음으로 $f''(t)$를 라플라스 변환해 보자.

$$\mathcal{L}[f''(t)] = \int_0^\infty f''(t)e^{-st}dt = f'(t)e^{-st}|_0^\infty + s\int_0^\infty f'(t)e^{-st}dt$$
$$= -f'(0) + s\mathcal{L}[f'(t)] = s[sF(s) - f(0)] - f'(0)$$
$$= s^2F(s) - sf(0) - f'(0)$$

동일한 방법으로 $f^{(n)}(t)$를 라플라스 변환하면 식 (13.20a)의 결과를 얻을 수 있다.

$$\mathcal{L}\left[\frac{d^n}{dt^n}f(t)\right] = s^n F(s) - s^{n-1}f(0) - \ldots - f^{(n-1)}(0)$$

ii) $\mathcal{L}[t^n f(t)] = (-1)^n \frac{d^n}{ds^n}F(s)$

먼저 $F(s)$가 s에 대해 n번 미분가능하다고 하자. $F(s)$를 s에 대해 1번 미분하면 다음의 식이 성립한다.

$$\frac{d}{ds}F(s) = \frac{d}{ds}\int_0^\infty f(t)e^{-st}dt = \int_0^\infty \frac{\partial}{\partial s}[f(t)e^{-st}]dt$$
$$= -\int_0^\infty tf(t)e^{-st}dt = -\mathcal{L}[tf(t)]$$

위와 같은 방법으로 $F(s)$를 s에 대해 2번 미분하면 다음의 식이 성립한다.

$$\frac{d^2}{ds^2}F(s) = \frac{d^2}{ds^2}\int_0^\infty f(t)e^{-st}dt = \int_0^\infty \frac{\partial^2}{\partial s^2}[f(t)e^{-st}]dt$$
$$= \int_0^\infty t^2 f(t)e^{-st}dt = \mathcal{L}[t^2 f(t)]$$

동일한 방법으로 $F(s)$를 s에 대해 n번 미분하면 다음과 같이 됨을 알 수 있다.

$$\frac{d^n}{ds^n}F(s) = \frac{d^n}{ds^n}[\int_0^\infty f(t)e^{-st}dt] = \int_0^\infty f(t)\frac{\partial^n}{\partial s^n}[e^{-st}]dt$$
$$= \int_0^\infty [(-1)^n t^n f(t)]e^{-st}dt = (-1)^n \mathcal{L}[t^n f(t)]$$

예제 13.7

두 함수 $f_1(t) = \cos\omega t$, $f_2(t) = t\sin\omega t$를 각각 식 (13.20a)와 (13.20b) 를 사용하여 라플라스 변환을 구하시오. 단 $t \geq 0$임.

풀이

i) $f_1(t) = \cos\omega t$의 라플라스 변환

먼저 $f_1(t)$의 1계 및 2계 도함수를 구해보자.

$$f_1{}'(t) = -\omega\sin\omega t \tag{13.21a}$$

$$f_1{}''(t) = f_1^{(2)}(t) = -\omega^2\cos\omega t = -\omega^2 f_1(t) \tag{13.21b}$$

위의 식 (13.21a), (13.21b), 그리고 (13.20a)를 사용하여 $f_1(t)$의 라플라스 변환을 구하면 다음과 같다.

$$\mathcal{L}[f_1^{(2)}(t)] = s^2\mathcal{L}[f_1(t)] - sf_1(0) - f_1{}'(0) = s^2\mathcal{L}[f_1(t)] - s \tag{13.21c}$$

따라서 식 (13.21b)에서 $f_1^{(2)}(t) = -\omega^2 f_1(t)$이므로,

$$\mathcal{L}\,[f_1^{(2)}(t)] = -\,\omega^2\,\mathcal{L}\,[f_1(t)] \tag{13.21d}$$

이 된다. 식(13.21c)과 (13.21d)로부터 다음의 결과를 얻을 수 있다.

$$s^2\mathcal{L}\,[f_1(t)] - s = -\,\omega^2\mathcal{L}\,[f_1(t)] \;\Rightarrow \mathcal{L}\,[f_1(t)] = \frac{s}{s^2+\omega^2}$$

ii) $f_2(t) = t\sin\omega t$의 라플라스 변환

$\mathcal{L}\,[\sin\omega t] = \dfrac{\omega}{s^2+\omega^2}$이므로, 식 (13.20b)를 적용하면 다음의 결과를 얻을 수 있다.

$$\mathcal{L}\,[f_2(t)] = -\,\frac{d}{ds}\left(\frac{\omega}{s^2+\omega^2}\right) = \frac{2\omega s}{(s^2+\omega^2)^2}$$

성질 6. 적분정리

함수 $f(t)$를 한번 적분한 결과의 함수를 라플라스 변환하면 다음이 얻어진다.

$$\mathcal{L}\,[\int_0^t f(\lambda)d\lambda] = \frac{F(s)}{s} \tag{13.22a}$$

한편 s영역의 적분에 대한 다음의 공식도 성립한다.

$$\mathcal{L}\,[\frac{f(t)}{t}] = \int_s^\infty F(\lambda)d\lambda \tag{13.22b}$$

증명

i) t영역 정분정리

$f(t)$의 적분에 대한 라플라스 변환을 정의식과 부분적분을 이용하여 증명해 보자.

$$\mathcal{L}\,[\int_0^t f(\lambda)d\lambda] = \int_0^\infty [\int_0^t f(\lambda)d\lambda]e^{-st}dt \tag{13.23a}$$

식 (13.23a)에서 $u(t) \doteq \int_0^t f(\lambda)d\lambda$, $v'(t) \doteq e^{-st}$라 놓고, 이 식을 부분적분하면 다음과 같이 된다.

$$\int_0^\infty [\int_0^t f(\lambda)d\lambda]e^{-st}dt = -\frac{1}{s}e^{-st}\int_0^t f(\lambda)d\lambda|_0^\infty + \frac{1}{s}\int_0^\infty f(t)e^{-st}dt$$

$$= \frac{1}{s}F(s) \tag{13.23b}$$

식 (13.23b)에서 첫 번째 등호 오른쪽 부분을 살펴보자. 첫 번째 등호 오른쪽의 첫 번째 항은 0이 되고, 두 번째 항은 $\frac{d}{dt}[\int_0^t f(\lambda)d\lambda] = f(t)$의 관계로부터 얻어진 것이다. 따라서 (13.22a)가 성립된다.

ii) s영역 정분정리

$\int_s^\infty e^{-\lambda t}d\lambda = e^{-st}/t$를 이용하여 식 (13.22b)를 증명해 보자. 식 (13.22b)를 라플라스변환 정의식을 사용하여 다음과 같이 변형시킬 수 있다.

$$\int_s^\infty F(\lambda)d\lambda = \int_s^\infty [\int_0^\infty f(t)e^{-\lambda t}dt]d\lambda = \int_0^\infty f(t)(\int_s^\infty e^{-\lambda t}d\lambda)dt$$

$$= \int_0^\infty f(t)\frac{e^{-st}}{t}dt = \mathcal{L}[\frac{f(t)}{t}]$$

따라서 식 (13.22b)가 성립한다.

예제 13.8

다음 함수 $f(t)=\int_0^t \cos\omega\lambda\, d\lambda$의 라플라스 변환을 구하시오. 단 $t \geq 0$임.

풀이

$\mathcal{L}[\cos\omega t]=\frac{s}{s^2+\omega^2}$ 이므로, 공식 (13.22a)를 사용하여 다음을 얻을 수 있다.

$$\mathcal{L}[\int_0^t \cos\omega\lambda\, d\lambda]=\frac{\mathcal{L}[\cos\omega t]}{s}=\frac{1}{s^2+\omega^2}$$

예제 13.9

다음 함수 $f(t)=\frac{\sin t}{t}$ 를 라플라스 변환을 구하시오. 단 $t \geq 0$임.

풀이

식 (13.22b)를 사용하자. $\mathcal{L}[\sin t]=\frac{1}{s^2+1}$ 이므로, 다음을 얻을 수 있다.

$$\mathcal{L}[\frac{\sin t}{t}]=\int_s^\infty \frac{1}{\lambda^2+1} d\lambda=\tan^{-1}\lambda|_s^\infty=\frac{\pi}{2}-\tan^{-1}s$$

성질 7. 컨벌루션(Convolution) 정리

두 함수 $f(t)$와 $g(t)$의 컨벌루션을 수학적으로 다음과 같이 정의한다.

$$f(t)*g(t) \doteq \int_{-\infty}^\infty f(\lambda)g(t-\lambda)d\lambda \tag{13.24}$$

여기서 $*$는 전후 함수의 컨벌루션을 나타내는 기호이다.

만약 두 함수 $f(t)$와 $g(t)$가 $[0, \infty)$에서 부분적으로 구간 연속이고 적분이 가능하다면, 이 두 함수의 컨벌루션을 취한 결과를 라플라스 변환하면 다음의 관계가 성립한다.

$$\mathcal{L}[f(t)*g(t)] = F(s)G(s) \tag{13.25}$$

증명

식 (13.24)에서 $f(\lambda)$와 $g(\lambda)$는 $[0, \infty)$에서 제한되므로 $f(t)$와 $g(t)$의 컨벌루션을 취한 결과를 라플라스 변환하면 다음의 과정이 성립한다.

$$\begin{aligned}\mathcal{L}[f(t)*g(t)] &= \int_0^{\infty}\left[\int_{-\infty}^{\infty} f(\lambda)g(t-\lambda)d\lambda\right]e^{-st}dt \\ &= \int_0^{\infty} f(\lambda)\left[\int_{-\infty}^{\infty} g(t-\lambda)e^{-st}dt\right]d\lambda\end{aligned}$$

여기서 $\tau \doteq t-\lambda$로 치환하면 $d\tau = dt$가 되고, $g(\lambda)$도 $[0, \infty)$에서 제한됨을 이용하면, 위의 식 마지막 부분은 다음의 관계가 성립된다.

$$\begin{aligned}\int_0^{\infty} f(\lambda)\left[\int_{-\infty}^{\infty} g(t-\lambda)e^{-st}dt\right]d\lambda &= \int_0^{\infty} f(\lambda)\left[\int_0^{\infty} g(\tau)e^{-s(\tau+\lambda)}d\tau\right]d\lambda \\ &= \int_0^{\infty} f(\lambda)e^{-s\lambda}d\lambda\int_0^{\infty} g(\tau)e^{-s\tau}d\tau = F(s)G(s)\end{aligned}$$

따라서 식 (13.25)가 성립한다.

성질 8. 주기함수 정리

주기함수의 라플라스 변환에 대해 살펴보자. $t \geq 0$에 대해 주기가 T인 함수 $f(t)$는 다음과 같이 표현될 수 있다.

$$f(t) = f(t+nT), \quad n = 0, \pm 1, \pm 2, \ldots \tag{13.26}$$

만약 함수 $f(t)$가 $[0, \infty)$에서 부분연속이고 주기가 T이라면 다음의 관계가 성립한다.

$$\mathcal{L}[f(t)] = \frac{1}{1-e^{-sT}}\int_0^{T} f(t)e^{-st}dt \tag{13.27}$$

증명

함수 $f(t)$의 라플라스 변환은 다음과 같이 두 부분의 적분으로 나타낼 수 있다.

$$\mathcal{L}[f(t)] = \int_0^T f(t)e^{-st}dt + \int_T^\infty f(t)e^{-st}dt \tag{13.28}$$

식 (13.28)에서 등호 오른쪽의 두 번째 적분에서 $t \doteq \lambda + T$로 치환하면 $dt = d\lambda$가 되고 이 적분은 다음과 같이 나타낼 수 있다.

$$\int_T^\infty f(t)e^{-st}dt = \int_0^\infty f(\lambda + T)e^{-s(\lambda+T)}d\lambda = e^{-sT}\int_0^\infty f(\lambda)e^{-s\lambda}d\lambda$$
$$= e^{-sT}F(s) \tag{13.29}$$

식 (13.29)를 (13.28)에 대입하며 정리하면 다음과 같다.

$$F(s) = \mathcal{L}[f(t)] = \int_0^T f(t)e^{-st}dt + e^{-sT}F(s) \tag{13.30}$$

식 (13.30)을 다시 정리하면 다음이 성립한다.

$$F(s)[1 - e^{sT}] = \int_0^T f(t)e^{-st}dt \quad \rightarrow \quad F(s) = \frac{1}{1-e^{sT}}\int_0^T f(t)e^{-st}dt$$

375

예제 13.10

주기함수 $f(t) = f(t+nT)$, (n: 정수)일 때 $0 \le t < T$에서 $f(t)$가 그림 13.4와 같이 주어지는 경우, 이 함수 $f(t)$의 라플라스 변환을 구하라. 단 $t \ge 0$임.

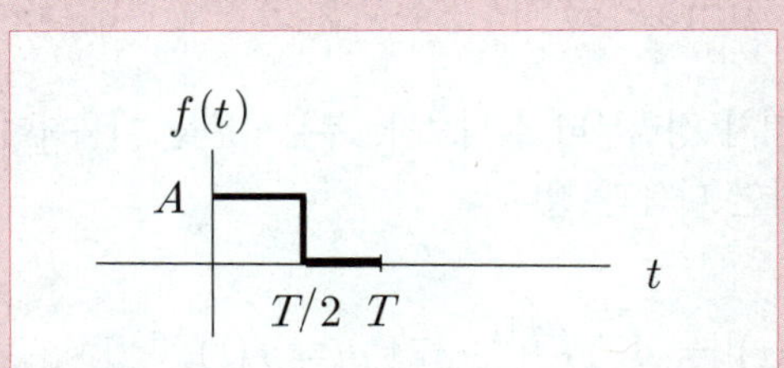

그림 13.4 주기함수의 예

풀이

$\int_0^T f(t)e^{-st}dt = \int_0^{T/2} Ae^{-st}dt = A\frac{1-e^{-sT/2}}{s}$ 이므로, (13.27)을 사용하여 다음의 라플라스 변환을 얻을 수 있다.

$$\mathcal{L}[f(t)] = \frac{1}{1-e^{-sT}}\int_0^T f(t)e^{-st}dt = \frac{A}{s}\frac{1-e^{-sT/2}}{1-e^{-sT}} = \frac{A}{s(1+e^{-sT/2})}$$

성질 9. 초기치 및 최종치 정리

원 함수와 라플라스 변환된 함수 사이의 초기치 정리와 최종치 정리는 원함수 $f(t)$가 $t \to 0$과 $t \to \infty$에서 값이 s영역에서 어떻게 주어지는지에 대한 것으로, 다음과 같이 정리된다.

초기치 정리 : $f(0) = \lim_{s \to \infty} sF(s)$ (13.31)

최종치 정리 : $f(\infty) = \lim_{s \to 0} sF(s)$ (13.32)

증명

i) $f(0) = \lim_{s \to \infty} sF(s)$

우선 초기치 정리부터 살펴보자. 부분적분을 이용하여 $f(t)$의 1계 도함수를 라플라스 변환하면 다음과 같다.

$$\mathcal{L}[f'(t)] = \int_0^\infty \frac{df(t)}{dt}e^{-st}dt = f(t)e^{-st}\Big|_0^\infty + s\int_0^\infty f(t)e^{-st}dt$$

$$= sF(s) - f(0) \qquad (13.33)$$

즉 식 (13.33)을 다시 정리하면 다음과 같다.

$$\int_0^\infty \frac{df(t)}{dt} e^{-st} dt = sF(s) - f(0)$$

여기서 s를 ∞로 수렴시켜 보자.

$$\lim_{s \to \infty} [\int_0^\infty \frac{df(t)}{dt} e^{-st} dt] = \lim_{s \to \infty} [sF(s) - f(0)] \quad (13.34)$$

식 (13.34)에서 등호 왼쪽은 0이 되므로, 등호 오른쪽도 0이 되어야 한다. 즉 식 (13.31)이 성립된다.

ii) $f(\infty) = \lim_{s \to 0} sF(s)$

다음으로 식 (13.32)를 증명하기 위해 식 (13.33)에서 s를 0으로 수렴시켜보자.

$$\lim_{s \to 0} [\int_0^\infty \frac{df(t)}{dt} e^{-st} dt] = \int_0^\infty df(t) = f(\infty) - f(0) \quad (13.35a)$$

한편 $$\lim_{s \to 0} [\int_0^\infty \frac{df(t)}{dt} e^{-st} dt] = \lim_{s \to 0} [sF(s) - f(0)] \quad (13.35b)$$

이 된다. 식 (13.35a)와 (13.35b)로부터 식 (13.32)가 성립된다.

예제 13.11

함수 $f(t)$의 라플라스 변환 $F(s)$가 다음과 같이 주어질 때 $f(0)$ 및 $f(\infty)$를 구하시오.

$$F(s) = \frac{s+1}{s(s-1)}$$

풀이

$\lim_{s\to\infty} sF(s) = 1$이므로 식 (13.31)에 의해 $f(0)$는 다음과 같이 얻을 수 있다.

$$f(0) = \lim_{s\to\infty} sF(s) = 1$$

한편 $\lim_{s\to 0} sF(s) = -1$이므로 식 (13.32)에 의해 $f(\infty)$ 또한 다음과 같다.

$$f(\infty) = \lim_{s\to 0} sF(s) = -1$$

라플라스변환 성질 정리

지금까지 살펴본 다양한 라플라스변환 성질을 정리하면 표 13.2와 같다. 대부분의 함수를 라플라스 변환할 때 정의식에 의해 적분을 하는 것보다 대표적인 함수들의 라플라스 변환표와 라플라스 변환 성질을 이용하면 간단하게 변환시킬 수 있다.

표 13.2 라플라스 변환 성질

성질	함수	라플라스 변환
선형성(Linearity)	$af(t)+bg(t)$	$aF(s)+bG(s)$
t축 변위 (이동: Shift)	$f(t-a)u(t-a)$	$e^{-as}F(s)$
s축 변위	$e^{at}f(t)$	$F(s-a)$
시간축 척도 (Scaling)	$f(at)$	$\frac{1}{a}F(\frac{s}{a})$
미분정리 (t영역 미분)	$\frac{d^n}{dt^n}f(t)$	$s^nF(s)-s^{n-1}f(0)-s^{n-2}f^{(1)}(0)\ldots-f^{(n-1)}(0)$
미분정리 (s영역 미분)	$t^nf(t)$	$(-1)^n\frac{d^n}{ds^n}F(s)$
적분정리(t영역)	$\int_0^t f(\lambda)d\lambda$	$\frac{F(s)}{s}$
적분정리(s 영역)	$\frac{f(t)}{t}$	$\int_s^\infty F(\lambda)d\lambda$

성질	함수	라플라스 변환
컨벌루션 정리	$f(t) * g(t)$	$F(s)G(s)$
주기함수 정리	$f(t+nT)=f(t)$ $n=0,\pm 1,\pm 2,\ldots$	$\dfrac{1}{1-e^{-sT}}\displaystyle\int_0^T f(t)e^{-st}dt$
초기치 정리	$f(0)$	$\lim\limits_{s\to\infty} sF(s)$
최종치 정리	$f(\infty)$	$\lim\limits_{s\to 0} sF(s)$

* 단 $\mathcal{L}[f(t)]=F(s)$, $\mathcal{L}[g(t)]=G(s)$ 임.

예제 13.12

그림 13.5의 함수 $f(t)$의 라플라스 변환을 구하시오.

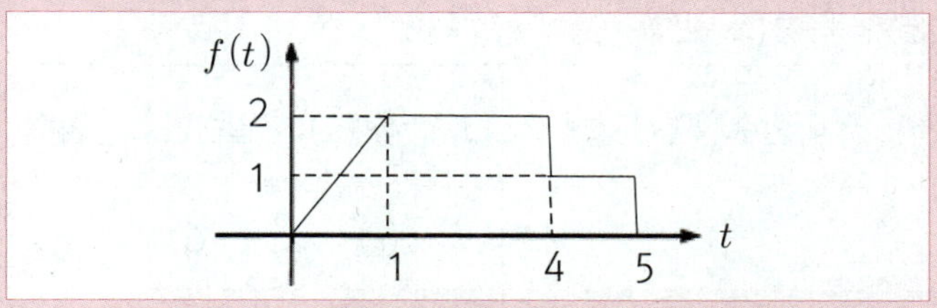

그림 13.5 라플라스 변환 연습을 위한 함수의 예

풀이

그림 13.5의 함수 $f(t)$는 다음과 같이 표현할 수 있다.

$$
\begin{aligned}
f(t) &= 2t[u(t)-u(t-1)]+2[u(t-1)-u(t-4)]+[u(t-4)-u(t-5)] \\
&= 2tu(t)-2tu(t-1)+2u(t-1)-u(t-4)-u(t-5)
\end{aligned}
$$

따라서 $f(t)$를 라플라스 변환하면 다음의 결과를 얻을 수 있다.

$$
F(s)=\frac{2}{s^2}+\frac{2(1+s)e^{-s}}{s^2}+\frac{2e^{-s}}{s}-\frac{e^{-4s}}{s}-\frac{e^{-5s}}{s}
$$

13.3 라플라스 역변환

함수 $f(t)$의 라플라스 변환을 $F(s)$라 하면, 다음의 $F(s)$를 통해 원함수(original function) $f(t)$를 구하고 이를 라플라스 역변환이라 하며, $\mathcal{L}^{-1}[F(s)]$로 나타낸다. 즉 라플라스 역변환(Inverse Laplace Transform)은 $F(s)$를 다시 $f(t)$로 돌리는 과정으로 다음과 같다.

$$\mathcal{L}^{-1}[F(s)] = \frac{1}{2\pi j}\int_{\alpha - j\infty}^{\alpha + j\infty} F(s)e^{st}ds, \ j = \sqrt{-1} \tag{13.36}$$

단 $\alpha = Re[s]$을 나타낸다. 보통은 식 (13.36)의 계산식을 직접 수행하기보다는 이미 알려져 있는 라플라스 변환표를 이용하여 역변환을 수행한다. 라플라스 변환표를 역으로 이용한 역변환의 기본 공식은 표 13.3과 같다.

표 13.3 기본적인 라플라스 역변환 공식

일련번호	함수 $F(s)$	$\mathcal{L}^{-1}[F(s)]$	일련번호	함수 $F(s)$	$\mathcal{L}^{-1}[F(s)]$
1	1	$\delta(t)$	6	$\frac{s}{s^2+\omega^2}$	$\cos\omega t$
2	$\frac{1}{s}$	$u(t)$	7	$\frac{\omega}{s^2+\omega^2}$	$\sin\omega t$
3	$\frac{1}{s^{n+1}}$, $(n=1, 2, 3, \ldots)$	$\frac{t^n}{n!}$	8	$\frac{s}{s^2-\omega^2}$	$\cosh\omega t$
4	$\frac{1}{s^{a+1}}$, $(a>-1)$	$\frac{t^a}{\Gamma(a+1)}$	9	$\frac{\omega}{s^2-\omega^2}$	$\sinh\omega t$
5	$\frac{1}{s-a}$	e^{at}			

한편 라플라스 영역의 함수들로부터 원함수(original function) $f(t)$를 구할 때는, 라플라스 역변환공식과 함께 부분분수를 활용하는 경우가 대부분이다. 여기서부터는 부분분수로 분해하는 방법을 알아보고 이를 통해 라플라스 역변환을 구하는 방법을 학습하기로 하자.

라플라스 변환이 다음과 같은 분수 형태일 때 분자 $F(s)$의 다항식 근을 영점, $G(s)$의 다항식 근을 극점이라 한다.

$$Y(s) = \frac{F(s)}{G(s)} \tag{13.37}$$

부분분수의 전개에서 영점은 유수에만 영향을 주는데 배해, 극점의 역할은 중요하다, 극점의 형태에 따라 몇 가지의 경우로 나눌 수 있는데, 이에 대해 살펴보자. 여기에서 증명은 생략하기로 하며, 증명에 관심 있는 분들은 공학수학 책들을 참조하기 바란다.

정리 13.3 극점의 형태 1

Case 1: $Y(s)$가 $\frac{C}{s-a}$를 포함하는 경우(단 a, C : 상수)의 문제

$$C = \lim_{s \to a} (s-a)\frac{F(s)}{G(s)} \tag{13.38}$$

$$\mathcal{L}^{-1}[\frac{C}{s-a}] = Ce^{at} \tag{13.39}$$

예제 13.13

다음 $Y(s)$의 원함수 $y(t)$를 구하라.

$$Y(s) = \frac{2}{s^2 - s}$$

풀이

$$\frac{2}{s^2-s} = \frac{2}{s(s-1)} = \frac{C_1}{s} + \frac{C_2}{s-1} \text{에서}$$

$$C_1 = \frac{2s}{s(s-1)}|_{s=0} = -2, \ C_2 = \frac{2(s-1)}{s(s-1)}|_{s=1} = 2$$

따라서 다음과 같은 역 변환을 구할 수 있다.

$$y(t) = \mathcal{L}^{-1}[\frac{2}{s^2-s}] = \mathcal{L}^{-1}[-\frac{2}{s} + \frac{2}{s-1}] = -2u(t) + 2e^t, \ t \geq 0$$

정리 13.4 극점의 형태 2

Case 2: $Y(s)$가 $\frac{C_n}{(s-a)^n}+\frac{C_{n-1}}{(s-a)^{n-1}}+\ldots+\frac{C_1}{(s-a)}$를 포함하는 경우(단 $a, C_1, C_2, \ldots$: 상수)

$$C_k=\frac{1}{(n-k)!}\lim_{s\to a}\frac{d^{n-k}}{ds^{n-k}}[(s-a)^n Y(s)],\ \ k=1,2,\ldots,n-1 \tag{13.40a}$$

$$C_n=(s-a)^n Y(s)|_{s=a} \tag{13.40b}$$

$$\mathcal{L}^{-1}[Y(s)]=\frac{C_n}{(n-1)!}t^{n-1}e^{at}+\frac{C_{n-1}}{(n-2)!}t^{n-2}e^{at}+\ldots+C_1e^{at}\quad t\geq 0 \tag{13.40c}$$

예제 13.14

다음 $Y(s)$의 원함수 $y(t)$를 구하시오.

$$Y(s)=\frac{s^2+1}{(s-1)^2(s+1)}$$

풀이

$$\frac{s^2+1}{(s-1)^2(s+1)}=\frac{C_2}{(s-1)^2}+\frac{C_1}{s-1}+\frac{D}{s+1} \tag{13.41}$$

식 (13.40a)와 (13.40b)를 사용하여 먼저 C_1, C_2를 구해보자.

$$C_1=\lim_{s\to 1}\frac{d}{ds}[(s-1)^2\frac{s^2+1}{(s-1)^2(s+1)}]=\frac{1}{2} \tag{13.42a}$$

$$C_2=(s-1)^2\frac{s^2+1}{(s-1)^2(s+1)}|_{s=1}=1 \tag{13.42b}$$

다음으로 식 (13.39a)로부터 D를 구해보자.

$$D=(s+1)\frac{s^2+1}{(s-1)^2(s+1)}\Big|_{s=-1}=\frac{1}{2} \tag{13.42c}$$

식 (13.42a) ~ (13.42c)를 식 (13.41)에 대입하여 역라플라스 변환을 구하면 다음과 같다.

$$\begin{aligned} y(t) &= \mathcal{L}^{-1}[Y(s)] = \mathcal{L}^{-1}\left[\frac{1}{(s-1)^2}+\frac{1}{2(s-1)}+\frac{1}{2(s+1)}\right] \\ &= te^t+\frac{e^t}{2}+\frac{e^{-t}}{2},\ t\geq 0. \end{aligned}$$

정리 13.5 극점의 형태 3

Case 3: $Y(s)$가 $\dfrac{As+B}{(s-\alpha)^2+\omega^2}$를 포함하는 경우

$$\begin{aligned} Y(s) &= \frac{F_1(s)}{G_1(s)}+\frac{As+B}{(s-\alpha)^2+\beta^2} \\ &= \frac{F_1(s)}{G_1(s)}+\frac{C}{s-\alpha-j\beta}+\frac{C^*}{s-\alpha+j\beta} \end{aligned} \tag{13.43}$$

단 $C=(s-\alpha-j\beta)Y(s)|_{s=\alpha+j\beta}$, $C^*=(s-\alpha+j\beta)Y(s)|_{s=\alpha-j\beta}$이며, $j=\sqrt{-1}$이다. 따라서 다음과 같이 변경하여 역변환을 구하면 다음의 결과를 얻을 수 있다.

$$y(t)=\mathcal{L}^{-1}[Y(s)]=Ce^{(\alpha+j\beta)t}+C^*e^{(\alpha-j\beta)t} \tag{13.44a}$$

$$=e^{\alpha t}(D_1\cos\beta t+D_2\sin\beta t) \tag{13.44b}$$

단 $D_1=C+C^*$, $D_2=C-C^*$, 이고 *는 공액복소수이며, $t\geq 0$임.

정리 13.3 ~ 정리 13.5에 대한 증명은 생략하기로 하며, 관심 있는 사람은 참고문헌을 이용하기 바란다.

예제 13.15

다음 $Y(s)$의 원함수 $y(t)$를 구하라.

$$Y(s)=\frac{s+1}{s(s^2-2s-1)}$$

풀이

원함수를 다음과 같이 부분분수로 전개해 보자.

$$\frac{s+1}{s(s^2-2s+2)}=\frac{s+1}{s(s-1-j)(s-1+j)}=\frac{C_0}{s}+\frac{C^*}{s-1+j}+\frac{C}{s-1-j}$$

단 $j=\sqrt{-1}$이다. 여기서 상수 계수 C_0, C, C^*는 정리 13.5에 의해 구하면 다음과 같다.

$$C_0=\frac{s(s+1)}{s(s-1+j)(s-1-j)}\Big|_{s=0}=\frac{1}{2},$$

$$C=\frac{(s-1-j)(s+1)}{s(s-1+j)(s-1-j)}\Big|_{s=1+j}=-\frac{1+j3}{4}=-\frac{\sqrt{10}}{4}e^{j\theta},\ \theta=\tan^{-1}(3)$$

$$C^*=\frac{(s-1+j)(s+1)}{s(s-1+j)(s-1-j)}\Big|_{s=1-j}=\frac{-1+j3}{4}=\frac{\sqrt{10}\,e^{-j\theta}}{4}$$

따라서 $Y(s)$는 다음과 같이 표현된다.

$$Y(s)=\frac{1}{2s}+\frac{\sqrt{10}\,e^{-j\theta}}{4(s-1+j)}-\frac{\sqrt{10}\,e^{j\theta}}{4(s-1-j)}$$

따라서 $y(t)=\mathcal{L}^{-1}[Y(s)]$는 다음과 같이 표현된다.

$$y(t)=\frac{1}{2}u(t)+\frac{\sqrt{10}}{4}e^{t}[e^{-j(\theta+t)}-e^{j(\theta+t)}],\ t\geq 0$$

13.4 라플라스 변환에 의한 회로 해석

1) 라플라스 변환에 의한 미분방정식의 해 구하기

이 절에서는 '라플라스 변환을 이용한 미분방정식의 해를 구하는 몇 가지 문제를 풀어보기로 하자. 미분방정식을 라플라스 변환을 통해 푸는 절차를 블럭다이어그램으로 나타낸 것이 그림 13.6이다. 그림 13.6에 보인 절차와 같이, 미분방정식을 라플라스 변환을 통해 변환한 다음, 미분방정식의 해를 라플라스변환 영역(s 영역)에서 구한 후, 다시 라플라스 역변환을 이행하면 시간영역에서 미분방정식의 해를 얻은 것과 동일한 결과를 얻게 된다. 즉 먼저 미분방정식은 라플라스변환을 하면 대수방정식이 된다. s 영역에서 대수 방정식으로 함수의 해를 s 영역에서 구한 다음, 이를 역라플라스 변환을 취하면 t 영역에서 원함수의 해를 얻게 된다.

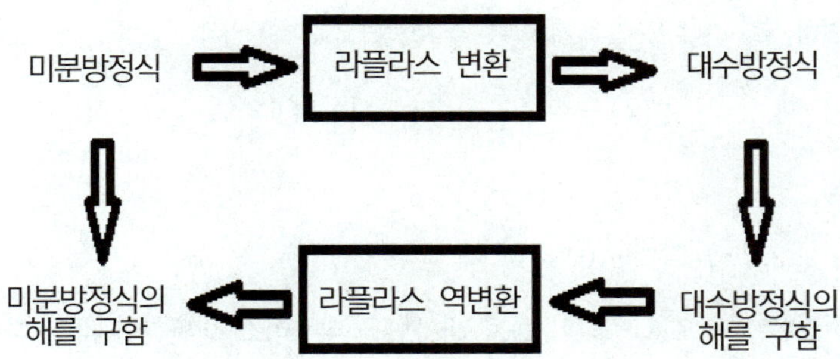

그림 13.6 플라스 변환을 통해 미분방정식을 푸는 절차

예제 13.16

다음의 초기치 미분방정식의 해를 구하시오.

1) $y' + 3y = 2e^{-t}, y(0) = 1$

2) $y' - 2y = te^{-3t}, y(0) = 0$

3) $y'' - 3y' + 2y = e^{-3t}, y(0) = 1, y'(0) = 2$

4) $y'' - 4y' + 8y = e^{-t}, y(0) = 0, y'(0) = 0$

풀이

1) $y' + 3y = 2e^{-t}, y(0) = 1$

원식의 등호 좌변을 먼저 라플라스 변환하면 다음과 같다.

$$\mathcal{L}[y' + 3y] = sY(s) - y(0) + 3Y(s)$$

다음으로 원식의 등호 우변을 라플라스 변환하면 다음과 같다.

$$\mathcal{L}[2e^{-t}] = \frac{2}{s+1}$$

따라서

$$sY(s) - y(0) + 3Y(s) = \frac{2}{s+1}$$

이 된다. 즉 다음의 결과를 얻을 수 있다.

$$Y(s) = \frac{1}{s+1} \rightarrow \mathcal{L}^{-1}[Y(s)] = e^{-t},\ t \geq 0.$$

2) $y' - 2y = te^{-3t}, y(0) = 0$

위와 같은 방법으로 원식의 등호 좌우변을 라플라스 변환하면 각각 다음과 같다.

$$\mathcal{L}[y' - 2y] = sY(s) - y(0) - 2Y(s) = (s-2)Y(s) \tag{13.45}$$

$$\mathcal{L}[te^{-3t}] = \frac{1}{(s+3)^2} \tag{13.46}$$

식 (13.45), (13.46)에 의해 다음과 같이 정리할 수 있다.

$$\therefore\ Y(s) = \frac{1}{(s-2)(s-3)^2} \tag{13.47}$$

식 (13.47)을 부분분수로 전계를 하면 다음과 같다.

$$Y(s) = \frac{1}{(s-2)(s-3)^2} = \frac{D}{s-2} + \frac{C_1}{(s-3)} - \frac{C_2}{(s-3)^2}$$

여기서

$$D = (s-2)\,Y(s)|_{s=2} = 1,\ C_1 = \lim_{s\to 3}\frac{d}{ds}[(s-3)^2\,Y(s)] = -1,$$

$$C_2 = (s-3)^2\,Y(s)|_{s=3} = 1$$

이다. 따라서 다음과 같이 부분 분수로 전개할 수 있다.

$$Y(s) = \frac{1}{s-2} - \frac{1}{(s-3)} + \frac{1}{(s-3)^2}$$

그러므로 $y(t)$의 역라플라스 변환은 다음과 같다.

$$y(t) = \mathcal{L}^{-1}[y(s)] = e^{2t} - e^{3t} + te^{3t},\ t \geq 0.$$

3) $y'' - 3y' + 2y = e^{-3t}, y(0) = 1, y'(0) = 2$

먼저 원 식의 좌우변을 각각 라플라스 변환을 하자.

$$\mathcal{L}\,[y'' - 3y' + 2y] = s^2\,Y(s) - sy(0) - y'(0) - 3[s\,Y(s) - y(0)] + 2\,Y(s)$$

$$= (s^2 - 3s + 2)\,Y(s) - s + 1 \qquad (13.48a)$$

$$\mathcal{L}\,[e^{-3t}] = \frac{1}{s+3} \qquad (13.48b)$$

식 (13.48a)과 (13.48b)를 정리하면 다음과 같다.

$$(s^2 - 3s + 2)\,Y(s) - s + 1 = \frac{1}{s+3} \rightarrow (s^2 - 3s + 2)\,Y(s) = s - 1 + \frac{1}{s+3}$$

$$Y(s) = \frac{1}{s-2} + \frac{1}{(s-1)(s-2)(s+3)} = -\frac{1/4}{s-1} + \frac{6/5}{(s-2)} + \frac{1/20}{s+3}$$

따라서 구하고자 하는 $y(t)$는 다음과 같이 얻을 수 있다.

$$y(t) = \mathcal{L}^{-1}[\,Y(s)] = -\frac{1}{4}e^{t} + \frac{6}{5}e^{2t} + \frac{1}{20}e^{-3t},\ t \geq 0.$$

4) $y'' - 4y' + 8y = e^{-t}, y(0) = 0, y'(0) = 0$

원식의 좌우변을 라플라스 변환하면 다음과 같다.

$$\begin{aligned}\mathcal{L}[y'' - 4y' + 8y] &= s^2 Y(s) - sy(0) - y'(0) - 4[sY(s) - y(0)] + 8Y(s) \\ &= (s^2 - 4s + 8)Y(s) \quad (13.49a)\end{aligned}$$

$$\mathcal{L}[e^{-t}] = \frac{1}{s+1} \quad (13.49b)$$

식 (13.49a)와 (13.49b)를 정리하면 다음과 같은 결과를 얻을 수 있다.

$$(s^2 - 4s + 8)Y(s) = \frac{1}{s+1} \rightarrow Y(s) = \frac{1}{(s+1)(s^2 - 4s + 8)}$$

위의 마지막 식을 부분분수로 다시 정리하면 다음과 같이 유도된다.

$$Y(s) = \frac{1/13}{(s+1)} - \frac{e^{j\theta}}{4\sqrt{13}} \frac{1}{s-2+j2} + \frac{e^{-j\theta}}{4\sqrt{13}} \frac{1}{s-2-j2}, \ j = \sqrt{-1},$$
$$\theta = \text{atan}^{-1}(3/2)$$

따라서 마지막 식을 라플라스 역변환을 하여 다음과 같이 $y(t)$를 얻을 수 있다.

$$\begin{aligned}y(t) = \mathcal{L}^{-1}[Y(s)] &= \frac{e^{-t}}{13} - \frac{e^{2t}}{4\sqrt{13}}[e^{j(\theta-2t)} - e^{-j(\theta-2t)}] \\ &= \frac{e^{-t}}{13} - \frac{e^{2t}}{2\sqrt{13}}\cos(\theta - 2t), \ t \geq 0\end{aligned}$$

2) 라플라스 변환을 활용한 선형시불변시스템 해석

선형시불변(LTI: Linear Time-Invariant system) 시스템을 해석하는데 라플라스 변환을 도입하면 매우 편리하다. 그러므로 그림 13.7과 같은 선형시불변시스템을 고려하자. 여기서 $h(t)$를 LTI 시스템에서 임펄스응답이라 가정한다. 그림 13.7에서 입력 $x(t)$, 출력 $y(t)$, 임펄스 응답 $h(t)$의 관계는 다음과 같은데, 이에 대한 상세한 설명은 참고문헌을 참조하기 바란다.

$$y(t) = h(t) * x(t) \doteq \int_{-\infty}^{\infty} h(\lambda)x(t-\lambda)d\lambda \tag{13.50}$$

여기서 $*$는 컨벌루션을 나타내는 기호이다.

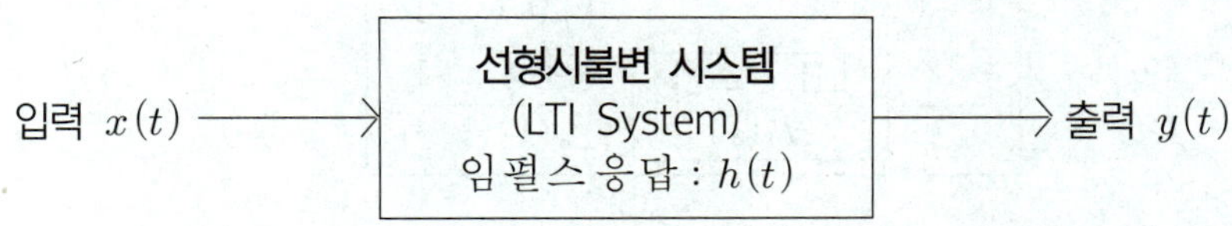

그림 13.7 선형시불변 시스템의 입출력 관계

식 (13.50)을 라플라스 변환하면 다음과 같다.

$$Y(s) = \mathcal{L}\,[y(t)] = \mathcal{L}\,[h(t) * x(t)] = H(s)X(s) \tag{13.51}$$

식 (13.51)을 다시 정리하면

$$H(s) = \frac{Y(s)}{X(s)} \tag{13.52}$$

으로 표현되며, $H(s)$를 시불변 선형시스템의 **전달함수**라 부른다. 그리고 (13.52)를 다음과 같이 라플라스 역변환하면 시간영역의 임펄스함수 $h(t)$가 된다.

$$h(t) = \mathcal{L}^{-1}[H(s)] \tag{13.53}$$

식 (13.50)에서 $h(t)$와 식 (13.52)의 $H(s)$는 LTI 시스템을 해석하는데 중요한 역할을 한다. 특히 $H(s)$를 포함한 s영역에서 신호는 입출력 간의 관계를 얻는데 편리함을 주는 것은 물론이고 시간 영역에서 보이지 않는 새로운 특징을 보여주는 경우가 많다. LTI 시스템의 몇 가지 연결에 대해 그림 13.8을 참고로 자세히 살펴보자.

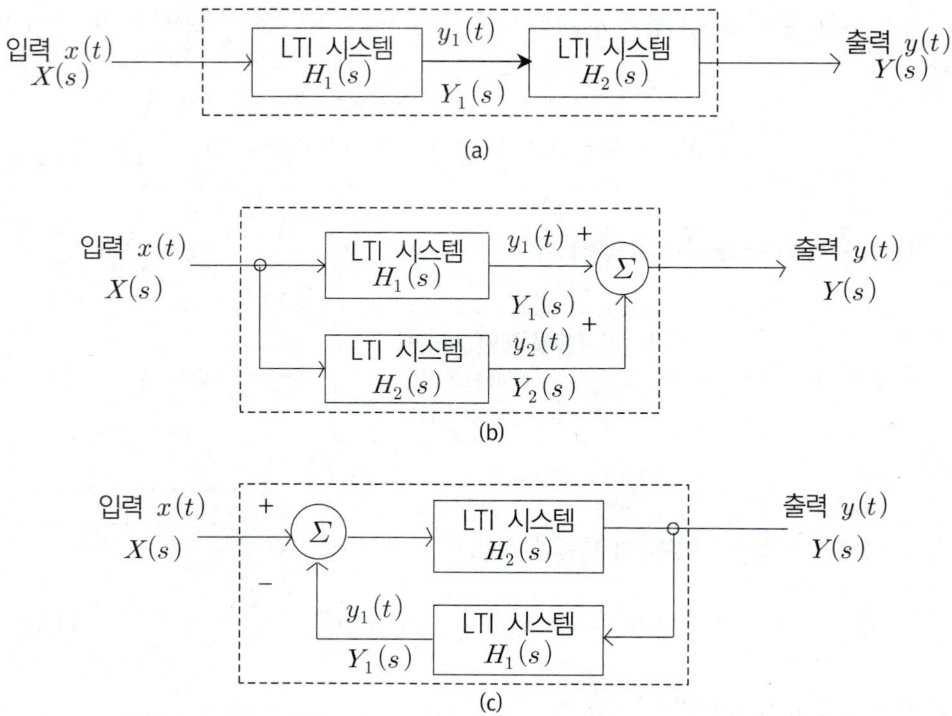

그림 13.8 3가지 선형시불변 시스템의 구조에 대한 입출력 관계 : (a) 직렬연결 구조, (b) 병렬연결 구조, (c) 부궤환(negative feedback) 구조

그림 13.8(a)는 두 LTI 시스템을 직렬로 연결한 구조인데 여기서 전체 시스템의 입출력 관계를 살펴보자. 먼저 직렬로 연결된 두 LTI시스템의 출력의 라플라스 변환을 각각 $Y_1(s)=\mathcal{L}[y_1(t)]$, $Y_2(s)=\mathcal{L}[y_2(t)]=Y(s)$라 하자. 이때 $Y_1(s)$와 $Y(s)$는 각각 다음과 같이 나타낼 수 있다.

$$Y_1(s)=H_1(s)X(s)$$

$$Y(s)=H_2(s)Y_1(s)=H_1(s)H_2(s)X(s)$$

따라서 위 식으로부터 두 LTI 시스템의 직렬구조에 대한 전체 시스템의 전달함수 $H(s)$와 출력 $y(t)$는 각각

$$H(s)=\frac{Y(s)}{X(s)}=H_1(s)H_2(s) \tag{13.54a}$$

$$y(t) = \mathcal{L}^{-1}[Y(s)] = \mathcal{L}^{-1}[H_1(s)H_2(s)X(s)] \tag{13.54b}$$

로 나타내어진다.

한편 두 LTI 시스템을 병렬로 연결한 그림 13.8(b)의 구조에 대한 전체 시스템의 입출력 관계는 다음과 같이 유도된다.

$$Y_1(s) = H_1(s)X(s),\ Y_2(s) = H_2(s)X(s)$$

$$Y(s) = Y_1(s) + Y_2(s) = [H_1(s) + H_2(s)]X(s)$$

따라서 두 LTI 시스템의 병렬연결 구조에 대한 전체 시스템의 전달함수 $H(s)$와 출력 $y(t)$는 각각 다음과 같다.

$$H(s) = \frac{Y(s)}{X(s)} = H_1(s) + H_2(s) \tag{13.55a}$$

$$y(t) = \mathcal{L}^{-1}[Y(s)] = \mathcal{L}^{-1}[\{H_1(s) + H_2(s)\}X(s)] \tag{13.55b}$$

마지막으로 부궤환(negative feedback) 구조를 갖는 그림 13.8(c)의 전체 시스템에 관한 입출력 관계를 살펴보자. 먼저 부궤환 부분의 출력 $Y_1(s)$와 전체 시스템 출력 $Y(s)$는 다음과 같이 유도된다.

$$Y_1(s) = H_1(s)Y(s)$$

$$Y(s) = H_2(s)[X(s) - Y_1(s)] = H_2(s)[X(s) - H_1(s)Y(s)]$$

$$\therefore\ Y(s) = \frac{H_2(s)}{1 + H_1(s)H_2(s)}X(s)$$

즉 부궤환 구조를 갖는 전체 시스템의 전달함수 $H(s)$와 출력 $y(t)$는 각각 다음과 같다.

$$H(s) = \frac{Y(s)}{X(s)} = \frac{H_2(s)}{1 + H_1(s)H_2(s)} \tag{13.56a}$$

$$y(t) = \mathcal{L}^{-1}[Y(s)] = \mathcal{L}^{-1}\left[\frac{H_2(s)}{1 + H_1(s)H_2(s)} X(s)\right] \tag{13.56b}$$

그림 13.8과 같은 구조를 갖는 LTI 시스템의 경우 시간영역에서 출력이나 전체 시스템의 임펄스 응답을 구하는 것보다 라플라스 변환된 s영역에서 구하는 것이 훨씬 편리하다. 그러므로 라플라스 변환은 실제 시스템 설계나 해석에 많이 활용되고 있다.

3) 라플라스 변환 영역에서 회로소자 표현

시간 영역(t 영역)에서 인덕터와 커패시터를 라플라스 영역(s 영역)으로 변환하면 미분과 적분의 수식이 없어지므로, 회로에 필요한 계산을 단순 저항처럼 할 수 있다.

라플라스변환에 의하여 시간영역의 함수가 라플라스 영역(s영역)의 함수로 변환되면, 시간영역의 회로에서 사용하는 볼트, 암페어, 옴, 페러드, 헨리 등의 값을 표시하는 숫자가 사라지고, 대신 라플라스 전압 $V(s)$, 라플라스 전류 $I(s)$, 라플라스 임피던스 $Z(s)$ 등으로 바뀌는데, 이와 같이 라플라스 변환으로 바뀐 영역에서의 회로를 라플라스 영역 회로 혹은 s 영역 회로라 부른다. 라플라스영역 회로에서는 저항만으로 구성된 DC 회로를 해석하는 것과 비슷한 방법으로 쉽게 해석할 수 있다.

라플라스 영역 회로에서 수식을 세우고, 이 식의 해를 구하면, $V(s)$ 또는 $I(s)$를 얻게 되는데, 이를 라플라스 역변환하면 $t = 0 \sim \infty$, 즉 전 구간에서의 전압이나 전류의 응답을 얻을 수 있다. 전압과 전류의 응답은 크게 과도응답(transient response)과 정상상태응답(steady state response)으로 나누어진다. 과도응답이란 입력이 주어지고 충분히 시간이 지난 다음 안정된 출력이 되기 전까지 이를 따라가기 위하여 변화를 보이는 응답을 말한다. 그리고 정상상태응답이란 출력이 안정되어 더 이상의 변화를 일으키지 않고 안정적인 형태로 된 응답을 말한다. 라플라스 영역 회로를 통하여 전기전자회로를 해석하면, 한 번의 해석에 의해 과도응답과 정상상태응답을 동시에 얻을 수 있어 매우 편리하다.

라플라스변환을 회로해석에 응용하기 위해 먼저 s영역에서 수동회로소자인 저항, 인덕터, 커패시터의 용량을 표현하는 방법에 대해 살펴보자.

저항

먼저 저항의 양단에 인가되는 전압과 이를 통해 흐르는 전류는 오옴의 법칙에 따라 $v_R(t) = Ri_R(t)$이다. 이를 라플라스변환하면

$$V_R(s) = RI_R(s) \tag{13.57}$$

가 되는데, 여기서 $V_R(s) = \mathcal{L}\,[v_R(t)]$, $I_R(s) = \mathcal{L}\,[i_R(t)]$를 나타낸다. 즉 라플라스 영역에서도 오옴의 법칙이 성립함을 알 수 있다. 그림 13.9(a)와 13.9(b)는 저항과 이의 양단에 인가된 전압, 그리고 이를 흐르는 전류를 각각 시간영역(t 영역)과 라플라스 영역(s 영역)에서 표현한 것이다.

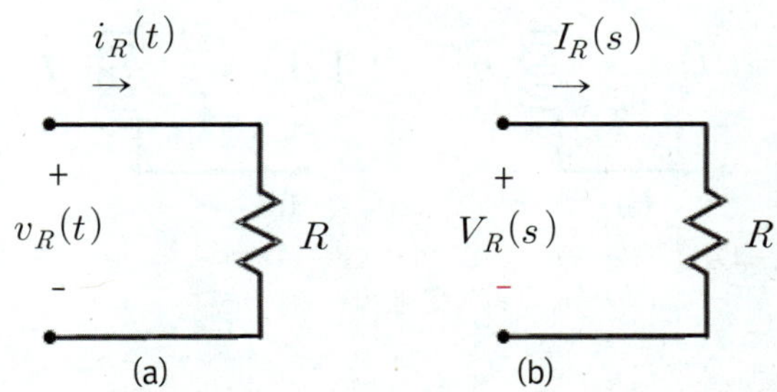

그림 13.9 저항에 대한 표현: (a) t 영역 표현, (b) s 영역 표현

그런데 s 영역에서 전압과 전류의 단위는 각각 volts-s(V-s)와 Ampeare-s(A-s)이다. 따라서 전압과 전류의 비 $V_R(s)/I_R(s)$는 R 오옴(Ω)으로 t 영역과 같은 차원을 갖는다.

인덕터

앞에 이미 학습한 바와 같이 인덕터에 인가되는 전류와 양단에서 유도되는 전압 사이의 관계는 $v_L(t) = Ldi_L(t)/dt$이다. 그리고 $t=0$에서 전류 $i_L(t)$가 인가된다고 가정할 때, $v_L(t) = Ldi_L(t)/dt$를 라플라스 변환을 하면

$$V_L(s) = sLI_L(s) - Li_L(0) \tag{13.58}$$

이다. 여기서 $i_L(0)$는 인덕터의 초기전류를 의미하며, $Li_L(0)$의 단위는 $V_L(s)$와 동일하다. 식 (13.58)에서 s 영역 전류는

$$I_L(s) = \frac{V_L(s)}{sL} + \frac{i_L(0)}{s} \tag{13.59}$$

이 된다. 그림 13.10(a)와 그림 13.10(b)는 인덕터에 초기전류가 흐르지 않을 때, 즉 $i_L(0)=0$일 때 인덕터의 양단에 유도되는 전압과 이를 흐르는 전류를 각각 t 영역과 s 영역에서 표현한 것이다.

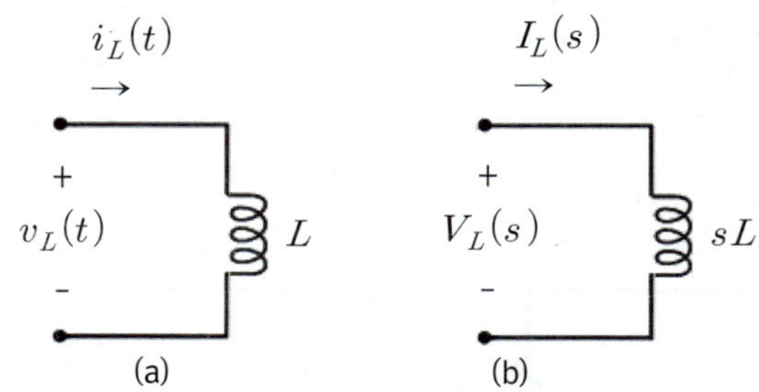

그림 13.10 초기전류가 없는 경우 인덕터의 회로 표현 : (a) t 영역 표현, (b) s 영역 표현

그런데 식 (13.59)의 등호 오른쪽 두 번째 항과 같이 초기 전류가 있는 경우 회로도는 그림 13.11과 같이 모델링된다.

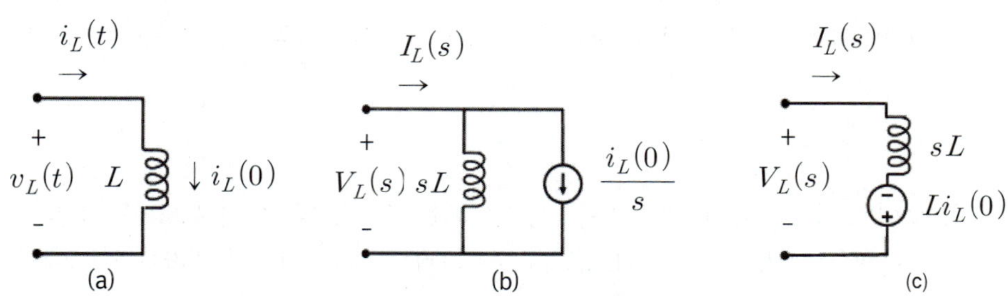

그림 13.11 초기 전류가 있는 경우 인덕터에 대한 회로 표현 : (a) t 영역에서 표현, (b) 초기전류원과 함께 s 영역에서 표현, (c) 초기전류원을 등가 전압원으로 변환 후 함께 s 영역에서 표현"

그림 13.11(b)는 인덕터의 초기 전류원을 인덕터와 함께 s 영역에서 표현한 회로도이고, 그림 13.11(c)는 초기전류를 등가 전압원으로 변환하여 이를 s 영역에서 인덕터와 함

께 표현한 회로도이다. 전압원과 전류원의 표현은 각각 식 (13.58)과 (13.59)을 사용하면 된다.

정리하여 보면, t 영역에서 인덕턴스 L은 s 영역에서는 sL로 표현된다.

커패시터

그림 13.12(a)의 회로는 전압 $v_c(t)$가 $t=0$에서 커패시터에 인가될 때 회로모델이다.

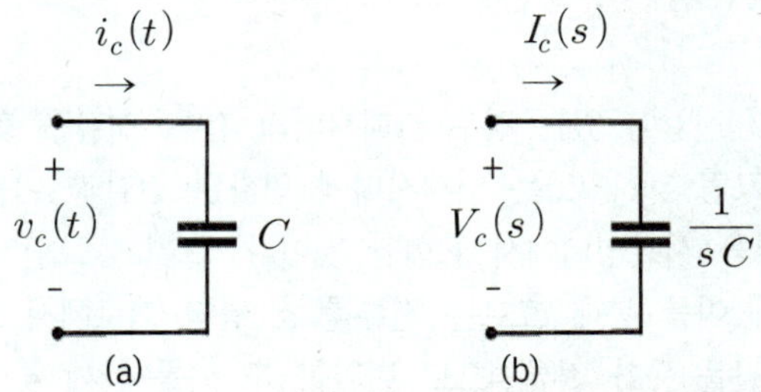

그림 13.12 초기전압이 0V인 경우 커패시터에 대한 회로 표현 : (a) t 영역 표현, (b) s 영역 표현

그런데 여기서 커패시터의 초기 전압까지 고려하여 보자. 그림 13.12(a)의 커패시터에 전압을 인가할 때 이를 통해 흐르는 전류는 $i_c(t)=Cdv_c(t)/dt$이므로, 이 식의 양변을 라플라스변환하면

$$I_c(s)=sCV_c(s)-Cv_c(0) \tag{13.60}$$

가 된다. 여기서 $v_c(0)$는 $t=0$에서 커패시터의 초기 전압을 나타낸다. 그리고 $Cv_c(0)$의 단위는 $I_c(s)$와 동일하다. 식 (13.60)을 전압에 대해 정리하면

$$V_c(s)=\frac{I_c(s)}{sC}+\frac{v_c(0^-)}{s} \tag{13.61}$$

이 된다.

초기전압이 없는 경우($v_c(0)=0\text{V}$) 커패시턴스, 전압, 전류 관계를 t 영역과 s 영역 회로도에서 표현하면 각각 그림 13.12(a)와 그림 13.12(b)로 나타낼 수 있다.

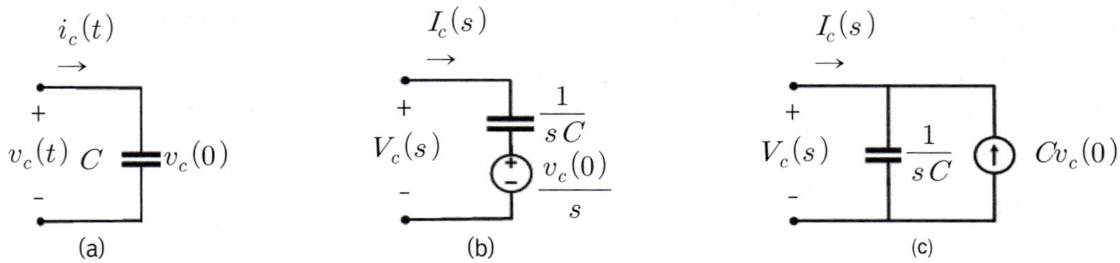

그림 13.13 초기 전압이 있는 경우 커패시터에 대한 회로 표현: (a) t 영역 표현, (b) 초기 전압원과 함께 s 영역에서 표현, (c) 등가 전류원과 함께 s 영역에서 표현

그런데 초기 전압이 있는 경우 커패시터의 전류, 전압을 회로에서 표현하면 그림 13.13과 같다. 즉 그림 13.13(a)는 커패시터에 인가된 전압과 이를 통해 흐르는 전류 및 초기 커패시터 전압을 시간영역에서 표현한 것이다. 그리고 그림 13.13(b)는 초기 전압과 함께 인가된 전압과 이를 통해 흐르는 전류를 s 영역 회로에서 표현한 것이고, 그림 13.13(c)는 초기 전압원을 등가 전류원으로 변환한 후 이를 함께 s 영역 회로에서 표현한 회로도이다. s 영역에서 커패시터 전압과 이를 통해 흐르는 전류의 표현은 각각 식 (13.60)과 (13.61)을 사용하면 된다.

커패시터에 대해 정리하여 보면, t 영역에서 커패시턴스 C는 s 영역에서는 $1/(sC)$로 표현된다.

라플라스 영역에서 전압-전류 관계

지금까지 설명한 것을 정리해 보자. 초기 전압과 초기 전류가 없는 경우 s-영역에서 저항, 코일, 콘덴서 각각의 양단 전압과 이들을 통해 흐르는 전류의 관계식을 요약하면

$$V(s) = RI(s), \text{ 저항} \tag{13.62}$$

$$V(s) = sLI(s), \text{ 인덕터} \tag{13.63}$$

$$V(s) = \frac{I(s)}{sC}, \text{ 커패시터} \tag{13.64}$$

와 같다.

4) 라플라스변환을 이용한 유도결합회로 해석

유도결합회로는 다음과 같이 1차 측과 2차 측이 전자기적으로 결합되어 있다. 여기에서 먼저 그림 13.14(a)를 참고로 하자.

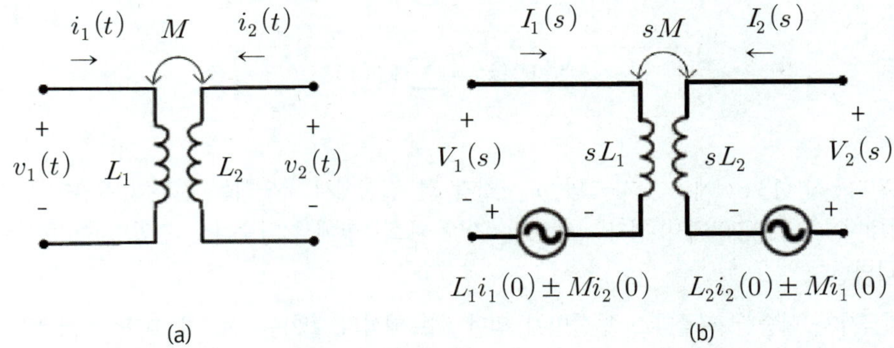

그림 13.14 유도결합회로를 t 영역과 s 영역에서 표현한 회로도: (a) t 영역 표현, (b) s 영역 표현

그리고 9장의 식 (9.15)와 (9.16)을 다시 언급하자.

$$v_1(t) = L_1 \frac{di_1(t)}{dt} \pm M \frac{di_2(t)}{dt} \tag{13.65}$$

$$v_2(t) = L_2 \frac{di_2(t)}{dt} \pm M \frac{di_1(t)}{dt} \tag{13.66}$$

시각 $t = 0$에서 전원이 인가된다고 가정하고, 식 (13.65)와 (13.66)의 양변을 라플라스변환하면 다음과 같다.

$$V_1(s) = sL_1 I_1(s) \pm sMI_2(s) - [L_1 i_1(0) \pm M i_2(0)], \text{ 복호동순} \tag{13.67}$$

$$V_2(s) = sL_2 I_2(s) \pm sMI_1(s) - [L_2 i_2(0) \pm M i_1(0)], \text{ 복호동순} \tag{13.68}$$

즉 식 (13.65) ~ (13.68)을 t 영역과 s 영역에서 표현한 회로도가 그림 13.14이다.

5) 라플라스 변환을 이용한 회로 해석의 절차 요약

라플라스 영역(s 영역)의 회로도에서도 키르히호프 전압법칙과 키르히호프 전류법칙이 성립한다. 따라서 s 영역에서 이들을 표기하면

$$\sum_i I_i(s) = \sum_o I_o(s) \tag{13.69}$$

$$\sum_r V_r(s) = \sum_d V_d(s) \tag{13.70}$$

이 된다. 식 (13.69)에서 첨자 i와 o는 각각 한 절점에서 유입하는 전류와 유출하는 전류를 나타내며, 식 (13.70)에서 첨자 r과 d는 각각 폐회로망에서 상승하는 전압과 하강하는 전압을 나타낸다.

지금까지 학습한 라플라스 변환법에 의한 회로해석의 절차는 회로에 대한 미적분방정식을 포함한 다음의 정리 13.6과 같다.

정리 13.6 라플라스 변환법에 의한 회로해석 절차

- 회로에 대한 미적분방정식을 구한다.
- 시간영역에서 각 인덕터의 초기전류 $i_L(0)$와 각 커패시터의 초기전압 $v_c(0)$를 구한다.
- 라플라스변환을 통해 s 영역에서 회로를 그린다.
- 키르히호프법칙을 사용하여 s 영역에서 각 부분의 응답(전압 혹은 전류)을 구한다.
- 라플라스 역변환을 통해 t 영역의 응답을 얻는다.

이러한 절차를 거치면 시간영역에서 미분이나 적분을 수행하지 않고도 응답을 쉽게 구할 수 있다.

예제 13.17

그림 13.15 회로에서 $t > 0$에 대해 출력전압 $v(t)$를 구하라.

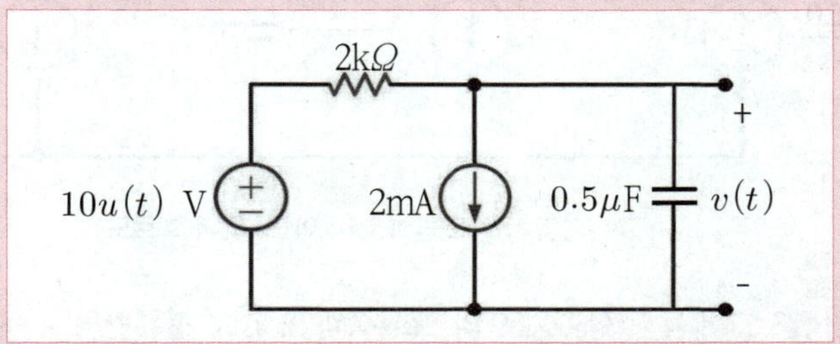

그림 13.15 RC회로의 예

풀이

그림 13.15의 회로를 '$t=0$'에서 등가회로로 나타내면 그림 13.16과 같다.

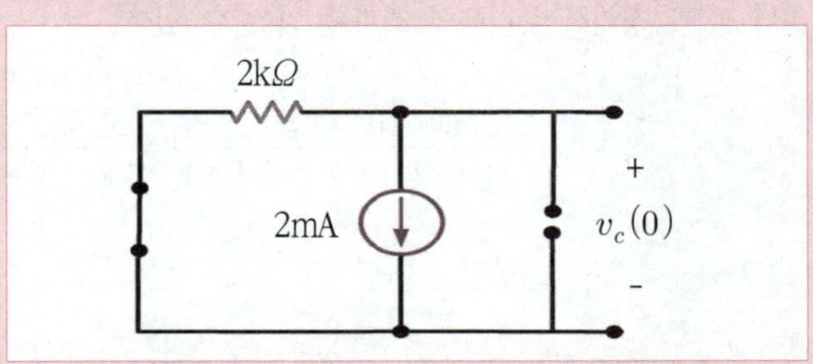

그림 13.16 '$t=0$'에서 '그림 13.14'의 등가회로

그림 13.16에서 초기 전압은 모두 저항 2 kΩ에 걸리므로

$$v_c(0^-) = -2\times 10^{-3}\times 2\times 10^3 = -4\text{V}$$

이다. 따라서 식 (13.60)에 의해 초기 전류원으로 고치면 $Cv_c(0^-) = -2\times 10^{-6}$ A-s이다. 그리고 그림 13.15의 RC회로를 s 영역에서 나타내면 그림 13.17과 같다.

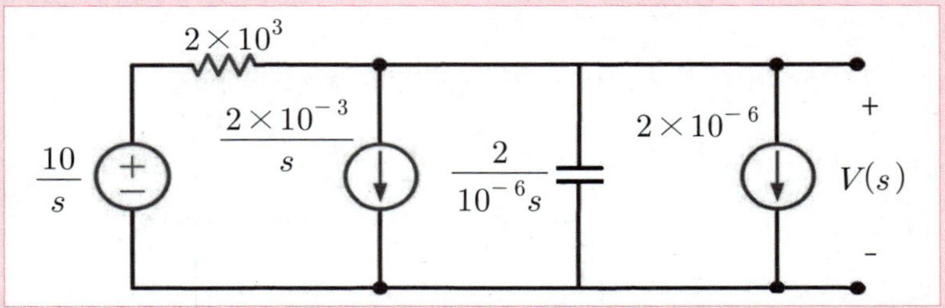

그림 13.17 '그림 13.14'의 s 영역 회로도

그림 13.17에서 저항 2 kΩ의 오른쪽과 2 mA 전류원의 위쪽 절점을 중심으로 키르히호프 전류법칙을 적용하면

$$\frac{10/s - V(s)}{2\times10^3} = \frac{2\times10^{-3}}{s} + \frac{10^{-6}s\,V(s)}{2} + 2\times10^{-6}$$

이 된다. 이를 정리하면 다음의 결과를 얻을 수 있다.

$$V(s) = \frac{6\times10^3}{s(s+10^3)} - \frac{4}{s+10^3} = \frac{6}{s} - \frac{10}{s+10^3} \tag{13.71}$$

식 (13.71)을 역라플라스변환을 하면

$$v(t) = 6 - 10e^{-1000t},\ t > 0$$

을 얻을 수 있다.

연습문제

13.1 다음의 함수들의 라플라스 변환을 구하라.

(1) $t^3 - e^{-t} + e^{-2t}$ (2) $\cos 2t + \sin 4t$

(3) $\cosh 2t + \sinh 3t$ (4) $\delta(t) - \delta(t-1) + 2u(t)$

13.2 다음 함수들의 라플라스 변환을 구하라.

(1) $u(t) - 2u(t-2)$ (2) $t^2 - 2e^{-t} + te^{-2t}$

(3) $e^{-t}\cos 2t + e^{2t}\sin 4t$ (4) $t\cos t + \dfrac{\sin t}{t}$

13.3 다음 함수들의 라플라스 변환을 구하라.

(1) $(2t)^2 - \cos 2t$ (2) $e^t \cos\omega t$, ω: 상수

(3) $te^{-t}\cos 3t$ (4) $e^{-t}\dfrac{\cos t}{t}$

(5) $\displaystyle\int_0^t (\cos\lambda + e^{-\lambda})d\lambda$ (6) $\cos\omega t * \sin 3\omega t$, 단 $*$: 컨벌루션기호.

(7) $\dfrac{d}{dt}(e^{-t})$ (8) $\dfrac{d}{dt}(e^{-t}\sin 3t)$

13.4 함수 $f(t) = f(t+nT)$, (n: 정수)가 그림 E.13.1(a)와 그림 E.13.1(b)처럼 주어질 때, 이 함수들을 각각 라플라스 변환하라.

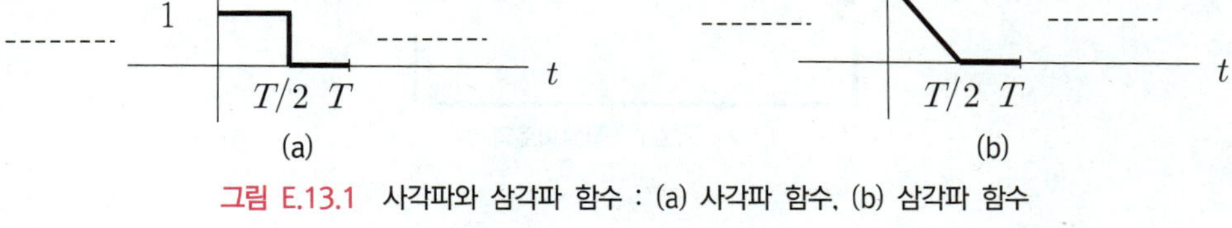

그림 E.13.1 사각파와 삼각파 함수 : (a) 사각파 함수, (b) 삼각파 함수

13.5 다음 함수들의 라플라스 역변환을 구하라.

(1) $\frac{6}{s}+\frac{s-1}{s^2}$　　(2) $\frac{18}{s^2+9}+\frac{8s}{s^2+4}$

(3) $\frac{s}{4s^2+1}+\frac{s+4}{s^2+4}$　　(4) $\frac{s}{s^2-s-6}$

13.6 다음의 초기치 문제를 라플라스 변환을 사용하여 풀어라.

(1) $y''-y=1,\ y(0)=0, y'(0)=0$　　(2) $y'+6y=e^{4t},\ y(0)=2$

(3) $y''+6y+9y=0,\ y(0)=3, y'(0)=2$　　(4) $y'-y=e^{-t},\ y(0)=1$

(5) $y'+4y-1=1, y(0)=0$

13.7 s 영역을 이용하여 $y(t), t>0$에 대해 다음 문제를 풀어라.

(1) $\frac{dy}{dt}+\int_0^t y(\tau)d\tau=0, y(0)=1$

(2) $\frac{dy}{dt}+2\int_0^t y(\tau)d\tau=1, y(0)=0$

13.8 그림 E.13.2의 회로에서 출력응답 $v(t)$를 라플라스 변환을 활용하여 구하라. 단 인덕터 초기전류와 커패시터의 초기전압은 없다.

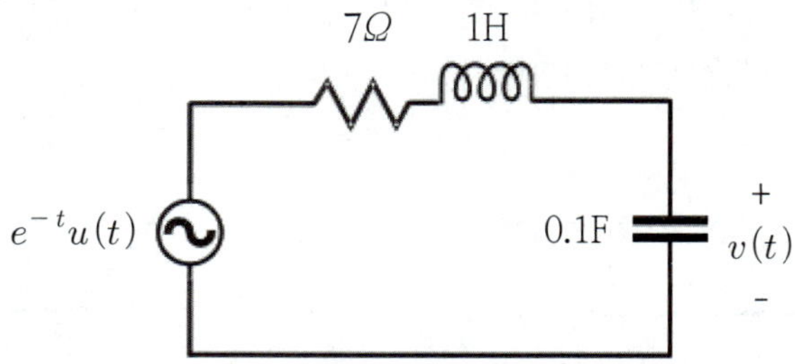

그림 E.13.2 RLC 직렬회로의 예

13.9 그림 E.13.3의 회로에서 출력응답 $v(t)$를 라플라스 변환을 활용하여 구하라.

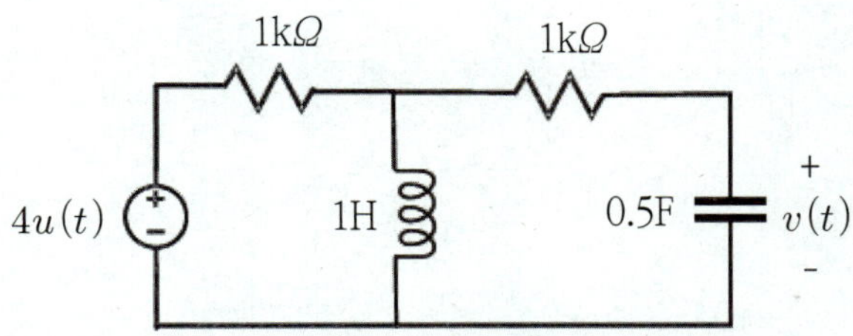

그림 E.13.3 RLC 직병렬 혼합회로의 예

13.10 다음의 회로에서 $i_s(t) = 10e^{-t}$, $R = 100\,\Omega$, $L = 0.2\text{H}$, $C = 0.02\text{F}$이고, 초기조건이 $i_L(0) = 0.1$ A, $v_C(0) = 6$ V이다. 절점방정식을 세우고 R, L, C를 흐르는 전류를 구하라.

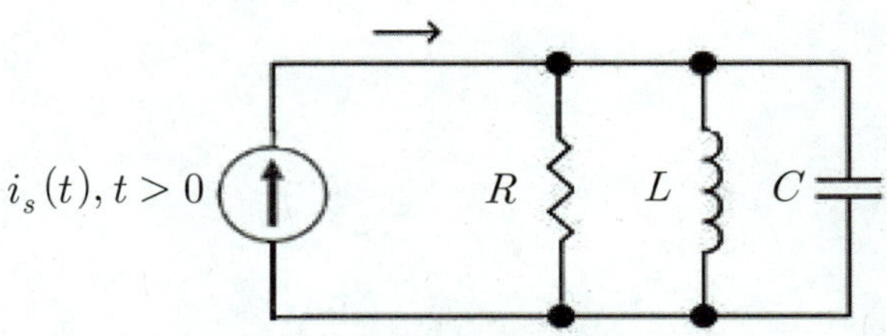

그림 E.13.4 RLC 병렬회로의 예

14장 푸리에 변환과 회로 해석

▶학습 목표◀

- 주기 함수를 푸리에 급수로 나타내는 방법을 학습한다.
- 비주기 함수를 푸리에 변환 하는 방법을 학습한다.
- 푸리에 급수나 푸리에 변환을 이용하여 회로를 해석하는 방법에 대해 학습한다.

14.1 개요

푸리에 해석은 프랑스의 과학자이자 수학자인 조제프 푸리에(1768 ~ 1830)가 연립 방정식을 풀기 위하여 도입하였다. 푸리에 해석은 함수를 푸리에 급수나 푸리에 변환에 의해 수학적으로 해석하는 것을 말한다. 이는 일반 함수를 정현파의 가중치 합으로 표현한 것으로 본래 함수보다 다루기 쉽기 때문에 여러 방면에서 유용하게 활용된다.

푸리에 급수와 푸리에 변환은 다양한 분야에 활용되고 있다. 대표적으로 전기전자공학에서 진동해석, 음향학, 광학, 신호처리와 화상처리, 데이터 압축 등에 활용되며, 천문학에서는 분광기를 통해 별빛의 주파수를 분해하여 별을 이루는 화학 물질을 알아내는 데 활용되고, 통신공학에서는 신호의 스펙트럼을 이용하여 통신 소자 혹은 시스템 설계를 최적화하는 데 활용된다.

푸리에 해석은 수학적으로는 라플라스변환의 확장으로 해석할 수 있지만, 주파수영역이라는 독자적인 영역을 구축함으로써 이와는 또 다른 의미를 부여할 수 있다. 즉 푸리에 급수와 푸리에 변환을 통해서 시간(혹은 공간) 영역에서 볼 수 없는 것들을 주파수영역에서 볼 수도 있다는 점에서 이는 중요한 의미를 지닌다.

본 장에서는 푸리에 급수와 푸리에 변환의 정의, 변환 성질 및 이를 활용한 회로 해석에 대해 학습한다. 여기서 원 함수가 푸리에 급수 혹은 푸리에 변환이 이루어진 영역을 주파수영역으로 취급한다.

14.2 주기 함수와 푸리에 급수

1) 함수의 직교성

수학적으로 각 요소들이 서로 독립적임을 나타내는 용어의 하나로 함수에서 직교성(orthogonality)이란 용어를 사용한다. 아래와 같이 '두 실수 함수 $f(t)$와 $g(t)$를 곱하여 적분한 값이 0(zero)이면 두 함수는 직교한다'고 말한다.

$$\int f(t)g(t)dt = 0 \tag{14.1}$$

만약 '$f(t)$와 $g(t)$가 복소함수인 경우

$$\int f(t)g^*(t)dt = \int f^*(t)g(t)dt = 0 \tag{14.2}$$

이면 두 함수는 직교한다'고 말한다. 단 $f^*(t)$와 $g^*(t)$는 각각 $f(t)$와 $g(t)$의 공액복소수를 나타낸다.

만약 구간 [a b]에서 식 (14.1) 혹은 (14.2)가 만족하면, 즉

$$\int_a^b f(t)g(t)dt = 0, \tag{14.3a}$$

$$\int_a^b f(t)g^*(t)dt = \int_a^b f^*(t)g(t)dt = 0 \tag{14.3b}$$

를 만족하면 '함수 $f(t)$와 $g(t)$는 구간 [a b]에서 직교한다'고 말한다.

직교성이란 일종의 좌표축과 같은 성질을 가진다고 볼 수 있다. 일반적으로 자연계 현상의 결과나 시스템의 응답특성을 함수로 나타낼 때 그 함수는 직교성을 갖는 함수들의 가중치 합으로 나타낼 수 있다.

2) 정현파 함수와 단측파대 스펙트럼

코사인 함수와 단측파대 스펙트럼

그림 14.1과 같은 코사인 함수(파형)를 살펴보자.

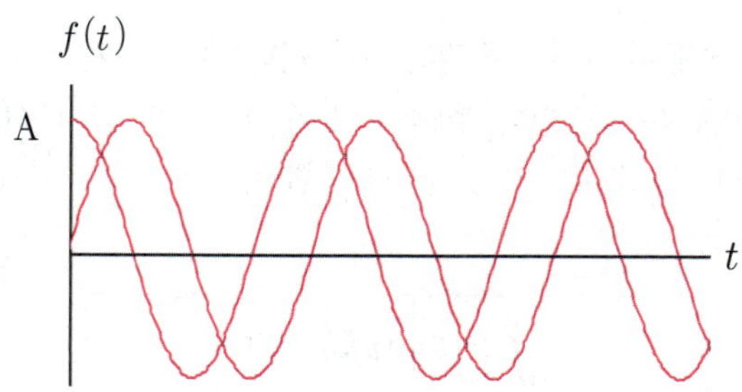

그림 14.1 코사인파의 예

그림 14.1과 같은 형태의 파형이 $(-\infty, +\infty)$의 영역에서 반복되는 것을 코사인파라 하며, 코사인파는 다음과 같이 수식으로 나타낸다.

$$f(t) = A\cos(\omega_o t + \varnothing) \tag{14.4}$$

여기서 A를 진폭(또는 최대값), $\varnothing$를 위상(혹은 위상각)이라 하고 단위는 각(degree) 혹은 라디안(= $\pi \times$degree/180)이며, ω_o를 각주파수라 부르고 단위는 라디안/초(rad/sec)를 사용한다. 주파수 f_o는 각주파수 ω_o를 사용하여 다음과 같은 관계를 가지며 단위는 헤르쯔(Hz)이다.

$$f_o = \frac{\omega_o}{2\pi} \text{ Hz} \tag{14.5}$$

위상각을 순시각과 구분하기 위해 '$\omega_o x + \varnothing$'를 순시각(또는 총 순시각)이라 부른다.

식 (14.4)와 같은 파형을 주파수(f)를 기준으로 적절하게 표현하는 방식 중 한 가지가 그림 14.2와 같은 선 형태로 나타내는 것이다. 즉 이러한 선 형태로 주파수에 대해 표현하려면 주파수에 대한 진폭과 위상을 나타낼 필요가 있다. 이와 같이 표현한 것을 선 스펙트럼이라 한다. 선 스펙트럼에서 주파수에 대해 진폭의 크기를 표현한 것을 진폭 스펙트럼이라 하고, 주파수에 대해 위상을 표현한 것을 위상 스펙트럼이라 한다. 위상 스펙트럼을 수학적으로 표현할 때에는 위상의 범위를 통상적으로 180^o에서 -180^o의 범위로 제한하여 사용한다. 그리고 아래와 같은 선 스펙트럼의 표현은 주파수 f가 양의 주파수 영역에서만 표현되기 때문에 단측파대 스펙트럼이라고 부른다.

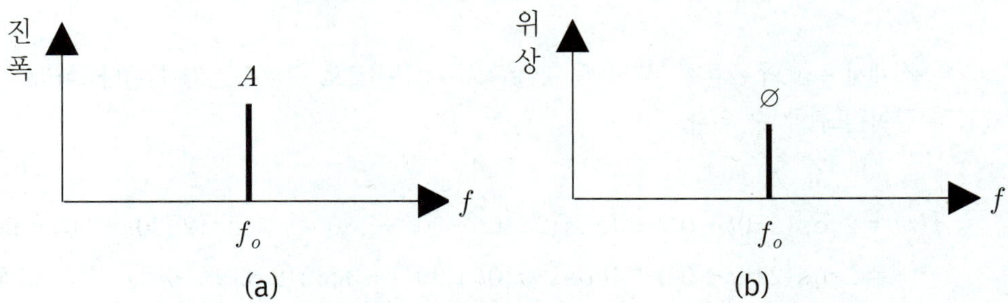

그림 14.2 코사인파의 주파수 영역 표현 : (a) 진폭 스펙트럼, (b) 위상 스펙트럼

위와 같은 표현을 주파수영역 표현이라 한다. 주파수영역의 표현은 단순한 것 같으면서도 복잡한 함수를 정현파의 합성으로 표현하므로 또 다른 의미를 가질 수 있다. 이에 대해 자세히 설명하기 전에, 주파수영역 표기에서 고려해야할 몇 가지 사항을 언급하고자 한다.

- 주파수 영역에서 모든 스펙트럼은 주파수 f의 함수로 표현되는데, 때로는 각주파수 $\omega(=2\pi f)$의 함수로 표현하기도 한다.
- 주파수 영역에서 위상 스펙트럼을 표현할 때 코사인파를 중심으로 하였다. 사인파를 주파수 영역에서 표현할 때는 다음의 예와 같이 위상을 바꾸어 코사인파로 만들어 표현한다.

$$A\sin(2\pi f_o t+\varnothing)=A\cos(2\pi f_o t+\varnothing-90^o) \tag{14.6}$$

- 진폭은 항상 양의 값으로 표현한다. 만약 음수의 정현파로 표현된 경우 다음과 같이 위상을 바꾸어 양의 진폭으로 만들어 주파수 영역에서 표현한다.

$$-A\cos(2\pi f_o t+\varnothing)=A\cos(2\pi f_o t+\varnothing\pm180^o) \tag{14.7}$$

지금부터는 위의 3가지 사항을 고려하여 전개하기로 한다. 다음의 함수 예를 선 스펙트럼으로 나타내어 보자.

$$f(t)=2-4\cos(2\pi10t-90^o)+3\sin(2\pi30t+30^o) \tag{14.8a}$$

위 식에서 등호의 오른쪽 첫 번째 항은 직류 성분이므로 주파수는 0이 된다. 따라서 다음과 같이 표현할 수 있다.

$$\begin{aligned} f(t)&=2\cos(2\pi0t+0^o)+4\cos(2\pi10t-90^o+180^o)+3\cos(2\pi30t+30^o-90^o)\\ &=2\cos(2\pi0t+0^o)+4\cos(2\pi10t+90^o)+3\cos(2\pi30t-60^o) \end{aligned} \tag{14.8b}$$

식 (14.8b)를 주파수 영역에서 선 스펙트럼으로 나타내면 그림 14.3과 같다.

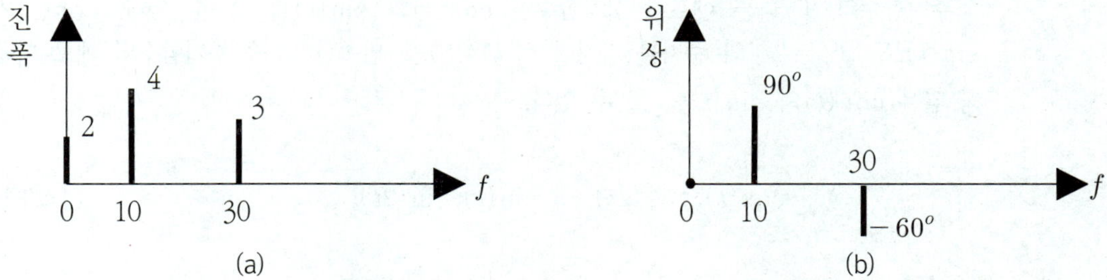

그림 14.3 식 (14.8)의 함수를 주파수영역에서 표현: (a) $f = 30$ 부분에서 가는 선이 추가적으로 보임, (b) 위상 스펙트럼

3) 주기함수와 삼각급수

주기함수

모든 실수에 대하여 정의된 함수 $f(t)$가 상수 T_o에 대하여 다음의 관계를 만족할 때,

$$f(t) = f(t + nT_o),\ n = 0, \pm 1, \pm 2, \ldots \tag{14.9}$$

$f(t)$는 T_o를 주기로 하는 주기함수라 한다. 그림 14.4는 주기함수의 한 가지 예를 보여 준다.

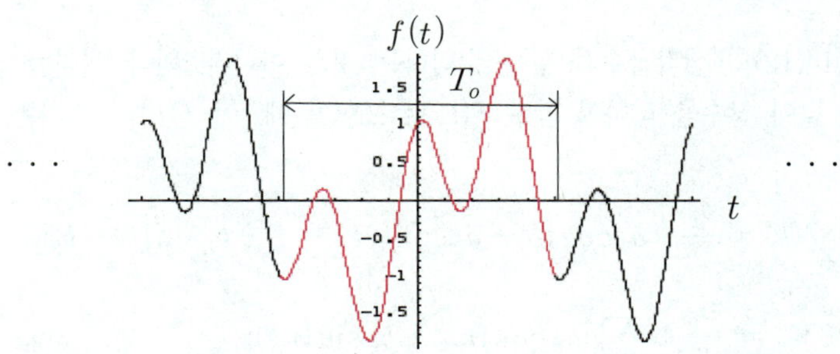

그림 14.4 주기함수의 예

다시 정리하면, 정수 n에 대해 모든 t의 값에 대응되는 주기함수 $f(t)$는 다음을 만족한다.

$$f(t) = f(t + nT_o) \tag{14.10}$$

주기함수의 또 다른 예로서 삼각함수인 $\cos(t)$와 $\sin(t)$를 들 수 있다. $\cos(t)$와 $\sin(t)$도 '$T_o = 2\pi$'의 주기를 가지며 식 (14.10)을 만족한다. 즉 주기함수의 예로 다음과 같은 $\cos(t)$와 $\sin(t)$을 들 수 있다.

$$\cos(t), \cos(2t), \ldots, \sin(t), \sin(2t), \ldots \tag{14.11}$$

삼각급수

식 (14.11)의 항들의 가중치와 상수의 합으로 표현되는 다음과 같은 급수를 만들 수 있다.

$$a_1 \cos(t) + a_2 \cos(2t) + \ldots + b_1 \sin(t) + b_2 \sin(2t) + \ldots \tag{14.12}$$

여기서 $a_1, a_2, \ldots, b_1, b_2, \ldots$는 상수이다. 식 (14.12)와 같이 표현된 급수를 삼각급수라 하고, 상수 $a_1, a_2, \ldots, b_1, b_2, \ldots$를 계수라 한다.

4) 푸리에 급수

정의

식 (14.12)의 삼각급수가 항상 수렴하는 것은 아니다. 만약 이러한 급수가 수렴한다면, 다음과 같이 상수를 더하여 함수 $f(t)$로 표현할 때, 이 $f(t)$의 주기는 2π가 된다.

$$\begin{aligned} f(t) &= \frac{a_o}{2} + a_1 \cos(t) + a_2 \cos(2t) + \ldots + b_1 \sin(t) + b_2 \sin(2t) + \ldots \\ &= \frac{a_o}{2} + \sum_{n=1}^{\infty} [a_n \cos(nt) + b_n \sin(nt)] \end{aligned} \tag{14.13}$$

푸리에 급수란 Dirichlet조건을 만족시키는 주기함수를 상수, 그리고 사인(sine)과 코사인(cosine) 함수의 직교성(orthogonality)을 이용하여 이들의 가중치 합(무한 합 포함)으로 전개한 것을 말한다. 즉 푸리에 급수는 단값(single value)의 주기함수를 기본적인 조화함수인 삼각함수(또는 복소 지수함수)의 가중치 합으로 나타낸 것을 말한다. 이와 같이 임의의 단값을 갖는 주기함수 $f(t)$를 식 (14.13)과 같이 삼각급수로 표현한 것을 푸리에 급수(혹은 삼각 푸리에 급수)라 하고, 계수 $a_o, a_1, a_2, \ldots, b_1, b_2, \ldots$를 푸리에 계수(혹은 삼각푸리에 계수)라 한다.

기본주파수와 고조파

식 (14.13)에서 사인(sine)과 코사인(cosine) 항들은 모두 주기 2π마다 같은 값을 갖는다. 만약 함수 $f(t)$가 임의의 주기 T_o를 갖는다면 이를 사인(sine)과 코사인(cosine) 항들로 다음과 같이 나타낼 수 있다.

$$f(t) = \frac{a_o}{2} + \sum_{n=1}^{\infty}[a_n \cos(\frac{2\pi}{T_o}nt) + b_n \sin(\frac{2\pi}{T_o}nt)] \tag{14.14}$$

앞서 언급한 바와 같이, 정현파에서 주기 T_o와 주파수 f_o는 다음의 관계를 갖는다.

$$f_o = \frac{1}{T_o} \tag{14.15}$$

따라서 식 (14.14)는 다음과 같이 표현할 수도 있다.

$$f(t) = \frac{a_o}{2} + \sum_{n=1}^{\infty}[a_n \cos(2\pi n f_o t) + b_n \sin(2\pi n f_o t)] \tag{14.16}$$

식 (14.16)의 등호 우변에서 $n = 1$일 때 주파수 f_o를 함수 $f(t)$의 기본주파수(fundamental frequency)라 하고, $2f_o, 3f_o, \ldots$ 등을 함수 $f(t)$의 고조파(harmonics)라 부른다.

푸리에 급수 전개 조건

푸리에 급수 전개에서 Dirichlet조건은 다음과 같다. 즉 **'함수 $f(t)$가 유한의 최대값과 최소값을 갖는 주기함수이고, 한 구간 내에서 불연속 구간의 개수가 유한 개수이며, 한 주기가 유한값의 면적을 가져야 한다'**는 조건이다. 이 조건을 만족할 때 함수 $f(t)$를 푸리에 급수로 표현할 수 있으며, 이 급수는 일정한 값으로 수렴한다. 엄밀히 말하면 Dirichlet 조건은 주기함수를 푸리에 급수로 표현할 수 있는 충분조건이다.

5) 주기 함수의 푸리에 급수 표현

모든 주파수 성분을 갖는 각 정현파는 적분 시작점에 관계없이 기본주파수에 해당하는 주기 T_o 구간에 대해 적분을 하면 0이 된다. 즉

$$\int_{T_o} a_n \cos(nw_o t)\,dt = \int_{T_o} b_n \sin(nw_o t)\,dt = 0,\ n = 1, 2, 3, \ldots. \tag{14.17}$$

그리고 기본주파수를 포함한 모든 고조파들의 특징 중 하나는, 서로 다른 파형을 곱하여 주기 T_o에 걸쳐 적분을 하면 0이 된다. 즉 다음의 직교 성질을 만족한다.

$$\int_{T_o} a_m \cos(mw_o t)\, a_n \cos(nw_o t)\,dt = \begin{cases} 0, & m \neq n \\ T_o/2, & m = n \end{cases} \tag{14.18a}$$

$$\int_{T_o} b_m \sin(mw_o x)\, b_n \sin(nw_o x)\,dx = \begin{cases} 0, & m \neq n \\ T_o/2, & m = n \end{cases} \tag{14.18b}$$

$$\int_{T_o} a_m \cos(mw_o x)\, b_n \sin(nw_o x)\,dx = \begin{cases} 0, & m \neq n \\ T_o/2, & m = n \end{cases} \tag{14.18c}$$

식 (14.18a) ~ (14.18c)는 **'기본주파수를 포함한 고조파 들은 서로 직교성의 성질을 갖는다'**는 것을 의미한다.

다음으로 식 (14.16)의 양변을 한 주기 T_o동안 적분하면 다음과 같다.

$$\begin{aligned} \int_{T_o} f(t)dt &= \int_{T_o} \frac{a_o}{2}dt + \int_{T_o} \sum_{n=1}^{\infty} [a_n \cos(n\omega_o t) + b_n \sin(n\omega_o t)]\,dt \\ &= \frac{a_o}{2}\int_{T_o} dt = \frac{a_o T_o}{2} \end{aligned} \tag{14.19}$$

식 (14.19)의 첫 번째 등호 오른쪽의 두 번째 적분은 0이 된다. 즉 우리는 다음의 결과를 얻는다.

$$a_o = \frac{2}{T_o}\int_{T_o} f(t)dt, \quad n = 1, 2, 3, \ldots \tag{14.20}$$

다음으로 계수 $a_1, a_2, \cdots$을 구해보자. 식 (14.16)의 양변에 $\cos(m\omega_o t)$를 곱하여 주기 T_o 구간에 대해 적분하면 다음을 얻을 수 있다.

$$\begin{aligned}\int_{T_o} f(t)\cos(m\omega_o t)\,dt &= \int_{T_o} \frac{a_o}{2}\cos(m\omega_o t)\,dt \\ &+ \int_{T_o}\sum_{n=1}^{\infty}[a_n\cos(n\omega_o t)+b_n\sin(n\omega_o t)]\cos(m\omega_o t)\,dt \\ &= \int_{T_o}\sum_{n=1}^{\infty} a_n\cos(n\omega_o t)\cos(m\omega_o t)\,dt \\ &= \begin{cases}\dfrac{a_n T_o}{2}, & m=n \\ 0, & m\neq n\end{cases}\end{aligned} \tag{14.21}$$

식 (14.21)로부터 계수 a_n은 다음과 같이 표현할 수 있다.

$$a_n = \frac{2}{T_o}\int_{T_o} f(t)\cos(n\omega_o t)\,dt, \quad n = 1, 2, 3, \ldots \tag{14.22}$$

마지막으로 $b_1, b_2, \ldots$을 구해 보자. 식 (14.16)의 양변에 $\sin(m\omega_o t)$를 곱하여 주기 T_o 구간에 대해 적분하면 다음을 얻을 수 있다.

$$\begin{aligned}\int_{T_o} f(t)\sin(m\omega_o t)\,dt &= \int_{T_o} \frac{a_o}{2}\sin(m\omega_o t)\,dt \\ &+ \int_{T_o}\sum_{n=1}^{\infty}[a_n\cos(n\omega_o t)+b_n\sin(n\omega_o t)]\sin(m\omega_o t)\,dt \\ &= \int_{T_o}\sum_{n=1}^{\infty} b_n\sin(n\omega_o t)\sin(m\omega_o t)\,dt \\ &= \begin{cases}\dfrac{b_n T_o}{2}, & m=n \\ 0, & m\neq n\end{cases}\end{aligned} \tag{14.23}$$

식 (14.23)으로부터 계수 b_n은 다음과 같이 표현할 수 있다.

$$b_n = \frac{2}{T_o}\int_{T_o} f(t)\sin(n\omega_o t)\,dt, \quad n = 1, 2, 3, \ldots \tag{14.24}$$

식 (14.20), (14.22), (14.24)를 함께 정리하면, 주기가 T_o인 함수 $f(t)$를 **푸리에 급수**로 표현하면 다음과 같다.

$$\begin{aligned} f(t) &= \frac{a_o}{2} + \sum_{n=1}^{\infty}\left[a_n\cos(n\omega_o t) + b_n\sin(n\omega_o t)\right] \\ a_o &= \frac{2}{T_o}\int_{T_o} f(t)dt \\ a_n &= \frac{2}{T_o}\int_{T_o} f(t)\cos(n\omega_o t)\,dt \\ b_n &= \frac{2}{T_o}\int_{T_o} f(t)\sin(n\omega_o t)\,dt, \ n = 1, 2, 3, \ldots \end{aligned} \tag{14.25}$$

예제 14.1

그림 14.5는 구형파 주기함수의 예를 보여주는데 이를 푸리에 급수로 표현하라.

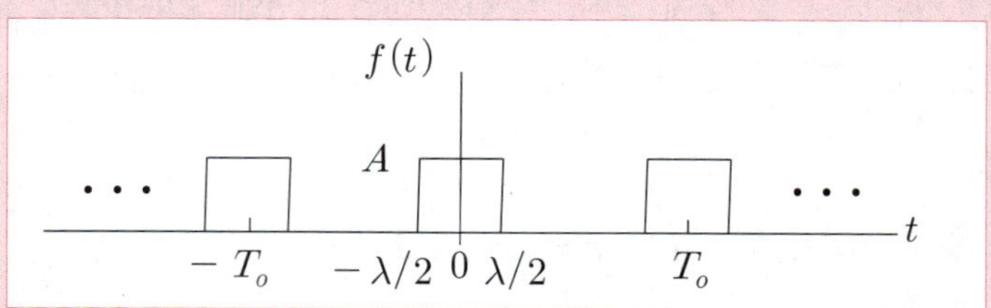

그림 14.5 구형파 주기함수의 예

풀이

함수 $\Pi(t)$를 진폭이 1이고 구간 $[-T_o/2 \ \ T_o/2]$에서 다음과 같이 정의할 수 있다.

$$\Pi(t) \doteq \begin{cases} 1, & |t| < \lambda/2 \\ 0, & \lambda/2 < |t| < T_o \end{cases} \tag{14.26a}$$

따라서 그림 14.5의 구형파 $f(t)$는 함수 $\Pi(t)$를 사용하여 다음은 같이 주기함수로 나타낼 수 있다.

$$f(t) = \sum_{n=-\infty}^{\infty} A\,\Pi(t - nT_o) = f(t + nT_o) \tag{14.26b}$$

식 (14.25)를 사용하여 a_n, b_n을 구하면 아래와 같다.

$$a_o = \frac{2}{T_o}\int_{-T_o/2}^{T_o/2} f(t)dt = \frac{2}{T_o}\int_{-\lambda/2}^{\lambda/2} A\,dt = \frac{2A\lambda}{T_o} \tag{14.27a}$$

$$a_n = \frac{2}{T_o}\int_{-T_o/2}^{T_o/2} f(t)\cos(n\omega_o t)\,dt = \frac{2}{T_o}\int_{-\lambda/2}^{\lambda/2} A\cos(n\omega_o t)\,dt\,,$$

$$= \frac{4A}{T_o}\int_{0}^{\lambda/2} \cos(n\omega_o t)\,dt$$

$$= \frac{4A}{T_o n\omega_o}\sin(n\omega_o t)|_o^{\lambda/2} = \frac{2A}{n\pi}\sin(n\pi f_o\lambda)$$

$$= \frac{2A\lambda}{T_0}\mathrm{sinc}(nf_o\lambda),\ (n \ge 1) \tag{14.27b}$$

$$b_n = \frac{2}{T_o}\int_{T_o/2}^{T_o/2} f(t)\sin(n\omega_o t)\,dt = \frac{2}{T_o}\int_{-\lambda/2}^{\lambda/2} A\sin(n\omega_o t)\,dt$$

$$= \frac{2A}{T_o}\int_{-\lambda/2}^{\lambda/2} \sin(n\omega_o t)\,dt = 0,\ n = 1, 2, 3, \ldots \tag{14.27c}$$

여기서 $\mathrm{sinc}(t)$는 다음과 같이 정의되는 sinc 함수이다.

$$\mathrm{sinc}(t) \doteq \frac{\sin(\pi t)}{\pi t} \tag{14.28}$$

식 (14.27a) ~ (14.27c)로부터 함수 $f(t)$를 푸리에 급수로 표현하면 다음과 같다.

$$a_0 = \frac{2A\lambda}{T_o},$$

$$a_n = \frac{2A\lambda}{T_o} \operatorname{sinc}(nf_o\lambda) \ , \ n = 1, 2, 3, \ldots,$$

$$b_n = 0 \ .$$

식 (14.28)의 함수에 대한 그래프가 그림 14.6에 보인다.

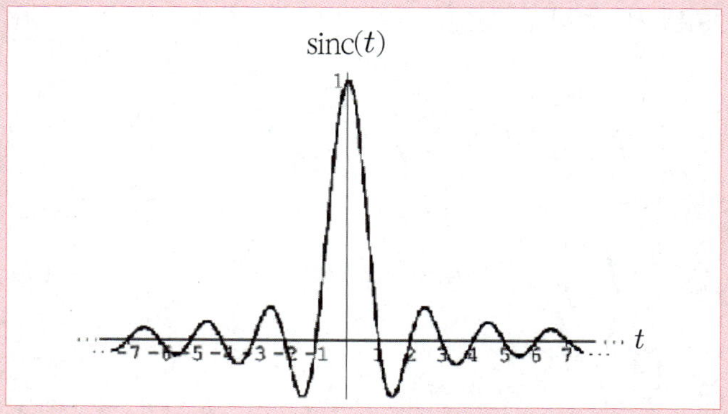

그림 14.6 $\operatorname{sinc}(t)$ 함수

만약 $\lambda / T_0 = 1/2$인 경우를 생각해 보면 다음과 같다.

$$f(t) = 2A[\frac{1}{4} + \frac{1}{\pi}\cos(\omega_o t) - \frac{1}{3\pi}\cos(3\omega_o t) + \frac{1}{5\pi}\cos(5\omega_o t) + \ldots] \quad (14.29)$$

식 (14.26b)의 사각파형을 갖는 함수를 푸리에 급수로 표현하면 직류성분과 진폭이 sinc 함수 형태에 따르는 값을 갖는 기본 코사인파와 이의 고조파들로 구성됨을 알 수 있다.

우함수와 기함수의 푸리에 급수 표현

함수 $f(t)$가 대칭이면 푸리에 계수 a_n과 b_n 중 어느 하나가 0이 된다. 만약 $f(t) = f(-t)$인 경우 이 함수는 우함수(even function), $f(-t) = -f(t)$인 경우 이 함수는 기함수(odd function)이다. 함수 $f(t)$가 우함수이면 푸리에 계수 b_n이 모두 영

(zero)이 되고, $f(t)$가 기함수이면 푸리에 계수 a_n이 모두 영(zero)이 된다. 이에 대한 증명은 생략하기로 하고 다시 정리하여 보자.

주기 T_o인 우함수 $f(t)$의 푸리에 급수를 푸리에 cosine 급수라고도 부르며 다음과 같이 표현된다.

$$f(t) = \frac{a_o}{2} + \sum_{n=1}^{\infty} a_n \cos(2\pi n f_o t)$$
$$a_o = \frac{2}{T_o}\int_{T_o} f(t)dt,\ a_n = \frac{2}{T_o}\int_{T_o} f(t)\cos(2\pi n f_o t)\,dt,\ n = 1,2,3,\ldots \tag{14.30}$$

그리고 주기 T_o인 기함수 $f(t)$의 푸리에 급수를 푸리에 sine 급수라고도 부르며 다음과 같이 표현된다.

$$f(t) = \sum_{n=1}^{\infty} b_n \sin(2\pi n f_o t)$$
$$b_n = \frac{2}{T_o}\int_{T_o} f(t)\sin(2\pi n f_o t)\,dt,\ n = 1,2,3,\ldots \tag{14.31}$$

6) 지수형 푸리에 급수와 양측파대 스펙트럼

코사인함수와 양측파대 스펙트럼

한편 사인이나 코사인과 같은 실수형 함수를 복소수 형식으로 표현할 수도 있다. 복소수 형식으로 표현하여 취급하는 경우 연산이 편리한 장점이 있다. 이에 대한 자세한 설명은 생략하고 지금부터 이러한 삼각함수를 복소수 형태로 표현하는 방법에 대해 학습하기로 한다.

사인파와 코사인파를 복소수 형식으로 표현은 오일러(Euler)공식을 기반으로 한다. 실수 α에 대해 Euler공식은 다음과 같다.

$$e^{\pm j\alpha} = \cos\alpha \pm j\sin\alpha \tag{14.32}$$

식 (14.32)는 복호 동순이며, $j = \sqrt{-1}$을 나타낸다. Euler공식에 의해 정현파를 복소수 형식으로 표현하면 다음과 같다.

$$\cos\alpha = \frac{1}{2}(e^{j\alpha} + e^{-j\alpha}) \tag{14.33a}$$

$$\sin\alpha = \frac{1}{2j}(e^{j\alpha} - e^{-j\alpha}) \tag{14.33b}$$

따라서 코사인 함수는 다음과 같이 복소수 형태로 표현할 수 있다.

$$\begin{aligned} A\cos(\omega_o t + \varnothing) &= \frac{A}{2}[e^{j(w_o t + \varnothing)} + e^{-j(w_o t + \varnothing)}] \\ &= \frac{A}{2}e^{j\varnothing}e^{jw_o t} + \frac{A}{2}e^{-j\varnothing}e^{-jw_o t} \end{aligned} \tag{14.34}$$

식 (14.34)를 살펴보면, 함수 $f(t)$는 주파수 f_o에서 진폭이 $A/2$이고 위상이 $\varnothing$인 성분과 주파수 $-f_o$에서 진폭이 $A/2$이고 위상이 $-\varnothing$인 성분의 합성으로 이루어져 있다. 자연계에서 주파수는 양의 주파수만 존재한다. 그런데 복소수 영역으로 확장하면 음의 주파수도 나오게 되는데, 이 때 복소수 영역을 **복소주파수 영역** 혹은 간단히 **주파수 영역**이라 부른다. 따라서 코사인 함수를 식 (14.34)와 같이 표현하고 복소주파수 영역의 스펙

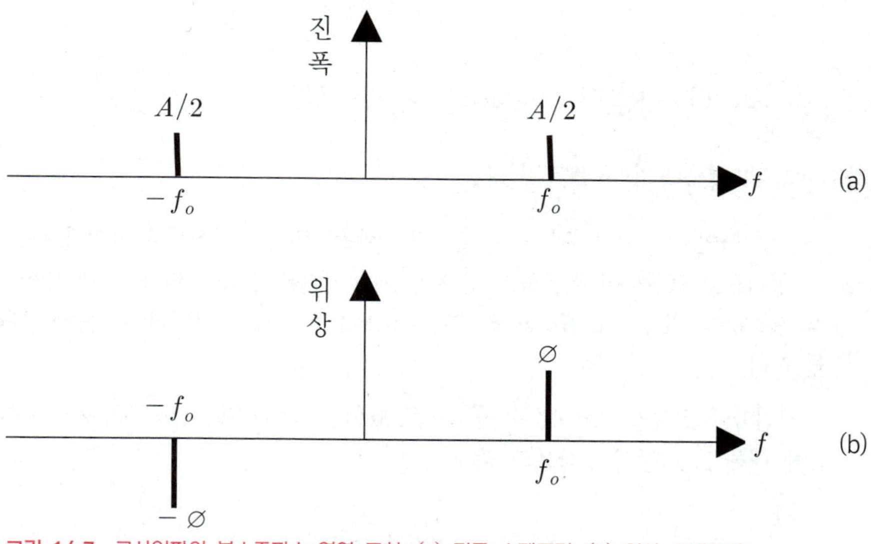

그림 14.7 코사인파의 복소주파수 영역 표현: (a) 진폭 스펙트럼, (b) 위상 스펙트럼

트럼으로 도시하면 그림 14.7과 같다. 그림 14.7과 같이 복소주파수 영역의 스펙트럼을 양측파대 스펙트럼이라 한다.

지수형 푸리에 급수

그림 14.2와 그림 14.7은 각각 정현파를 실수 영역과 복소수 영역에서 표현한 것이다. 우선 진폭스펙트럼을 살펴보면 복소수 영역에서의 진폭 스펙트럼은 f_o와 $-f_o$의 두 주파수 모두에서 실수 주파수 영역에서 값의 1/2로 나타났다. 한편 위상 스펙트럼은 복소수 영역의 주파수 f_o에서는 실수 영역에서와 같은 위상 $\varnothing$를, 복소수 영역에의 주파수 $-f_o$에서는 위상이 $-\varnothing$로 나타났다. 이 부분을 명심해야 한다.

식 (14.4)의 정현파 함수는 변수 t에 의해 무한히 흘러가는 함수이지만 실제로 우리가 사용하는 정현파 함수는 충분히 긴 실수 t값을 취하여 사용한다.

앞에 언급한 바와 같이 실수형 정현파 함수를 복소수 형식으로 표현하여 취급하는 경우 연산이 편리한 장점이 있다. 따라서 정현파 함수를 복소지수 형태로 표현하여 함수 $f(t)$를 급수 형태로 나타낸 것을 지수형 푸리에 급수(혹은 복소 푸리에 급수)라 하며, 일반적으로 푸리에 급수라 함은 지수형 푸리에 급수를 말한다.

식 (14.25)의 삼각함수로 표현된 푸리에 급수는 사인파와 코사인파가 섞여 있어 불편하다. 이러한 점을 극복하기 위해 식 (14.33a)와 (14.33b)를 사용하여 사인파와 코사인파를 복소지수형으로 변환하여 사용하면 편리하다. 즉 식 (14.25)를 식 (14.33a)와 (14.33b)를 사용하여 정리하면 다음과 같이 표현할 수 있다.

$$
\begin{aligned}
f(t) &= \frac{a_o}{2} + \sum_{n=1}^{\infty}\left[a_n \cos(n\omega_o t) + b_n \sin(n\omega_o t)\right] \\
&= \frac{a_o}{2} + \sum_{n=1}^{\infty}\left[\frac{a_n}{2}\left(e^{jn\omega_o t} + e^{-jn\omega_o t}\right) + \frac{b_n}{2j}\left(e^{jn\omega_o t} - e^{-jn\omega_o t}\right)\right] \\
&= \frac{a_o}{2} + \sum_{n=1}^{\infty}\left(\frac{a_n - jb_n}{2} e^{jn\omega_o t} + \frac{a_n - jb_n}{2} e^{-jn\omega_o t}\right) \\
&= \sum_{n=-\infty}^{\infty} c_n e^{jn\omega_o t}, \quad c_o = \frac{a_o}{2}, c_n = \frac{a_n - jb_n}{2}
\end{aligned} \tag{14.35}
$$

즉 주기함수 $f(t)$를 식 (14.35)와 같이 표현한 것을 지수형 푸리에 급수라 한다. 지수형 푸리에 급수의 $e^{jn\omega_o t}$ 역시 서로 다른 n에 대해 직교성을 갖는다. 즉 다음이 성립한다.

$$\int_{T_o} e^{jnw_o t} e^{-jmw_o t} dt = \begin{cases} T_o, m = n \\ 0, \quad m \neq n \end{cases} \tag{14.36}$$

식 (14.36)의 성질을 이용하여 지수형 푸리에 급수(복소 푸리에 급수)를 다시 정리하면 다음과 같이 표현할 수 있다.

$$\boxed{\begin{aligned} f(t) &= \sum_{n=-\infty}^{\infty} c_n e^{jn\omega_o t} , \\ c_n &= \frac{1}{T_o} \int_{T_o} f(t) e^{-jn\omega_o t} dt, \; n=0, \pm 1, \pm 2, \ldots \end{aligned}} \tag{14.37}$$

식 (14.37)에서 계수 c_n은 일반적으로 복소수의 값을 갖는다. 식 (14.35)로부터 지수형 푸리에계수와 삼각 푸리에계수의 관계를 다시 정리하면 다음과 같다.

$$a_n = 2Re[c_n], b_n =- 2Im[c_n] \tag{14.38}$$

여기서 $Re[z]$과 $Im[z]$는 각각 복소수 z의 실수부와 허수부를 나타낸다.

구형파 주기 함수의 지수형 푸리에 급수 표현

예제 14.1의 구형파를 지수형 푸리에 급수로 표현해 보자. 먼저 식 (14.37)로부터 계수 c_n을 구하면 다음과 같다.

$$c_o = \frac{1}{T_o} \int_{-T_o/2}^{T_o/2} f(t) dt = \frac{1}{T_o} \int_{-\lambda/2}^{\lambda/2} A \, dt = \frac{A\lambda}{T_o} \tag{14.39a}$$

$$\begin{aligned} c_n = \frac{1}{T_o} \int_{T_o} f(x) e^{-jn\omega_o t} dt &= \frac{1}{T_o} \int_{-\lambda/2}^{\lambda/2} A e^{-jn\omega_o t} dt \\ &= \frac{A}{-jn\omega_o T_o} (e^{-jn\omega_o \lambda/2} - e^{+jn\omega_o \lambda/2}) \\ &= \frac{A\lambda}{T_o} \operatorname{sinc}(nf_o \lambda) \end{aligned} \tag{14.39b}$$

식 (14.27a)를 (14.39a)와 비교하고, (14.27b)를 (14.39b)와 비교하면 양측파대 스펙트럼은 단측파대 스펙트럼의 진폭의 1/2이 됨을 알 수 있다. 그리고 식 (14.26b)를 양측파대 진폭스펙트럼과 위상스펙트럼으로 나타내 보면 그림 14.8과 같다. 그림 14.8을 참고로 식 (14.27a), (14.27b)를 식 (14.39a), (14.39b)와 비교해 보자.

주기함수 $f(t)$를 삼각 푸리에 급수로 표현할 때에는 주파수가 양의 주파수만 존재한다. 그런데 이를 지수형 푸리에 급수로 표현하면 주파수는 양과 음의 주파수 모두에서 존재하며 진폭스펙트럼은 '$f=0$' 축을 중심으로 좌우 대칭으로 존재하고, 단측파대 스펙트럼 진폭의 1/2이 된다. 또한 위상스펙트럼은 '$f=0$' 축을 기준으로 음의 주파수 영역에서는 양의 주파수 영역 위상에 대해 180° 위상차가 있음을 알 수 있다. 위상스펙트럼에서 음의 주파수 영역과 양의 주파수 영역에서 180° 위상차가 일어나는 것은 식 (14.28)에서 $\text{sinc}(.)$ 함수의 특성이 기대칭이기 때문이다.

우리는 일반적으로 특별한 언급이 없는 경우 **푸리에 급수**라 함은 삼각 푸리에 급수보다는 **지수형 푸리에 급수를 언급**하기도 한다. 여기서부터 특별한 언급이 없는 경우 푸리에 급수라 함은 지수형 푸리에 급수를 의미하는 것으로 한다.

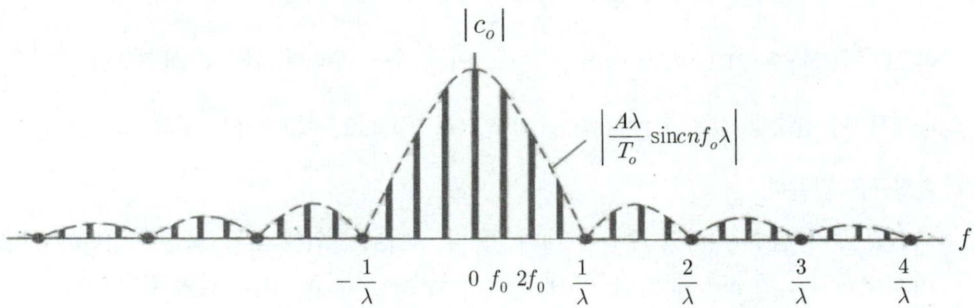

(a)

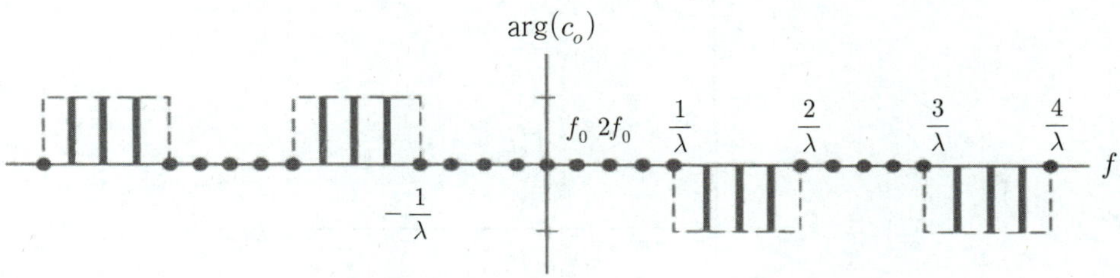

(b)

그림 14.8 구형파 주기함수의 양측 스펙트럼 예: (a) 진폭 스펙트럼, (b) 위상스펙트럼

푸리에 급수의 수렴과 Gibbs 현상

앞서 잠깐 언급한 푸리에 급수의 수렴에 대해 좀 더 자세히 살펴보자. 주어진 주기 T_o인 함수에 대해 식 (14.37)의 적분 값이 존재하며 유한하다고 가정하자. 즉 적분 구간에서 함수가 연속 또는 유한개의 도약점 외에는 연속이라면, 식 (14.37)의 푸리에 급수는 존재한다. 이를 정리하면 다음과 같다.

정리 14.1 푸리에 급수 존재성

주기가 T_o인 함수 $f(t)$가 구간 $[-T_o/2 \quad T_o/2]$에서 구분연속이고 이 구간의 각 점에서 좌도함수와 우도함수를 갖는다면, 함수 $f(t)$의 푸리에 급수는 원함수에 수렴한다. 만약 이 구간에서 불연속점이 있다면, 불연속점 t_o에서 급수의 합은 $f(t)$의 좌극한 값과 우극한 값의 산술평균이고 불연속 점 이외에서는 급수의 값은 $f(t)$가 된다.

위 정리를 보완 설명하기 위해 그림 14.9와 같은 불연속 함수를 고려하자. 이 그림에서 불연속 점은 t_o에서 일어나며, 이 점에서 함수 $f(t)$의 좌극한 값은 $\lim_{\delta\to 0} f(t_o-\delta)$를 갖고 우극한 값은 $\lim_{\delta\to 0} f(t_o+\delta)$을 갖는다. 이 함수를 푸리에 급수로 표현하면 불연속 점 t_o에서 이 급수의 값은 $\lim_{\delta\to 0}[f(t_o+\delta)+f(t_o-\delta)]/2$, 즉 우극한 값과 좌극한 값의 산술평균을 갖는다.

한편 주기 함수 $f(t)$의 수렴에 대해 좀 더 살펴보기 위해 그림 14.5를 고려하자. 그림 14.5의 사각파 함수에 대한 단측파대 푸리에 급수는 식 (14.40)과 같이 표현된다.

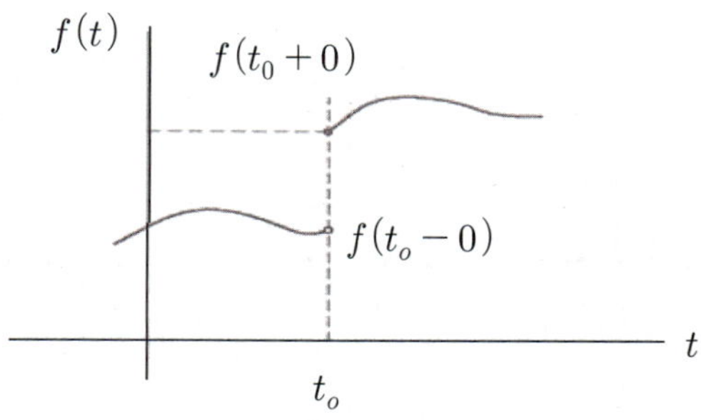

그림 14.9 불연속 함수의 예

$$f(t) = \frac{2A\lambda}{T_o}[1 + \mathrm{sinc} f_o \lambda \cos(\omega_o t) + \mathrm{sinc} 2f_o \lambda \cos(2\omega_o t) + \ldots] \qquad (14.40)$$

식 (14.40)에서 급수 항들의 근사화 정도에 따른 원함수(original function)에 대한 수렴 정도를 살펴보면 그림 14.10과 같다.

그림 14.10 (a)는 상수항 $a_o/2$와 기본파로 구성된 파형을 보여주며, (b)는 상수항과 기본파 및 제 1고조파까지의 합을 보여주며, (c)는 상수항과 기본파 및 제 8 고조파까지의 합을 보여주며, (d)는 상수항과 기본파 및 제 18번째 고조파까지의 합을 보여준다. 이 그림을 보면 더해지는 고조파의 항이 많을수록 원함수 $f(t)$에 점점 더 가까이 수렴함을 알 수 있다.

한편 그림 14.10(a) ~ 그림 14.10(d)를 살펴보면 사각파에서 불연속점이 일어나는 모서리 부분을 중심으로 좌우에서 진동 형태의 과도응답 특성이 나타나는데 이를 Gibbs현상이라 한다. 이러한 현상과 함께 불연속점이 일어나는 모서리 부분에서는 부분합을 이루는 항의 수가 많아질수록 그 부분 합은 점점 더 이 불연속에서 갖는 좌우 극한값의 산술평균인 $A/2$에 수렴하는 것을 알 수 있다.

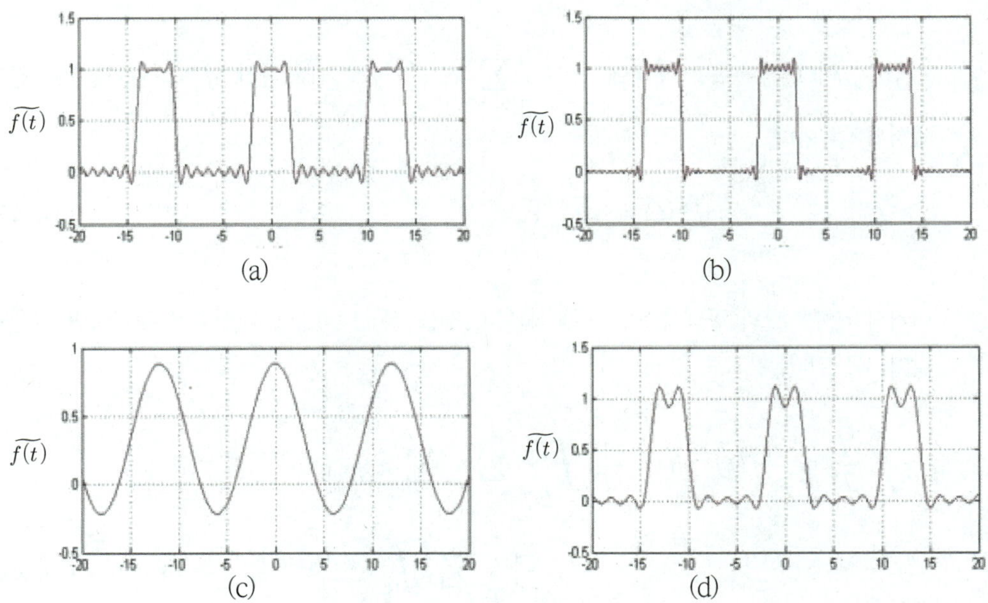

그림 14.10 구형파 펄스의 푸리에 급수 근사화에 따른 수렴 현상(단 그래프에서 $\widetilde{f(t)}$는 $f(t)$의 근사화를 나타냄 : (a) $n = 0, 1$로 근사화, (b) $n = 0 \sim 3$으로 근사화, (c) $n = 0 \sim 10$으로 근사화, (d) $n = 0 \sim 20$으로 근사화

Parseval 정리

주기 함수를 신호(전압, 전류 등)로 취급할 때, Parseval 정리는 이 신호의 평균전력을 푸리에 급수의 계수와 연관시키는 정리이다. 이를 자세히 살펴보기 위해, 그리고 해석의 편의성을 위해 일반성을 잃지 않는 범위에서, 함수 $f(t)$에 대한 해석의 단순성을 위해 정규화 전력을 고려하자. 만약 저항을 R이라 할 때, $f(t)$가 전류인 경우 전력은 $f^2(t)R$이고 $f(t)$가 전압인 경우 전력은 $f^2(t)/R$이 된다. 정규화 전력이란 $R=1\,\Omega$인 경우의 전력을 의미함으로 정규화 전력 P_N은 다음과 같이 정의된다.

$$P_N \doteq f^2(t) \tag{14.41}$$

지금부터는 특별한 언급이 없는 한 전력이라 함은 정규화전력을 언급하는 것으로 한다. 신호 $f(t)$의 한주기 T_o 동안 평균전력 $\overline{P_N}$은 다음과 같다.

$$\overline{P_N} = \frac{1}{T_o}\int_{T_o} |f(t)|^2 dt = \frac{1}{T_o}\int_{T_o} f(t) f^*(t) dt \tag{14.42}$$

함수 $f(t)$를 지수형 푸리에 급수 $\sum_{n=-\infty}^{\infty} c_n\, e^{jn\omega_o t}$로 대체하면, $f^*(t)$는 다음과 같이 표현될 수 있다.

$$f^*(t) = \sum_{n=-\infty}^{\infty} c_n^*\, e^{-j2\pi n f_o t} \tag{14.43}$$

여기서 c_n^*은 c_n의 공액복소수이다. 식 (14.43)을 식 (14.42)에 대입하여 정리하면 다음과 같이 유도된다.

$$\begin{aligned}\overline{P_N} &= \frac{1}{T_o}\int_{T_o} |f(t)|^2 dt = \frac{1}{T_o}\int_{T_o} \sum_{m=-\infty}^{\infty}\sum_{n=-\infty}^{\infty} c_m c_n^* e^{j2\pi(m-n)f_o t} dt \\ &= \frac{1}{T_o}\sum_{m=-\infty}^{\infty}\sum_{n=-\infty}^{\infty}\int_{T_o} c_m c_n^* e^{j2\pi(m-n)f_o t} dt\end{aligned} \tag{14.44}$$

식 (14.36)의 직교성 성질을 이용하면, 식 (14.44)는 다음과 같이 나타낼 수 있다.

$$\overline{P_N} = \sum_{n=-\infty}^{\infty} |c_n|^2 dt \tag{14.45}$$

위 식이 의미하는 것은 **'주기가 T_o인 신호의 평균전력은 지수형 푸리에 급수의 계수 크기의 제곱인 $|c_n|^2$의 합과 같다'**는 것이며, 이를 Parseval 정리라 한다.

14.3 비주기 함수와 푸리에 변환

푸리에 급수(Fourier Series)는 주기 함수를 정현파(sinusoidal wave)의 합성으로 나타낸 것인데, 비주기 **함수도 정현파의 합성으로 표현할 수 있도록 하기 위해 푸리에 급수를 확장한 것이 푸리에 변환**이다. 만약 비주기 신호의 총 에너지가 유한하다면 이 비주기 함수를 주기가 무한대인 함수로 취급하여 푸리에 급수와 같이 전개할 수 있는데, 이 때 급수는 적분형의 관계식이 되며 이를 원 신호(orginal signal)의 푸리에 변환(Fourier Transform)이라 한다.

이러한 푸리에 변환은 주파수 영역에서 신호를 표현하고 시스템을 수학적으로 모델링하는데 많이 사용된다. 예로써 시간 영역에서의 함수를 주파수 영역으로 변환해서 합성된 각각의 정현파 함수를 분석하는 방법으로 각각의 함수의 주파수나 위상 특성을 알 수 있다. 예를 들면 안테나에서 신호를 보내면 라디오나 TV에서는 주파수를 맞추어서 전파를 통해 들을 수 있다. 이와 같이 주파수를 맞춰 놓으면 다른 주파수를 갖는 전파는 필터가 막아주는 역할을 한다. 이러한 필터를 만들기 위해 푸리에 변환을 사용한다.

1) 정의 및 존재성

정의

만약 함수 $f(t)$가 유한의 에너지를 갖는 다음의 조건을 만족한다고 하자.

$$\int |f(t)|^2 dt = r < \infty \tag{14.46}$$

여기서 r은 유한의 실 상수이다. 식 (14.37)을 다시 언급하자.

$$f(t) = \sum_{n=-\infty}^{\infty} \frac{1}{T_o} \int_{T_o} f(t) e^{jn\omega_o t} dt \tag{14.47}$$

위의 식에서 주기 T_o를 무한대로 접근($T_o \to \infty$)시키면 각 변수들은 다음과 같이 변한다고 볼 수 있다.

$$\frac{1}{T_o} = f_o \to df,\ nf_o \to f,\ \omega_o \to d\omega,\ \sum_{n=-\infty}^{\infty} \to \int_{-\infty}^{\infty},\ \int_{-T_o/2}^{T_o/2} \to \int_{-\infty}^{\infty} \tag{14.48}$$

식 (14.48)을 (14.47)에 대입하면 다음과 같이 정리된다.

$$f(t) = \int_{-\infty}^{\infty} [\int_{-\infty}^{\infty} f(t) e^{-j2\pi ft} dt] e^{j2\pi ft} df \tag{14.49}$$

식 (14.49)의 등호 오른쪽에서 큰 괄호 [] 안쪽의 적분을 우리는 **함수 $f(t)$의 푸리에 변환**이라 정의하고 다음과 같이 $\mathcal{F}[f(t)]$ 혹은 $F(f)$로 나타낸다.

$$\mathcal{F}[f(t)] = F(f) \doteq \int_{-\infty}^{\infty} f(t) e^{-j2\pi ft} dt \tag{14.50}$$

식 (14.50)을 (14.49)에 대입하면 다음과 같이 표현할 수 있으며,

$$\mathcal{F}^{-1}[F(f)] \doteq f(t) = \int_{-\infty}^{\infty} F(f) e^{j2\pi ft} df \tag{14.51}$$

식 (14.51)을 함수 $F(f)$의 **푸리에 역변환**이라 정의하며 기호로 $\mathcal{F}^{-1}[.]$를 사용한다. 그리고 식 (14.50)과 (14.51)을 **푸리에 변환쌍**이라 한다.

본 절에서는 푸리에 역변환의 정의식에 한정하여 언급하기로 한다. 실제 푸리에 역변환을 수행할 때는 역변환 정의식을 사용하는 대신 푸리에변환 표를 중심으로 역으로 환산하여 계산을 수행한다. 명확히 언급하자면, 푸리에 역변환 $\mathcal{F}^{-1}[F(f)]$는 $f(t)$에 평균적인 개념에서 수렴된다. 이는 불연속 구간에서 Gibbs현상이 발생되는 푸리에 급수와 같은 개념이다.

일반 함수 $f(t)$를 푸리에 변환하는 데는 여러 가지 특성(성질)들이 있다. $f(t)$와 $F(f)$ 사이에는 다음의 성질들을 갖는다.

i) 푸리에 변환 $F(f)$는 복소함수이므로, $|F(f)|$는 원함수 $f(t)$의 진폭 스펙트럼을 나타내고, $F(f)$의 위상(arg $F(f)$)은 $f(t)$의 위상 스펙트럼을 나타낸다.

ii) $f=0$에서 $F(f)$의 크기, 즉 $|F(0)|$는 다음과 같이 $f(t)$의 순면적을 나타내며, $F(0)$의 위상은 항상 0^o이다.

$$|F(0)|=\int_{-\infty}^{\infty} f(t)dt, \ \ \arg F(0)=0 \tag{14.52}$$

iii) $f(t)$가 실수이면 다음과 같이 $F(f)$의 진폭 스펙트럼은 우대칭이고 위상 스펙트럼은 기대칭이다.

$$F(-f)=F^{*}(f), \ \ |F(-f)|=|F(f)| \tag{14.53a}$$

$$\arg F(-f)=-\arg F(f) \tag{14.53b}$$

푸리에 급수와 푸리에 변환의 차이를 정리해 보자. 푸리에 급수는 상수 성분과 주기의 역수인 기본주파수 f_o를 갖는 정현파와 이의 정수배의 주파수 nf_o, $(n=\pm 1, \pm 2, \ldots)$를 갖는 정현파의 합성으로 이루어진 이산적인 주파수 성분을 갖는다. 이에 비해 푸리에 변환은 상수 성분과 연속적인 주파수 성분을 갖는 정현파의 합성으로 이루어진다.

푸리에 변환의 존재성

여기서 푸리에 변환의 존재성에 대해 좀 더 명확히 알아보자. 함수 $f(t)$가 t축 값에 의해 정의되고 식 (14.50)의 **푸리에 변환이 존재할 충분조건**은 다음과 같다.

i) 함수 $f(t)$는 모든 구간에서 연속 또는 유한 구간에서 구분연속이다.

ii) t축 상에서 절대적분이 가능하다.

푸리에 변환에 대해 다시 정리하면 다음과 같으며, 이에 대한 자세한 증명은 생략하기로 한다.

정리 14.2 푸리에 변환의 존재성

함수 $f(t)$가 t 상의 모든 구간에서 연속 혹은 유한 구간에서 구분연속이고 t의 모든 점에서 좌도함수와 우도함수를 가지며 적분이 가능하면, $f(t)$는 푸리에 변환이 가능하다. 그리고 함수 $f(t)$가 각 불연속인 점에서는 푸리에 변환된 값은 그 점에서 $f(t)$의 좌극한 값과 우극한 값의 산술적 평균과 같다.

구형파 함수의 푸리에 변환

구형파 함수의 예가 그림 14.11에 보이는데, 이 함수의 푸리에 변환을 구하고 진폭스펙트럼과 위상스펙트럼을 살펴보자.

먼저 그림 14.11의 단일 구형파 펄스는 $A=1$인 경우 앞에 정의한 바와 같이 다음과 같이 표현할 수 있다.

$$\Pi(t/\lambda)=\begin{cases}1, & |t|<\lambda/2\\ 0, & \lambda/2<|t|<T_o\end{cases} \tag{14.54}$$

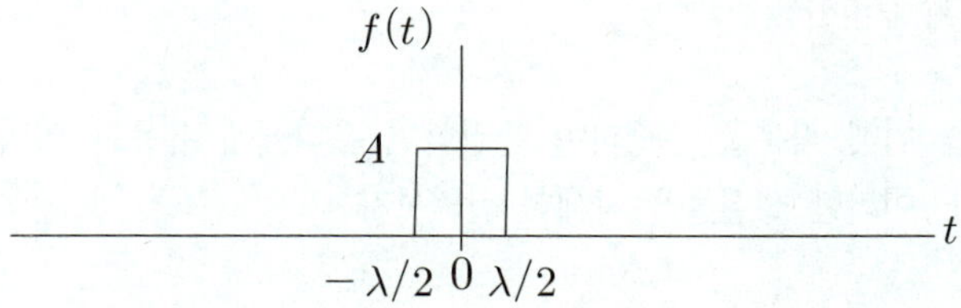

그림 14.11 구형파 함수의 예

따라서 그림 14.11의 구형파는 식 (14.54)를 사용하면 다음과 같이 표현된다.

$$f(t) = A\Pi(t/\lambda) \tag{14.55}$$

그리고 그림 14.11의 구형파 함수를 푸리에 변환하면 다음과 같다.

$$F(f) = \int_{-\infty}^{\infty} f(t)e^{-j2\pi ft}dt = \int_{-\lambda/2}^{\lambda/2} Ae^{-j2\pi ft}dt$$

$$= \frac{A}{\pi f}\sin\pi f\lambda = A\lambda\,\mathrm{sinc}\,f\lambda \tag{14.56}$$

식 (14.56)에서 $|F(0)| = A\lambda$이고 이것은 그림 14.11의 펄스의 실 면적에 해당하며, $F(f)$의 진폭 스펙트럼은 그림 14.12에 보인다.

그림 14.12와 그림 14.8에서 우리는 선 스펙트럼과 연속 스펙트럼의 차이를 볼 수 있다.

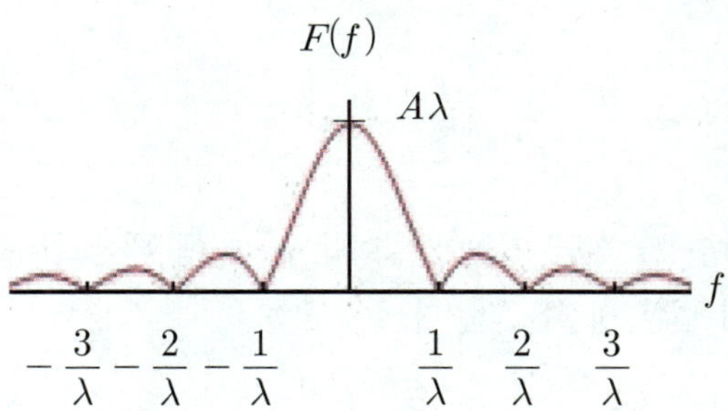

그림 14.12 구형파 함수의 진폭 스펙트럼

2) 푸리에 변환의 성질

푸리에 변환을 위해 적분을 수행하여 관찰하면 우리에게 유용한 여러 가지의 성질들이 있음을 알 수 있다. 이러한 성질들을 자세히 살펴보자.

성질 1. 선형성(Linearity)

푸리에 변환이 가능한 두 함수 $f(t)$와 $g(t)$에 대한 다음의 선형 성질이 있다.

$$\mathcal{F}[af(t)+bg(t)] = a\mathcal{F}[f(t)]+b\mathcal{F}[g(t)] = aF(f)+bG(f) \tag{14.57}$$

단 a, b는 상수이다.

증명

$$\begin{aligned}\mathcal{F}[af(t)+bg(t)] &= \int_{-\infty}^{\infty}[af(t)+bg(t)]e^{-j2\pi ft}dt \\ &= a\int_{-\infty}^{\infty}f(t)e^{-j2\pi ft}dt + b\int_{-\infty}^{\infty}g(t)e^{-j2\pi ft}dt \\ &= a\mathcal{F}[f(t)]+b\mathcal{F}[g(t)]\end{aligned}$$

성질 2. 지연정리

시간지연

독립변수 t가 상수 t_d 만큼 지연이 일어난 $t-t_d$에 대한 함수를 생각할 수 있다. 이 경우 다음의 푸리에 변환 성질을 갖는다.

$$\mathcal{F}[f(t-t_d)] = e^{-j2\pi t_d}\mathcal{F}[f(t)] \tag{14.58}$$

증명

$$\begin{aligned}\mathcal{F}[f(t-t_d)] &= \int_{-\infty}^{\infty} f(t-t_d)e^{-j2\pi ft}dt \\ &= \int_{-\infty}^{\infty} f(\lambda)e^{-j2\pi f(\lambda+t_d)}d\lambda \\ &= e^{-j2\pi ft_d}\int_{-\infty}^{\infty} f(\lambda)e^{-j2\pi f\lambda}d\lambda \\ &= e^{-j2\pi t_d}F(f)\end{aligned}$$

위의 과정에서 $\lambda = t - t_d$로 치환이 이루어졌다.

주파수 지연

푸리에 변환에서 **시간지연** 성질의 **쌍대성**으로 주파수지연 성질에 대한 다음이 성립한다. 즉 상수 f_o에 대해 다음의 지연 성질이 있다.

$$\mathcal{F}[e^{j2\pi f_o t}f(t)] = \mathcal{F}[f(t)]_{f-f_o} = F(f-f_o) \tag{14.59}$$

증명

$$\begin{aligned}\mathcal{F}[e^{j2\pi f_o t}f(t)] &= \int_{-\infty}^{\infty} e^{j2\pi f_o t}f(t)e^{-j2\pi ft}dt \\ &= \int_{-\infty}^{\infty} f(t)e^{-j2\pi(f-f_o)t}dt \\ &= F(f-f_o)\end{aligned}$$

성질 3. 척도(Scaling) 변화

t 영역에서 척도 변화에 대한 다음의 성질을 갖는다.

$$\mathcal{F}[f(at)] = \frac{1}{|a|}F(f/a) \tag{14.60}$$

단 a는 영(zero)이 아닌 상수이다. 식 (14.60)은 t 영역에서 척도 변화는 주파수 영역에서 역비례 척도 변화에 해당한다는 것을 의미한다. 이것은 시간 영역에서 함수를 축소시키면 주파수 영역에서 스펙트럼은 확장되며, 그 반대의 경우도 마찬가지임을 말한다.

증명

i) a가 양수인 경우

$$\mathcal{F}[f(at)] = \int_{-\infty}^{\infty} f(at)e^{-j2\pi ft}dt = \frac{1}{a}\int_{-\infty}^{\infty} f(\lambda)e^{-j2\pi f\lambda/a}d\lambda$$

$$= \frac{1}{a}\int_{-\infty}^{\infty} f(\lambda)e^{-j2\pi(f/a)\lambda}d\lambda$$

$$= \frac{1}{a}F(f/a) \tag{14.61a}$$

위에서 $\lambda = at$로 치환하였다. 이 경우 $dt = d\lambda/a$가 된다.

ii) a가 음수인 경우

이 경우 $a = -|a|$로 놓고 증명하기로 한다.

$$\mathcal{F}[f(-|a|t)] = \int_{-\infty}^{+\infty} f(-|a|t)e^{-j2\pi ft}dt$$

$$= \frac{-1}{|a|}\int_{+\infty}^{-\infty} f(\lambda)e^{-j2\pi f\lambda/a}d\lambda$$

$$= \frac{1}{|a|}\int_{-\infty}^{+\infty} f(\lambda)e^{-j2\pi(f/a)\lambda}d\lambda$$

$$= \frac{1}{|a|}F(f/a) \tag{14.61b}$$

위에서 $\lambda = -|a|t$로 치환하였다. 이 경우 $dt = -\frac{1}{|a|}d\lambda$가 된다. 식 (14.61a)와 (14.61b)에서 식 (14.60)이 성립됨을 알 수 있다.

성질4. 미분정리

t 영역 미분

원 함수(original function)를 미분하였을 때 주파수영역에서 다음과 같은 영향을 미친다.

$$\mathcal{F}\left[\frac{d}{dt}f(t)\right] = j2\pi f F(f) \tag{14.62}$$

$$\mathcal{F}\left[\frac{d^n}{dt^n}f(t)\right] = (j2\pi f)^n F(f),\ n = 1, 2, 3, \ldots \tag{14.63}$$

증명

$$\begin{aligned}\frac{d^n f(t)}{dt^n} &= \frac{d^n}{dt^n}\left[\int_{-\infty}^{\infty} F(f) e^{j2\pi ft}\, df\right] \\ &= \int_{-\infty}^{\infty} F(f) \frac{\partial^n}{\partial t^n} e^{j2\pi ft}\, df \\ &= \int_{-\infty}^{\infty} [(j2\pi f)^n F(f)] e^{j2\pi ft}\, df \\ &= \mathcal{F}^{-1}[(j2\pi f)^n F(f)] \qquad \therefore \mathcal{F}\left[\frac{d^n}{dt^n}f(t)\right] = (j2\pi f)^n F(f)\end{aligned}$$

주파수영역 미분

미분의 쌍대성 정리는 다음과 같다.

$$\mathcal{F}[t^n f(t)] = (-j2\pi)^{-n} \frac{d^n F(f)}{df^n} \tag{14.64}$$

미분에 대한 쌍대성 정리인 식 (14.64)의 증명도 't영역 미분'과 비슷한 방법으로 증명할 수 있으나 여기에서는 생략하기로 한다.

성질 5. 적분정리

적분정리는 원 함수를 시간영역에서 적분하였을 때 주파수영역에서 다음과 같은 영향을 미친다는 것이다.

$$\mathcal{F}\left[\int_{-\infty}^{t} f(\lambda)d\lambda\right] = \frac{F(f)}{j2\pi f} \tag{14.65}$$

증명

먼저 함수 $f(t)$로부터 다른 적분함수 $\int_{-\infty}^{t} f(\lambda)d\lambda$를 생성할 수 있다고 가정하자. 이 때 가변수 λ는 상위적분구간의 독립변수 t와 혼돈을 막기 위해 사용한다. 여기서 적분정리를 위해 다음을 가정하자.

$$F(0) = \int_{-\infty}^{\infty} f(\lambda)d\lambda = 0 \tag{14.66}$$

식 (14.66)의 가정 하에 적분정리는 아래의 과정을 거쳐 나온다. 먼저 식 (14.66)을 이용하면 다음의 극한값이 성립한다.

$$\lim_{t\to\infty}\int_{-\infty}^{t} f(\lambda)d\lambda = F(0) = 0 \tag{14.67}$$

그리고 식 (14.67)을 이용하여 다음의 식을 유도할 수 있다.

$$\mathcal{F}\left[\int_{-\infty}^{t} f(\lambda)d\lambda\right] = \int_{-\infty}^{\infty}\left[\int_{-\infty}^{t} f(\lambda)d\lambda\right]e^{-j2\pi ft}dt$$

$$= \left[\frac{e^{-j2\pi ft}}{-j2\pi f}\int_{-\infty}^{t} f(\lambda)d\lambda\right]_{-\infty}^{\infty} - \frac{1}{-j2\pi f}\int_{-\infty}^{\infty} f(t)e^{-j2\pi ft}dt$$

$$= \frac{F(f)}{j2\pi f}$$

성질 6. 컨벌루션(Convolution) 정리

먼저 독립변수 t를 갖는 두 함수 $f_1(t)$와 $f_2(t)$를 생각하자. 두 함수의 컨벌루션은 다음과 같이 정의된다.

$$f_1(t) * f_2(t) \doteq \int_{-\infty}^{\infty} f_1(\lambda) f_2(t-\lambda) d\lambda \tag{14.68}$$

여기서 기호 $*$는 컨벌루션 연산자를 나타낸다. 컨벌루션 함수의 푸리에 변환은 다음의 성질을 갖는데, 이에 대한 증명은 간단하나 생략하기로 한다.

$$f_1(t) * f_2(t) = f_2(t) * f_1(t) \tag{14.69}$$

컨벌루션 정리는 다음과 같다.

$$\mathcal{F}[f_1(t) * f_2(t)] = F_1(f) F_2(f) \tag{14.70a}$$

$$\mathcal{F}[f_1(x) f_2(x)] = F_1(f) * F_2(f) \tag{14.70b}$$

증명

식 (14.70a)를 푸리에 변환 공식에 적용해 보자.

$$\begin{aligned} \mathcal{F}[f_1(t) * f_2(t)] &= \int_{-\infty}^{\infty} \int_{-\infty}^{\infty} f_1(\lambda) f_2(t-\lambda) d\lambda \, e^{-j2\pi ft} dt \\ &= \int_{-\infty}^{\infty} f_1(\lambda) [\int_{-\infty}^{\infty} f_2(t-\lambda) e^{-j2\pi ft} dt] \, d\lambda \end{aligned} \tag{14.71}$$

식 (14.71)의 [.] 안쪽 부분에서 $\tau = t - \lambda$로 치환하면 $t = \tau + \lambda$가 되고, 안쪽 적분에서 λ는 적분변수와 관계없는 상수로 취급할 수 있으므로 $dt = d\tau$가 되어, 이 식은 다음과 같이 나타낼 수 있다.

$$\mathcal{F}[f_1(t)*f_2(t)] = \int_{-\infty}^{\infty} f_1(\lambda)\int_{-\infty}^{\infty} f_2(\tau)e^{-j2\pi f(\tau+\lambda)}d\tau d\lambda$$
$$= \int_{-\infty}^{\infty} f_1(\lambda)e^{-j2\pi f\lambda}d\lambda \int_{-\infty}^{\infty} f_2(\tau)e^{-j2\pi f\tau}d\tau = \mathcal{F}[f_1(\lambda)]\,\mathcal{F}[f_2(\tau)]$$
$$= F_1(f)F_2(f)$$

위 식에서 우리는 두 함수 $f_1(t)$와 $f_2(t)$의 컨벌루션 취한 것을 푸리에 변환한 결과는 $f_1(t)$와 $f_2(t)$ 각각을 푸리에 변환하여 주파수 영역에서 곱한 것과 같음을 알 수 있다. 위와 같은 방식으로 역으로 유도하면 다음의 결과를 얻는데, 여기서 증명은 생략하기로 한다.

$$\mathcal{F}[f_1(t)f_2(t)] = F_1(f)*F_2(f)$$

성질 7. 쌍대성 정리(Duality)

여기서 변수와 함수의 혼란을 피하기 위해 함수 $f(t)$대신 $v(t)$를 사용하자. 그리고 $v(t)$의 푸리에 변환을 $V(f)$라 하자. 쌍대성 정리는 다음의 관계를 나타낸다.

$$\mathcal{F}[V(t)] = v(-f) \tag{14.72}$$

증명

함수 $v(t)$와 $V(f)$가 알려진 변환쌍이라 하자. $V(f)$의 f대신 t를 사용하고 함수 $g(t)$가 $V(t)$와 다음의 관계가 성립한다고 가정하자.

$$g(t) = V(t) \tag{14.73}$$

$v(t)$의 푸리에 역변환은 다음과 같다.

$$v(t) = \int_{-\infty}^{\infty} V(f)e^{j2\pi ft}df \tag{14.74a}$$

그리고 $g(t)$의 푸리에 변환은 다음과 같다.

$$\mathcal{F}[g(t)] = \int_{-\infty}^{\infty} g(t)e^{-j2\pi ft}dt = \int_{-\infty}^{\infty} V(t)e^{-j2\pi ft}dt$$
$$= \int_{-\infty}^{\infty} V(\lambda)e^{j2\pi(-f)\lambda}d\lambda \tag{14.74b}$$

식 (14.74b)의 마지막 식은 $V(\lambda)$의 푸리에 역변환을 나타내며, 역변환에서 f 대신 $-f$가 되므로 이 적분은 $v(-f)$가 된다.

성질 8. 공액 정리

복소함수 $f(t)$의 공액함수 $f^*(t)$에 대한 다음의 정리가 성립한다.

$$\mathcal{L}[f^*(t)] = F^*(-f) \tag{14.75}$$

이 식은 '**복소함수 $f(t)$의 공액함수 $f^*(t)$의 푸리에 변환은 $f(t)$를 푸리에 변환하여 공액복소수를 취한 다음 f대신 $-f$를 대입한 것과 같다**'는 것을 의미한다. 이 식은 식 (14.53a)에도 보여 주었다. 증명은 생략하기로 한다.

성질 9. 파스발 정리(Parseval Theorem)

함수 $f(t)$의 t영역에서 에너지와 주파수영역에서 $F(f)$의 에너지 관계를 정리한 것이 파스발 정리이며, 이는 다음과 같다.

$$\int_{-\infty}^{\infty} f^2(t)dt = \int_{-\infty}^{\infty} |F(\lambda)|^2 d\lambda \tag{14.76}$$

증명

우선 두 함수의 곱 $f_1(t)f_2(t)$를 푸리에 변환을 살펴보자.

$$\int_{-\infty}^{\infty} f_1(t)f_2(t)e^{-j2\pi ft}dt = F_1(f) * F_2(f)$$

$$= \int_{-\infty}^{\infty} F_1(\lambda)F_2(f-\lambda)\,d\lambda \qquad (14.77a)$$

식 (14.76)에서 $f_1(t) = f_2(t)$로 놓고 $f = 0$으로 하면 다음과 같이 유도된다.

$$\int_{-\infty}^{\infty} f_1^2(t)dt = \int_{-\infty}^{\infty} F_1(\lambda)F_1(-\lambda)d\lambda$$

$$= \int_{-\infty}^{\infty} |F_1(\lambda)|^2 d\lambda \qquad (14.77b)$$

식 (14.77b)는 **'t영역에서 총 에너지는 주파수 영역에서 총 에너지와 같다'**는 것을 의미하며, 이를 파스발정리라 한다. 주파수 영역에서 $|F(f)|$를 진폭 스펙트럼, $|F(f)|^2$을 에너지 스펙트럼이라 한다.

푸리에 변환 성질 정리

지금까지 살펴본 푸리에 변환의 성질을 정리하면 표 14.1과 같다.

표 14.1 푸리에 변환 성질 (단 $\mathcal{L}[f(t)] = F(f), \mathcal{L}[g(t)] = G(f), \mathcal{L}[v(t)] = V(f)$)

성질	함수 형태	푸리에 변환 성질
선형성(Linearity)	$af(t) + bg(t)$	$aF(f) + bG(f)$
시간(혹은 공간) 지연	$f(t-t_d)$	$e^{-j2\pi t_d}F(f)$
주파수 지연	$e^{j2\pi f_o t}f(t)$	$F(f-f_o)$
척도 변화(Scaling)	$f(at)$	$\frac{1}{\lvert a\rvert}F(f/a)$

성질	함수 형태	푸리에 변환 성질
미분정리	$\frac{d^n}{dt^n}f(t)$	$(j2\pi f)^n F(f)$
미분의 쌍대성 정리	$t^n f(t)$	$(-j2\pi)^{-n}\frac{d^n F(f)}{df^n}$
적분정리	$\int_{-\infty}^{t} f(\lambda)d\lambda$	$\frac{F(f)}{j2\pi f}$
컨벌루션(Convolution) 정리1	$f(t)*g(t)$	$F(f)G(f)$
컨벌루션(Convolution) 정리2	$f(t)g(t)$	$F(f)*G(f)$
쌍대성 정리(Duality)	$V(t)$	$v(-f)$
공액 정리	$f^*(t)$	$F^*(-f)$
파스발 정리	$\int_{-\infty}^{\infty} f^2(t)dt$	$\int_{-\infty}^{\infty} \lvert F(\lambda)\rvert^2 d\lambda$

3) 푸리에 변환과 양방향 라플라스 변환의 관계

일반적으로 라플라스변환이라 함은 독립변수의 적분 구간이 $[0,\infty)$으로 정의된다. 그러나 수학적으로 적분구간을 $(-\infty,+\infty)$로 확장하여 사용하기도 한다. 따라서 이 두 가지를 구분하기 위해 단방향 라플라스 변환(Unilateral Laplace Transform)과 양방향 라플라스 변환(Bilateral Laplace Transform)의 용어를 사용한다. 먼저 단방향 라플라스 변환에 대해 간단히 언급하자.

단방향 라플라스 변환은 앞부분 13장에서 언급한 것으로, 이는 다음과 같이 정의되었다.

$$\mathcal{L}[f(t)] \doteq \int_{0}^{\infty} f(t)e^{-st}dt \tag{14.78}$$

단방향 라플라스 변환은 함수 $f(t)$가 $t<0$인 영역에서는 모두 0이라는 가정에서 정의된다. 즉 단방향 라플라스 변환을 적분 구간을 오른쪽 반$[0,\infty)$으로 제한하여 정의한다.

반면에 양방향 라플라스 변환을 적분 구간을 t의 전 구간 $(-\infty,+\infty)$로 확장하여 다음과 같이 정의한다.

$$\mathcal{L}[f(t)] \doteq \int_{-\infty}^{\infty} f(t)e^{-st}dt \tag{14.79}$$

식 (14.79)에서 커널 함수가 감쇠 복소지수함수(Decaying Complex Exponential) e^{-st}로 t와 s의 2변수 함수이다. 여기서 s를 복소변수 혹은 복소주파수라고 부르며, 감쇠지수 σ와 각주파수 ω로 이루어지는 $s=\sigma+j\omega$의 관계를 갖고 있으며, σ와 ω는 실수이다.

양방향 라플라스 변환은 푸리에 변환을 일반화한 것으로 생각할 수 있다. 푸리에 변환에서 수렴 조건을 만족하지 않는 함수들은 원칙적으로 변환이 되지 않으므로 적용에 제한을 받는다. 이러한 제한을 완화하는 방법으로 감쇠 함수 e^{-st}를 곱하는 생각을 하게 된 것이다. 즉 양방향 라플라스 변환에서 $s \to \sigma + j\omega$로 대체하면 푸리에 변환이 된다.

양방향 라플라스변환의 수렴 조건을 생각해 보자. 원 함수에 감쇠 함수를 곱하면 증가하는 지수함수를 제외하고 어떠한 원 함수라도 $t>0$인 오른쪽 부분은 감쇠하게 된다. 그러나 반대쪽인 $t<0$인 부분은 오히려 증폭되므로 원 함수의 왼쪽 부분이 감쇠 함수의 증폭되는 비율보다 더 빠르게 감쇠하거나, 또는 왼쪽의 어느 점 이하에서는 값이 모두 0이 되어야 한다. 이것은 σ〉0인 경우이며, σ〈0인 경우는 반대로 된다. 결과적으로 $|f(t)|<Me^{\gamma t}$를 만족하는 M과 γ가 존재하는 것이 수렴 조건이다.

즉 라플라스 변환이 가능하려면 $|f(t)|<Me^{\gamma t}$를 만족하는 M과 γ가 존재하는 것이 수렴조건이다. 그런데 여기서 변환 함수의 정의역에 대해 생각해 보자. 푸리에 변환의 경우에는 변환 함수 $F(f)$의 정의역은 실수 전체가 되는데 반하여, 양방향 라플라스 변환의 경우 변환 함수 $F(s)$의 정의역은 복소수(복소 평면) 전체가 아닌 수렴 조건을 만족하는 특정 영역이 된다. 이 특정 영역을 **수렴 영역**이라고 한다.

그런데 양방향 라플라스 변환의 수렴 영역이 변환 함수마다 다를 수 있으므로, 응용에 있어 항상 수렴 영역을 고려해야만 한다. 이것은 매우 번거롭고 귀찮은 일이다. 이러한 불편을 피하는 방법으로, 원 함수에 대하여 한 가지 조건만 추가하면 이 문제는 피할 수 있다. 즉 현실 세계에서의 대부분의 함수는 시작점이 있으므로 그 시작점을 원점($t=0$)으로 삼으면 원점의 왼쪽 부분은 모두 0이 된다. 이렇게 하면 변환이 가능한 모든 함수에 대해, 수렴 영역은 σ〉0으로 동일해 진다. 한 가지 예외는 증가하는 지수함수 e^{at}이다. 이 경우에는 수렴 영역이 $\sigma>a$이다.

따라서 함수 자체를 위와 같이 $t<0$인 부분이 모두 0인 경우로 제한하는 것은 달리 표현하면, 양방향 라플라스 변환의 적분 구간을 $(-\infty, +\infty)$에서 $[0, \infty)$로 바꾸는 것과 동일하다. 따라서 라플라스변환이라 함은 특별한 언급이 없는 한 단방향 라플라스 변환을 의미한다.

4) 대표적 함수의 푸리에 변환

실제로 공학에서 우리가 많이 접하는 대표적인 함수들에 대한 푸리에 변환을 알아보자.

단위임펄스 $\delta(t)$

단위임펄스 혹은 Dirac 델타 함수 $\delta(t)$의 정의는 여러 가지가 있으나, 그림 14.13의 구형파 함수를 사용한 $\delta(t)$의 정의식은 다음과 같다.

$$\delta(t) \doteq \frac{1}{\tau}\lim_{A\to 0}\Pi(t/\tau) \tag{14.80}$$

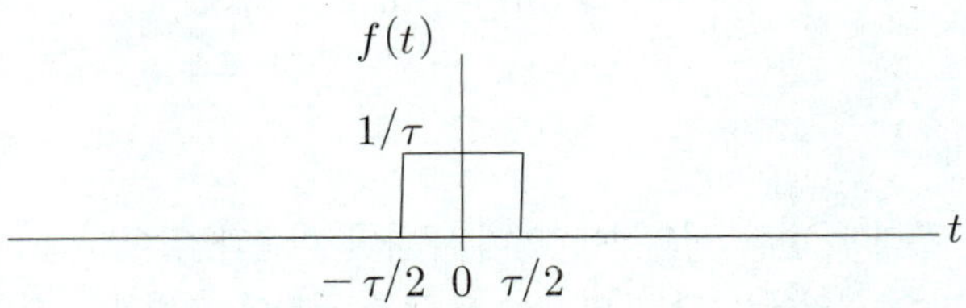

그림 14.13 구형파 함수의 예

그리고 t축의 +방향으로 t_o만큼 시프트된 단위 임펄스를 $\delta(t-t_o)$으로 표기할 수 있다. $\delta(t)$에 대한 도식적 표기는 그림 14.14 (a)와 같으며, t축의 +방향으로 t_o만큼 시프트된 단위임펄스 $\delta(t-t_o)$의 표기는 그림 14.14 (b)와 같다.

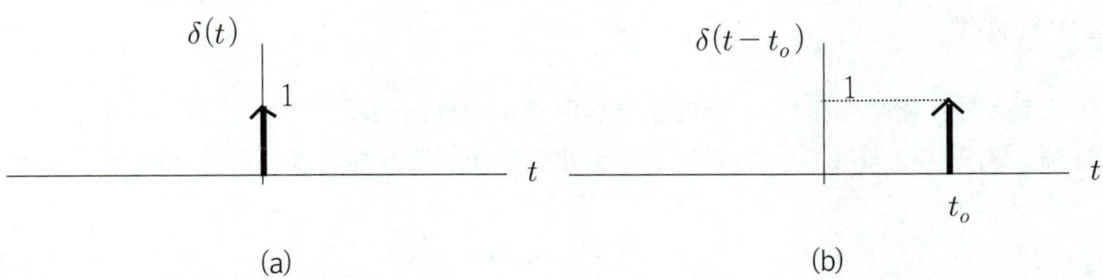

그림 14.14 단위 임펄스의 도식적 표기: (a) $\delta(t)$, (b) $\delta(t-t_o)$

$\delta(t)$의 특성은 식 (14.80)로부터 임의의 작은 ϵ값에 대해 다음과 같은 값을 얻을 수 있다.

$$\int_{-\infty}^{\infty} \delta(t)dt = \lim_{\epsilon \to 0} \int_{-\epsilon}^{\epsilon} \delta(t)dt = 1 \quad (14.81)$$

그리고 $t=0$에서 연속인 임의 함수 $f(t)$에 대해 식 (14.81)로부터 다음의 결과도 얻을 수 있다.

$$\int_{-\epsilon}^{\epsilon} f(t)\delta(t)dt = \begin{cases} f(0), & |t| < \epsilon \\ 0, & otherwise \end{cases}$$

과 같다. 즉 식 (14.81)의 성질에 의해 다음 결과를 얻을 수 있다.

$$\mathcal{F}[\delta(t)] = 1 \quad (14.82)$$

상수 1

상수 1을 푸리에 변환 정의식에 의해 구하면 다음과 같이 $\delta(f)$가 된다. $\delta(t)$와 같은 방법으로 주파수 영역에서 단위 임펄스 $\delta(f)$를 푸리에 역변환을 하면 다음과 같다.

$$\mathcal{F}^{-1}[\delta(f)] = \int_{-\infty}^{\infty} \delta(f)e^{j2\pi ft}df = 1$$

따라서 다음이 성립한다.

$$\mathcal{F}[1] = \delta(f) \quad (14.83)$$

복소지수 함수

복소지수 함수 $e^{j2\pi f_o t}$의 푸리에 변환은 함수 $f(t) = 1e^{j2\pi f_o t}$를 고려하여 정의식에 의해 구하면 다음과 같다. 즉 상수 1을 푸리에 변환한 후 f대신 $f - f_o$를 사용하면 된다.

$$\mathcal{F}[e^{j2\pi f_o t}] = \delta(f - f_o) \quad (14.84)$$

삼각 함수

사인 함수와 코사인 함수는 오일러 공식에 의해 복소지수함수로 표현하여 각각 주파수 지연 정리에 의해 다음과 같이 변환된다.

$$\mathcal{F}[\cos\omega_o t] = \frac{1}{2}\mathcal{F}[e^{j\omega_o t} + e^{-j\omega_o t}]$$

$$= \frac{1}{2}[\delta(f-f_o) + \delta(f+f_o)] \tag{14.85}$$

$$\mathcal{F}[\sin\omega_o t] = \frac{1}{2j}\mathcal{F}[e^{j\omega_o t} - e^{-j\omega_o t}]$$

$$= \frac{1}{2j}[\delta(f-f_o) - \delta(f+f_o)] \tag{14.86}$$

구형파 함수

구형파 함수 $\Pi(t/\lambda)$는 앞에서 구한 바와 같이 다음의 결과를 얻는다.

$$\mathcal{F}[\Pi(t/\lambda)] = \int_{-\lambda/2}^{\lambda/2} e^{-j2\pi ft}dt = \frac{1}{\pi f}\sin\pi f\lambda$$

$$= \lambda\,\mathrm{sinc}\,f\lambda \tag{14.87}$$

식 (14.87)의 스펙트럼은 그림 14.12를 참조하기 바란다.

삼각파 함수

그림 14.15와 같은 삼각파 함수를 식 (14.88)과 같이 정의하여 표현하기도 한다.

$$\Lambda(t/\lambda) \doteq \begin{cases} 1-\dfrac{|t|}{\lambda}, & |t|<\lambda \\ 0, & |t|>\lambda \end{cases} \tag{14.88}$$

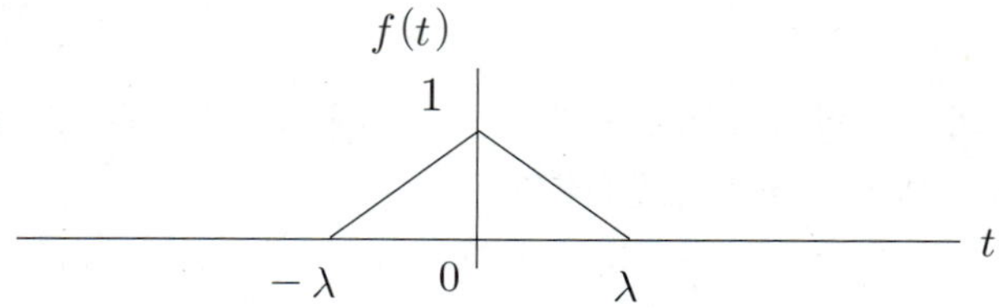

그림 14.15 삼각파 함수

즉 그림 14.15의 삼각파 함수를 식 (14.88)에 의해 $f(t) = \Lambda(t/\lambda)$로 표현한다. 그림 14.15의 함수를 푸리에 변환하면 다음을 얻을 수 있다.

$$\mathscr{F}[\Lambda(t/\lambda)] = \int_{-\infty}^{\infty} \Lambda(t/\lambda) e^{-j2\pi f t} dt = 2\int_{0}^{\lambda/2} (1 - t/\lambda) e^{-j2\pi f t} dt$$

$$= \lambda \mathrm{sinc}^2 f\lambda \tag{14.89}$$

단측 지수 함수

$a > 0$에서 단측 지수함수 $e^{-at}u(t)$의 푸리에 변환을 살펴보자. 여기서 $u(t)$는 단위 계단함수이다. $\omega = 2\pi f$를 고려할 때 $e^{-at}u(t)$의 푸리에 변환은 다음과 같다.

$$\int_{-\infty}^{\infty} e^{-at} u(t) e^{-j2\pi f t} dt = \int_{0}^{\infty} e^{-(a + j2\pi f)t} dt = \lim_{\alpha \to \infty} \int_{0}^{\alpha} e^{-(a + j2\pi f)t} dt$$

$$= \frac{1}{a + j\omega} \tag{14.90}$$

지금까지 살펴본 대표적 함수들의 푸리에 변환을 요약하면 다음 표와 같다.

표 14.2 대표적 함수의 푸리에 변환

일련번호	함수	푸리에 변환
1	1	$\delta(f)$
2	$\delta(t)$	1
3	$e^{j2\pi f_0 t}$	$\delta(f - f_o)$

일련번호	함수	푸리에 변환
4	$\cos\omega_o t$	$\frac{1}{2}[\delta(f-f_0)+\delta(f+f_0)]$
5	$\sin\omega_o t$	$\frac{1}{2j}[\delta(f-f_0)+\delta(f+f_0)]$
6	$\Pi(t/\lambda)$	$\lambda\,\mathrm{sinc}\,f\lambda$
7	$\Lambda(t/\lambda)$	$\lambda\,\mathrm{sinc}^2 f\lambda$
8	$e^{-at}u(t), a>0$	$\frac{1}{a+j\omega}$

푸리에 변환의 활용 중 공학에서 중요한 관심을 두는 것 중 하나가 시간영역에서 볼 수 없는 현상을 주파수 영역에서 볼 수 있게 해 준다는 점이다. 이러한 특징은 현대 공학의 기술을 향상시키는데 지대한 역할을 해 오고 있다.

14.4 푸리에 변환에 의한 회로해석

본 절에서는 푸리에 변환을 활용하여 회로를 해석하는 방법에 대해 간단히 살펴보기로 한다.

푸리에 변환의 성질 중 선형성, 미분정리, 적분정리의 성질로부터 기본 회로의 전압-전류 관계를 주파수영역에서 다음과 같이 나타낼 수 있다.

$$\boldsymbol{V}(f)=\boldsymbol{Z}(f)\boldsymbol{I}(f) \tag{14.91}$$

여기서 $\boldsymbol{V}(f)$, $\boldsymbol{I}(f)$는 각각 주파수영역에서 전압과 전류를 나타낸다. 그리고 $\boldsymbol{Z}(f)$는 임피던스를 나타내며, 저항, 인덕터, 커패시터 각각에 대해 다음과 같이 표현할 수 있음을 앞에서 학습하였다.

$$Z_R = R \tag{14.92a}$$

$$Z_L = j\omega L \tag{14.92b}$$

$$Z_C = \frac{1}{j\omega C} \tag{14.92c}$$

그리고 선형시스템에서 입력 $\boldsymbol{X}(f)$, 출력 $\boldsymbol{Y}(f)$, 전달함수 $\boldsymbol{H}(f)$ 사이에는 다음의 관계가 성립한다.

$$\boldsymbol{Y}(f)=\boldsymbol{H}(f)\boldsymbol{X}(f) \tag{14.93}$$

여기서 $\boldsymbol{X}(f)$, $\boldsymbol{Y}(f)$, $\boldsymbol{H}(f)$는 각각 $x(t), y(t), h(t)$의 푸리에 변환이다. 그리고 $h(t)$와 $\boldsymbol{H}(f)$를 각각 선형시스템의 임펄스응답과 전달함수라 부른다. 그런데 $x(t), y(t), h(t)$의 관계는 다음과 같음을 명심해야 한다.

$$y(t)=h(t)*x(t) \tag{14.94}$$

여기서 $*$는 이 기호 양쪽 함수의 컨벌루션을 나타낸다.

R, L, C의 푸리에 변환 관계[식 (14.92a) ~ (14.92c)]를 이용하여 간단한 회로를 해석하여 보자.

예제 14.2

그림 14.16의 RC 직렬회로에서 푸리에 변환을 이용하여 커패시터 양단의 전압 $v_c(t)$를 구하라. 단 $v_s(t)=10\cos(2t)$ V이다.

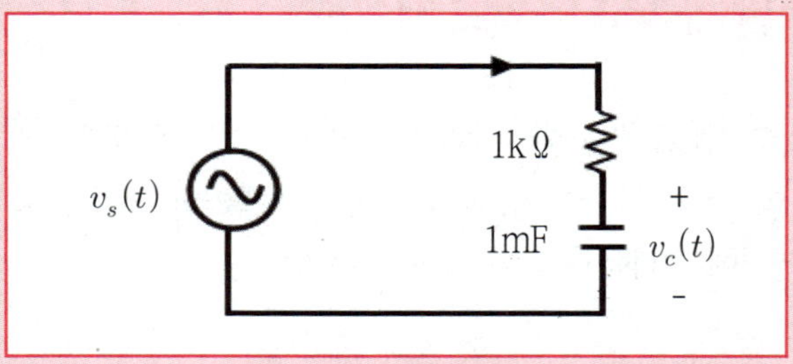

그림 14.16 RC 직렬회로의 예

풀이

각주파수는 $\omega_o=2$ rad/sec이고 $f=1/\pi$ Hz이다. 따라서 다음을 얻을 수 있다.

$$\omega_o CR=2\times10^{-3}\times10^{3}=2$$

그리고 $f_o=\omega_o/2\pi$이므로, 인가전압 $v_s(t)$를 주파수영역에서 나타내면 다음과 같다,

$$V_s = 5[\delta(f-1/\pi)+\delta(f+1/\pi)]$$

따라서 주파수 영역에서 커패시터 양단의 전압은 다음과 같다.

$$V_o(f) = \frac{1/j\omega C}{R+1/j\omega C}V_s = \frac{1}{1+j\omega CR}V_s$$
$$= \sqrt{5}\,e^{-j\theta}[\delta(f-1/\pi)+\delta(f+1/\pi)],\ \ \theta = \tan^{-1}(2)$$

따라서 시간영역에서 출력신호는 조금의 유도 과정을 거치면 다음과 같다.

$$v_o(t) = \mathcal{F}^{-1}[V_o(f)] = 2\sqrt{5}\cos(2t-\theta),\ \ \theta = \tan^{-1}(2)\ \text{볼트}$$

예제 14.3

전달함수가 $H(f) = \dfrac{j2}{3+j4}$ 인 선형시스템에 입력신호를 $v_s(t) = 30\cos(20t)$ V 를 인가하였다. 이때 출력 $V_o(f)$을 구하라.

풀이

먼저 입력신호의 푸리에 변환을 구하자. $f_o = 10/\pi$이다.

$$V_s(f) = \mathcal{F}[30\cos(20t)] = \mathcal{F}[15(e^{j20t}+e^{-j20t})]$$
$$= 15[\delta(f-10/\pi)+\delta(f+10/\pi)]$$

한편 $H(f) = \dfrac{j2}{3+j4} = \dfrac{2}{5}e^{j(90^o-\theta)}$, $\theta = \tan^{-1}(4/3)$이므로, 출력 $V_o(f)$는 다음과 같이 얻어진다.

$$V_o(f) = H(f)V_s(f) = 6e^{j(90^o-\theta)}[\delta(f-10/\pi)+\delta(f+10/\pi)]$$

단, $\theta = \tan^{-1}(4/3)$임.

연습문제

14.1 주기 함수 $f(t)$가 한 주기 동안 다음과 같이 주어질 때 이 함수의 푸리에 급수를 구하라.

1) $f(t)=\begin{cases} 2, 0<t<1 \\ -2, 1<t<2 \end{cases}$, 주기: 2 2) $f(t)=\begin{cases} 2, 0<t<\pi/2 \\ 0, \pi/2<t<\pi \end{cases}$, 주기: π

3) $f(t)=t,\ -\pi \le |t|<\pi$

14.2 주기 함수 $f(t)$가 한 주기 동안 다음과 같이 주어질 때 이 함수의 푸리에 급수를 구하라.

1) $f(t)=\begin{cases} t,\ 0 \le |t|<\pi \\ 0,\ \pi \le |t|<2\pi \end{cases}$ 2) $f(t)=\begin{cases} \sin t, & 0 \le |t|<\pi \\ -\sin t, & \pi \le |t|<2\pi \end{cases}$

14.3 함수 $f(t)$가 다음과 같이 주어질 때 이 함수의 푸리에 변환을 구하라.

1) $f(t)=\begin{cases} 5, -\alpha/2<t<\alpha/2 \\ 0, |t|>\alpha/2 \end{cases}$ 2) $f(t)=e^{-2t},\ t>0$

3) $f(t)=4\Pi(t/4)$ 4) $f(t)=|t|,\ -\pi<t<\pi$

14.4 다음의 함수 $f(t)$에 대해 푸리에 변환의 성질을 이용하여 푸리에 변환을 구하라.

1) $f(t)=\sin^2 t$ 2) $f(t)=\cos^2 t$

3) $f(t)=te^{-at},\ a>0$ 4) $f(t)=e^{-jat}\cos\omega_o t,\ a>0$

5) $f(t)=5u(t)-u(t-a),\ a>0$ 6) $f(t)=t\cos t$

14.5 다음 함수에 대해 푸리에 변환을 구하라.

1) $f(t)=(t-3)e^{-(t-3)}\sin 2(t-3)u(t-3)$

2) $f(t)=e^{-2|t|}$

14.6 다음을 푸리에 역변환을 하라.

1) $\dfrac{-\omega + j}{\omega}, \omega = 2\pi f$　　　　2) $\dfrac{1}{(1+j\omega)^2}$

14.7 식 (14.8a) 혹은 (14.8b)를 양측 선 스펙트럼으로 도시하라.

14.8 어떤 시스템의 주파수 응답이 $H(f) = \dfrac{1}{1+j\pi f}$ 이다. 다음과 같은 입력 $x(t)$가 주어질 때 시스템의 출력을 구하라.

1) $x(t) = e^{-2t}, t > 0$　　　　2) $x(t) = 3e^{-|t|}, t > 0$

3부 다이오드와 연산증폭기 특성 및 응용 회로

15장 반도체 기본 개념과 다이오드의 전기적 특성 및 응용

▶학습 목표◀

- 반도체의 기본 개념을 학습한다.
- 다이오드의 전기적 특성을 이해한다.
- 다이오드를 활용한 정류회로에 대해 학습한다.

15.1 개요

전기가 잘 통하는 정도에 따라 물질은 크게 3가지로 나누어지는데, 전기가 잘 통하는 물질을 도체(conductor)라 하고, 전기가 통하는 않는 물질을 부도체(insulator) 또는 절연체라 하며, 도체와 절연체의 중간적인 성질을 갖는 물질을 반도체(semiconductor)라 한다. 즉 반도체는 전기가 잘 통하는 도체와 통하지 않는 절연체의 중간적인 성질을 나타내는 물질이다.

오늘날 전기전자 회로에 널리 사용되는 반도체들은 열, 빛, 전자장, 전압, 전류 등의 영향으로 그 전기적 성질이 크게 바뀌는데, 이 전기적 특성에 의해 매우 다양한 용도로 활용되고 있다.

초기의 반도체 재료로는 원소 주기율표에서 4족(단주기형 주기율표) 원소인 게르마늄이 많이 사용되었으나, 오늘날에는 대부분 4족에 속하는 실리콘이 주원료로 사용되고 있다. 미국의 윌리엄 브래드포드 쇼클리(William Bradford Shockley)에 의해 도체나 진공 속으로만 움직이던 전자가 완전 도체도 절연체도 아닌 반도체라는 고체 물질 내에 존재하면서 흥미로운 전기적 특성을 갖게 된다는 사실이 처음으로 발견되었다. 이후 반도체 물질을 이용하여 전기전자 회로에 많이 사용되는 다이오드, 트랜지스터 등의 전자소자를 만들게 되었다.

본 장에서는 반도체의 기본적 개념과 이를 사용하여 만든 전기전자 소자의 하나인 다이오드의 전기적 특성, 그리고 다이오드를 사용한 정현파 신호의 반파 및 전파 정류회로에 대해 살펴보기로 한다.

15.2 반도체의 기본 개념

전기전자 회로에 많이 사용되는 다이오드는 반도체라는 물질로 만들어진다. 따라서 반도체의 기본 개념을 학습하고자하는 이유는 다이오드의 전기적 특성(전압-전류 특성)을 이해하기 위함이다. 반도체 기본이론을 학습하기 위해서는 고체 내에서 적용되는 에너지밴드 이론을 간단히 이해할 필요가 있다. 즉 에너지밴드 이론을 학습하는 궁극적 이유는 이 이론이 반도체 소자의 전기적 특성인 전류-전압 관계를 설명하는데 필요하기 때문이다.

1) 실리콘 결정구조

반도체 물질의 전기적 특성 이해를 위해 먼저 단결정 실리콘의 공유결합과 에너지밴드 모델을 살펴보기로 하자. 그림 15.1은 실리콘이 단일 원자로 존재할 때 이 원자에 대한 2차원적 원자 모형도이다. 실리콘은 원자번호 14의 원소이며, 규소라고도 한다. 실리콘 원자 모델에서 최외각 궤도를 돌고 있는 전자의 개수는 4개이다. 따라서 4족(단주기율표) 원소에 속한다.

중성 실리콘 원자는 핵에 14개의 양성자가 존재하고 그 주위를 돌고 있는 전자의 수도 14개이다. 외부의 여기가 없는 상태에서는 원자핵 내의 양성자와 주위 전자 사이에 존재하는 쿨롱 힘과 전자가 궤도를 돌게 하는 원심력이 평형을 이루기 때문에 안정된 상태가 된다. 그런데 실리콘 원자모델에서 최외각 전자들은 원자핵과의 결합력이 약해서 외부의 에너지에 의해 쉽게 원자핵으로부터 이탈할 수 있는 상태이다. 외부의 영향으로 궤도를 돌고 있는 전자가 원자핵으로부터 이탈하는 현상이 일어날 수 있으며, 궤도를 이탈한 전자를 자유전자(free electron)라 한다. 이에 비해 원자핵에 구속되어 있는 전자를 구속전자(bound electron)라 한다.

그림 15.2는 절대온도 ^{o}K에서 단결정 실리콘 물질 내에서 실리콘 원자간 공유결합 상태를 나타내는 2차원적 모형을 보여준 것이다. 다른 원자들도 마찬가지이지만, 일반적으로 실리콘 원자도 안정된 상태로 변화하려는 성질을 가지고 있으므로 최외각 전자 개수가 8개가 되려고 한다. 이러한 현상을 고려할 때 실리콘 단원자도 일정부분 불안정한 상태라는 것을 의미하며, 따라서 다른 주위 실리콘 원자와의 공유결합을 통해 안정된 상태를 유지하려고 한다.

그림 15.2에 보인 바와 같이 다수의 실리콘 원자만 존재하는 물질 내부에서 최외각 궤도 주변에 있는 4개의 원자는 각각 하나씩 다른 원자의 최외각 전자와 공유함으로써 최외각 궤도에서 전자를 8개로 유지하려 한다.

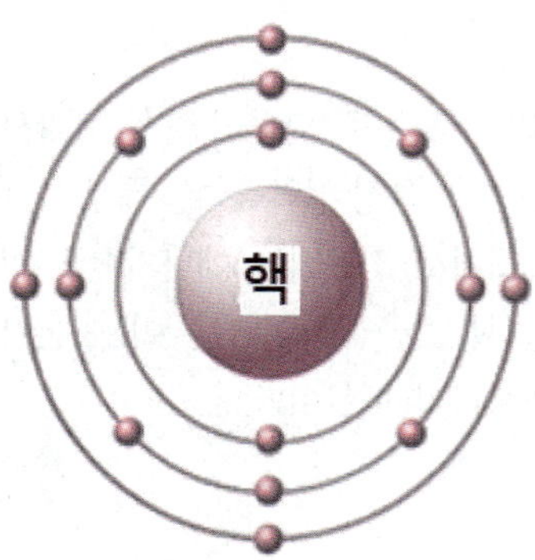

그림 15.1 단일 실리콘 원자의 2차원적 모형도

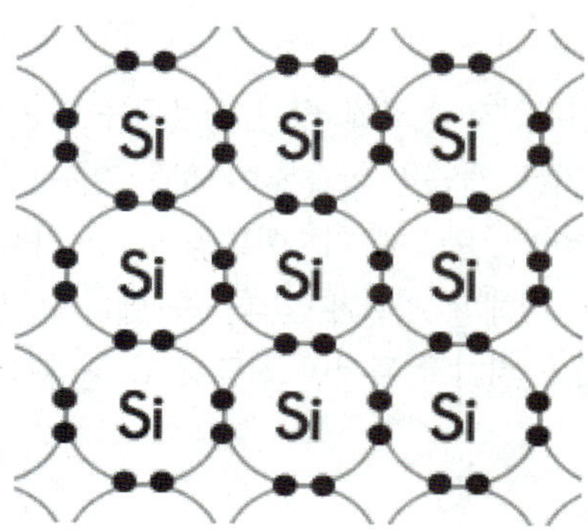

그림 15.2 절대 온도 0 ^{o}K에서 순수 실리콘 물질의 공유결합 모형도

2) 에너지밴드 모델

원자핵에 종속된 전자들은 연속적인 에너지를 가질 수 있는 것이 아니라, 양자화된 에너지를 가진다. 한 개의 원자가 독립적으로 있는 경우와 수많은 원자들이 충분히 가까워져 고체를 이루고 있는 경우 전자들이 가질 수 있는 에너지 준위(상태)의 모임이라하는 **에너지밴드 결합모델**(혹은 간략히 **에너지밴드모델**)을 갖는다. 이에 대해 그림 15.3을 바탕으로 자세히 살펴보자.

원자 하나가 독립적으로 존재할 때는 그림 15.3(a)와 같이 양자화된 에너지 준위가 선의 형태로 선명하게 분리되어 나타난다. 하지만 많은 원자들이 충분히 가까워지면 공유결합을 통한 고체결정구조가 되어 단일 원자 모델과는 조금 다른 형태로 나타난다. 원자들이 군으로 모여 있을 때는 원자와 원자 사이, 전자와 전자 사이, 원자와 전자 사이에서 서로 간섭이 일어나면서 에너지 준위는 세분화되고 준위 사이의 간격이 더욱 촘촘해진다. 동시에 에너지 준위(energy level)가 겹치는 부분에서는 에너지 준위가 반발하면서 조금씩 떨어진다(파울리 배타율). 그 결과로 만들어지는 것이 에너지밴드 모델이며 이는 그림 15.3(b)와 같이 모델링된다.

즉 에너지 준위가 촘촘해져서 특정 구간 내에서 거의 모든 에너지 준위에 전자가 존재할 수 있게 된 것을 **에너지밴드**(energy band)라 하고, 그 에너지 밴드들 사이에 전자가 존재할 수 없는 상대적으로 넓은 에너지 구간을 **금지대**(forbidden band)라 한다. 금지대의 에너지 준위의 거리(구간)를 **에너지갭**(energy gap)이라 부른다. 여기서 모든 전자는 그림 15.3에 보여진 백색 선에 해당하는 에너지 준위 중 한 값을 가지며, 백색 선 이외의 에너지 준위 값을

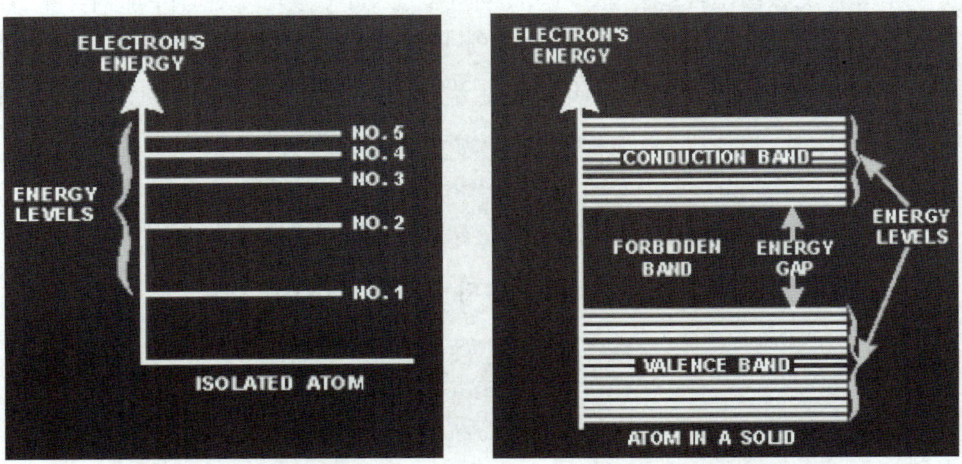

(a) (b)

그림 15.3 실리콘 원자 내부의 전자(혹은 전자군)에 대한 에너지밴드 모델 :
(a) 독립적으로 존재하는 원자의 에너지밴드 모델, (b) 전자군에 대한 결합원자들에서의 에너지밴드 모델

가질 수 없는데, 이것이 양자화의 기본 개념이다. 자세한 설명은 이 교재의 범위를 벗어나기 때문에 생략하기로 한다.

방금 설명한 바와 같이 하나의 전자는 에너지밴드 내의 모든 에너지 준위들 중 하나만을 가질 수 있지만 금지대 내의 에너지준위는 가질 수 없다. 이와 같이 다수로 형성된 에너지밴드에서는 낮은 에너지 준위부터 전자가 채워지며, 어느 순간부터 비워지는 에너지밴드가 생긴다. 이 때 전자가 채워진 밴드를 충만대(filled band)라 하며, 충만대 중에서 가장 높은 에너지 준위들을 갖는 에너지밴드를 가전자대(valence band)라 부른다. 그리고 가전자대보다 위에 존재하는(절대온도 $0^o K$에서 빈 상태가 됨) 에너지밴드 중 가장 낮은 에너지 밴드를 전도대(conduction band)라 한다.

3) 가전자대와 전도대 사이에서 전자의 이동 현상

절대온도 $0^o K$에서 각각의 실리콘 원자는 낮은 에너지 상태에 존재하는 8개의 최외각 궤도의 전자들에 의해 둘러싸고 있고, 이 최외각 궤도의 전자들은 직접 공유결합을 형성한다. 이들 전자가 가질 수 있는 에너지 준위는 밴드를 구성하고 있는데, 이 에너지밴드 구조에 대한 좀 더 상세한 설명을 위한 2차원적 개념도가 그림 15.4에 보이는데, 이는 그림 15.3(b)와 같은 개념의 구조이다.

즉 그림 15.4를 살펴보면, 온도가 상승하거나 전자파나 빛과 같은 외부의 자극이 있을 때 공유결합을 형성하고 있는 전자가 충분한 에너지를 얻어 공유결합을 이탈하는 과정을 보여주는 개념도이다. 따라서 절대온도 $0^o K$에서 공유결합을 형성하고 있는 전자가 온도나 외부의

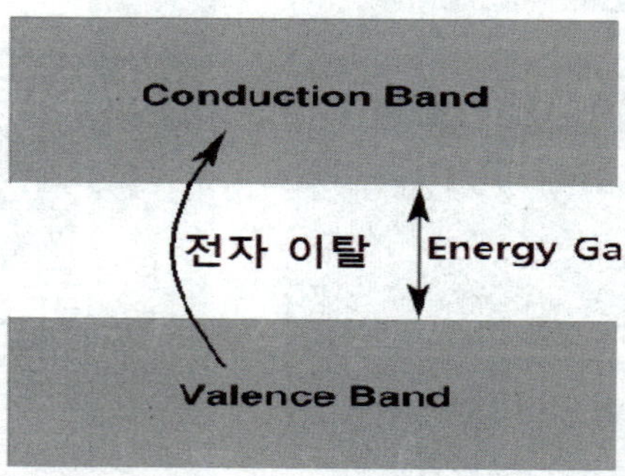

그림 15.4 고체 실리콘에서 공유결합으로 생기는 에너지밴드 모델에서 가전자대에서 전자가 이탈하여 전도대로 옮겨가는 개념도

에너지 자극이 있는 경우 이로부터 에너지를 얻어 원자핵에 구속되어 있던 공유결합 상태를 깨뜨리고 핵의 구속으로부터 이탈하여 전도대의 에너지 준위를 점유하게 된다. 전도대로 올라간 전자들은 반도체 양단에 전압을 인가하면 전류에 기여하게 된다.

4) 에너지갭에 따른 물체의 분류

고체의 종류에 따라 서로 다른 모양의 에너지밴드 구조를 가지게 되며, 이에 따라 물질의 전기적 특성도 다르게 나타난다. 물체를 전기적 성질에 따라 분류하면 도체, 부도체(절연체), 반도체로 나누어지는데, 이들에 대한 에너지 에너지밴드의 구조가 그림 15.5에 보인다.

절연체의 경우 그림 15.5(a)와 같이 에너지갭이 매우 크다. 절대온도 $0^o K$에서 절연체 내부의 전자들은 전도대에 존재하지 않으며, 따라서 전도대는 완전히 비어 있는 상태가 되고 가전자대는 전자들로 완전히 채워진다. 온도가 상승하여 열적 자극을 받거나 그 외 외부의 자극으로 가전자대에 있는 전자가 에너지를 얻게 되는데, 그럼에도 불구하고 전도대로 올라가 자유전자가 되기에는 금지대 폭(=에너지갭)이 너무 높다. 따라서 절연체에서는 전도전류에 기여할 수 있는 자유전자가 거의 없는 상태가 된다.

그림 15.5(b)는 도체에 대한 에너지밴드 구조를 보여주는 것으로, 전도대 및 가전자대가 겹쳐져 있는 밴드 구조를 보인다. 도체의 에너지밴드 구조는 금지대가 아주 좁거나, 없는 경우도 있다. 도체에서 전도대는 $0^o K$ 이상의 온도에서는 부분적으로 전자로 채워져 있으며, 많은 수의 전자들이 옮겨갈 수 있는 많은 수의 빈 에너지 상태(준위)가 가전자대와 거의 붙어 존재한다. 따라서 외부에서 아주 작은 여기가 있거나 약간의 온도 상승으로도 가전자대에 있는 전자가 전도대로 많이 옮겨갈 수 있다.

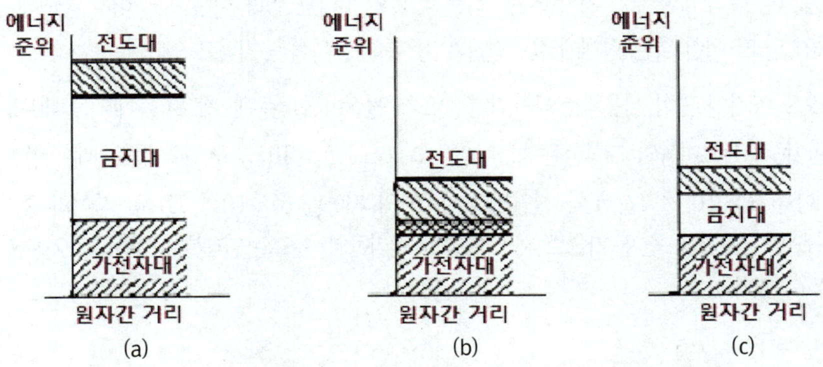

그림 15.5 물체의 에너지 밴드 구조: (a) 부도체, (b) 도체, (c)반도체

그림 15.5(c)는 반도체에 대한 에너지 밴드구조를 보인 것이다. 금지대(forbidden band)의 폭은 절연체보다는 낮고 도체보다는 높으며, 일반적으로 금지대 폭이 보통 0.2 ~ 2 [eV] 정도 범위에 있다. 반도체의 전도대(conduction band)는 전자들이 거의 비어있고 일부 준위에서는 전자를 가질 수 있으며, 전도대에 있는 자유전자는 자유롭게 이동이 가능하다.

가전자대(valence band)에는 전자가 거의 채워져 있고 일부는 비어있는 상태가 되는데, 이와 같이 가전자대의 에너지 준위가 비어있는 상태를 정공(hole)또는 홀이라 한다. 인접 구속전자가 외부로부터 조금의 자극을 받으면 이러한 정공으로 옮겨가게 되는데, 이때 구속전자가 옮겨간다는 개념 대신 정공이 반대 방향으로 옮겨간다고 해석한다. 즉 반도체에서 정공은 자유롭게 이동할 수 있는 상태이다. 따라서 반도체에서는 자유전자나 정공이 모두 전류에 기여한다. 이와 같이 반도체의 경우 외부의 여기 상태에 따라 도체의 성질을 가질 수도 있고 부도체의 성질을 가질 수도 있다.

15.3 다이오드 전기적 특성

본 절에서는 반도체 물질로 만들어진 다이오드의 전기적 특성을 학습하고자 한다. 즉 학습의 핵심은 다이오드의 순방향 혹은 역방향으로 전압을 인가하였을 때 다이오드를 흐르는 전류, 즉 전기적 특성을 고찰하는 것이다.

1) 반도체와 PN접합 다이오드

반도체는 도체나 부도체와 전기적으로 다른 특성을 지니고 있다. 반도체는 어떤 상태에서는 전기가 잘 통하지 않고, 어떤 다른 상태에서는 전기가 잘 통하는 특성을 지니고 있다.

다이오드 제작에 많이 사용되는 대표적인 반도체 물질이 실리콘과 게르마늄이다. 실내온도($300^o\ K$)에서 실리콘과 게르마늄의 저항률은 각각 $5\times10\ \Omega\cdot m$, $5\times10^{-2}\ \Omega\cdot m$ 정도인데, 이는 도체인 구리의 저항률 $5\times10^{-8}\ \Omega\cdot m$와 절연체인 마이카의 저항률 $5\times10^{10}\ \Omega\cdot m$ 사이의 중간영역의 값을 가짐을 알 수 있다. 현재 기술로 제조 가능한 실리콘의 순도는 일레븐 나인, 즉 99.999999999%까지 얻을 수 있다.

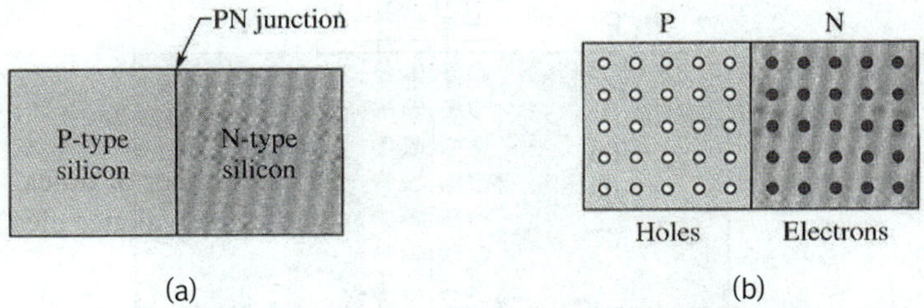

그림 15.6 PN 접합다이오드의 개념도 : (a) 첨가된 불순물 종류에 따른 P형 영역과 N형 영역을 나타내는 개념도, (b) 영역에 따른 전자(electron)와 홀(hole)의 분포에 대한 개념도

그런데 실리콘이나 게르마늄의 저항률은 이들 물질에 불순물(여기서는 특정 종류의 물질들로 한정됨)이라 불리는 특정한 물질을 첨가함으로써 저항률의 조절이 가능하다. 불순물이 첨가된 실리콘이나 게르마늄은 불순물의 종류에 따라 N형과 P형으로 나누어진다. 4족 원소인 순수 실리콘이나 게르마늄에 인(P)이나 안티몬(Sb)과 같은 5족 원소의 불순물이 첨가되면 이를 **N형 반도체**라 하고, 순수 실리콘이나 게르마늄에 알루미늄(Al)이나 붕소(B)와 같은 3족 원소가 첨가되면 이를 **P형 반도체**라 한다.

만약 하나의 실리콘에 반쪽은 N형 불순물이 첨가되고 다른 반쪽은 P형 불순물이 첨가되면 두 영역 사이에 접합면이 형성되는 구조를 갖는데, 이러한 구조를 PN접합이라 한다. 이렇게 만들어진 PN 접합을 갖는 소자를 **PN접합 다이오드**라 부른다. 그림 15.6(a)는 PN접합 다이오드의 모형도를 나타낸 것이다. 그림 15.6(a)는 불순물 첨가에 따른 P형 영역과 N형 영역을 나타낸 개념도이며, 그림 13.6(b)는 각 영역에서 전자(electron)와 홀(hole)의 분포를 나타낸 개념도이다. 즉 다이오드의 P형에는 홀이 분포하며, N형에는 자유전자들이 분포하는데, 이 개념도는 접합 부근에서 자유전자와 홀이 상대영역으로 확산하기 직전의 상태를 도식화한 것이다.

실제에서는 P형 반도체와 N형 반도체가 접합이 이루어질 때 접합면을 중심으로 전자들의 이동이 일어난다. PN접합이 이루어지는 순간 P형 영역과 N형 영역의 전자농도 차이에 의해 N 영역의 전도대 전자들은 모든 방향으로 **확산**(diffusion)을 하게 된다. 그러므로 P형과 N형 접합이 이루어지는 순간 N영역 전자들의 상당 부분은 P영역으로 확산을 하여 P영역의 홀과 **재결합**(recombination)을 한다. 이러한 재결합이 이루어지면 접합 부근의 각 영역에서는 양과 음의 이온들이 발생하게 되며 결과적으로 양이온 쪽에서 음이온 쪽으로 전계가 발생하게 된다. 이렇게 발생된 전계는 자유전자의 확산에 의한 이동을 방해하는 방향으로 형성된다. 방해하는 전계 힘과 확산을 하려고 하는 힘이 평형을 이루게 되면 그때부터는 더 이상 N형 쪽 전자의 확산이 일어나지 않는 평형상태가 되는데, 이때의 상태를 **PN접합의 평형상태**라 한다. PN 접합의 평형상태를 이상적으로 도식화한 것이 그림 15.7이다.

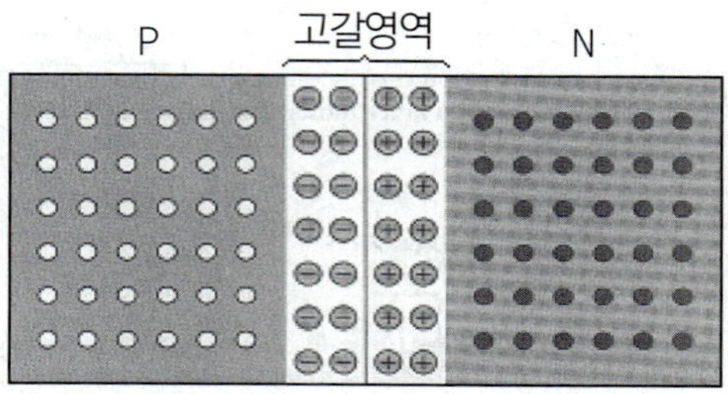

그림 15.7 PN 접합다이오드의 평형상태에 대한 개념도

전자의 이동과 재결합으로 나타난 PN접합 부분을 고갈영역(depletion region) 혹은 공핍영역 혹은 공간전하영역이라 한다. 즉 고갈영역에서는 전자의 이탈(N형 영역)과 전자와 홀의 재결합(P형 영역)으로 인해 반도체 원자들은 이온화 상태로 존재하게 된다.

2) 다이오드의 전압-전류 특성곡선

이상적 다이오드

N형 반도체와 P형 반도체가 금속적으로 접합이 이루어지면 PN접합 다이오드가 되는데, 다이오드의 회로기호는 그림 15.8(a)와 같다.

이상적인 PN접합 다이오드의 전압-전류 특성은 그림 15.8(b)와 같이 모델링된다. 여기서 V_d와 I_d는 각각 다이오드 양단에 인가된 전압과 이때 다이오드를 통해 흐르는 전류를 나타낸다. 그림 15.8(b)의 특성을 수식으로 나타내면 다음과 같다.

$$I_d = \begin{cases} \infty \ , \ V_d > 0 \\ 0, \ \ V_d < 0 \end{cases} \tag{15.1}$$

PN접합 다이오드에서 P형 쪽에 전원의 양(+)극을, N형 쪽에 음(-)극을 연결하였을 때 '순방향으로 바이어스되었다'고 한다. 또한 N형 쪽에 전원의 양(+)극을, P형 쪽에음(-)극을 연결하였을 때 '역방향으로 바이어스되었다'고 한다.

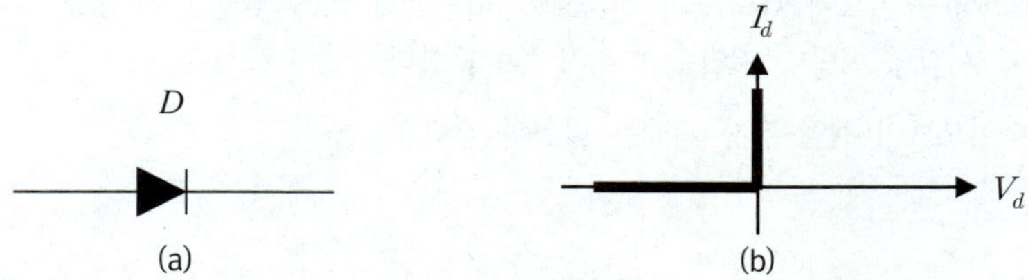

그림 15.8 이상적인 다이오드의 회로기호와 전압-전류 특성곡선
(a) 다이오드의 회로기호, (b) 전압-전류 특성곡선

따라서 이상적인 다이오드에서는 역방향으로 바이어스되는 경우 그림 15.8 (b)에 보인 바와 같은 부도체의 특성을 보여 전류가 흐르지 않으며, 순방향으로 바이어스되는 경우는 도선과 같은 역할을 하여 전기적으로 단락 현상을 보인다.

실제 다이오드

실제의 다이오드는 여러 가지 이유로 순방향과 역방향 모두에서 이상적인 다이오드와는 조금 다른 특성을 보인다. 실제 다이오드의 전압 V_d와 전류 I_d의 관계는 그림 15.9와 같은 전기적 특성을 갖는다.

순방향으로 바이어스되는 경우 다이오드 내에 존재하는 다수 캐리어의 이동에 의해 충분한 전류가 흐르며, 역방향으로 바이어스되는 경우 다이오드 내의 소수 캐리어 이동에 의해 역방향으로 미세한 전류(역포화 전류라 불림)가 흐른다. 따라서 순방향으로는 특정 임계전압(실리콘: 0.7 V, 게르마늄: 0.3 V) 이상에서는 저항이 매우 작은 값을 가지며, 역방향으로 바이어스되는 경우 특정 전압보다 큰 전압(약 -7 V)에서는 저항이 아주 큰 값을 갖는다. 그러나 역방향 바이어스가 어느 특정 전압 이하가 되면 반도체 내의 충만대 전자

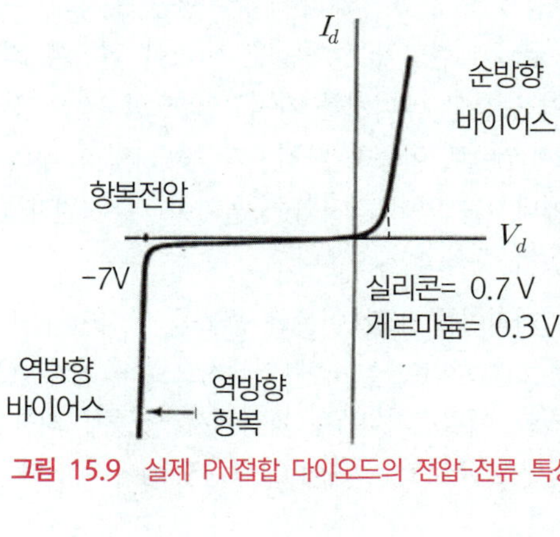

그림 15.9 실제 PN접합 다이오드의 전압-전류 특성곡선

가 붕괴 현상을 일으켜 대규모의 전자들이 이동하게 되어 엄청난 역방향 전류가 흐르게 되는데, 이 시점의 역방향 전압을 항복전압이라 한다.

실제 다이오드의 전압-전류 관계는 다음과 같다.

$$I_d = I_0(e^{\frac{qV_d}{nkT}} - 1) \tag{15.2}$$

여기서 I_0는 다이오드의 역포화 전류, q는 전자 1개의 전하량(1.6×10^{-19}C), k는 Boltzmann 상수, T는 절대온도, n은 이상계수(ideality factor)를 나타낸다. 이상계수 n은 물질에 따라 1~2 사이의 값을 갖는데, 보통 1을 많이 나타낸다.

다이오드의 순방향과 역방향의 상태를 멀티미터를 사용하여 확인할 수 있다. 먼저 멀티미터의 측정 영역(range)을 저항측정 부분에 두고 멀티미터의 두 측정 단자를 다이오드의 양다리에 연결한다. 연결된 상태에서 저항값을 측정하여 저항 값이 아주 크게 나타나면 그 방향은 역방향이 된다. 반대로 저항 값이 아주 작게 나타나면 그 방향은 순방향이 된다.

애벌런치 효과

다이오드 양단에 역방향으로 특정 전압 이상(역방향 절대전압이 항복전압의 절대값보다 큰 경우)을 인가하게 되면 반도체 내의 충만대 전자가 붕괴 현상을 일으켜 대규모의 전자들이 이동하게 되어 엄청난 전류가 흐르게 된다. 이러한 현상을 애벌런치효과(Avalanche Effect) 혹은 애벌런치항복(Avalanche Breakdown)이라 한다.

일반적으로 반도체 다이오드 소자를 만들 때는 도핑 농도(불순물 농도)가 낮은 반도체를 사용한다. 이때 PN접합 다이오드의 양단에 큰 역방향 전압을 인가하면, 접합영역에서 캐리어가 큰 에너지를 얻게 되고, 이 캐리어들은 인근 원자와 충돌하면서 발생시키는 충격 이온화(impact ionization) 현상이 일어난다. 이러한 현상은 격자 산란이라는 과정으로 이어져, 산란되는 전자가 충분한 에너지를 가지고 있으면 '전자-정공' 쌍을 생성시킨다. 즉 p형(p-type)에서 n형(N-type)로 이동하는 전자가 공핍 영역 내의 큰 전기장에 의해 가속되면 충분히 큰 운동 에너지를 얻어 격자와 충돌하여 다른 원자들을 이온화시키는 과정에서 캐리어(전자-정공 쌍)의 증식을 가져온다.

공핍영역에서 생성된 캐리어들 또한 이온화 충돌을 거치면서 또 다시 캐리어 증식에 기여한다. 이렇게 새로 생성된 캐리어들 또한 연쇄적으로 충돌과정을 통하여 또 다른 전자-정공 쌍을 만든다. 이러한 에벌런치 항복 과정에서 충돌에 의한 전자-정공 쌍을 만드는 메카니즘에 대한 에너지밴드 구조적 설명이 그림 15.10에 보인다.

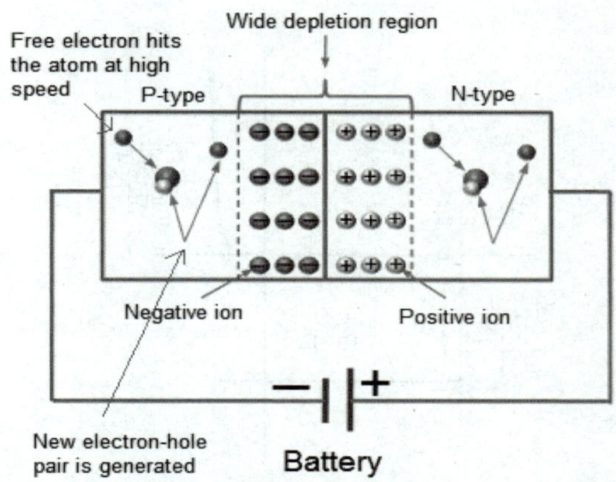

그림 15.10 애벌런치효과에 대한 개념도

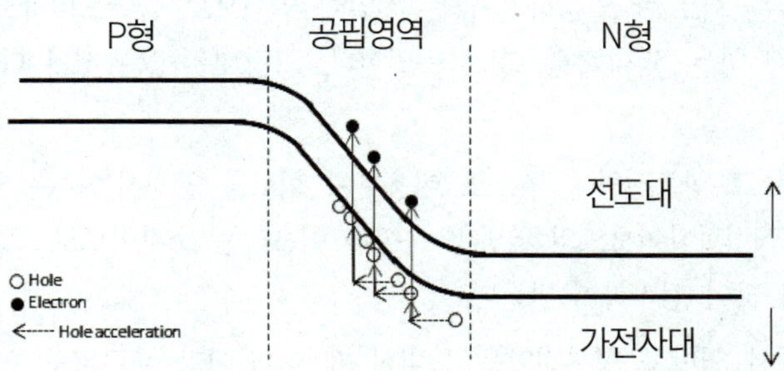

그림 15.11 에벌런치 과정 일어날 때 에너지밴드 구조도

에벌런치 현상이 일어날 때 전도대로 올라가 다시 자유전자가 되어 전류에 기여하게 되는데, 이에 대한 도식적 개념도가 그림 15.11에 보인다. 이러한 과정에서는 아주 작은 전압의 변화에도 아주 큰 전류의 변화가 일어나게 된다.

3) 제너다이오드

PN접합다이오드에 역방향 전압을 인가할 경우, 어느 임계전압(항복전압) 이상의 전압에 이르면 전류가 급격히 증가한다. 이러한 영역에서는 전류의 대폭적인 변화에 대해서도 다이오드 양단의 전압이 그다지 변화하지 않는다. 이러한 현상을 이용하기 위해 의도적으로 만들어진 다이오드를 제너다이오드라 하며, 이는 정전압 장치에 많이 이용된다.

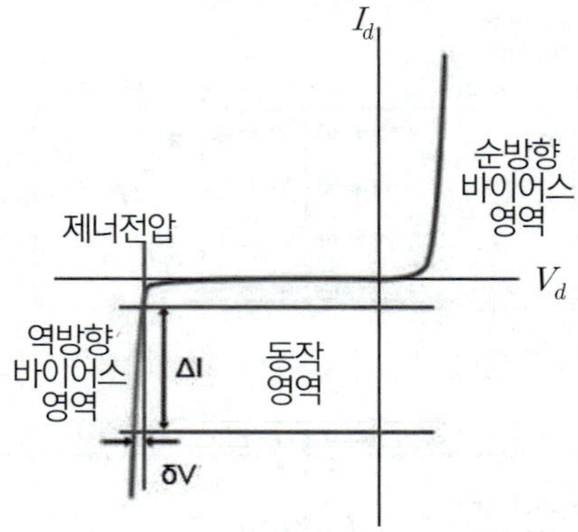

그림 15.12 제너 다이오드의 전압-전류 특성 곡선

정전압 장치(혹은 회로)란 일정하지 않는 전압이 입력으로 들어오더라도 항상 같은 전압이 출력으로 나타나게 하는 장치(혹은 회로)를 말한다. 그림 15.12는 제너 다이오드의 전압-전류 특성을 보여준다.

제너다이오드는 그 항복전압을 역으로 이용하여 회로를 안정시켜주는 역할을 한다. 따라서 제너다이오드는 PN접합다이오드의 역방향 특성을 이용하는 소자이므로, 일반 다이오드보다 반도체 불순물을 더 많이 첨가하여 만든다.

제너다이오드에서 역방향 항복전압을 특별히 제너전압이라 부르기도 한다. 제너다이오드에서 항복전압에 이르렀을 때 갑자기 많은 전류가 흐르는 원리는 보통의 다이오드에서 보이는 애벌런치 효과와는 다르다. 이에 대해 아래에서 좀 더 자세히 살펴보자.

제너효과

PN접합다이오드가 역방향으로 바이어스되었을 때 일어날 수 있는 또 하나의 현상이 있다. 즉 PN접합다이오드에 큰 역방향 전압이 인가되면 공핍영역이 확대되고, PN접합 부근에서 강한 전계가 생긴다. 충분히 큰 전계가 형성되면 반도체의 공핍영역을 가로질러 P형 영역에서 N형 영역으로 전자들의 터널링현상(tunnelling effect)이 일어난다. 터널링현상이 일어날 때 다이오드를 통해 갑작스럽게 큰 전류가 흐르게 되는데 이러한 현상을 제너효과(Zenner effect) 혹은 제너항복(Zenner Breakdown)이라고도 한다.

터널링 현상의 이해를 위해 그림 15.13의 에너지밴드 구조를 참고로 좀 더 자세히 살펴보자.

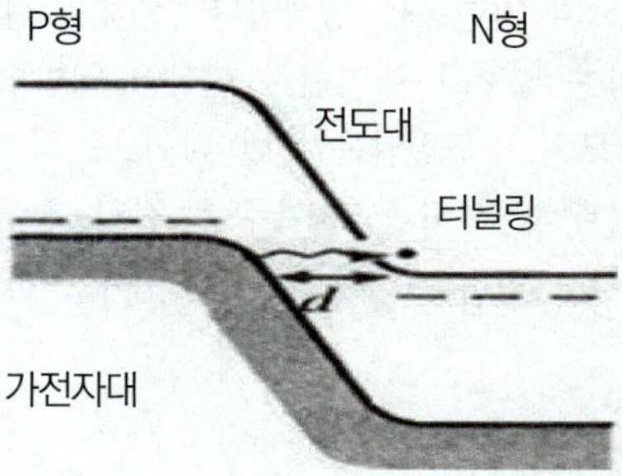

그림 15.13 터널링 현상이 일어날 때 에너지밴드 구조도

터널링현상은 애벌런치 현상과는 다른데, 이는 반도체 물질에 들어가는 불순물의 농도 차이에서 서로 다른 현상이 일어난다. 제너다이오드에 사용되는 반도체에는 불순물의 농도를 극도로 높여 공핍영역을 아주 작게 만들어지게 한다. 이러한 P형과 N형 반도체의 접합 부근에서는 전자들이 가질 수 있는 에너지 밴드 구조가 보통의 다이오드에 비해 상대적으로 많이 차이가 난다. 따라서 큰 역방향의 전압을 가하면 그림 15.13과 같이 P형의 가전자대 준위와 N형의 전도대 준위가 비슷한 위치를 가지게 된다. 따라서 강한 전계에 의해 P형의 가전자대 전자가 N형의 전도대로 터널링을 일으키게 된다. 이때 다이오드의 역전류가 갑자기 크게 증가한다. 그런데 실제 제너다이오드에서는 터널링 현상과 함께 애벌런치 현상도 함께 일어난다. 일반적으로 -5 ~ -6 V의 역전압에서는 터널링 효과가 주된

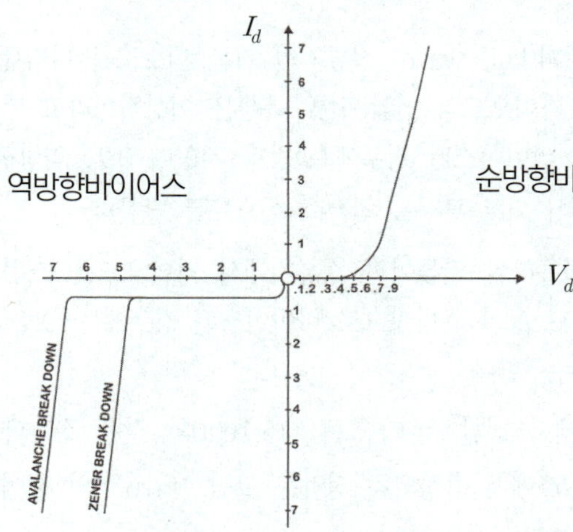

그림 15.14 일반 다이오드에서 애벌런치항복과 제너다이오드에서 제너항복을 보여주는 전압-전류 특성곡선의 상대적 차이

역할을 하여 다이오드의 역전류를 형성하나, 점점 역전압을 더 높여 약 -7 ~ -8 V 정도가 되면 터널링 현상은 멈추고 애벌런치 현상이 역방향 전류에 주된 역할을 한다. 즉 일반적으로 제너다이오드의 항복전압은 일반 다이오드의 항복 전압보다 낮은 절대값을 가지는데, 이에 대한 상대적 차이를 보여주는 전압-전류 특성이 그림 15.14에 보인다.

제너 다이오드의 항복 전압 부근에서 전류의 기울기가 일반 다이오드보다 더 예리한(큰) 특징을 가진다.

15.4 정류회로

정류기는 교류전압(예: 110 V ~ 60 Hz, 220 V ~ 60 Hz)을 직류전압으로 바꾸는 회로소자이다. 즉 교류를 직류로 바꾸는 회로소자는 기본적으로 다이오드와 부하 R_L로 구성되어 있다. 정류회로에는 반도체 다이오드가 사용되는데, 특히 확산접합형 실리콘 다이오드가 정류기에 많이 사용된다. 이 다이오드는 역방향 항복전압이 높고, 역포화 전류 I_0가 다른 형의 다이오드보다 작으며, 순방향 전류는 많이 흐른다. 정류기는 반파정류기와 전파정류기로 구분된다.

1) 반파 정류회로

그림 15.15는 간단한 반파(half wave) 정류기의 기본 회로도를 나타낸 것이다. 반파정류회로를 살펴보기 위해 우선 다이오드의 전압-전류 특성은 이상적이라고 가정하자. 이상적인 다이오드라 함은 순방향으로 바이어스된 경우에 순방향 저항이 0Ω, 역방향으로 바이어스된 경우에 역방향 저항이 $\infty\Omega$이 되는 특성을 갖는 다이오드를 말한다.

이상적인 다이오드를 이용하여 만들어진 정류기에서 다이오드는 스위치 기능을 수행한다. 즉 그림 15.15에서 다이오드 D가 순방향으로 바이어스된 경우에는 ON, 역방향으로 바이어스된 경우에는 OFF 기능을 수행한다.

만약 그림 15.15 회로에서 전압 v_i가 그림 15.16(a)와 같은 정현파라 하면, 다이오드의 출력 부분에 연결된 저항 R_L에서 측정되는 전압은 그림 15.16(b)와 같이 전압 v_i의 양(+)의 반주기에 해당되는 파형이다.

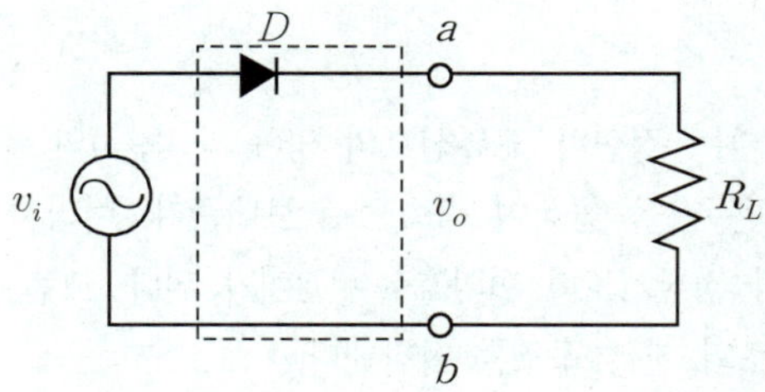

그림 15.15 반파정류회로 기본 구조

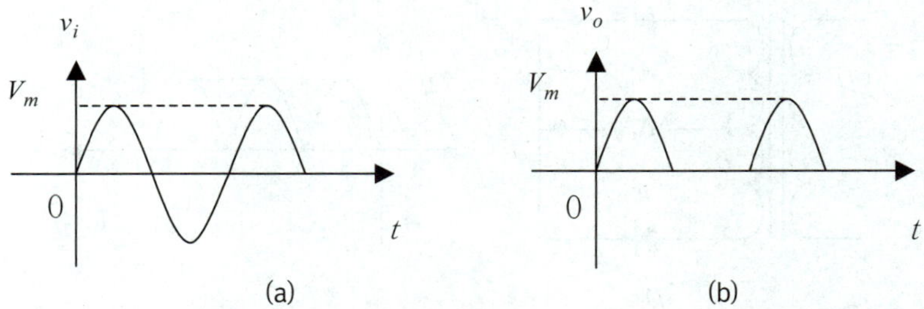

그림 15.16 반파정류회로의 입력과 출력 파형 : (a) 입력 파형, (b) 출력 파형

반파 정류된 신호의 평균치 V_{dc}는 그림 15.16(b)에 나타난 파형을 푸리에 변환을 하였을 때 얻을 수 있는 직류성분에 해당되는 값이다. 좀 더 구체적인 값을 살펴보기 위해 입력 전원 v_i가 정현파로서 다음과 같이 표현할 수 있다고 가정하자.

$$v_i(t) = V_m \sin(wt + \phi) \tag{15.3}$$

여기서 V_m은 진폭을, w와 ϕ는 각각 각주파수와 위상을 나타낸다. 즉 식 (15.3)과 같은 정현파가 반파정류회로에 인가될 때 이 회로의 출력에 나타나는 전압의 평균치는

$$\begin{aligned} V_{dc} &= \frac{1}{T}\int_{t_0}^{t_0+T} v_0(t)\,dt \\ &= \frac{1}{T}\int_{0}^{T/2} v_0(t)\,dt = \frac{V_m}{\pi} \end{aligned} \tag{15.4}$$

이 된다. 여기서 T는 입력신호 v_i의 주기를 나타내며, $\omega = 2\pi/T$의 관계를 갖는다. 그러므로 반파정류회로의 출력 평균값은 진폭 V_m의 $1/\pi$(약 0.318)배에 해당되는 값이다.

2) 전파 정류회로

전파(full wave) 정류기는 정현파 교류신호의 양(+)과 음(-)의 두 파형을 모두 통과시키는데, 여기서 음(-)의 파형은 −1을 곱하여 출력으로 보내준다. 따라서 교류를 직류로 바꾸는 회로에 이용되는 경우 반파 정류기보다 변환효율이 2배가 된다. 그림 15.17(a)는 중앙탭(center-tap)이 있는 전파정류회로의 기본 구조를 나타낸다.

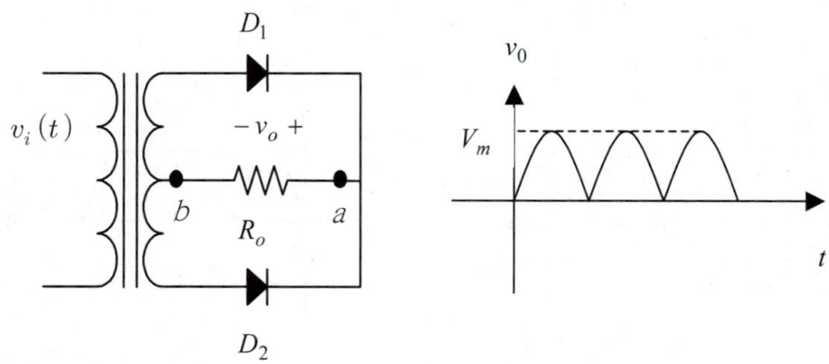

(a) (b)

그림 15.17 전파정류회로 기본 구조와 출력 파형: (a) 전파정류회로 구본 구조, (b) 출력 파형

전파정류회로의 출력 파형을 좀 더 자세히 살펴보자. 그림 15.17(a)에서 입력신호의 양(+)의 반주기 동안은 다이오드 D_1이 ON되고 D_2는 OFF가 되고, 입력신호의 음(-)의 반주기 동안은 다이오드 D_1이 OFF되고 D_2는 ON이 된다(변압기의 극성 특성에 따라 D_1과 D_2의 ON-OFF가 바뀔 수 있음). 따라서 두 다이오드의 출력이 만나는 지점(a점)을 양(+)으로 하고 중앙탭 부분(b점)을 접지로 하였을 때, 저항 R_0에 관측되는 전압 $v_o(=v_{ab})$는 항상 양의 전압이 된다. 즉 전파정류회로의 출력 v_o는 그림 15.17(b)와 같이 나타난다.

전파정류회로에서 출력의 평균, 즉 직류 성분은

$$V_{dc}=\frac{1}{T}\left[\int_0^{T/2} v_i(t)\,dt\;-\int_{T/2}^{T} v_i(t)\,dt\right]$$

$$=\frac{2}{\pi}V_m \tag{15.5}$$

이 된다. 위 식에서 등호 오른쪽의 두 번째 적분에 음(-)의 부호는 전파정류가 이루어진 결과로 입력 신호의 음의 부분이 출력에는 양의 값으로 나타난 결과이다. 그러므로 전파정류회로의 출력 평균은 반파정류회로 출력 평균의 2배, 입력 신호 최대치의 약 0.636배가 된다.

연습문제

15.1 물질을 전기가 잘 통하는 정도에 따라 세 가지로 분류하고 각각에 대해 간략히 설명하라.

15.2 PN접합다이오드란?

15.3 이상적인 다이오드와 실제 다이오드의 전기적 특성을 간략히 설명하라.

15.4 PN접합 부근에서 공핍영역이 생기는 이유는 무엇인가?

15.5 애벌런치 효과와 제너 효과를 간단히 설명하라.

15.6 일반 다이오드보다 제너다이오드의 항복전압의 절대값이 더 낮은 이유는 무엇인가?

15.7 그림 15.15의 반파정류회로에 입력 전압이

$$v_i(t) = 5\sin(20t + 30^o)\ \text{V}$$

일 때 출력 전압의 평균치는 얼마인가?

15.8 위의 15.7번에서 입력전압을 그림 15.17의 전파정류회로에 인가하는 경우 출력전압의 평균치는 얼마인가?

16장 연산증폭기와 응용회로

▶학습 목표◀

- 이상적인 연산증폭기의 특성을 이해한다.
- 연산증폭기를 활용한 기본적인 응용회로의 기능을 학습한다.

16.1 개요

다이오드나 트랜지스터와 같은 반도체 소자는 하나의 패키지(package)에 하나의 소자가 실장되어 있는데, IC(집적회로)라 불리는 전자소자에는 수개에서 수백만 개의 다이오드나 트랜지스터 소자가 실장되어 있다. 즉 하나의 IC에는 저항, 콘덴서, 다이오드, 트랜지스터 등이 수개에서 수백만 개가 집적되어 있으나, 이는 하나의 소자로 취급된다. 연산증폭기(Operational Amplifier: OP AMP)도 IC 형태의 전자소자 중 하나이다.

연산 증폭기(Operational amplifier: OP-Amp)는 한 개의 차동 입력과, 한 개의 단일 출력을 가지는 직류 연결형(DC-coupled) 고이득 전압 증폭기이다. 연산증폭기는 직류와 교류 신호 모두를 증폭할 수 있는 다단 증폭기의 직렬연결(cascade connection) 형태로 접속되어 있다. 연산증폭기는 다양한 종류의 전자 회로에서 중요한 구성 요소(building block)로서, 아날로그 신호의 가감산, 적분, 미분 등의 연산을 수행하는 회로에 많이 사용된다.

16.2 연산증폭기 특성

1) 이상적인 연산증폭기

우리가 실제 사용하고 있는 연산증폭기를 이해하기 위해서는 이상적인 연산증폭기에 대한 개념을 먼저 파악할 필요가 있다. 왜냐하면 이상적인 연산증폭기의 개념이 있어야 실제 연산증폭기를 이해하고 취급하기가 쉽기 때문이다. 이상적인 연산증폭기는 가장 이상적으로 동작하는 것이 목표인 증폭기이다. 실제 증폭기의 설계에서는 동작범위 내에서 이상적 특성에 가깝게 만드는 것이 목표이기 때문이다. 그림 16.1을 참고로 이상적인 연산증폭기에 대해 자세히 살펴보자.

연산증폭기는 그림 16.1에 보인 바와 같이 입력단자로 비반전단자(v^+)와 반전단자(v^-)를 갖는다. **연산증폭기의 입력**(v_i)이라 함은 통상적으로 그림 16.1에 보인 것처럼 비반전단자(+)와 반전단자(-) 사이의 전위차, 즉 $v_i = v^+ - v^-$를 말한다. 그리고 **연산증폭기의 출력**이라 함은 접지에 대한 출력단자의 전위를 말한다. 한편 **연산증폭기의 입력임피던스**이라 함은 그림 16.1과 같이 비반전단자와 반전단자 사이에 나타나는 임피던스를 말하며, **출력임피던스**라 함은 출력단자와 접지 사이에 나타나는 임피던스를 말한다. 그리고 **연산증폭기의 개방전압이득** G를 출력전압 v_o와 입력전압 v_i의 비(ratio)로

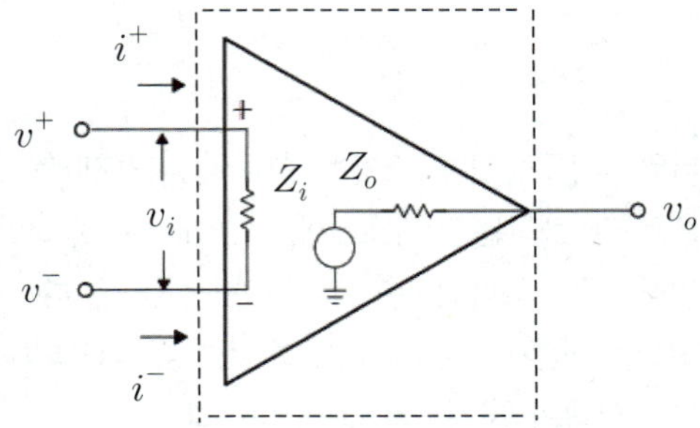

그림 16.1 이상적인 연산증폭기의 등가회로($Z_i \to \infty\ \Omega$, $Z_o \to 0\ \Omega$, $v_o/v_i \to \infty$)

정의한다. 즉 두 입력단자 사이의 입력전압과 개방 전압이득을 각각 다음과 같이 정의한다.

$$v_i \doteq v^+ - v^- \tag{16.1}$$

$$G \doteq \frac{v_o}{v_i} \tag{16.2}$$

그리고 이상적인 연산증폭기가 갖는 전기적 특성은 다음과 같다.

이상적 연산증폭기의 전기적 특성

① 입력임피던스: $Z_i = \infty\,\Omega$

② 출력임피던스: $Z_o = 0\ \ \Omega$

③ 개방 전압이득: $G = \dfrac{v_o}{v_i} = \infty$

④ 주파수 대역: 0 ~ ∞ Hz

⑤ 입력 옵셋 전압: 0 V

(16.3)

이상적인 연산증폭기 특성에서 ①의 항은 입력임피던스가 $Z_i = \infty\,\Omega$이란 것을 의미하며, 이는 곧 입력의 두 단자 사이에는 전류가 0 A, 즉 전류가 흐르지 않는다는 것을 의미한다. ②의 항은 출력 단자가 외부 회로와 연결될 때 출력이 모두 외부단자에 인가됨을 뜻한다. 그리고 $v_i = v_o / G$이고 $G = \infty$이므로, ③항은 $v_i \to 0$이 되어야 함을 의미한다. 따라서 $v_i \to 0$이므로 이상적인 연산증폭기의 입력단자를 가상접지(virtual-ground)라고도 한다. 만약 입력의 두 단자 중 한 단자가 접지와 연결되면 다른 한 쪽 단자도 접지 역할을 할 수 있다.

2) 실제 연산증폭기

연산증폭기의 표준 회로기호이 그림 16.2 (a)에 보여진다. 실제 연산증폭기는 전원의 접속 방식에 따라 단일전원 방식과 2전원 방식이 있다. 2전원 방식의 연산증폭기 회로기호는 그림 16.2(b)와 같다. 즉 연산증폭기를 공급전원과 함께 표기하는 회로기호가 그림 16.2(b)이다. 2전원 방식의 연산증폭기는 두 가지의 전원, 즉 양(+)의 전원과 음(-)의 전원이 요구된다. 단일전원 방식은 음(-)전원을 접지시킴으로써 만들어진다. 단일전원 방식에서 출력은 항상 양(+)의 전압만 나온다.

실제의 모든 IC 소자는 전압이나 전류의 범위가 제한되어 있다. 실제 연산증폭기 또한 예외가 될 수 없다. 실제 연산증폭기 출력의 첨두치대첨두치(peak-to-peak)전압은 두 공급전원보다 약간 낮은 값을 갖는다. 실제의 연산증폭기는 입력임피던스와 출력임피던스도 이상적인 연산증폭기와는 다르며, 그림 16.3과 같이 모델링된다. 따라서 실제 연산증폭기는 유한의 어느 정도 입출력 임피던스를 갖는데, 대개 입력임피던스는 1MΩ ~ 100 MΩ 정도의 범위로 매우 큰 값을 가지며, 출력임피던스는 수 Ω ~ 수십Ω 정도의 범위로 매우 작은 값을 갖는다. 또한 전압이득도 무한대가 아닌 아주 큰 값을 갖는데, 대개 50,000 ~ 200,000 정도의 값을 갖는다.

실제 연산증폭기의 특성은 입력임피던스가 클수록, 출력임피던스가 작을수록, 전압이득이 클수록 좋은 것이다. 다시 말하면 이상적인 연산증폭기에 가까운 특성을 가질수록 좋은 연산증폭기가 된다.

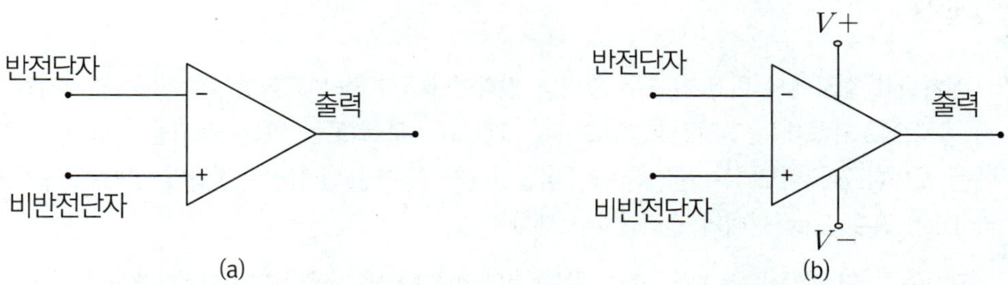

그림 16.2 연산증폭기의 회로기호: (a) 표준 회로기호, (b) 공급전원을 표시한 2전원 연산증폭기 회로기호

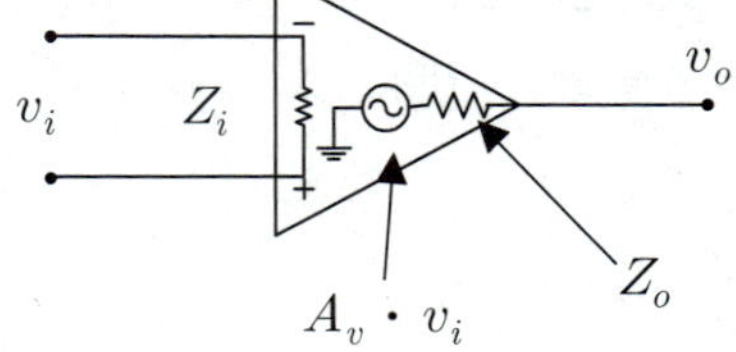

그림 16.3 실제 연산증폭기의 등가회로

이론적으로는 연산증폭기의 출력이 0 V가 될 때는 입력 $v_i = 0$ V일 때이다. 그러나 실제에서는 그렇지 않다. 연산증폭기에서 입력 옵셋전압이란 출력을 0 V으로 하기 위하여 입력측의 두 단자 간에 가해야 하는 전압을 말한다. 따라서 실제 연산증폭기에서 옵셋 전압도 소자에 따라 0 V가 아닐 수 있다. 아울러 동작 주파수 범위도 아주 크나 유한의 값을 갖는다.

16.3 연산증폭기 응용회로

연산증폭기를 이용한 기본적인 응용회로는 비교기, 반전증폭기, 비반전증폭기, 전압폴로어(voltage follower), 인버터, 가산기 등이 있다. 비교기는 두 입력단자에 인가되는 신호의 크기를 비교하는 회로이며, 반전증폭기와 비반전증폭기는 입력신호의 증폭용으로 이용되는 회로이며, 전압폴로어는 일종의 버퍼와 같은 역할을 수행하며, 가산기는 여러 입력전압의 합을 얻는 회로이며, 인버터는 입력의 위상을 180° 바꾸는 역할을 하는 회로이다. 본 절에서는 연산증폭기로 만들어진 이들 소자에 대한 전압-전류 특성을 자세히 살펴보기로 한다.

1) 비교기

전기전자 회로에서 비교기는 두 입력의 전압이나 전류를 비교하여 더 큰 쪽을 디지털 형태의 출력으로 내보내는 전기전자 회로이다. 그림 16.4의 회로는 연산증폭기를 사용한 비교기의 예를 보인다. 이 비교기는 반전단자와 비반전단자 사이에 인가되는 전압의 상대적 크기에 따라 High 혹은 Low 형태의 출력을 내보낸다.

연산증폭기의 전압이득은 매우 크기 때문에 비반전단자(+)의 전압 v^+가 반전단자(-)의 전압 v^-보다 조금만 높아도 출력은 양의 극한값($+V_{sat}$)으로 포화되며, 반전단자의 전압

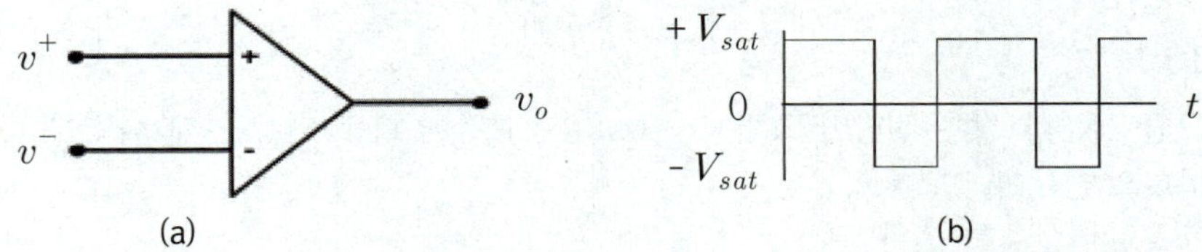

그림 16.4 비교기로 사용된 연산증폭기: (a) 비교기의 기본 구조, (b) 비교기 출력 형태

이 비반전단자의 전압보다 조금만 높아도 음의 극한값($-V_{sat}$)으로 포화되는 현상이 일어난다. 따라서 비교기의 출력전압은 양과 음의 극한값으로 포화되는 특징을 갖고 있다. 따라서 단순 연산증폭기는 두 신호를 비교하는 전기전자 소자로 사용되어질 수 있다. 즉 비교기의 입출력 관계를 수식으로 나타내면 다음과 같다.

$$v_0 = \begin{cases} V_{sat}\ ,\ v^+ > v^- \\ -V_{sat}\ ,\ v^+ < v^- \end{cases} \tag{16.4}$$

여기서 V_{sat}와 $-V_{sat}$는 각각 비교기가 갖는 양과 음의 극한값(포화전압)을 나타낸다. 예로써 그림 16.5(a)의 비반전 단자(+)에 일정한 직류전압 V_R을 인가하고, 반전단자(-)에 정현파를 인가하는 경우, 입출력의 파형은 그림 16.5(b)와 같이 나타난다.

비교기는 두 전압의 크기를 비교하는 데 사용된다. 한 단자의 입력전압이 다른 단자의 입력전압을 초과하면, 출력은 자신의 상태를 정해진 한계값(V_{sat}, $-V_{sat}$)으로 변경하도록 설계되어 있다. 동일한 크기의 두 단자 전압일 경우, 출력은 일반적으로 0이 나온다. 일반적인 실제 비교기에서 개방 전압증폭도는 $G = 10^3 \sim 10^4$ 정도이나 반응시간은 아주 짧다.

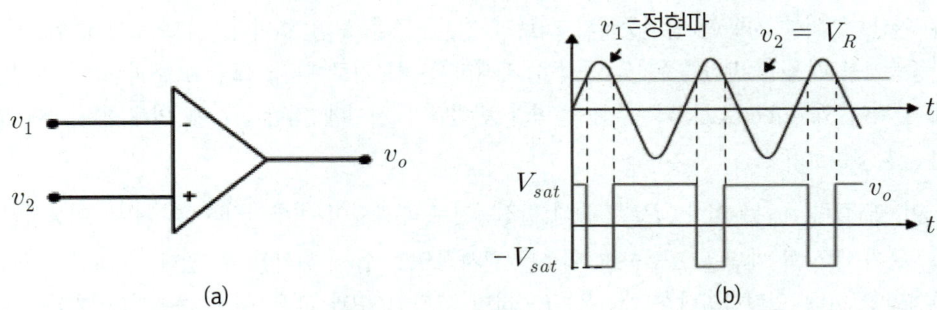

그림 16.5 비교기의 입출력 관계: (a) 비교기의 기본 구조, (b) v_1=정현파, $v_2 = V_R$일 때 출력 파형 v_o

예제 16.1

그림 16.6과 같은 전압이 그림 16.5(a)의 비교기 입력에 인가될 때 출력에 나오는 파형을 그려라.

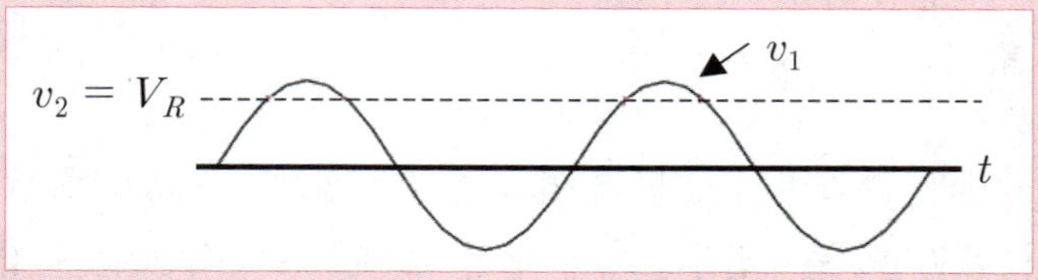

그림 16.6 직류 전압 v_2와 정현파 v_1의 파형

풀이

연산증폭기를 이용한 비교기의 입력에 그림 16.6(a)와 같은 전압 파형이 들어갈 때 식 (16.4)에 의해 다음과 같은 파형이 생성된다.

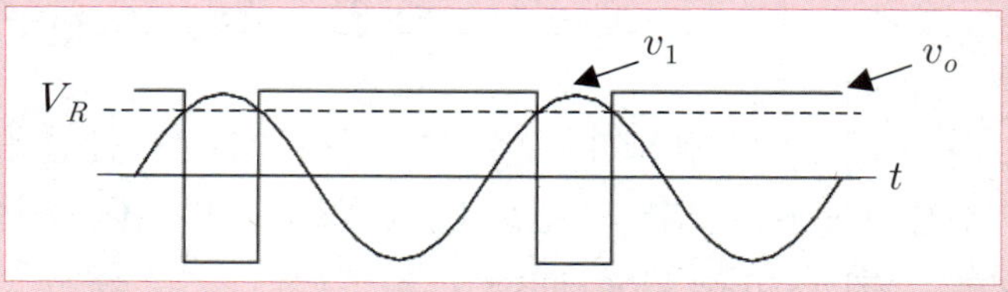

그림 16.7 '그림15.6'의 입력 전압 파형에 따른 비교기의 출력 전압 파형 v_o

2) 반전증폭기

반전증폭기는 입출력의 위상이 반전되는(180°다른) 증폭기를 총칭하는데, 그림 16.8의 회로는 연산증폭기를 사용한 반전증폭기 회로의 기본구조를 보인 것이다. 이 회로를 중심으로 연산증폭기를 사용한 반전증폭기의 동작을 자세히 살펴보기로 하자. 그림 16.8과 같이 반전단자에 출력이 궤환(feedback)되는, 즉 출력과 반전단자 사이에 저항 R_f에 의해 연결되어 있는 회로를 고려하자.

이 때 출력 v_o는 저항 R_f를 통해 반전단자로 부궤환이 이루어진다. 이 경우 이상적인 연산증폭기 특성의 개념을 도입하면 회로를 근사적으로 쉽게 해석할 수 있다. 이상적인 연산증폭기의 무한대 입력임피던스 개념을 도입하면 그림 16.8과 같은 실제 증폭기의 해석을 단순화시키는데 큰 도움이 된다. 실제 동작 범위를 적절히 설정하여 사용하면, 실제 연산증폭기를 이상적인 연산증폭기로 가정하여 해석하더라도 오차가 크지 않아 이를 무시할 수 있다.

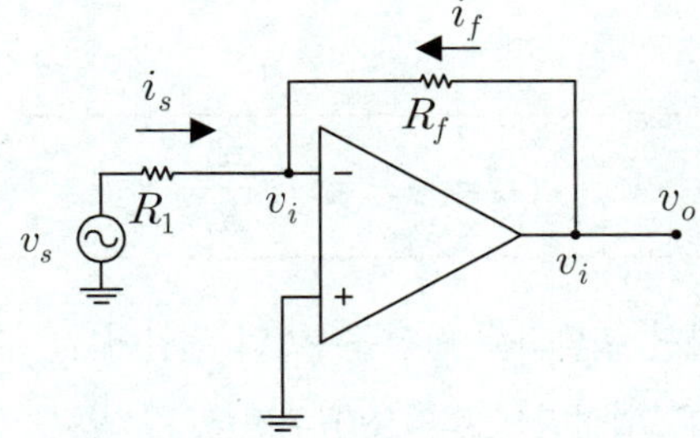

그림 16.8 반전증폭기 회로의 기본구조

연산증폭기의 무한대 입력 임피던스는 반전단자에 인가된 입력전압에 의한 전류가 모두 궤환회로의 저항 R_f를 통해 흘러간다고 해석 할 수 있다. 실제 연산증폭기가 사용된 대부분의 회로에서는 반전단자로 흐르는 전류가 궤환 저항을 통해 흐르는 전류에 비해 상당히 작으므로 근사적으로 이상적인 연산증폭기의 개념을 도입할 수가 있다. 이러한 근사화는 우리가 회로를 설계할 때 저항 R_f가 단자의 입력임피던스 Z_i에 비해 충분히 작은 값을 갖도록 설계하면 유효하다.

반전단자로 유입되는 전류는 0에 가까우므로 저항 R_1를 통해 흐르는 전류는 모두 궤환 저항 R_f를 통해 흘러간다. 따라서 전원 v_s에 의해 흐르는 전류 i_s는 궤환전류 $-i_f$가 된다. 즉

$$i_s = \frac{v_s}{R_1} = -i_f \tag{16.5a}$$

가 되며, 출력전압 v_o는

$$\begin{aligned} v_o &= i_f \cdot R_f = -i_s R_f \\ &= -\frac{R_f}{R_1} v_s \end{aligned} \tag{16.5b}$$

가 된다. 그러므로 **전체 전압이득** G_v를 다음과 같이 정의하면,

$$G_v \doteq \frac{v_o}{v_s} \tag{16.6}$$

G_v는 식 (16.6)에 의해

$$G_v = \frac{v_o}{v_s} = -\frac{R_f}{R_1} \tag{16.7}$$

가 된다. 식 (16.7)에 의하면 귀환되는 반전증폭기의 전압이득은 저항 R_f와 R_1의 비율에 의해 결정되며, 출력의 위상은 입력위상보다 180° 뒤진다.

예제 16.2

그림 16.8의 반전증폭기에서 $R_1 = 5\ \text{k}\Omega$, $R_f = 50\ \text{k}\Omega$일 때, 이 증폭기의 전압이득은 얼마인가?

풀이

식 (16.7)에 의해 전체 전압이득은 다음과 같다.

$$G_v = -\frac{R_f}{R_1} = -\frac{50}{5} = -10$$

3) 비반전증폭기

연산증폭기를 사용한 반전증폭기는 입력전압을 적절히 스케일링하거나 이득을 조절할 때 유용하게 사용되는 회로이다. 그러나 이 비반전증폭기의 결점은 신호의 위상이 입력신호 위상에 반전이 일어난다는 점이다. 이러한 결점을 보완해 주는 회로가 비반전 증폭기이다. 그림 16.9는 비반전증폭기의 기본구조인데, 이에 대해 자세히 살펴보자.

연산증폭기를 사용한 비반전증폭기는 그림 16.9에 보여진 바와 같이 입력신호가 비반전단자에 인가되며 출력이 반전증폭기처럼 반전단자로 궤환되는 구조이다. 궤환 전류 i_f를 고려할 때 반전단자에 연결된 저항 R_1의 전압 v_{R_1}은 $-i_1 R_1$이다. 따라서 $i_1 = -i_f$이므로, 저항 R_1에서 관측되는 전압 v_{R_1}은 다음과 같다.

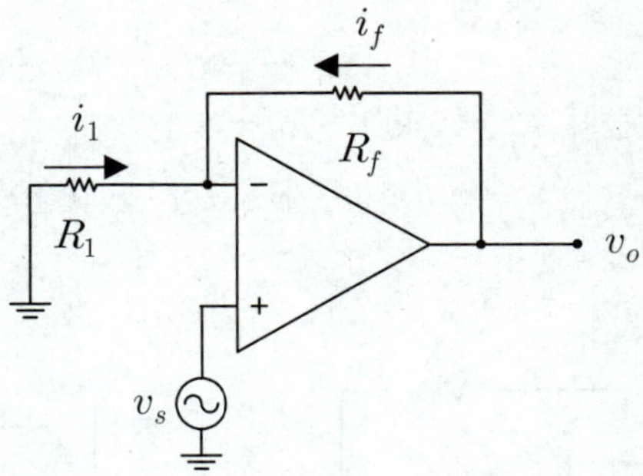

그림 16.9 비반전증폭기 회로의 기본구조

$$v_{R_1} = -i_1 R_1 = i_f R_1 \tag{16.8}$$

그리고 가상접지 현상에 의해 $v_{R_1} = v_s$ 이므로, $i_f = -i_1 = v_s / R_1$을 얻을 수 있다. 따라서 이 i_f값을 이용하여 출력전압 v_o를 계산하면 다음과 같다.

$$\begin{aligned} v_o &= i_f (R_1 + R_f) \\ &= \frac{R_1 + R_f}{R_1} v_s \end{aligned} \tag{16.9}$$

따라서 식 (16.9)에 의해 전체 전압이득 $G_v (= v_o / v_s)$는 다음과 같다.

$$\boxed{G_v = \frac{v_o}{v_s} = 1 + \frac{R_f}{R_1}} \tag{16.10}$$

만약 $R_f \gg R_1$이면 $G_v \cong R_f / R_1$이 되고, $R_f \ll R_1$이면 $G_v \cong 1$이 되어 버퍼 역할을 한다.

비반전증폭기는 입력과 동일한 위상의 전압을 출력시킨다. 입력신호는 비반전단자에 인가되고, 출력전압은 궤환 저항 R_f를 거쳐 반전단자(-단자)에 다시 전달된다.

예제 16.3

그림 16.10(a)에서 $R_1 = 2\ \mathrm{k}\Omega$, $R_2 = 4\ \mathrm{k}\Omega$일 때, 1) 이 증폭기의 전압이득 (v_o/v_s)을 구하고, 2) 입력파형 v_s가 그림 16.10(b)와 같을 때 출력 파형 v_o를 도시하라.

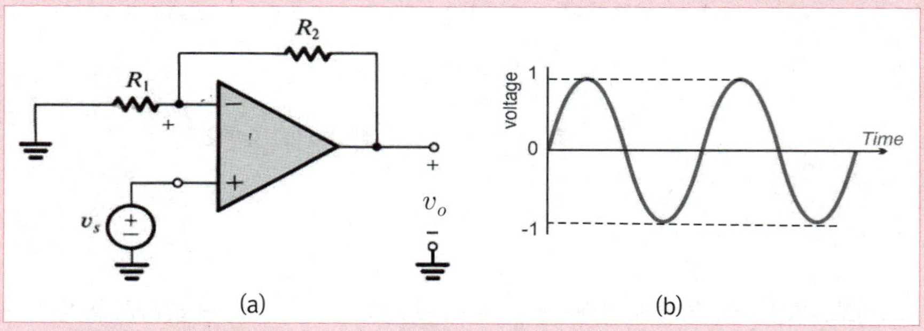

그림 16.10 비반전 증폭기와 입력파형의 예

풀이

1) 증폭기의 전압이득(v_o/v_s)

식 (16.10)에 의해 증폭기의 전압이득은 다음과 같다.

$$A_v = 1 + \frac{R_2}{R_1} = 3$$

2) 출력 파형 v_o

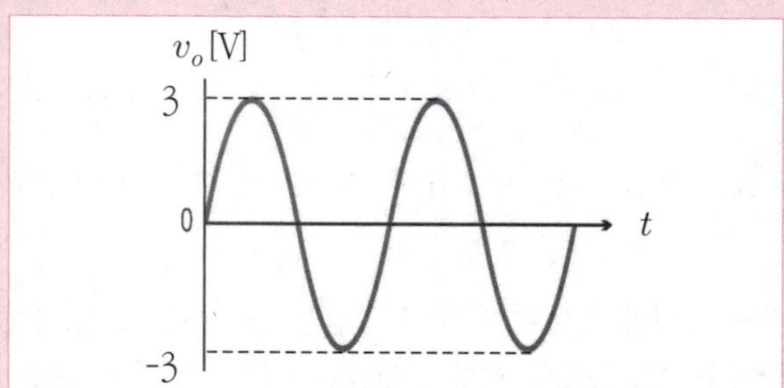

그림 16.11 '그림 16.10 (a)'의 비반전 증폭기 출력파형

4) 전압폴로어

전압폴로어(voltage follower)는 전압이득이 1인 증폭기를 말하는데, 버퍼(buffer) 혹은 고립증폭기(isolation amplifier)라고도 불린다. 연산증폭기를 사용한 전압폴로어는 개방 전압이득 G를 갖는 증폭기에서, 출력 전압을 직접 증폭기의 반전(-) 단자에 피드백 접속한 것으로, 출력 전압 v_o는 비반전(+) 단자의 전압 v_s와 크기가 같고, 극성도 반전되지 않는다. 그림 16.12는 연산증폭기를 사용한 전압폴로어의 기본 회로구조를 보여준다.

전압폴로어는 그림 16.12에 보인 바와 같이 반전단자와 출력을 직접 도선으로 연결한 구조이므로 반전단자의 전압과 출력전압은 같다. 즉 비반전단자와 반전단자의 전압은 가상접지의 원리에 의해 같은 전위를 유지한다. 그러므로 인가전압 v_s와 출력전압 v_o도 같다. 따라서 이 구조는 연산증폭기의 출력임피던스가 0 Ω이고 출력전압 v_o가 입력전압 v_s와 같은 전압을 유지함으로써, 출력에 연결되는 회로에 대해 일종의 버퍼역할을 하게 된다. 즉 전압폴로어는

$$v_o = v_s, \quad Z_o = 0\ \Omega \tag{16.11}$$

의 특성을 갖는다.

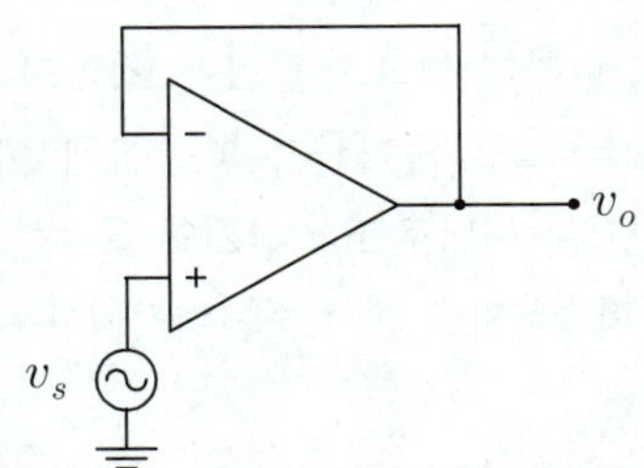

그림 16.12 전압폴로어 회로의 기본 구조

5) 인버터(반전기)

인버터(inverter)는 입력과 출력 관계가 반전되어 있는 소자나 회로를 말하는데 반전기라고도 한다. 연산증폭기를 사용한 인버터는 그림 16.8 회로에서 전압이득이 -1인 경우를 말하는 것으로 그림 16.13과 같이 구현할 수 있다.

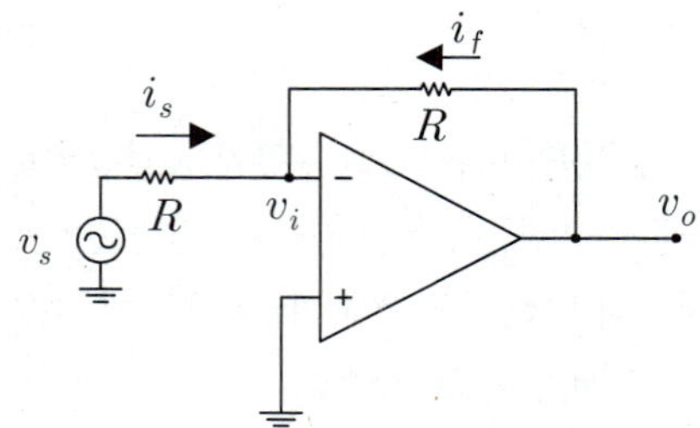

그림 16.13 인버터 회로의 기본 구조

즉 인버터의 입출력 관계는

$$v_o = -v_s \tag{16.12}$$

이다. 이 회로는 반전증폭기에서 전압이득이 '-1'인 경우를 말하며, 넓은 의미에서는 비반전증폭기에 해당하나, 많이 활용되는 회로로서 특별히 분리하여 취급하였다.

6) 가산기(덧셈기)

여러 개의 입력 변수를 간단하게 더하거나, 또는 각각의 입력변수에 가중치를 두어 합한 것을 출력으로 얻는데 사용되는 회로가 가산기이다. 크게 아날로그 가산기와 디지털 가산기로 나눌 수 있으나, 디지털가산기는 아날로그 가산기의 특수한 형태이다. 그러므로 여기에서는 아날로그 가산기에 대해서만 학습하기로 한다. 즉 여기에서는 연산증폭기를 사용한 아날로그 가산기에 대해 설명하기로 한다.

먼저 그림 16.14에 보여진 연산증폭기를 이용한 가산기의 기본 회로구조를 고려하자. 가산을 해야 할 전압은 입력저항($R_1, R_2, \ldots, R_N$)을 거쳐, 반전입력단자에 입력된다. 그림 16.14의 회로에서 + 단자가 접지되어 있으므로 가상접지의 특성에 의해, 연산증폭기의 - 단자도 0 V가 된다. 따라서 각 저항을 통해 반전단자 쪽으로 흘러 들어가는 전류는 궤환저항 R_f를 통해 출력 측으로 흐른다.

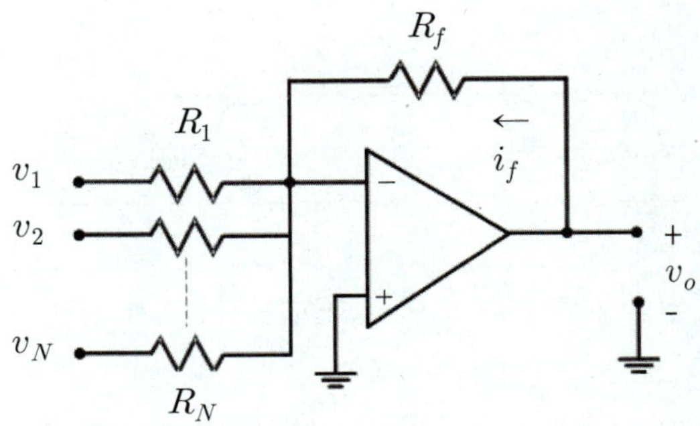

그림 16.14 연산증폭기를 이용한 가산기 회로의 예

즉 R_f를 통해 출력으로 흐르는 전류는 궤환 전류 i_f에 음의 부호가 붙은 것으로

$$-i_f = \frac{v_1}{R_1} + \frac{v_2}{R_2} + \dots + \frac{v_N}{R_N}$$

의 관계를 갖는다. 이때 출력전압은

$$v_o = i_f R_f = -\left(\frac{v_1}{R_1} + \frac{v_2}{R_2} + \dots \frac{v_N}{R_N}\right) R_f \quad (16.13)$$

이 된다. 만약 모든 저항 크기가 같다면, 즉

$$R_1 = R_2 = \dots = R_N = R_f \quad (16.14)$$

라면 식 (16.13)은 다음과 같이 부호만 반전된 가산기가 된다.

$$v_o = -(v_1 + v_2 + \dots v_N) \quad (16.15)$$

만약 부호 반전을 원치 않는 경우 출력측에 인버터(inverter)를 첨가하여 사용하면 된다.

한편 $R_f = R_1$이며 또한 입력측의 각 저항이 다음과 같은 관계를 갖는다면

$$R_{i+1} = \alpha^i R_i, \ (i = 1, 2, \dots, N-1, \alpha \neq 0) \quad (16.16)$$

출력전압은 다음과 같다.

$$v_o = -(v_1 + \frac{1}{\alpha}v_2 + \dots \frac{1}{\alpha^{N-1}}v_N) \quad (16.17)$$

식 (16.17)은 각 인접 입력에 가중치 $\frac{1}{\alpha}$이 작용하는 가산기가 된다.

예제 16.4

각 인접 입력저항 사이에 가중치가 $\frac{1}{2}$이고 입력 단자가 4개인 가산기를 설계하라.

풀이

식 (16.16)에서 $\alpha = 2$인 가산기이므로, 출력은 식 (16.17)에 의해

$$v_o = -(v_1 + \frac{1}{2}v_2 + \frac{1}{4}v_3 + \frac{1}{8}v_4)$$

이 된다. 그리고 이때 회로는 그림 16.15와 같다.

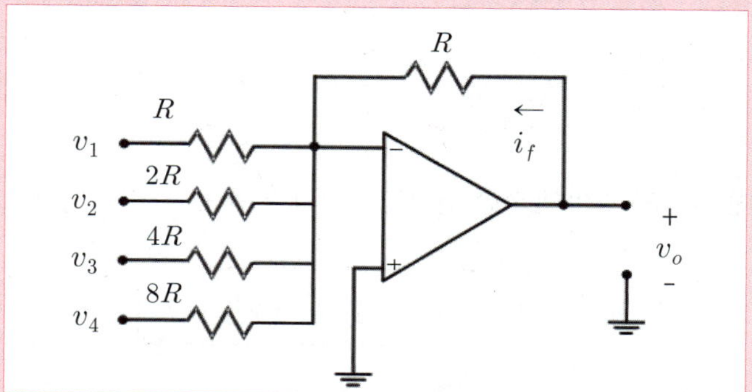

그림 16.15 각 인접 입력 사이에 가중치가 1/2이고 입력 단자가 4개인 가산기 회로

연습문제

16.1 이상적인 연산증폭기의 조건을 설명하라.

16.2 이상적인 연산증폭기에서 가상접지의 개념을 설명하라.

16.3 그림 E.16.1 (a)의 비교기 입력단자에 그림 E.16.1 (b)의 전압을 인가할 때 출력에 나타나는 파형을 도시하라.

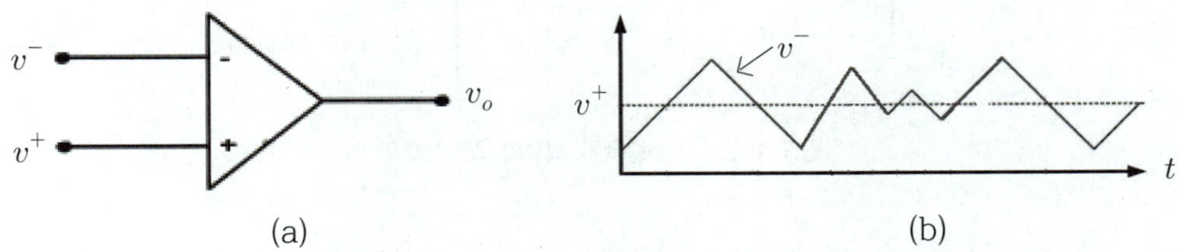

그림 E.16.1 비교기와 입력신호의 예1

16.4 다음 그림 E.16.2(a)의 비교기 입력단자에 그림 E.16.2(b)와 같은 전압이 인가될 때 비교기 출력 v_o를 도시하라.

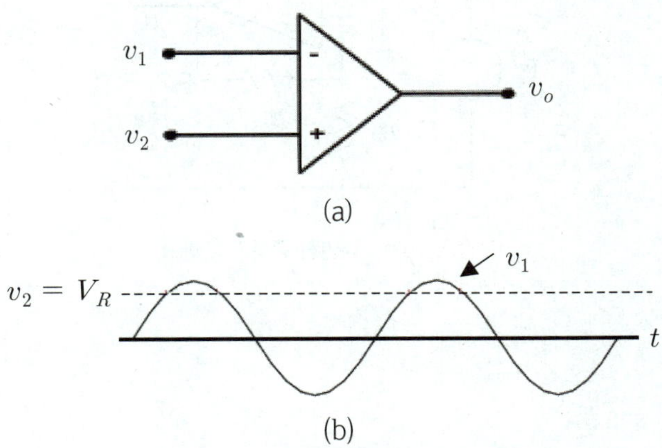

그림 E.16.2 비교기와 입력신호의 예2

16.5 그림 E.16.3(a)에서 $R_1 = 5\ \mathrm{k}\Omega$일 때,

1) 전압이득이 -2인 반전증폭기의 저항 R_f의 값을 구하고,

2) 전압이득이 -2인 반전증폭기의 반전단자 입력 v_s가 그림 E.16.3(b)와 같을 때 출력 파형 v_o를 도시하라.

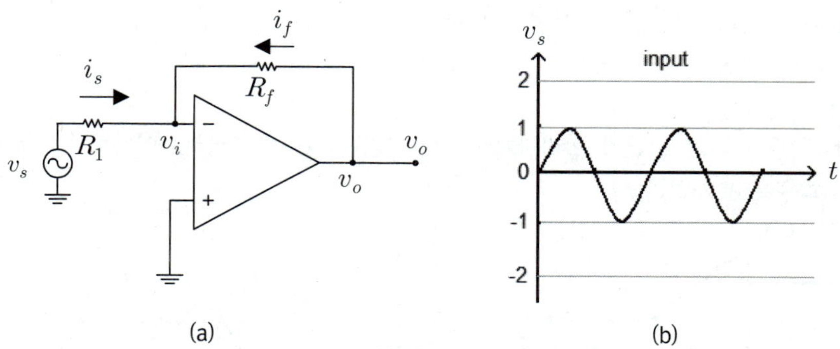

그림 E.16.3 반전증폭기 회로와 입력신호의 예

16.6 그림 E.16.4의 비반전증폭기에서 $R_1 = 2\ \mathrm{k}\Omega$이고, $R_2 = 8\ \mathrm{k}\Omega$일 때 전압이득($v_o/v_s$)을 구하라.

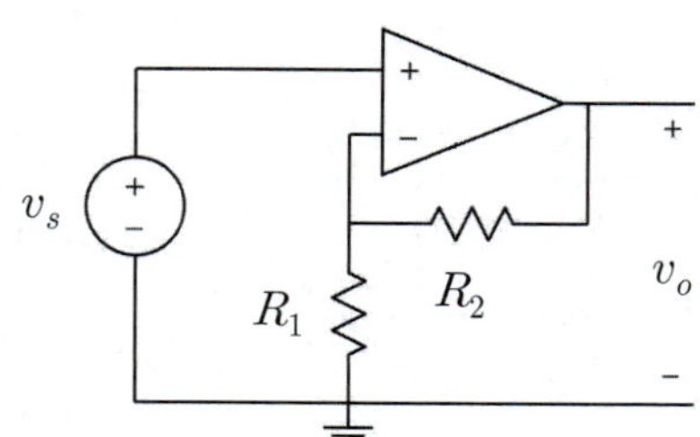

그림 E.16.4 비반전 증폭기의 예

16.7 그림 E.16.5의 회로에서 $R_1 = R_2 = R_3 = 10\ \text{k}\Omega$, $R_f = 80\ \text{k}\Omega$일 때 증폭기의 전압이득 $G_v(=v_o/v_s)$를 구하라.

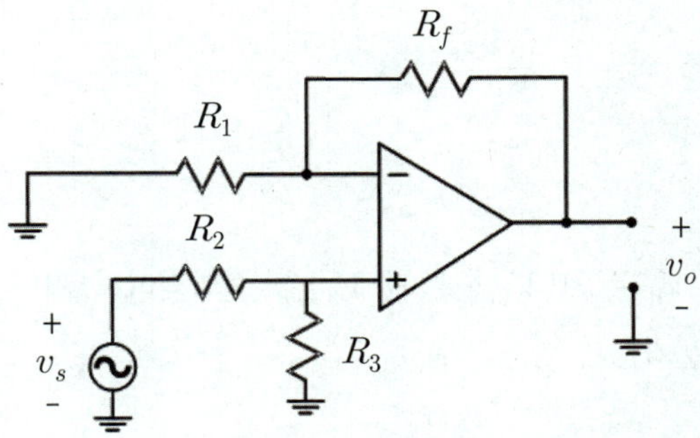

그림 E.16.5 비반전 증폭기의 예

16.8 전압폴로워(버퍼)를 사용하는 이유를 설명하라.

16.9 다음 회로에서 출력 V_o를 구하라.

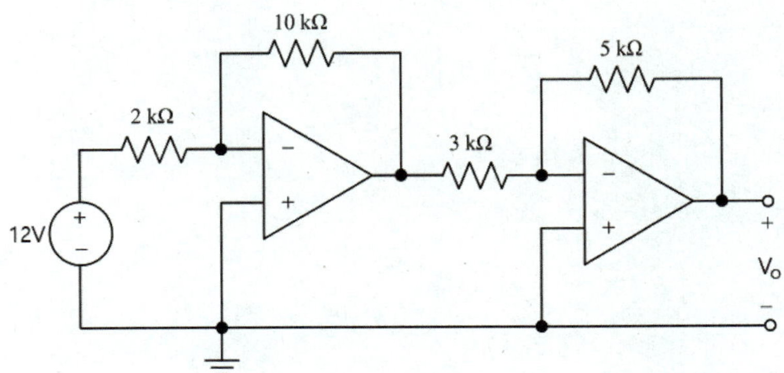

그림 E.16.6 증폭기의 예

16장 연상증폭기와 응용회로

16.10 연산증폭기를 사용하여 3개의 입력을 더하여 더한 결과의 -2배가 되는 값을 출력하는 가산기를 설계하라.

16.11 다음의 회로에서 $V_o = 10(V_1 + V_2 + V_3)$가 출력되려면 저항 R_{f1}, R_{f2}를 각각 어떤 값으로 주어야 하는가?

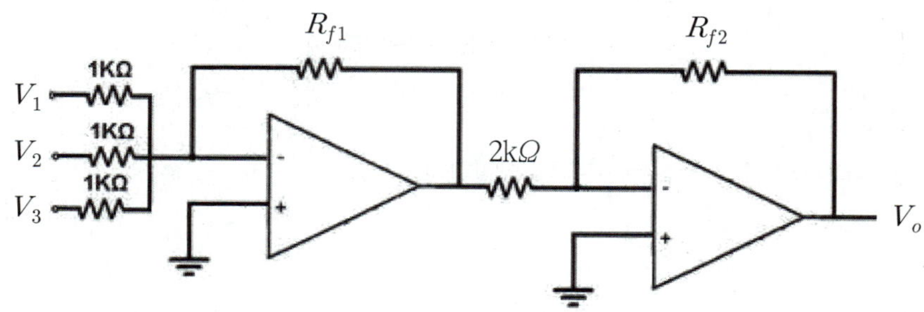

그림 E.16.7 덧셈기의 예

부록

그리스어 알파벳과 국제단위계

부록 Ⅰ. 그리스어 알파벳
부록 Ⅱ. 국제단위계의 기본 단위
부록 Ⅲ. 국제단위계의 차원 단위
부록 Ⅳ. SI 접두어

국제단위계(프랑스어: Système international d'unités, 약칭 SI)는 도량형의 하나로, MKS 단위계(프랑스어: Mètre-Kilogramme-Seconde)이라고 불린다.

부록 I. 그리스어 알파벳

이름	대문자	소문자	주요 이용 분야
Alpha	A	α	Angles, area, coefficients
Beta	B	β	coefficients
Gamma	Γ	γ	Conductivity, specific gravity
Delta	Δ	δ	Variation, density
Epsilon	E	ε	Base of natural logarithms
Zeta	Z	ζ	Impedance, coefficients, coordinates
Eta	H	η	Coefficients, intrinsic impendance
Theta	Θ	θ	Phase angle, temperature
Iota	I	ι	
Kappa	K	κ	Dielectric constant, susceptibility
Lambda	Λ	λ	Wavelength
Mu	M	μ	Micro, amplification factor, permeability, reluctivity
Nu	N	ν	Volume, velocity
Xi	Ξ	ξ	Mathematic Symbols
Omicron	O	o	
Pi	Π	π	Ratio of circumference to diameter = 3.14
Rho	P	ρ	Density, resistivity
Sigma	Σ	σ	Conducitivity, sign of summation
Tau	T	τ	Time constant, time phase displacement
Upsilon	Υ	υ	low case: velocity
Phi	Φ	φ	Magnetic flux, angles
Chi	X	χ	Suceptibility
Psi	Ψ	ψ	Dielectic flux, phase difference
Omega	Ω	ω	Capital: ohms; lowercase: angular velocity

부록 Ⅱ. 국제단위계의 기본 단위

국제단위계에서는 7개의 기본 단위가 정해져 있다. 이것을 SI 기본 단위(국제단위계 기본 단위)라고 한다.

물리	이름	기호
길이	미터	m
질량	킬로그램	kg
시간	초	s
전류	암페어	A
온도	켈빈	K
물질량	몰	mol
광도	칸델라	cd

부록 Ⅲ. 국제단위계의 차원 단위

유도량	이름	기호	SI 단위로 나타낸 값
주파수	헤르츠	Hz	s^{-1}
힘	뉴턴	N	$kg\ m\ s^{-2}$
압력, 변형력	파스칼	Pa	$N/m^2 = kg\ m^{-1}\ s^{-2}$
에너지, 일, 열량	줄	J	$N\ m = m^2\ kg\ s^{-2}$
일률, 전력, 동력	와트	W	$J/s = m^2\ kg\ s^{-3}$
전하량, 전기량	쿨롱	C	$A\ s$
전위차, 기전력, 전압	볼트	V	$W/A = m^2\ kg\ s^{-3}\ A^{-1}$
전기 용량	패럿	F	$C/V = m^{-2}\ kg^{-1}\ s^4\ A^2$
전기 저항	옴	Ω	$V/A = m^2\ kg\ s^{-3}\ A^{-2}$
전도율	지멘스	S	$A/V = m^{-2}\ kg^{-1}\ s^3\ A^2$
자기 선속	웨버	Wb	$V\ s = m^2\ kg\ s^{-2}\ A^{-1}$
자기선속밀도	테슬라	T	$Wb/m^2 = kg\ s^{-2}\ A^{-1}$
인덕턴스	헨리	H	$Wb/A = m^2\ kg\ s^{-2}\ A^{-2}$
섭씨 온도	섭씨도(셀시우스)	℃	K − 273.15
광선속	루멘	lm	cd sr
조도	럭스	lx	lm/m^2
방사능	베크렐	Bq	s^{-1}
흡수선량	그레이	Gy	$J/kg = m^2\ s^{-2}$
선량당량	시버트	Sv	$J/kg = = m^2\ s^{-2}$
촉매 활성도	캐탈	kat	

부록 Ⅳ. SI 접두어

국제단위계(international system of units;약칭 SI)에서 각 단위의 양의 크기를 쉽게 나타내기 위해 각 단위의 앞에 붙여 쓰는 접두어가 있는데 이를 'SI 접두어'라 한다.. SI접두어는 각각 10의 거듭제곱(10^n 또는 10^{-n})의 크기(인자)의 뜻으로 정의되어 있다.

10^n	접두어	기호
10^{24}	요타 (yotta)	Y
10^{21}	제타 (zetta)	Z
10^{18}	엑사 (exa)	E
10^{15}	페타 (peta)	P
10^{12}	테라 (tera)	T
10^{9}	기가 (giga)	G
10^{6}	메가 (mega)	M
10^{3}	킬로 (kilo)	k
10^{2}	헥토 (hecto)	h
10^{1}	데카 (deca)	da
10^{0}	–	–
10^{-1}	데시 (deci)	d
10^{-2}	센티 (centi)	c
10^{-3}	밀리 (milli)	m
10^{-6}	마이크로 (micro)	μ
10^{-9}	나노 (nano)	n
10^{-12}	피코 (pico)	p
10^{-15}	펨토 (femto)	f
10^{-18}	아토 (atto)	a
10^{-21}	젭토 (zepto)	z
10^{-24}	욕토 (yocto)	y

연습문제 해답

1장

1.1 전류(current): 전하의 흐름. 1A(암페어)는 1초(second)에 1쿨롱의 전하량이 임의의 한 단면적을 통과할 때의 그 단면적을 통해 흐르는 전류량의 크기.

1.3 전압: 임의의 두 점에 대해서 동일 기준점에 대해 동일 단위로 나타낸 전위값의 차. +1쿨롱의 전하를 이동시킬 때 외부로부터 받거나 외부로 해 주어야 하는 일의 양이 1 J(줄)일 때의 이 두 지점 사이의 전위차

1.5 20J

1.7 440 와트(W)

2장

2.1 0.5A, 2.3 6A

2.5 15V

2.7

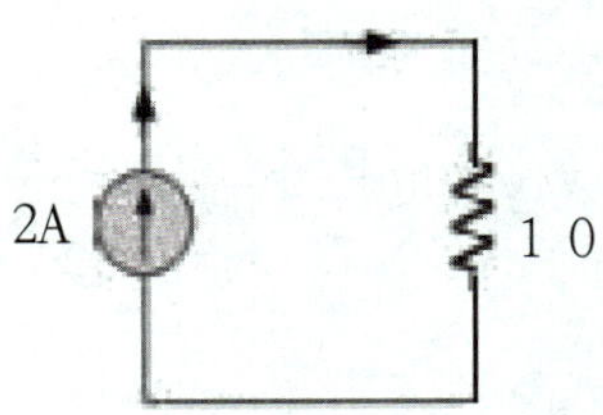

3장

3.2 2.5kΩ 3.4 9kΩ

3.6 2kΩ

3.8 $V_1 = \dfrac{11}{2}$ V, $V_2 = \dfrac{95}{12}$ V

3.11 $I_a = \dfrac{55}{26}$ mA, $I_b = \dfrac{5}{26}$ mA,

$I_c = \dfrac{25}{13}$ mA

4장

4.2 $I_1 \simeq 0.16\text{mA}$, $I_2 \simeq -1.4\text{mA}$

$I_3 \simeq 1.56\text{mA}$

4.4 ★ 테브난 등가회로

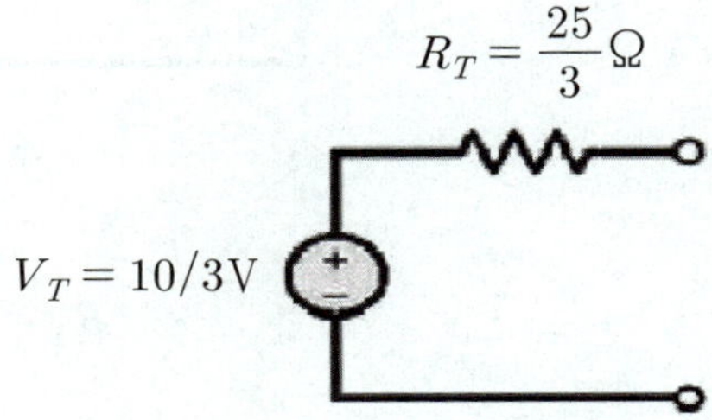

★ 노턴 등가회로

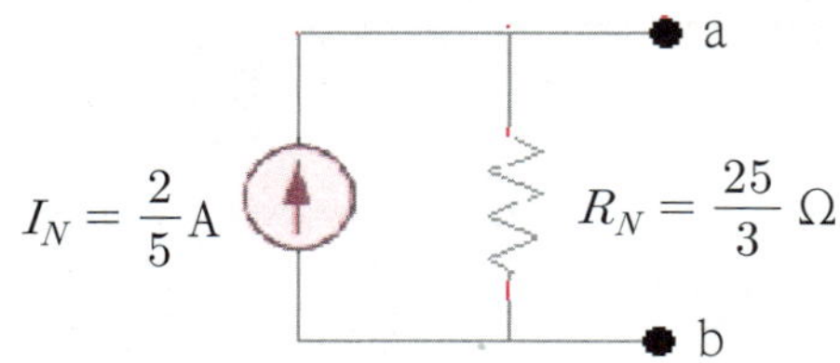

4.6

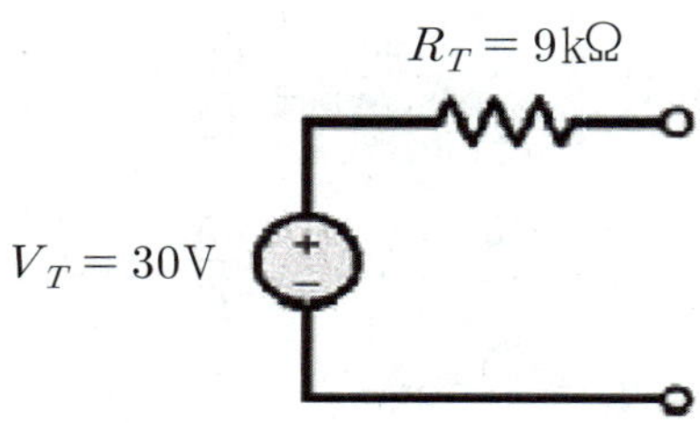

4.8

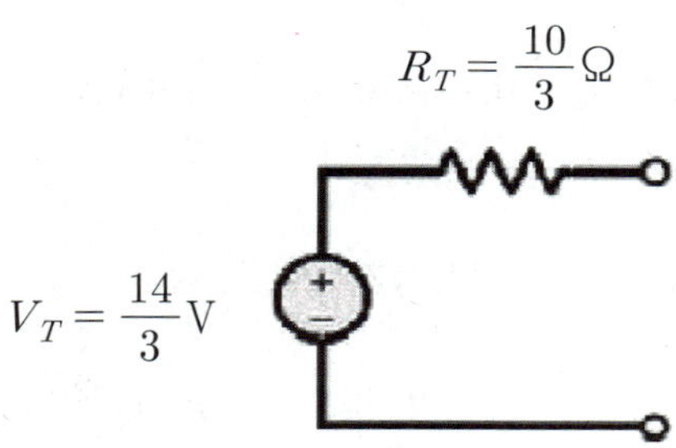

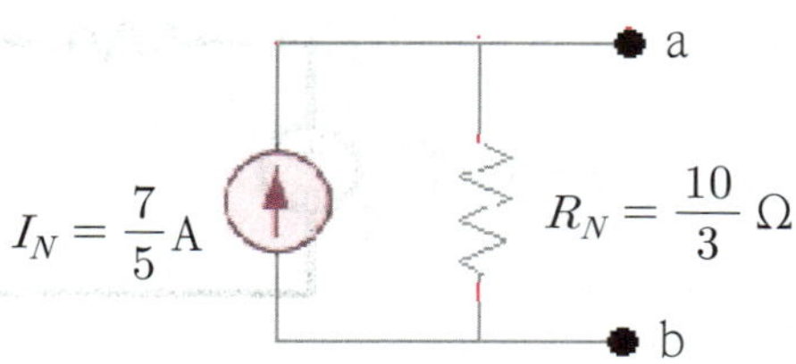

4.10

$$R_a = R_b = R_c = \frac{10}{3}\Omega$$

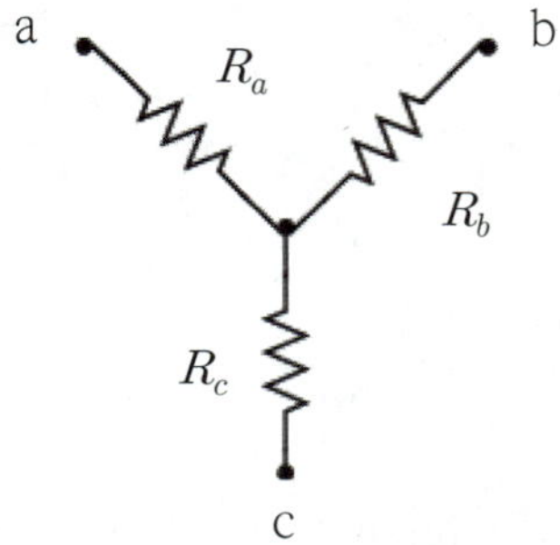

5장

5.1 (a) $C = 6\,\mu\text{F}$

(b) $C = \frac{15}{8}\,\mu\text{F}$

5.3 1) $v(t) = 300t$ V

2) $W_c = 3.6$ J

5.5

$$i = \begin{cases} 0,\ 0ms < t < 2ms,\ 6ms < t \\ -5,\ 2ms < t < 4ms \\ 5,\ 4ms < t < 6ms \end{cases}$$

mA

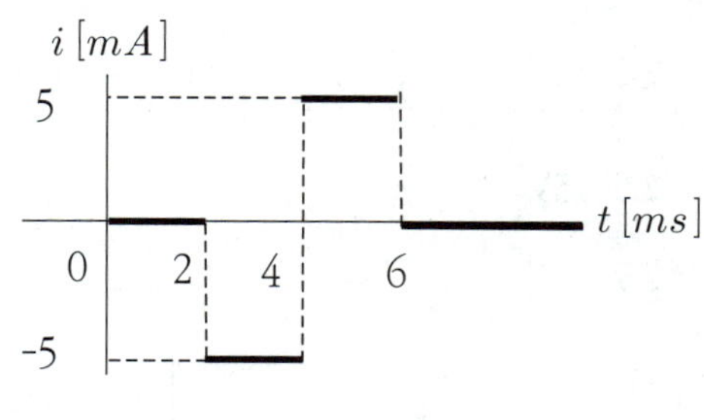

5.7 (a) $L = 80$mH, (b) $=L = \frac{40}{3}$ mH

5.9

$$v = \begin{cases} 80, 0ms < t < 1ms \\ 0, 1ms < t < 3ms, 4ms < t \\ -80, 3ms < t < 4ms \end{cases}$$

볼트

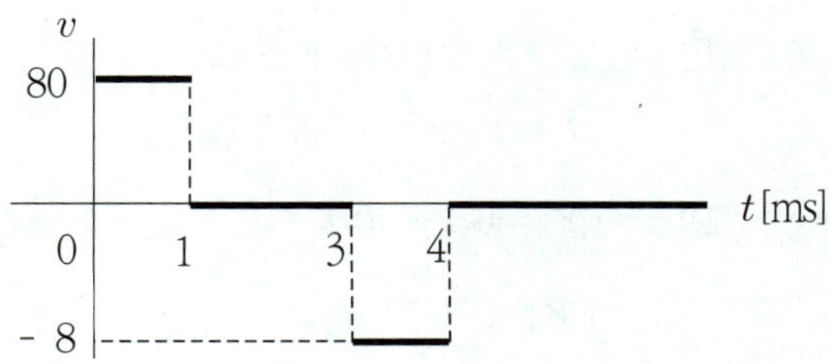

6장

6.1 1) 진폭: 5, 위상: 30°;

$\omega = 20\pi$ rad/sec, $f = 10\text{Hz}$

$T = 0.1$ sec

3) 진폭: 10, 위상: -30°

$\omega = 10\pi$ rad/sec, $f = 5$ Hz;

$T = 0.2$ sec

6.3 1) $z_1 + z_2 = 6 - j2$,

$z_1 \times z_2 = 13 + j6$

2) $z_1 + z_2 = 10$, $z_1 \times z_2 = 41$

6.6 1) $\boldsymbol{X}_1 = 5e^{j30^o}$, 2) $\boldsymbol{X}_2 = 2e^{j135^o}$

3) $\boldsymbol{X}_3 = 10e^{-j60^o}$, 4) $\boldsymbol{X}_4 = 10e^{j60^o}$

6.7 1) $x_1(t) = 10\cos(5t - 45^o)$

3) $x_3(t) = 5\cos(5t + 53^o)$

6.10 $i_o = 2\cos(60\pi t - \Phi_o + 90^o)$,

$i_1 = 3\cos(60\pi t - \Phi_1 + 90^o)$

7장

7.2 $v_L = 10\cos(1000t + 150^o)$ V

$\boldsymbol{V}_L = 10e^{j150^o}$ V

7.4 $\boldsymbol{Z} = 4e^{-j45^o}$ kΩ

$|\boldsymbol{Z}| = 4$ kΩ, $\angle \boldsymbol{Z} = -45^o$

7.6 $\boldsymbol{Z} = 5 - j12$ Ω

$\boldsymbol{Y} = \dfrac{5 + j12}{169}$ ℧

7.8 $\boldsymbol{I} \simeq 0.38e^{-j11^o}$ A

$i = 0.38\cos(1000t - 11^o)$ A

7.9 $\boldsymbol{Z} = 4e^{j90^o}$

전압이 전류보다 위상이 90° 빠르므로,

유도성 소자.

8장

8.2 1) ✶ 평균전력

$P = 7.5\cos(37^o) \simeq 6$ W

✶ 피상전력 $S = 7.5$ VA

2) ✶ 역률: $pf = \cos(37^o) \simeq 0.8$

✶ $\phi = 37^o > 0$이므로 지상역률.

8.4 1) 유효전력: $P = 30\text{W}$

역률: $pf = \cos(34^o) \simeq 0.8$

2) $P=\frac{8}{15}$ W, $pf=\cos\phi\simeq 0.8$

8.6 $\boldsymbol{V}_s=10$ V, $\boldsymbol{S}=2\sqrt{10}e^{j72^o}$,
$pf=\cos(72^o)\simeq 0.3$

8.10 $\boldsymbol{Y}_c=j\frac{1}{50}$ Ω

9장

9.2 $v_1=40\cos(2000t+90^o)$ V
$v_2=90\cos(2000t+90^o)$ V

9.4 $n=10$
$i_{1,\max}=\sqrt{2}/10$ mA, $i_{2,\max}=\sqrt{2}$ mA

9.5 1) $R_T=14{,}000\Omega$, $n=0.01$

2) - 변압기가 없이 부하에 직접 전력을 공급하는 경우

$\eta=\frac{10}{17}$

- 변압기를 통하여 부하에 직접 전력을 공급하는 경우

$\eta\simeq 1$

9.8 1) $\boldsymbol{Z}_r=-4+j12$ Ω,
$\boldsymbol{Z}_i=11+j32$ Ω

2) $\boldsymbol{I}_1=\frac{2(11-j32)}{229}$ A

$\boldsymbol{I}_2=\frac{2(65-j83)}{1145}$ A

10장

10.1 1) $|\boldsymbol{Z}|=50$ Ω,
$\theta=\tan^{-1}(-3/4)\simeq -37^o$

2) $f_o\simeq 252$ Hz, $\boldsymbol{Z}_o=40\Omega$

10.3 $\omega_o=10{,}000\pi$ rad/sec,
$L=8$ mH, $C=0.1\mu$F

10.6 $\boldsymbol{Y}=0.1+j0.1$ ℧
$|\boldsymbol{Y}|=\frac{\sqrt{2}}{10}$ ℧,
$\theta=\tan^{-1}(1)=45^o$

10.7 $f_o\cong 32{,}000$ Hz
$\boldsymbol{Y}_o=0.05$ ℧
$\boldsymbol{V}_o=20e^{j45^o}$ V

10.9 $f_o\simeq 16$ kHz, $\boldsymbol{Z}_o=1\text{k}\Omega$
$v_o=2\cos(\omega_o t)$ V,
$\omega_o=32\pi\times 10^3$ rad/sec

11장

11.2 1) $v_0(t)=5e^{-10t}$ V
$i_0(t)=-e^{-10t}$ mA

2) $v(t)=10-5e^{-10t}$ V
$i_C(t)=e^{-t}$ mA

11.4 1) $i_{L0}(t)=100e^{-1000t}$ mA
$v_{L0}(t)=-10e^{-1000t}$ V

2) $i_L(t) = 0.2 - 0.1e^{-1000t}$ A

$v(t) = 10e^{-1000t}$ V

12장

12.2 $V_{ab} = 220\sqrt{3}\,e^{-j150^o}$ V

$V_{bc} = 220\sqrt{3}\,e^{j90^o}$ V

$V_{ca} = 220\sqrt{3}\,e^{-j30^o}$ V

12.4 $V_{ab} = 100e^{j140^o}$, $V_{ca} = 100e^{j260^o}$

12.6 $I_{AB} = \dfrac{2}{\sqrt{3}}e^{j60^o}$,

$I_{CA} = \dfrac{2}{\sqrt{3}}e^{j180^o}$,

$I_{BC} = \dfrac{2}{\sqrt{3}}e^{-j60^o}$

12.8 $I_{AB} = \sqrt{3}\,e^{-j100^o}$,

$I_{BC} = \sqrt{3}\,e^{j140^o}$

$I_{CA} = \sqrt{3}\,e^{j20^o}$

13장

13.1 (1) $\dfrac{6}{s^4} - \dfrac{1}{s+1} + \dfrac{1}{s+2}$

(2) $\dfrac{s}{s^2+4} + \dfrac{4}{s^2+16}$

(3) $\dfrac{s}{s^2-4} + \dfrac{3}{s^2-9}$

(4) $1 + e^t + \dfrac{2}{s}$

13.3 (1) $\dfrac{8}{s^3} - \dfrac{s}{s^2+4}$

(2) $\dfrac{s-1}{(s-1)^2+\omega^2}$

(3) $\dfrac{(s+1)^2-9}{[(s+1)^2+9]^2}$

(4) $\dfrac{\pi}{2} - \tan^{-1}(s+1)$

13.5 (1) $7u(t) - t$

(2) $6\sin 3t + 8\cos 2t$

(3) $\dfrac{1}{4}\cos(1/2)t + \cos 2t + 2\sin 2t$

(4) $\dfrac{3}{5}e^{3t} + \dfrac{2}{5}e^{-2t}$

13.8

$$v(t) = \frac{10}{4}e^{-t} - \frac{10}{3}e^{-2t} + \frac{5}{6}e^{-5t}$$

14장

14.1 1) $f(t) = \dfrac{8}{\pi}\displaystyle\sum_{n=1}^{\infty}\dfrac{\sin(2n-1)\pi t}{2n-1}$,

2)

$$f(t) = 1 + \frac{4}{\pi}\sum_{n=1}^{\infty}\frac{\sin(2n-1)\pi t}{2n-1}$$

14.3 1) $\dfrac{10}{\omega}\sin\dfrac{\omega\alpha}{2}$

2) $\dfrac{1}{2+j\omega}$

3) $4\text{sinc}(4\lambda)$

14.5 1) $-4\dfrac{(1+j\omega)e^{-j3\omega}}{(1+j\omega)^2+16}, \omega=2\pi f,$

2) $\dfrac{4}{\omega^2+4}, \omega=2\pi f$

14.8 1) $2te^{-2t}u(t),$

2)

$(-4e^{-2t}+2e^{-t})u(t)+2e^{t}u(-t)$

15장

15.1 도체: 전기가 잘 통하는 물질
부도체: 전기가 통하는 않는 물질
반도체: 도체와 절연체의 중간적인 성질을 갖는 물질

15.3 1) 이상적인 다이오드

$$I_d = \begin{cases} \infty, & V_d > 0 \\ 0, & V_d < 0 \end{cases}$$

2) 실제 다이오드

$$I_d = I_0(e^{\frac{qV_d}{nkT}} - 1)$$

I_0: 다이오드의 역포화 전류, q: 전자 1개의 전하량(1.6×10^{-19}C), k: Boltzmann 상수, T: 절대온도, n: 이상계수

15.6 제너다이오드에 사용되는 반도체에는 불순물의 농도를 극도로 높여 공핍영역이 아주 작게 만들어지게 한다. 따라서 불순물 농도의 차이로 인하여 제너다이오드의 항복전압의 절대값이 더 낮다.

15.7 $\dfrac{5}{\pi}$

16장

16.1 $Z_i=\infty\,\Omega$, $Z_o=0\,\Omega$, $G=\infty$, 주파수 대역: 0 ~ ∞ Hz, 입력 옵셋 전압: 0V

16.3

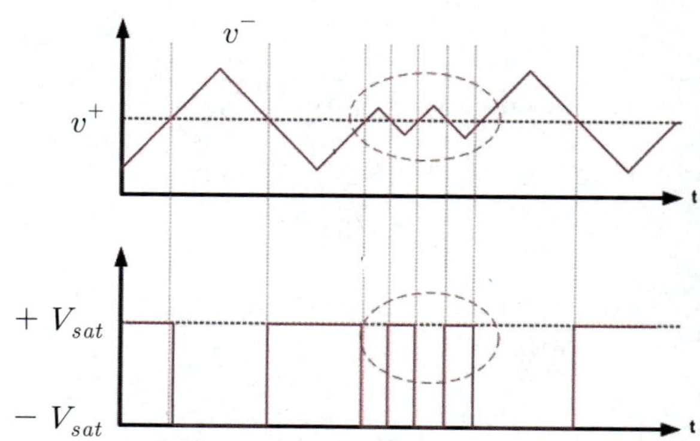

16.5 1) 10kΩ

2) 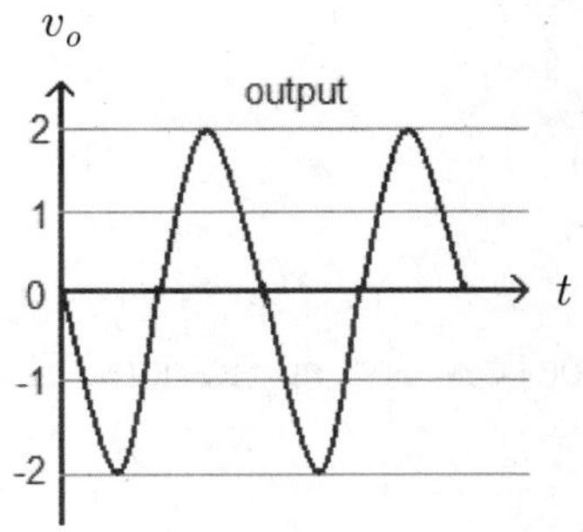

16.7 4.5배

16.10 $R_1 = R_2 = R_3 = R,\ R_f = 2R$

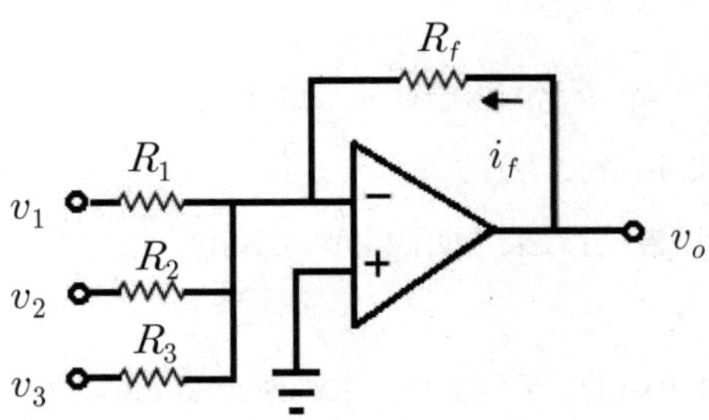

참고문헌

[1] 정동규, 기초전기전자회로실험, 4판, GS인터비전, 2014

[2] Thomas L. Fload, Electronics Fundamentals : circuits, devices, and applications, Third Ed., Prentice Hall, 1995

[3] 박송배, 알기쉬운 회로이론, 문운당, 2015. 1

[4] David E. Johnson, John L. Hilburn, Johnny R. Johnson, Peter D. Scott, Basic Electric Circuit Analysis, Fifth Ed.,John Wiley & Sons, Inc., New York, 1999

[5] William H. Hayt, John A. Buck, Engineering Electromagnetics, McGraw Hill, 2012

[6] 정동규, 반도체전자공학, 우석대 LINC사업단, 2013. 12

[7] S. Franco, Electronic Circuits Fundamentals, Saunders College Pub., ISBN:0-03-072307-8, 1995

[8] 김인택, 김우식, 한승수, 서덕영 공역, Hello! 신호처리, 홍릉과학출판사, 2005

[9] 홍대형 외 5인 공역, 통신이론, 5판, McGraw-Hill Korea, 2010

[10] James H. McClellan, Ronald W. Schafer, Mark A. Yoder, Signal Processing First, Pearson Education, Inc, 2003

[11] Dennis G. et. al, Advanced Engineering Mathematics, Third Ed., Jones and Bartlett Publ., Feb. 17, 2006

[12] 주무홍, 공업수학, 경문사, 1999.

[13] 신윤기, 공업수학, GS인터비전, 2015

[14] 박봉구 외 5인, 공업수학, 경문사, 2000

[15] 황일 외, 11인 역, 공업수학I, 제 2판, 교보문고, 2008

[16] Erwin Kreyszig, Advanced Engineering Mathematics, 10th Ed., John Wiley & Sons, ISBN 978-0-471-72897-9, 2014

[17] 김진수, 지동표, 공업수학1,영지문화사, 2006

[18] C.-T. Chen, Linear System Theory and Design, 3th Ed., Oxford University Press. ISBN 978-0-19-539207-4, 2009

[19] 이진구 외 4인 역, 반도체소자공학, McGraw-Hill Korea

[20] 김동명, 반도체 공학, 한빛미디어, 2011. 12
[21] 화학용어사전, 일진사, ISBN 89-429-0903-5, 2006
[22] 윤창주, 화학용어사전, 화학용어사전편찬회, 일진사, 2011. 1. 15.
[23] 일진사, 전기용어사전, 2016. 7
[24] 일진사, 컴퓨터인터넷IT용어대사전, 2011. 1
[25] 두산잡지 편집부, 두산백과, 1997. 4
[26] 월간전자기술 편집위원회, 전자용어사전, 성안당, 1995. 3. 1
[27] 한국물리학회, 물리학백과, 2016, 4
[28] 김동희 외 6인, 전기용어 사전, 일진사, 2011.1
[29] 월간전자기술, 전자용어사전, 성안당, 2007. 1
[30] 최천규 외 64인, 학문명백과, 형설출판사
[31] https://ko.wikipedia.org
[32] https://en.wikipedia.org/wiki/Operational_amplifier
[33] 네이버 지식백과, https://terms.naver.com/
[34] 과학백과 사전, https://www.scienceall.com/category/science_pedia/scidictionary/
[35] https://www.allaboutcircuits.com/textbook/alternating-current/chpt-10/three-phase-y-delta-configurations/
[36] http://www.chekman.com/Product
[37] http://www.dummies.com/education/science/science-electronics/create-band-pass-and-band-reject-filters-with-rlc-parallel-circuits/
[38] https://www.electrical4u.com/three-phase-circuit-star-and-delta-system/
[39] http://www.indiabix.com/electronics/rlc-circuits-and-resonance/137009
[40] https://www.physicsforums.com/threads/two-different-voltage-sources-in-parallel.634530/
[41] https://www.quora.com/Why-do-we-use-complex-notation-in-electrical-circuits
[42] https://www.quora.com/What-is-the-difference-between-an-avalanche-breakdown-and-a-Zener- breakdown
[43] https://www.slideshare.net/kifarumalale/unit-step-function
[44] http://www.thefreedictionary.com/inductance

[45] http://www.tutorsglobe.com/homework-help/electrical-engineering/power-in-ac-circuits-i-74067.aspx

[46] http://isaganicruz-circuits101.blogspot.kr/2014/03/balanced-three-phase- circuits.html

[47] https://en.wikipedia.org/wiki/Three-phase_electric_power

[48] http://emadrlc.blogspot.com/2012/07/three-phase-power.html

[49] http://prod.danawa.com/info/, accessed month: 2017. 7

[50] http://celdee.tistory.com/632, accessed month: 2017. 8

[51] NY State Electric & Gas, "High Phase Order Transmission Demonstration" (PDF). CERC-Reactors.com.

[52] https://en.wikipedia.org/wiki/Zener_effect

[53] https://www.brown.edu/Departments/Engineering/Courses/En123/CirRevFiles/Inductance2.htm

[54] 김정훈, 김문갑, 정보환, 최신 공업수학, 도서출판 영민, 2004. 3

[55] https://online.stanford.edu/courses/ee261-fourier-transform-and-its- applications

찾아보기

W+ 알기쉬운 회로이론 2판

2018년 10월 10일 1 판 발행
2021년 01월 25일 2 판 인쇄
2021년 01월 30일 2 판 발행

저　　자　정동규
발 행 인　송기수
발 행 처　위즈덤플
편 집 처　위즈덤플
인 쇄 처　더블비
신고번호　제 2015-000009 호
I S B N　979-11-89342-29-6(93560)

주　　소　서울 은평구 증산로 15길 69 2층
전　　화　02-976-7898
팩　　스　02-6468-7898
홈 페 이 지　gsintervision.co.kr
E - M a i l　gsinter7@gmail.com

정 가　35,000원